全国环境监测培训系列教材

应急监测技术

中国环境监测总站　编

中国环境出版集团·北京

图书在版编目（CIP）数据

应急监测技术 / 中国环境监测总站编. —北京：
中国环境出版集团，2013.12（2025.2 重印）
全国环境监测培训系列教材
ISBN 978-7-5111-1657-4

Ⅰ. ①应… Ⅱ. ①中… Ⅲ. ①环境监测—技术培训—
教材 Ⅳ. ①X83

中国版本图书馆 CIP 数据核字（2013）第 285959 号

责任编辑 曲 婷
文字加工 赵楠婕
封面设计 陈 莹

出版发行 中国环境出版集团
（100062 北京市东城区广渠门内大街 16 号）
网 址：http://www.cesp.com.cn
电子邮箱：bjgl@cesp.com.cn
联系电话：010-67112765（编辑管理部）
发行热线：010-67125803，010-67113405（传真）

印 刷 北京中科印刷有限公司
经 销 各地新华书店
版 次 2013 年 12 月第 1 版
印 次 2025 年 2 月第 4 次印刷
开 本 787×1092 1/16
印 张 23.75
字 数 544 千字
定 价 90.00 元

《全国环境监测培训系列教材》
编审委员会

《应急监测技术》
编写委员会

主　　编：吕怡兵　袁　懋

编　　委：（以姓氏笔画为序）

王　俭	王英英	王龄松	邓超冰	刘　娟
吕天峰	吕怡兵	汤　琳	阴　琨	张锦平
李成日	李丽和	李备军	李英赞	李新宇
杨　坪	周贤杰	罗财红	郁剑桥	祝琳琳
钟　声	夏文文	徐　亮	徐伯钧	翁燕波
袁　懋	高　飞	高愈霄	黄小佳	傅　军
傅晓钦	蒋建宏	谢永洪	谢振伟	廖平德

序

党的十八大把生态文明建设纳入中国特色社会主义事业总体布局，提出建设美丽中国的宏伟目标。环境保护作为生态文明建设的主阵地和根本措施，迎来了难得的发展机遇。环境监测是环保事业发展的基础性工作，“基础不牢，地动山摇”。环境监测要成为探索环保新路的先锋队和排头兵，必须建设一支业务素质强、技术水平高、工作作风硬的环境监测队伍。

我国各级环境监测队伍现有人员近6万人，肩负着“三个说清”的重任，奋战在环保工作的最前沿。我部高度重视监测队伍建设和人员培训工作，先后印发了《关于加强环境监测培训工作的意见》、《国家环境监测培训三年规划(2013—2015年)》，并启动实施了环境监测大培训。

为进一步提升环境监测培训教材的水平，环境监测司会同中国环境监测总站组织全国环境监测系统的部分专家，编写了全国环境监测培训系列教材。这套教材深入总结了30多年来全国环境监测工作的理论与实践经验，紧密结合当前环境监测工作实际需要，对环境监测各业务领域的基础知识、基本技能进行了全面阐述，对法律法规、规章制度和标准规范做了系统论述，对在监测管理和技术工作中遇到的重点和难点问题进行了详细解答，具有很强的科学性、针对性和指导性。

相信这套教材的编辑出版，将会更好地指导全国环境监测培训工作，进一步提高环境监测人员的管理和业务技术能力，促进全国环境监测工作整体水平的提升。希望全国环境监测战线的同志们认真学习，刻苦钻研，不断提高自身能力素质，为推进环境监测事业科学发展、建设生态文明做出新的更大的贡献！

吴晓青

2013年9月9日

前 言

《应急监测技术》分册是全国环境监测培训系列教材之一。当前，我国正处于工业化、城镇化加速发展时期，各种自然灾害和人为活动带来的环境风险不断加剧，突发环境事件的诱因更加多样、复杂。现阶段，环境恶化状况尚未得到根本遏制；企业环境违法问题仍然普遍存在，环境安全隐患突出；突发环境事件呈现高发态势，跨界污染、重金属及有毒有害物质污染事件频发，社会危害和影响明显加大，环境安全形势严峻。

突发环境事件的处置，需要“早发现、早报告、早处置”。环境应急监测是做好突发环境事件处置、处理的前提和关键。只有对突发环境事件的类型及污染状况做出准确的判断，才能对污染事件进行及时、正确的处理、处置，为制定恢复措施提供科学的决策依据。环境应急监测是突发环境事件应急处置与善后处理过程中始终依赖的基础工作。近年来，环境监测人员在处理突发环境事件工作中发挥了重要作用，特别是在抗击汶川大地震、玉树地震等斗争中，环境监测人员不畏艰险、不怕牺牲、全力以赴，圆满完成了灾区环境应急监测任务，充分发挥了应急监测在突发环境事件处理处置过程中的哨兵作用，谱写了中国环境监测的壮丽篇章。

突发环境事件的特点决定了其处置要求越快越好，为此需要在最短的时间内说清楚污染物、污染物浓度和污染范围，为应急处置决策提供快速准确的技术依据，从而有效控制事件的环境影响。目前突发环境事件频发，对应急监测工作的要求也越来越高。环境应急监测技术人员需要通过培训来更新业务知识，提高业务技术水平和解决实际问题的能力。但在多年的突发环境事件应急监测实践中，我们深深地体会到当前的突发环境事件中的快速应急监测技术相对较为零散，尚未形成技术体系。而且以往在全国环境监测培训中使用的学习材料主要以授课教师的课件为主，尚未有统一规范的教学大纲和培训教材，难以达到教学课程的系统化、标准化，也难以满足技术人员自学的需要。因此，编写一本专门针对全国环境监测技术人员的应急监测培训教材，显得重要而且紧迫。

为此，我们收集、整理和参考了当前已有的突发环境事件应急监测相关管理与技术规定、应急监测技术、应急监测仪器设备、安全防护装备以及典型案例，编写了本教材，以期能起到抛砖引玉的作用。由于在应急监测工作中，除实验室分析手段外，现场应急监测技术手段发挥着重要作用，因此本书着重对现场应急监测技术手段进行介绍。

全书共分十二章。第一章概述了突发环境事件的概念、事件分级、特点及危害等。第二章简介了突发环境事件应急监测相关管理与技术规定。第三章介绍了现场应急监测分析技术的类型及特点，列出了常见污染物应急监测分析技术及其选用原则和方法。第四至第九章则系统地介绍了快速定性、半定量分析技术，便携式光学分析技术，便携式电化学分析技术，便携式色谱分析技术，便携式气相色谱质谱联用技术以及生物应急监测技术，除了对各种技术的原理、主要仪器设备应用简要介绍以外，更着重介绍了典型仪器设备的操作及其注意事项、应用实例等。第十章简介了移动式现场应急监测平台。第十一章简介了应急监测中的安全防护装备。第十二章则介绍了近年来一些典型的突发环境事件应急监测案例。根据引发原因，突发环境事件主要分为生产安全事故引发的突发环境事件、交通事故引发的突发环境事件、企事业单位违法排污引发的突发环境事件、自然灾害引发的突发环境事件等。

本书由吕怡兵、袁懋制定编写大纲，统筹全书的编写。第一、二章由袁懋编写；第三章由翁燕波、傅晓钦编写；第四章由李成日、翁燕波、罗财红、祝琳琳、傅晓钦、李新宇、李英赞、周贤杰、王龄松、王俭编写；第五章由高愈霄、李成日、翁燕波、罗财红、祝琳琳、傅晓钦、李新宇、李英赞、周贤杰、王龄松编写；第六章由阴琨、郁剑桥、徐亮、钟声、夏文文编写；第七章由袁懋、傅军、杨坪、谢永洪编写；第八章由吕天峰编写；第九章由张锦平、汤琳、李备军、阴琨编写；第十章由罗财红、杨坪、郁剑桥、李丽和、李新宇、谢振伟、徐亮、邓超冰、高飞、钟声、廖平德、王俭、夏文文、蒋建宏、黄小佳、徐伯钧编写；第十一章由杨坪、谢振伟编写；第十二章由吕怡兵、刘娟、郁剑桥、李新宇、杨坪、李丽和、李成日、傅晓钦、徐亮、王英英、祝琳琳等编写。全书由袁懋统稿，吕怡兵进行审定。

本书的正式出版，完全得益于众多同行的关心和帮助，在此，向他们表示衷心的感谢！同时，对无私提供相关资料的众多业内人士表示诚挚的谢意！

由于突发环境事件应急监测技术方法与技术装备领域发展迅速，编者在资料的收集、筛选、研究、评述和整编过程中难免有失偏颇，加之编写时间较短、水平有限，书中不足、疏漏和错误之处在所难免，恳请各位读者批评指正。

编　者

2013 年 6 月于北京

目　录

第一章 绪 论

当前，我国的突发环境事件处于高发态势，环境安全形势面临严峻挑战。例如，2003 年 12 月 23 日，位于重庆开县的川东北气矿所属钻井队对开县“罗家 16H”气井作业时突然发生井喷，400 万～1 000 万 m^3/d 富含 H_2S 的有毒气体，随着空气迅速传播，导致短时间内大面积灾害，祸及 9.3 万人，其中死亡 198 人，中毒 14 225 人。2004 年 3 月 2 日，四川化工厂违反“三同时”规定强行开车违法排污，造成沱江特大环境污染事故，100 多万人 26 天饮水困难，直接损失达 2.1 亿元。2004 年 4 月 23 日至 5 月 2 日，四川境内出现两次大规模降雨，由于四川省仁寿县东方红纸业有限公司将造纸废水偷排到沱江支流球溪河，沉积的污染物被暴涨的河水冲入沱江，致使沱江河水溶解氧急剧下降，再次造成沱江重大污染事故，资中县河段出现大面积死鱼。两起沱江特大水环境污染事件震惊全国。2005 年 11 月 13 日，吉林石油化工厂制苯车间爆炸事故，造成 6 人死亡、120 人受伤，并导致大约 80 t 硝基苯进入松花江，严重影响沿江上千万人的饮水安全并形成跨国重大环境污染事件。2012 年 1 月发生的广西龙江河镉污染事件影响范围广、时间长，对龙江、柳江流域的生态环境造成一定破坏，给沿江两岸群众的生活造成了较大影响，直接威胁到下游柳州市 300 多万人的饮用水安全。2012 年 12 月 31 日，位于山西省潞城市（系长治市辖区）的山西天脊煤化工集团股份有限公司苯胺罐区因输送软管破裂发生苯胺泄漏事故。污染团（苯胺）进入浊漳河，造成跨省界污染，直接威胁到下游河北省邯郸市和河南省安阳市的饮用水安全。近年来，环境突发事件处于高发态势，特别是“十一五”期间，全国发生的重特大突发环境事件中，涉及饮用水安全的占 70%，而且都经历了很长时间才消除了污染影响。除人为原因造成的事故灾难外，自然灾害带来的次生环境事件也在增加。

突发性环境事件发生后，需要环境监测人员第一时间到达现场，在尽可能短的时间内获取污染物的种类、浓度、污染范围及危害程度等信息，为应急处置决策提供科学依据。行之有效的现场快速检测技术可为突发环境事件的应急处置及善后处理提供强有力的技术支持，并可为正确决策赢得宝贵时间、有效控制污染范围、缩短事件持续时间以及减少损失。

第一节 基本概念、术语和定义

环境事件：是指由于违反环境保护法律法规的经济、社会活动与行为以及意外因素的影响或不可抗拒的自然灾害等原因致使环境受到污染，人体健康受到危害，社会经济与人民群众财产受到损失，造成不良社会影响的突发性事件。

突发事件：是指突然发生，造成或者可能造成严重社会危害，需要采取应急处置措施予以应对的自然灾害、事故灾难、公共卫生事件和社会安全事件。

突发环境事件：是指由于违反环境保护法规的经济、社会活动与行为，以及意外因素或不可抗拒的自然灾害等原因在瞬时或短时间内排放有毒、有害污染物质，致使地表水、地下水、大气和土壤环境受到严重的污染和破坏，对社会经济与人民生命财产造成损失的恶性事件。

环境应急：是指针对可能或已发生的突发环境事件需要立即采取某些超出正常工作程序的行动，以避免事件发生或减轻事件后果的状态，也称为紧急状态；同时也泛指立即采取超出正常工作程序的行动。

应急监测：指突发环境事件发生后，对污染物、污染物浓度和污染范围进行的监测。

第二节　突发环境事件分级与分类

一、突发环境事件的分级

环境保护部令第 17 号《突发环境事件信息报告办法》中规定了突发环境事件分级标准。

按照突发事件严重性和紧急程度，突发环境事件分为特别重大（Ⅰ级）、重大（Ⅱ级）、较大（Ⅲ级）和一般（Ⅳ级）四级。

1．特别重大（Ⅰ级）突发环境事件

凡符合下列情形之一的，为特别重大突发环境事件：

（1）因环境污染直接导致 10 人以上死亡或 100 人以上中毒的；

（2）因环境污染需疏散、转移群众 5 万人以上的；

（3）因环境污染造成直接经济损失 1 亿元以上的；

（4）因环境污染造成区域生态功能丧失或国家重点保护物种灭绝的；

（5）因环境污染造成地市级以上城市集中式饮用水水源地取水中断的；

（6）1、2 类放射源失控造成大范围严重辐射污染后果的；核设施发生需要进入场外应急的严重核事故，或事故辐射后果可能影响邻省和境外的，或按照“国际核事件分级（INES）标准”属于 3 级以上的核事件；台湾核设施中发生的按照“国际核事件分级（INES）标准”属于 4 级以上的核事故；周边国家核设施中发生的按照“国际核事件分级（INES）标准”属于 4 级以上的核事故；

（7）跨国界突发环境事件。

2．重大（Ⅱ级）突发环境事件

凡符合下列情形之一的，为重大突发环境事件：

（1）因环境污染直接导致 3 人以上 10 人以下死亡或 50 人以上 100 人以下中毒的；

（2）因环境污染需疏散、转移群众 1 万人以上 5 万人以下的；

（3）因环境污染造成直接经济损失 2 000 万元以上 1 亿元以下的；

（4）因环境污染造成区域生态功能部分丧失或国家重点保护野生动植物种群大批死亡的；

（5）因环境污染造成县级城市集中式饮用水水源地取水中断的；

（6）重金属污染或危险化学品生产、贮运、使用过程中发生爆炸、泄漏等事件，或因倾倒、堆放、丢弃、遗撒危险废物等造成的突发环境事件发生在国家重点流域、国家级自然保护区、风景名胜区或居民聚集区、医院、学校等敏感区域的；

（7）1、2类放射源丢失、被盗、失控造成环境影响，或核设施和铀矿冶炼设施发生的达到进入场区应急状态标准的，或进口货物严重辐射超标的事件；

（8）跨省（区、市）界突发环境事件。

3．较大（Ⅲ级）突发环境事件

凡符合下列情形之一的，为较大突发环境事件：

（1）因环境污染直接导致3人以下死亡或10人以上50人以下中毒的；

（2）因环境污染需疏散、转移群众5 000人以上1万人以下的；

（3）因环境污染造成直接经济损失500万元以上2 000万元以下的；

（4）因环境污染造成国家重点保护的动植物物种受到破坏的；

（5）因环境污染造成乡镇集中式饮用水水源地取水中断的；

（6）3类放射源丢失、被盗或失控，造成环境影响的；

（7）跨地市界突发环境事件。

4．一般（Ⅳ级）突发环境事件

除特别重大突发环境事件、重大突发环境事件、较大突发环境事件以外的突发环境事件。

二、突发环境事件的分类

1．按照事件起因分类

突发环境事件的形成有两种情况：一种是不可抗力造成的，包括在“自然灾害”类中；另一种是人为原因造成的，包括在“事故灾难”类中。目前，我国突发环境事件诱发原因主要集中在安全生产事故、交通事故、违法排污及自然灾害四个方面。

2．按照污染介质分类

根据突发环境事件发生后的污染介质的不同，我国突发环境事件主要包括突发水环境污染事件、突发大气环境污染事件、突发土壤环境污染事件等。

3．按照污染物类型分类

根据污染物质类型，突发环境事件可分为有机物污染事件、无机物污染事件、重金属污染事件及其他类污染事件。

4．按照污染源类型分类

按照污染源来源分类，可划分为本地源和外地源。

第三节 突发环境事件的特点及危害

目前我国突发环境事件种类覆盖了所有环境要素，时间和季节特点较为突出，地域、流域分布不均，具有起因复杂、难以判断的典型特征，损害也多样。同时，环境严重污染后，消除污染极为困难，若处置措施不当，不仅浪费大量人力物力，还可能造成二次污染。

一、突发环境事件的特点

1．发生发展的不确定性

突发环境事件许多是由同一系列微小环境问题相互联系、逐渐发展而来的，有一个量变的过程，但事件爆发的时间、规模、具体态势和影响深度，经常出乎人们的意料之外，即事件的发生突如其来，具有发生发展的不确定性。一旦爆发，其破坏性的能量就会被迅速释放，其影响呈快速扩大之势，难以及时有效地予以预防和控制。同时，突发环境事件大多演变迅速，具有连带效应，以至于人们对事件的进一步发展（如发展方向、持续时间、影响范围、造成后果等）难以进行准确的预测和判断。

2．类型成因的复杂性

每种突发环境事件的发生发展具有不同的情景，在表现形式上多种多样，涉及的行业与领域众多，包含的影响因素很多，相互关系错综复杂。同一类型的污染危害表现形式、其事件发生的内因及所含的污染因素可能差别巨大；不同类型的突发环境事件在一定条件下还可以相互转化。这些导致应对这些事件难以照章办事，为突发环境事件的预防、准备、处置和善后增加了困难。

3．时空分布的差异性

我国近年的突发环境事件具有时空分布的差异性。据统计，2004 年环境保护部（原国家环境保护总局）直接调度处理的突发环境事件为 62 起，2005 年为 76 起，2006 年为 161 起，2007 年为 110 起，2008 年为 135 起，2009 年为 171 起，2010 年为 156 起，2011 年为 106 起，2012 年为 33 起。在地域上呈现出突发环境事件较集中在经济发达省份的特点，沿海发达地区化学品泄漏事故比较频繁，西部地区油气污染概率较高，黄河、淮河、海河、辽河等流域水环境污染较为突出。在时间上突发环境事件一般集中在生产旺季，此外，每年“五一”、“十一”和第四季度，安全生产事故、交通事故频发，引发的危险化学品污染事件较多。

4．侵害对象的公共性

和其他突发事件一样，突发环境事件涉及和影响的主体可以包括个体、组织和社会等各种主体，可能影响面和涉及范围巨大。但也有一些突发环境事件的直接涉及范围不一定很大，但却会因为事件的迅速传播引起公众的普遍关注，成为社会公共热点问题，并可能造成巨大的公共损失、公众心理恐慌和社会秩序混乱等。从而促使政府必须要通过调动紧急应对的公共资源，进行有序地组织协调和应对、处理才能妥善地予以解决和平息。

5．危害后果的严重性

突发环境事件的危害性突出地表现在：威胁生命与健康；造成经济损失；破坏生态环境；影响社会安定，人们正常的生产和生活秩序受到影响，造成社会的局部动荡和混乱；此外，和其他突发公共事件一样，突发环境事件还会给人们心理造成无法用量化指标衡量的负面效应。

二、突发环境事件的危害

突发环境事件发生后，可能会对人身、财产、环境及社会等造成巨大的破坏和影响。

1. 威胁生命与健康

突发环境事件的重要危害之一是对事件影响人员生命及健康的威胁。除可能造成死亡外，也可引起人体各器官系统暂时或永久的功能性或器质性损害；可能是急性中毒也可能是慢性中毒；不但影响受害者本人，也可能影响后代；可以致畸，也可以致癌；生物性污染物污染水体，还可能发生大规模的传染病。

2. 造成经济损失

突发性环境污染事故所造成的经济与财产损失是显而易见的。除直接经济损失外还有间接经济损失。例如，发生水污染事件后，对工业就可能产生增加生产成本、影响产品品质、影响设备使用寿命、缺水性产能损失等方面的影响；对农业经济可能影响到种植业、林业、畜牧业、渔业等方面；对市政工程的影响包括增加城市供水成本、增加城市污染处理运行费用等。此外，还包括用于突发环境事件处理、处置、善后和恢复的经济上的消耗与损失等。

3. 破坏生态环境

突发环境事件或多或少会对生态环境造成不同程度的破坏，严重的还会导致一定区域的生态失衡，致使生态环境难以恢复，造成长期的危害。生态环境损害包括资源损害和环境质量损害。“恢复原状”理念的贯彻是将环境本身损害计算在损失评估和赔偿范围内的最好诠释。突发环境事件的损害往往以环境为媒介，通过污染、破坏环境要素本身而导致环境质量下降和生态功能丧失，进而对受害人人身和财产造成损害，即相对于环境要素受到“直接损害”，由环境污染引起的人身伤害和财产损失显得更“间接”一些。

4. 影响社会安定

其影响主要表现在以下几个方面：一是突发环境事件发生后，影响人们的正常生活；二是造成社会的局部动荡和混乱，危害社会治安；三是带来相关的社会问题；四是会引发国际间的污染纠纷。

因此，预防和处理好突发环境事件，已成为不仅关系到人们的身体健康与财产安全，而且关系到整个社会稳定的重要工作，需要各级政府和环保部门的高度重视。

第四节 突发环境事件中环境监测部门的作用定位

应急组织系统通常由政府部门和各种社会团体共同组成，主要包括政府机构、非政府公共组织、新闻媒体、工商企业等，其核心部门是政府机构的警务、消防、紧急救助、环境保护、救灾减灾和新闻部门。

突发环境事件应急属于政府应急体系的一部分，其责任部门是环境保护行政主管部门。关于环保部门的职能，要求按照《中华人民共和国环境保护法》的规定，“国务院环境保护行政主管部门对全国环境保护工作实施统一监督管理，县级以上地方人民政府环境保护行政主管部门对本辖区的环境保护工作实施统一监督管理”。目前国家及一些省市环保部门都设立了专门的应急中心，其组织框架与通常的事故应急联动中心体系有类似之处，但突发环境事件有其特殊性，其应急组织系统、应急管理体制的各相关机构的作用职责、优先顺序是不一样的。

按照我国现有的政府行政管理体系，与突发环境事件相关联的主要国家级别机构有环保部、发改委、财政部、科技部、公安部、民政部、国土资源部、建设部、交通部、水利部等，到省、市一级均有相应的机构部门。对于重大突发环境事件的应急工作，不可能仅由环境保护部门全部完成的，而应该视事故级别、牵涉的范围由中央或地方政府负全责、起主导作用，环保部门作为主要职能部门参与应急处理全过程的有关工作，并在污染事故的预防/预警、事故影响、级别及责任认定、污染应急控制技术、应急环境监测等方面起主要作用。

一般地，突发环境事件应急组织体系由应急领导机构、综合协调机构、有关类别环境事件专业指挥机构、应急支持保障部门、专家咨询机构、各级地方人民政府突发环境事件应急领导机构和应急救援队伍组成。

《中华人民共和国突发事件应对法》第 41 条规定，国家建立健全突发事件监测制度。县级以上人民政府及其有关部门应当根据自然灾害、事故灾难和公共卫生事件的种类和特点，建立健全基础信息数据库，完善监测网络，划分监测区域，确定监测点，明确监测项目，提供必要的设备、设施，配备专职或者兼职人员，对可能发生的突发事件进行监测。

原国家环境保护总局令第 39 号《环境监测管理办法》中明确规定，县级以上环境保护部门所属环境监测机构具体承担突发环境污染事件应急监测。

第二章　突发环境事件应急监测相关管理与技术规定

第一节　突发环境事件应急监测相关管理规定

我国高度重视突发事件应急处置工作。多年来，党中央、国务院一直把应急管理工作摆在重要位置，做出了一系列决策部署。温家宝总理指出，加强应急管理，提高预防和处置突发事件的能力，是关系到国家经济社会发展全局和人民群众生命财产安全的大事。在第七次全国环境保护大会上，时任国务院副总理的李克强同志指出：环境污染事故是经济粗放型增长的结果，是环境问题日积月累的破坏性释放，一旦发生，后果十分严重。要坚持预防为先、及时应对，着力消除污染隐患，妥善处置突发事件。一旦发生事件就及时启动应急预案，把损害降到最低限度。因而加强突发环境事件应急处置工作，是落实科学发展观、构建社会主义和谐社会的必然要求，是坚持以人为本、执政为民的具体体现。目前，我国环境应急监测相关管理规定主要包括宪法、现行法律法规中与环境应急管理工作密切相关的部分、党中央及国务院发布的应急管理规范性文件、环境保护部近年来印发的环境应急管理指导规范性文件等。

一、宪法

《中华人民共和国宪法》第九条第 2 款明确规定，“国家保障自然资源的合理利用，保护珍贵的动物和植物。禁止任何组织或者个人用任何手段侵占或者破坏自然资源。”并在第二十六条进一步规定，“国家保护和改善生活环境和生态环境，防治污染和其他公害。国家组织和鼓励植树造林，保护林木。”从理论上讲，在突发环境事件应急职权不明确的情况下，这种具有普遍意义的“保障”、“保护”、“改善”、“防治”等规定可适用于突发环境事件的应急处置。此外，《宪法》第六十七条全国人民代表大会常务委员会职权第 20 项，“决定全国或者个别省、自治区、直辖市进入紧急状态”，第八十九条国务院职权第 16 项，“依照法律规定决定省、自治区、直辖市的范围内部分地区进入紧急状态”。但何谓紧急状态、基本的应急权力和义务以及应急程序是什么均无明确规定，上述规定较为原则和模糊，难以满足应对突发环境事件的实际需要。

二、法律

包括《中华人民共和国突发事件应对法》、《中华人民共和国环境保护法》、《中华人民共和国水污染防治法》、《中华人民共和国大气污染防治法》、《中华人民共和国固体废物污染环境防治法》、《中华人民共和国水法》、《中华人民共和国海洋环境保护法》、《中华人民共和国石油天然气管道保护法》、《中华人民共和国环境影响评价法》、《中华人民共和国安全生产法》、《中华人民共和国消防法》、《中华人民共和国刑法》、《中华人民共和国行政监察法》及《中华人民共和国公务员法》等。

1．中华人民共和国突发事件应对法

2007年11月起施行的《中华人民共和国突发事件应对法》，成为我国应急管理法治化的标志。该法的施行把应急工作从法律制度上予以规范和明确，确立应急工作的基本框架，使其有法可依，是我国应急管理工作的基本法律依据。

应急立法的重要任务，就是要在常态、非常态之间尽量划出清晰的法律界限，以便最大限度地保护常态法律规定的公民自由权利。《中华人民共和国突发事件应对法》规定的突发事件限于自然灾害、事故灾难、公共卫生和社会安全方面，授予行政机关的应急权力，只能在应对法律规定的突发事件种类中使用。

该法分为7章，共70条，对突发事件的预防与应急准备、监测与预警、应急处置与救援等作出规定，有利于从制度上预防突发事件的发生，或者防止一般突发事件演变为需要实行紧急状态予以处置的特别严重事件，减少突发事件造成的损害。该法突出政府的主导作用，规定政府的主要职责：明确“预防为主”原则，确立风险评估机制；规定了我国建立应急管理体制的要求；以人为本，提高全社会的避险救助能力；突出了企事业单位在突发事件处置中的义务和责任。该法的重要贡献之一，就是通过确立制度，防止混淆突发事件的普通社会危害和极端社会危害，使得国家民主决策制度和公民基本权利少受非常状态的影响，行政机关在处理危机时有了制度框架和依据。

在建立突发事件应急管理体制方面，该法提出以下要求：

（1）统一领导。横向由各级人民政府成立应急指挥机构，各有关部门开展具体工作；纵向上应急管理体制实行垂直领导，下级服从上级。

（2）综合协调。针对参与主体多样的特点，该法要求明确政府和有关部门的职责，明确具体类型突发事件管理的牵头部门。综合协调人力、物力、技术、信息等资源；综合协调各方面力量，形成合力。

（3）分类管理。针对突发事件的类型、发生原因、表现形式、涉及范围各不相同的情况，该法要求每一大类的突发事件应由相应的部门进行管理。重大决策必须由政府作出。不同类型的公共危机日常管理应该依托相应的专业管理部门。

（4）分级负责。由于突发事件的性质、发生原因、涉及范围、造成的危害等各不相同，因此需动用的人力、物力等也不相同。该法要求首先由当地政府负责，其次不同级别的突发事件，应由相应的不同级别的政府负责。

（5）属地管理。针对事发地政府最早知道事件信息，便于迅速反应，有效应对的情况。该法要求出现重大突发事件，地方政府必须及时、如实向上报告，必要时可以越级上报；同时根据预案马上动员或调集资源进行救助或处置，如出现本级政府无法应对的突发事件时，应当马上请求上级政府直接处理。

该法还确立了重大突发事件风险评估（第5条）、各级人民政府和有关部门分工负责（第7条）、应急预案（第17条）、应急管理培训（第25条）、建立健全监测（第41条）、预警发布和报告、通报（第43条）、信息上报（第46条）等一系列制度。

该法不是简单地对现行做法进行法律确认，而是着眼于整体应急框架的建立，着眼于基本法律原则和规则的实现，总结提炼了近年来我国应急管理实践创新和理论创新的成果，集中体现了对应急管理工作的一些规律性认识。该法的出台建立了一个完备、系统的应急框架体系，是与应急管理的全过程相适应的。从内容上看，它覆盖了“预防、预备、监测、预警、处置、恢复重建”的全过程。以前的应急法律法规一般都重点着眼于“应急处置”，而该法做到了以“应急处置”为中心向两端延伸，前端以“监测”为重点，重在规范判断进入应急管理阶段的依据，保证信息畅通和判断准确；后端延伸到“恢复重建”。这样该法实现了“从预防开始到重建结束”的整体覆盖，提供了一个系统、完备的权利、义务框架，是开展环境应急管理工作的基本法律依据。

但是，该法在突发环境事件的应对方面尚存在不足。首先，尽管该法的第一条把人民生命财产安全放在保护的首位，并且在后面的整个法律条文中也都是围绕人民的生命财产保护进行规定的，但并没有专门针对环境损害本身的应急处置规定，明显的侧重点在于对公民人身、财产的保护，对环境本身的保护则处于次要地位，并未顾及突发环境事件自身的特殊性。其次，尽管该法在第一条中也明确规定维护“环境安全”是其目的之一，且突发环境事件作为突发事件的一种，理应包括在该法的应对范围之内，但该法第三条把其所要应对的突发事件限制为“自然灾害、事故灾难、公共卫生事件和社会安全事件”四类，其整个应对机制也是按照这四类突发事件进行设计的，并未考虑突发环境事件中环境损害及其应对的特殊要求。再者，在事后的恢复与重建方面，该法也没有强调对受损生态环境的恢复。因此，如果完全依照该法来应对突发环境事件，则许多应对工作找不到相应的法律依据。目前的《中华人民共和国突发事件应对法》并不能统揽突发环境事件的应对工作。

2．其他法律

1989年《中华人民共和国环境保护法》对突发环境事件的应急处理做出了专门的规定。该法第三十一条要求，“因发生事故或者其他突然性事件，造成或者可能造成污染事故的单位，必须立即采取措施处理，及时通报可能受到污染危害的单位和居民，并向当地环境保护行政主管部门和其他有关部门报告，接受调查处理。可能发生重大污染事故的企业事业单位，应当采取措施，加强防范。作为环境保护的综合法，该条规定对其他环境保护单行法及行政法规的相关规定起到示范和指导作用。

在水污染事件的应急处理方面，2008年2月28日修订通过的《中华人民共和国水污染防治法》设置了“水污染事故处置”专章共3条。第六十六条规定，“各级人民政府及其有关部门，可能发生水污染事故的企业事业单位，应当依照《中华人民共和国突发事件应对法》的规定，做好突发水污染事故的应急准备、应急处置和事后恢复等工作。”第六十七条规定，“可能发生水污染事故的企业事业单位，应当制订有关水污染事故的应急方案，做好应急准备，并定期进行演练。生产、储存危险化学品的企业事业单位，应当采取措施，防止在处理安全生产事故过程中产生的可能严重污染水体的消防废水、废液直接排入水体。”第六十八条规定，“企业事业单位发生事故或者其他突发性事件，造成或者可能造成水污染事故的，应当立即启动本单位的应急方案，采取应急措施，并向事故发生地的县级以上地方人民政府或者环境保护主管部门报告。环境保护主管部门接到报告后，应当及时向本级人民政府报告，并抄送有关部门。造成渔业污染事故或者渔业船舶造成水污染事故的，应当向事故发生地的渔业主管部门报告，接受调查处理。其他船舶造成水污染事故的，应当向事故发生地的海事管理机构报告，接受调查处理；给渔业造成损害的，海事管理机构应当通知渔业主管部门参与调查处理。”

在大气污染事件的应急处理方面，2000 年修订的《中华人民共和国大气污染防治法》第二十条规定，“单位因发生事故或者其他突然性事件，排放和泄漏有毒有害气体和放射性物质，造成或者可能造成大气污染事故、危害人体健康的，必须立即采取防治大气污染危害的应急措施，通报可能受到大气污染危害的单位和居民，并报告当地环境保护行政主管部门，接受调查处理。”

2004 年修订的《中华人民共和国固体废物污染环境防治法》第六十二条规定，“产生、收集、储存、运输、利用、处置危险废物的单位，应当制定意外事故的防范措施和应急预案，并向所在地县级以上地方人民政府环境保护行政主管部门备案，环境保护行政主管部门应当进行检查。”第六十三条规定，“因发生事故或者其他突发性事件、造成危险废物严重污染环境的单位，必须立即采取措施消除或者减轻对环境的污染危害，及时通报可能受到污染危害的单位和居民，并向所在地县级以上地方人民政府环境保护行政主管部门和有关部门报告，接受调查处理。”

《中华人民共和国安全生产法》第十七条规定，“生产经营单位的主要负责人对本单位安全生产工作负有‘组织制定并实施本单位的生产安全事故应急救援预案’的职责”；第三十三条规定，“生产经营单位对重大危险源应当登记建档，进行定期检测、评估、监控，并制定应急预案，告知从业人员和相关人员在紧急情况下应当采取的应急措施。”第六十八条规定，“县级以上地方各级人民政府应当组织有关部门制定本行政区域内特大生产安全事故应急救援预案，建立应急救援体系。”

《中华人民共和国海洋环境保护法》第十七条规定，因“发生事故或者其他突发性事件，造成或者可能造成海洋环境污染事故的单位和个人，必须立即采取有效措施，及时向可能受到危害者通报，并向依照本法规定行使海洋环境监督管理权的部门报告，接受调查处理。”

在自然资源保护单行法中，只有 1998 年修订的《中华人民共和国森林法》和 2002 年修订的《中华人民共和国草原法》对突发环境事件的应急处置作了相应的规定，但主要是笼统地规定了防火和病虫害的防治等。

2011 年修订的《中华人民共和国刑法》的第六章“妨害社会管理秩序罪”第六节“破坏环境资源保护罪”第三百三十八条规定，“违反国家规定，排放、倾倒或者处置有放射性的废物、含传染病病原体的废物、有毒物质或者其他有害物质，严重污染环境的，处三年以下有期徒刑或者拘役，并处或者单处罚金；后果特别严重的，处三年以上七年以下有期徒刑，并处罚金。”第三百三十九条第一、二款规定，“违反国家规定，将境外的固体废物进境倾倒、堆放、处置的，处五年以下有期徒刑或者拘役，并处罚金；造成重大环境污染事故，致使公私财产遭受重大损失或者严重危害人体健康的，处五年以上十年以下有期徒刑，并处罚金；后果特别严重的，处十年以上有期徒刑，并处罚金。未经国务院有关主管部门许可，擅自进口固体废物用作原料，造成重大环境污染事故，致使公私财产遭受重大损失或者严重危害人体健康的，处五年以下有期徒刑或者拘役，并处罚金；后果特别严重的，处五年以上十年以下有期徒刑，并处罚金。”

但这些环境保护及其他法律文件对突发环境事件应急处置的有关规定尚存在不足，不足以有效应对突发环境事件。一是《中华人民共和国环境保护法》第三十一条实际上只规定了信息通报制度，至于应急程序如何启动、应急管理机构、应急方针和原则、应急措施及相关主体的权力和责任、权利和义务、应急预案等方面均无任何规定。二是各环境保护单行法律的规定繁简不一，有的规定较详细，如《中华人民共和国水污染防治法》（包括《中华人民共和国水污染防治法实施细则》明确了企业事业单位停止或者减少排污的应急义务、事故初步报告的时间和具体内容、事故最终报告的内容，明确了环境保护部门双重报告和监测、调查处理的职责，规定了有关人民政府的应急组织和应急处理职责，明确了船舶和渔业水体污染事故责任人的报告义务和调查处理机关的调查处理与通报义务，规定了跨区域污染事故发生地的县级以上地方人民政府的具体通报义务）；有的规定较简略，如《中华人民共和国大气污染防治法》《中华人民共和国草原法》等；有的甚至没有相关规定，如《中华人民共和国环境噪声污染防治法》等，并且除森林和草原以外的突发性生态破坏事件，如水体的富营养化、水土流失、土地荒漠化、外来物种侵袭等的应急处置均无相应的法律作出规定。三是即使规定较详细的环境保护单行法，其在应急指挥机构的设置及其权力和职责、各级政府及环境保护行政主管部门的应急职责、应急程序的启动与运行、信息的获取与传递、环境危害的监测、应急保障以及相关主体的法律责任等方面都或多或少存在法律空白。如果出现跨流域、跨区域的重大突发环境事件时，事件的应急处置与其他方面的应急法律之间的协调问题以及不同区域之间的应急协调问题，在环境保护法律中都没有相关规定。

三、行政法规

包括《建设项目环境保护管理条例》、《危险化学品安全管理条例》、《医疗废物管理条例》、《防治船舶污染海洋环境管理条例》、《淮河流域水污染防治暂行条例》、《中华人民共和国道路运输条例》、《地质灾害防治条例》、《破坏性地震应急条例》、《中华人民共和国矿山安全法实施条例》、《海洋石油勘探开发环境保护管理条例》、《生产安全事故报告和调查处理条例》、《中华人民共和国防治陆源污染物污染损害海洋环境管理条例》、《中华人民共和国防治海岸工程建设项目污染损害海洋环境管理条例》、《行政机关公务员处分条例》、《国务院关于特大安全事故行政责任追究的规定》、《国务院关于预防煤矿生产安全事故的特别规定》及《最高人民法院关于审理环境污染刑事案件具体应用法律若干问题的解释》等。

1998 年 11 月颁布的《建设项目环境保护管理条例》第四条规定，“工业建设项目应当采用能耗物耗小、污染物产生量少的清洁生产工艺，合理利用自然资源，防止环境污染和生态破坏。”

2011 年 3 月修订公布的《危险化学品安全管理条例》第五条第四款规定，“环境保护部门负责废弃危险化学品处置的监督管理，负责调查重大危险化学品污染事故和生态破坏事件，负责有毒化学品事故现场的应急监测和进口危险化学品的登记，并负责前述事项的监督检查。”同时规定，“县级以上地方各级人民政府负责危险化学品安全监督管理综合工作的部门应当会同同级其他有关部门制定危险化学品事故应急救援预案，报经本级人民政府批准后实施。危险化学品单位应当制定本单位事故应急救援预案，配备应急救援人员和必要的应急救援器材、设备，并定期组织演练。危险化学品事故应急救援预案应当报设区的市级人民政府负责危险化学品安全监督管理综合工作的部门备案。发生危险化学品事故，单位主要负责人应当按照本单位制定的应急救援预案，立即组织救援，并立即报告当地负责危险化学品安全监督管理综合工作的部门和公安、环境保护、质检部门。发生危险化学品事故，有关地方人民政府应当做好指挥、领导工作。负责危险化学品安全监督管理综合工作的部门和环境保护、公安、卫生等有关部门，应当按照当地应急救援预案组织实施救援，不得拖延、推诿。有关地方人民政府及其有关部门并应当按照下列规定，采取必要措施，减少事故损失，防止事故蔓延、扩大：（一）立即组织营救受害人员，组织撤离或者采取其他措施保护危害区域内的其他人员；（二）迅速控制危害源，并对危险化学品造成的危害进行检验、监测，测定事故的危害区域、危险化学品性质及危害程度；（三）针对事故对人体、动植物、土壤、水源、空气造成的现实危害和可能产生的危害，迅速采取封闭、隔离、洗消等措施；（四）对危险化学品事故造成的危害进行监测、处置，直至符合国家环境保护标准。”

2013 年 11 月公布的《中华人民共和国道路运输条例》（修正）第三十二条规定，“客运经营者、货运经营者应当制定有关交通事故、自然灾害以及其他突发事件的道路运输应急预案。应急预案应当包括报告程序、应急指挥、应急车辆和设备的储备以及处置措施等内容。”

目前这些行政法规存在的不足主要是：有些环境保护行政法规没有对突发环境事件的应急处置作出规定，有些即使有部分相应的规定，也存在明显的部门管理色彩，缺乏不同法规之间的协调，不利于区域性突发环境事件的应急处置。

四、国务院文件

国家突发公共事件总体应急预案、国家突发环境事件应急预案在 2006 年相继出台。此外，国务院又发布了一系列文件，包括《国务院关于全面加强应急管理工作的意见》（国发[2006]24 号）《国务院关于加强环境保护重点工作的意见》（国发[2011]35 号）《国务院关于印发国家环境保护“十二五”规划的通知》（国发[2011]42 号）《关于实行党政领导干部问责的暂行规定》（中办发[2009]25 号）《国务院办公厅转发安全监管总局等部门关于加强企业应急管理工作意见的通知》（国办发[2007]13 号）《国务院办公厅关于加强基层应急管理工作的意见》（国办发[2007]52 号）《国务院办公厅关于加强基层应急队伍建设的意见》（国办发[2009]59 号）以及国务院应急管理办公室《关于印发突发事件应急演练指南的通知》（应急办函[2009]62 号）、《国务院安委会办公室关于进一步加强危险化学品安全生产工作的指导意见》（安委办[2008]26 号）等。

2006 年 6 月 15 日，国务院印发了《关于全面加强应急管理工作的意见》（国发[2006]24 号），明确提出“十一五”期间加强应急管理工作的目标之一是建成覆盖各地区、各行业、各单位的应急预案体系。

从本质上讲，应急预案并不是一种法律规范，并至少在以下三个方面区别于后者。第一，应急预案在内容上并不创设新的权利义务，而仅仅是根据特定区域、部门、行业的个别需求，对法律业已创设的权利、义务进行抽取、梳理、组合、解释的结果，是各种应急法律规范在特定范围内的具体实施方案。第二，政府编制应急预案的目的是在既有的制度安排下尽量提高应急反应的速度，而非从无到有地创制一种具有约束效力的制度安排。应急预案作为一种建立在假设、预测、推理基础之上的较优备选方案，不排除在危机真正来临时被更优方案取代的可能。第三，应急预案在外部功能上，主要不是为了谋求一般民众的遵守和服从，而是通过预案的启动对社会产生感召、动员、宣示等作用。因此，无论在理论上还是实务中，人们都将各级各类预案作为在法律上具有同一属性的事物来看待，即把预案视为应急法律规范的具体实施方案，其差别只在于所实施的法律有所不同。发达国家的实践，也已经印证了这一点。但在我国，应急预案体系的建设是在应急法律规范体系远未完善的前提下进行的，因此，部分应急预案的性质和功能已经在实践中发生了变化，大部分高阶预案（国家和省级预案）以大量篇幅对应急管理各环节中的权利、义务作出了重要补充，而从这些规定的目的来看，对内对外都有显而易见的约束力，已经具备了法律规范的属性，对应急管理实践发挥着重要的规范和指引功能，其自身已经成为应急法律体系的一部分。

1. 国家突发公共事件总体应急预案

国务院于2006年1月8日发布《国家突发公共事件总体应急预案》（以下简称《总体预案》）。《总体预案》是全国应急预案体系的总纲，明确了各类突发公共事件分级分类和预案框架体系，规定了国务院应对特别重大突发公共事件的组织体系、工作机制等内容，是指导预防和处置各类突发公共事件的规范性文件。

编制《总体预案》的目的是为了提高政府保障公共安全和处置突发公共事件的能力，最大程度地预防和减少突发公共事件及其造成的损害，保障公众的生命财产安全，维护国家安全和社会稳定，促进经济社会全面、协调、可持续发展。在《总体预案》中，明确提出了应对各类突发公共事件的六条工作原则：以人为本，减少危害；居安思危，预防为主；统一领导，分级负责；依法规范，加强管理；快速反应，协同应对；依靠科技，提高素质。

《总体预案》将突发公共事件分为自然灾害、事故灾难、公共卫生事件、社会安全事件四类。按照各类突发公共事件的性质、严重程度、可控性和影响范围等因素，《总体预案》将其分为四级，即Ⅰ级（特别重大）、Ⅱ级（重大）、Ⅲ级（较大）和Ⅳ级（一般）。

《总体预案》适用于涉及跨省级行政区划的或超出事发地省级人民政府处置能力的特别重大突发公共事件应对工作。《总体预案》规定，突发公共事件发生后，事发地的省级人民政府或者国务院有关部门在立即报告特别重大、重大突发公共事件信息的同时，要根据职责和规定的权限启动相关应急预案，及时、有效地进行处置，控制事态。必要时，由国务院相关应急指挥机构或国务院工作组统一指挥或指导有关地区、部门开展处置工作。

《总体预案》规定，国务院是突发公共事件应急管理工作的最高行政领导机构；国务院办公厅设国务院应急管理办公室，履行值守应急、信息汇总和综合协调职责，发挥运转枢纽作用；国务院有关部门依据有关法律、行政法规和各自职责，负责相关类别突发公共事件的应急管理工作；地方各级人民政府是负责本行政区域突发公共事件应急管理工作的行政领导机构。《总体预案》对突发公共事件的预测预警、信息报告、应急响应、应急处置、恢复重建及调查评估等机制作了详细规定，并进一步明确了各有关部门在人力、财力、物力及交通运输、医疗卫生、通信等应急保障工作方面的职责。

《总体预案》要求各地区、各部门做好对人员培训和预案演练工作，抓好面向全社会的宣传教育，切实提高处置突发公共事件的能力，并明确指出突发公共事件应急处置工作实行责任追究制。对突发公共事件应急管理工作中作出突出贡献的先进集体和个人要给予表彰和奖励。对迟报、谎报、瞒报和漏报突发公共事件重要情况及其他失职、渎职行为，依法对有关责任人给予行政处分；构成犯罪的，依法追究刑事责任。

2. 国家突发环境事件应急预案

国务院于 2006 年 1 月 24 日颁布并实施的《国家突发环境事件应急预案》，按照突发事件严重性和紧急程度，将突发环境事件分为特别重大环境事件（Ⅰ级）、重大环境事件（Ⅱ级）、较大环境事件（Ⅲ级）和一般环境事件（Ⅳ级）四级。

2006 年颁布的《国家突发环境事件应急预案》确定了组织、指挥与职责，包括组织体系、综合协调机构、有关类别环境事件专业指挥机构、地方人民政府突发环境事件应急领导机构及专家组。在“预防和预警”中，对信息监测、预防工作、预警及措施、预警支持系统予以规定。在“应急响应”中，确定了分级响应机制、应急响应程序、信息报送与处理、指挥和协调、应急监测、信息发布、安全防护及应急终止。在“应急保障”中，确定了资金保障、装备保障、通信保障、人力资源保障、技术保障、宣传培训与演练、应急能力评价等，并提及后期处置内容。但该预案存在以下几方面的不足。

（1）该预案没有贯彻和体现公众参与原则

缺乏积极主动动员社会公众参与应急的规定，民主意识较差。突发环境事件不仅涉及社会公众的人身、财产利益，而且还会影响公众的环境利益，如何预防突发环境事件的发生、突发环境事件发生后采取哪些应急措施以及事后如何追究责任和恢复环境等问题都与社会公众息息相关。因此，不仅要在预案编制过程中广泛征求民众的意见，而且预案内容应该体现公众参与的要求。但该预案的整个内容都只是强调如何自上而下地采取行政管制进行应急，缺乏公众参与的内容。

（2）该预案的可操作性尚显不足

作为国家级的应急预案，该预案理应是环境应急管理的综合性预案，应充分体现综合性、权威性、指导性、规范性和可操作性。突发环境事件应急预案是指导突发环境事件应急处置的直接规定，与一般的法律、法规、规章相比应更具可操作性。但该预案的可操作性尚显不足。

第一，该预案对突发环境事件的分类有待商榷。该预案将突发环境事件分为四级，即特别重大环境事件（Ⅰ级）、重大环境事件（Ⅱ级）、较大环境事件（Ⅲ级）和一般环境事件（Ⅳ级）。从分类所采取的标准来看，这种分类是一种事后型分类，即按照突发环境事件发生后所造成的危害后果来确定突发环境事件的级别大小，至于事前或事件初期如何预见并判断会发生什么后果及其严重程度如何，并没有规定。当然，基于什么标准对突发环境事件作事前或事件初期分类是世界各国所面临的共同难题。

第二，该预案没有指明应急指挥执行系统和执行主体。应该对应急的执行主体加以明确规定，并确定参与部门（如消防、安监、交通、公安、卫生、民政部门等）的职责、任务等。

第三，松散的应急组织管理机构难以形成合力，导致应急效率低下，效果不佳。根据该预案的规定，部际联席会议和应急救援指挥中心都是临时性机构，并非严格意义上的“机构”，可能导致在突发环境事件应对过程中令出多门，影响应急处置的效果。

第四，该预案是国家级预案，而不是环境保护部门的专门预案，所以应当规定环境保护部门的职责与权限，而不是让环境保护部门包揽政府的所有职责。

第五，该预案的内容存在断裂和空缺，衔接性不强。如该预案中“应急监测”和“信息发布”之间明显缺少了应急现场处置的环节，而在应急终止后缺乏有关次生、衍生事件应对方法的规定等。这些断裂与空缺不仅导致应急处置难以收到良好效果，而且忽视了对生态环境本身的保护。

（3）该预案关于应急保障方面缺少建立物资储备制度

该预案从突发环境事件的预防、监测、预警到应急处置等内容，都过于强调技术性措施的作用，但在重要应急物资的储备方面，如饮用水、食品、药品等，缺乏常规性的储备制度。这样可能会出现突发事件发生后物资相对匮乏而集中运输困难的情况。

五、环境保护部文件

近几年，由于突发环境事件应急的需要，环保部加强了法律的修订和建章立制的工作。如2003年颁布了《黄河重大水污染事件报告办法》《黄河重大水污染事件应急调查处理规定》《黄河水量调度突发事件应急处理规定》和《三峡水库 135 米蓄水及运行期间重大水污染事件应急调查处理规定》等，《建设项目环境风险评价技术导则》（HJ/T 169—2004）则将应急预案作为一项重要内容。2009 年印发了《关于加强环境应急管理工作的意见》，2010 年《突发环境事件应急预案管理暂行办法》《尾矿库环境应急管理工作指南》《环境保护部突发环境事件信息报告情况通报办法（试行）》等规范性文件相继印发。2011 年《突发环境事件信息报告办法》经环境保护部 2011 年第 1 次部务会议审议通过，自 2011 年 5 月 1 日起施行。

为有效预防和降低环境事故的规模和程度，国家在一系列法律、法规中明确要求政府、企业分别制定相应的环境事件应急预案，而且有关部门已将此项工作列入了对环境主管部门和企业的考核及检查内容。到“十一五”末，环境应急预案体系初步形成，主要包括：国家突发环境事件应急预案、突发环境事件部门应急预案、突发环境事件地方应急预案、单位突发环境事件应急预案、突发环境事件临时应急预案等。但是，目前突发环境事件应急预案的科学性、实效性和可操作性尚显不足。主要表现为：一些应急预案质量低，操作性不强；预案相互之间缺乏衔接，协调性差；现有的文本应急预案在使用上存在许多缺陷；应急预案动态管理滞后；应急预案中有些界定和标准难以把握；应急预案实施与现有投入很不适应。

为规范突发环境事件应急预案（以下简称“环境应急预案”）管理，完善环境应急预案体系，增强环境应急预案的科学性、实效性和可操作性，2010 年 9 月 28 日，环境保护部印发了《突发环境事件应急预案管理暂行办法》（环发[2010]113 号）（以下简称《办法》），对环境保护主管部门、企业事业单位环境应急预案的编制、评估、备案、修订等方面提出了明确要求。

从结构上看，《办法》包括 7 章，29 条，2 个附件。其中第一章是总则，第二章是环境应急预案的编制，第三章是环境应急预案的评估，第四章是环境应急预案的备案，第五章是环境应急预案的实施与监督管理，第六章是法律责任，第七章是附则，附件为突发环境事件应急预案备案申请表和登记表。《办法》主要有以下特点。

（1）突出了环境应急预案的全过程管理

《办法》对环境保护行政主管部门和企事业单位突发环境事件应急预案的编制、评估、发布、备案、实施、宣教、培训、演练以及修订等的全过程管理进行了规定。其中编制部分是《办法》的基础，包括预案的分类和对内容的基本要求；科学缜密的评估程序是确保预案编制科学性的重要判断依据；备案程序作为程序性事项，有利于更好地衔接各级、各类应急预案，增强预案体系的整体性；通过预案的普及宣传教育，有利于提高公众的相关知识及意识；组织预案的培训，有利于提高专业人员的素质；定期开展预案的演练，有利于加强应对突发环境事件的处置能力，并及时查缺补漏，确保预案的科学性；突发环境事件发生的情况复杂多变，严格制定修订程序有利于及时防范不可预期的危险，增强风险预防能力。

（2）强调了环境应急预案的分类管理

对预案进行科学的分类是制定科学、有效的应急预案的前提，不同的预案根据针对的事件的差异，编制的标准及依据各有不同。政府部门和企业事业单位在环境应急管理工作中的职责不同；不同级别的政府部门，不同种类的企业，在突发环境事件应对工作中扮演的角色也不同；因此职责和定位也就不同。《办法》对政府部门和企业事业单位的环境应急预案的编制、评估、备案等环节分别作了明确规定，力图保证预案制定的针对性以及预案体系内部的协调，避免重复规定和出现有关部门互相推诿的情况；对于企业事业单位的预案制定也做出了专门规定，要求依据突发环境事件的特点，坚持预防为主的原则，减少突发环境事件的发生。

（3）注重了预案管理的整体与个性相结合

《办法》一方面从突发事件应急体系的整体出发，在制定程序中参照其他应急预案或相关处置措施制定的规定，提取其共性，强调各部分之间的衔接性；另一方面，强调个性，着重从突发环境事件自身的特点出发，制定适合于突发环境事件应急预案的制定程序要求。既保证了预案的针对性、科学性，同时也与其他领域应急预案制定相呼应，兼顾突发事件应急体系的整体性。《办法》对预案的修订原则和修订条件做出了明确的规定。同时对于预案的日常演练和评估也进行了相关规定，以便有效防止和积极应对突发环境事件，坚持平战结合，增强应急能力。

（4）在预案编制、评估等环节的社会化运营机制方面进行了探索

《办法》鼓励企事业单位委托相关专业技术服务机构开展预案编制工作，在预案评估小组成员的组成方面也要求包括行业协会代表、应急管理和专业技术方面的专家等群体。环保部门可依此建立和培养环境应急预案编制队伍和评估队伍，以及建立一支预案评审的专家队伍。要充分利用这三支队伍，并抓紧制定与预案管理办法相配套的规范和程序，如企业环境应急预案编制规范指南、环境应急预案评估指南、环境应急预案评审、备案工作程序等，以此帮助和促进应急管理工作顺利开展。同时，预案编制内容的基本要求以及相关利益人参与的规定，一方面可以在具有针对性的基础上保持预案体系的统一性；另一方

面通过利益相关人的民主参与可以提高预案公众认可度和可操作性。

（5）通过贯彻执行《办法》，实现环境应急全过程管理

通过预案编制和修订，促进环境风险排查监管工作；通过预案的实施和监督，督促企业环境风险排查工作和防范措施的落实，在一定程度上也落实了环保部门环境风险排查的监管责任；通过建立企业、部门预案的报备制度，实现预案动态管理，进而实行对辖区内环境风险隐患和应急工作的整体把握和全面管理，做好突发环境事件的事先防范。通过组织应急预案评估，提高预案的针对性、实用性和可操作性，加强预案间的衔接和协调；通过定期组织开展多种形式的预案演练，帮助企业和部门熟悉预案和应急响应工作程序，规范现场处置、信息报送、事件调查等行为，查找预案的缺陷和不足并及时予以修订，强化相关单位部门之间的协调和联动机制；通过加强预案宣传，提高公众参与和自救能力，实现社会预警—社会动员—快速反应—应急处置的整体联动，提升突发环境事件的应急响应能力。通过演练和具体事件的检验，对预案进行修订和完善，同时做好总结和培训；针对预案规定的职责和分工，明晰政府部门和企业事业单位在环境应急管理以及突发环境事件应对中的履职情况，以便查找事件原因，为调查处理提供依据。通过深入贯彻落实《办法》，全面推进环境应急全过程管理。

2011 年环境保护部以第 17 号部令的形式发布了《突发环境事件信息报告办法》，该办法共 17 条，对突发环境事件信息报告工作予以规范，并在附录中明确了突发环境事件分级标准。其中第十二条规定，“突发环境事件的报告分为初报、续报和处理结果报告。初报在发现或者得知突发环境事件后首次上报；续报在查清有关基本情况、事件发展情况后随时上报；处理结果报告在突发环境事件处理完毕后上报。” 第十三条规定，“初报应当报告突发环境事件的发生时间、地点、信息来源、事件起因和性质、基本过程、主要污染物和数量、监测数据、人员受害情况、饮用水水源地等环境敏感点受影响情况、事件发展趋势、处置情况、拟采取的措施以及下一步工作建议等初步情况，并提供可能受到突发环境事件影响的环境敏感点的分布示意图。续报应当在初报的基础上，报告有关处置进展情况。处理结果报告应当在初报和续报的基础上，报告处理突发环境事件的措施、过程和结果，突发环境事件潜在或者间接危害以及损失、社会影响、处理后的遗留问题、责任追究等详细情况。”第十四条规定，“突发环境事件信息应当采用传真、网络、邮寄和面呈等方式书面报告；情况紧急时，初报可通过电话报告，但应当及时补充书面报告。书面报告中应当载明突发环境事件报告单位、报告签发人、联系人及联系方式等内容，并尽可能提供地图、图片以及相关的多媒体资料。”第十五条规定，“在突发环境事件信息报告工作中迟报、谎报、瞒报、漏报有关突发环境事件信息的，给予通报批评；造成后果的，对直接负责的主管人员和其他直接责任人员依法依纪给予处分；构成犯罪的，移送司法机关依法追究刑事责任。”

第二节　突发环境事件应急监测相关技术规定

目前，我国突发环境事件应急监测相关技术规定主要是《突发环境事件应急监测技术规范》（HJ 589—2010），该标准规定了突发环境事件应急监测的布点与采样、监测项目与

相应的现场监测和实验室监测分析方法、监测数据的处理与上报、监测的质量保证等的技术要求，自 2011 年 1 月 1 日起实施。

突发环境事件应急监测技术规范（HJ 589—2010）

1 适用范围

本标准规定了突发环境事件应急监测的布点与采样、监测项目与相应的现场监测和实验室监测分析方法、监测数据的处理与上报、监测的质量保证等的技术要求。

本标准适用于因生产、经营、储存、运输、使用和处置危险化学品或危险废物以及意外因素或不可抗拒的自然灾害等原因而引发的突发环境事件的应急监测，包括地表水、地下水、大气和土壤环境等的应急监测。

本标准不适用于核污染事件、海洋污染事件、涉及军事设施污染事件、生物、微生物污染事件等的应急监测。

2 规范性引用文件

本规范内容引用了下列文件或其中的条款。凡是不注明日期的引用文件，其有效版本适用于本标准。

GB 3095 环境空气质量标准

GB 3838 地表水环境质量标准

GB 15618 土壤环境质量标准

GB/T 8170 数值修约规则与极限数值的表示和判定

GB/T 14848 地下水质量标准

HJ/T 55 大气污染物无组织排放监测技术导则

HJ/T 91 地表水和污水监测技术规范

HJ/T 164 地下水环境监测技术规范

HJ/T 166 土壤环境监测技术规范

HJ/T 193 环境空气质量自动监测技术规范

HJ/T 194 环境空气质量手工监测技术规范

3 术语和定义

下列术语和定义适用于本标准。

3.1 突发环境事件 abrupt environmental accidents

指由于违反环境保护法规的经济、社会活动与行为，以及意外因素或不可抗拒的自然灾害等原因在瞬时或短时间内排放有毒、有害污染物质，致使地表水、地下水、大气和土壤环境受到严重的污染和破坏，对社会经济与人民生命财产造成损失的恶性事件。

3.2 应急监测 emergency monitoring

指突发环境事件发生后，对污染物、污染物浓度和污染范围进行的监测。

3.3 瞬时样品 snap sample

指从地表水、地下水、大气和土壤中不连续地随机采集的单一样品，一般在一定的时间和地点随机采取。

3.4 采样断面（点） sampling section（point）

指突发环境事件发生后，对地表水、地下水、大气和土壤样品进行采集的整个剖面（点）。

3.4.1 对照断面（点） comparison section（point）

指具体评价某一突发环境事件区域环境污染程度时，位于该污染事故区域外，能够提供这一区域环境本底值的断面（点）。

3.4.2 控制断面（点） controlling section（point）

指突发环境事件发生后，为了解地表水、地下水、大气和土壤环境受污染程度及其变化情况而设置的断面（点）。

3.4.3 消减断面 decreasing section（point）

指突发环境事件发生后，污染物在水体内流经一定距离而达到最大程度混合，因稀释、扩散和降解作用，其主要污染物浓度有明显降低的断面。

3.5 跟踪监测 track monitoring

指为掌握污染程度、范围及变化趋势，在突发环境事件发生后所进行的连续监测，直至地表水、地下水、大气和土壤环境恢复正常。

3.6 流动污染源 mobile pollution source

指在运输过程中由于突发环境事件，在瞬时或短时间内排放有毒、有害污染物，造成对环境污染的源。

3.7 固定污染源 stationary pollution source

指固定场所如工业企业或其他单位由于突发环境事件，在瞬时或短时间内排放有毒、有害污染物，造成对环境污染的源。

4 采样布点与现场监测

4.1 布点

4.1.1 布点原则

采样断面（点）的设置一般以突发环境事件发生地及其附近区域为主，同时必须注重人群和生活环境，重点关注对饮用水水源地、人群活动区域的空气、农田土壤等区域的影响，并合理设置监测断面（点），以掌握污染发生地状况、反映事故发生区域环境的污染程度和范围。

对被突发环境事件所污染的地表水、地下水、大气和土壤应设置对照断面（点）、控制断面（点），对地表水和地下水还应设置消减断面，尽可能以最少的断面（点）获取足够的有代表性的所需信息，同时须考虑采样的可行性和方便性。

4.1.2 布点方法

根据污染现场的具体情况和污染区域的特性进行布点。

4.1.2.1 对固定污染源和流动污染源的监测布点，应根据现场的具体情况，产生污染物的不同工况（部位）或不同容器分别布设采样点。

4.1.2.2 对江河的监测应在事故发生地及其下游布点，同时在事故发生地上游一定距离布设对照断面（点）；如江河水流的流速很小或基本静止，可根据污染物的特性在不同水层采样；在事故影响区域内饮用水取水口和农灌区取水口处必须设置采样断面（点）。

4.1.2.3 对湖（库）的采样点布设应以事故发生地为中心，按水流方向在一定间隔的扇形或圆形布点，并根据污染物的特性在不同水层采样，同时根据水流流向，在其上游适当距离布设对照断面（点）；必要时，在湖（库）出水口和饮用水取水口处设置采样断面（点）。

4.1.2.4 对地下水的监测应以事故地点为中心，根据本地区地下水流向采用网格法或辐射法布设监测井采样，同时视地下水主要补给来源，在垂直于地下水流的上方向，设置对照监测井采样；在以地下水为饮用水源的取水处必须设置采样点。

4.1.2.5 对大气的监测应以事故地点为中心，在下风向按一定间隔扇形或圆形布点，并根据污染物的特性在不同高度采样，同时在事故点的上风向适当位置布设对照点；在可能受污染影响的居民住宅区或人群活动区等敏感点必须设置采样点，采样过程中应注意风向变化，及时调整采样点位置。

4.1.2.6 对土壤的监测应以事故地点为中心，按一定间隔的圆形布点采样，并根据污染物的特性在不同深度采样，同时采集对照样品，必要时在事故地附近采集作物样品。

4.1.2.7 根据污染物在水中溶解度、密度等特性，对易沉积于水底的污染物，必要时布设底质采样断面（点）。

4.2 采样

4.2.1 采样前的准备

4.2.1.1 采样计划制定

应根据突发环境事件应急监测预案初步制定有关采样计划，包括布点原则、监测频次、采样方法、监测项目、采样人员及分工、采样器材、安全防护设备、必要的简易快速检测器材等，必要时，根据事故现场具体情况制定更详细的采样计划。

4.2.1.2 采样器材准备

采样器材主要是指采样器和样品容器，常见的器材材质及洗涤要求可参照相应的水、大气和土壤监测技术规范，有条件的应专门配备一套用于应急监测的采样设备。此外还可以利用当地的水质或大气自动在线监测设备进行采样。

4.2.2 采样方法及采样量的确定

4.2.2.1 应急监测通常采集瞬时样品，采样量根据分析项目及分析方法确定，采样量还应满足留样要求。

4.2.2.2 污染发生后，应首先采集污染源样品，注意采样的代表性。

4.2.2.3 具体采样方法及采样量可参照 HJ/T 91、HJ/T 164、HJ/T 194、HJ/T 193、HJ/T 55 和 HJ/T 166 等。

4.2.3 采样范围或采样断面（点）的确定

采样人员到达现场后，应根据事故发生地的具体情况，迅速划定采样、控制区域，按布点方法进行布点，确定采样断面（点）。

4.2.4 采样频次的确定

采样频次主要根据现场污染状况确定。事故刚发生时，采样频次可适当增加，待摸清污染物变化规律后，可减少采样频次。依据不同的环境区域功能和事故发生地的污染实际情况，力求以最低的采样频次，取得最有代表性的样品，既满足反映环境污染程度、范围的要求，又切实可行。

4.2.5 采样注意事项

a．根据污染物特性（密度、挥发性、溶解度等），决定是否进行分层采样。

b．根据污染物特性（有机物、无机物等），选用不同材质的容器存放样品。

c．采水样时不可搅动水底沉积物，如有需要，同时采集事故发生地的底质样品。

d．采气样时不可超过所用吸附管或吸收液的吸收限度。

e．采集样品后，应将样品容器盖紧、密封，贴好样品标签，样品标签的内容见 5.2.2 条说明。

f．采样结束后，应核对采样计划、采样记录与样品，如有错误或漏采，应立即重采或补采。

4.2.6 现场采样记录

现场采样记录是突发环境事件应急监测的第一手资料，必须如实记录并在现场完成，内容全面，可充分利用常规例行监测表格进行规范记录，至少应包括如下信息：

a．事故发生的时间和地点，污染事故单位名称、联系方式。

b．现场示意图，如有必要对采样断面（点）及周围情况进行现场录像和拍照，特别注明采样断面（点）所在位置的标志性特征物如建筑物、桥梁等名称。

c．监测实施方案，包括监测项目（如可能）、采样断面（点位）、监测频次、采样时间等。

d．事故发生现场描述及事故发生的原因。

e．必要的水文气象参数（如水温、水流流向、流量、气温、气压、风向、风速等）。

f．可能存在的污染物名称、流失量及影响范围（程度）；如有可能，简要说明污染物的有害特性。

g．尽可能收集与突发环境事件相关的其他信息，如盛放有毒有害污染物的容器、标签等信息，尤其是外文标签等信息，以便核对。

h．采样人员及校核人员的签名。

4.2.7 跟踪监测采样

4.2.7.1 污染物质进入周围环境后，随着稀释、扩散和降解等作用，其浓度会逐渐降低。为了掌握事故发生后的污染程度、范围及变化趋势，常需要进行连续的跟踪监测，直至环境恢复正常或达标。

4.2.7.2 在污染事故责任不清的情况下，可采用逆向跟踪监测和确定特征污染物的方法，追查确定污染来源或事故责任者。

4.2.8 采样的质量保证

4.2.8.1 采样人员必须经过培训持证上岗，能切实掌握环境污染事故采样布点技术，熟知采样器具的使用和样品采集（富集）、固定、保存、运输条件。

4.2.8.2 采样仪器应在校准周期内使用，进行日常的维护、保养，确保仪器设备始终保持良好的技术状态，仪器离开实验室前应进行必要的检查。

4.2.8.3 采样的其他质量保证措施可参照相应的监测技术规范执行。

4.3 现场监测

4.3.1 现场监测仪器设备的确定原则

应能快速鉴定、鉴别污染物，并能给出定性、半定量或定量的检测结果，直接读数，使用方便，易于携带，对样品的前处理要求低。

4.3.2 现场监测仪器设备的准备

可根据本地实际和全国环境监测站建设标准要求，配置常用的现场监测仪器设备，如检测试纸、快速检测管和便携式监测仪器等快速检测仪器设备。需要时，配置便携式气相色谱仪、便携式红外光谱仪、便携式气相色谱/质谱分析仪等应急监测仪器。

4.3.3 现场监测项目和分析方法

凡具备现场测定条件的监测项目，应尽量进行现场测定。必要时，另采集一份样品送实验室分析测定，以确认现场的定性或定量分析结果。

4.3.3.1 检测试纸、快速检测管和便携式监测仪器的使用方法可参照相应的使用说明，使用过程中应注意避免其他物质的干扰。

4.3.3.2 用检测试纸、快速检测管和便携式监测仪器进行测定时，应至少连续平行测定两次，以确认现场测定结果；必要时，送实验室用不同的分析方法对现场监测结果加以确认、鉴别。

4.3.3.3 用过的检测试纸和快速检测管应妥善处置。

4.3.4 现场监测记录

现场监测记录是报告应急监测结果的依据之一，应按格式规范记录，保证信息完整，可充分利用常规例行监测表格进行规范记录，主要包括环境条件，分析项目，分析方法，分析日期，样品类型，仪器名称，仪器型号，仪器编号，测定结果，监测断面（点位）示意图，分析人员、校核人员、审核人员签名等，根据需要并在可能的情况下，同时记录风向、风速、水流流向、流速等气象水文信息。

4.3.5 现场监测的质量保证

4.3.5.1 用于应急监测的便携式监测仪器，应定期进行检定/校准或核查，并进行日常维护、保养，确保仪器设备始终保持良好的技术状态，仪器使用前需进行检查。

4.3.5.2 检测试纸、快速检测管等应按规定的保存要求进行保管，并保证在有效期内使用。应定期用标准物质对检测试纸、快速检测管等进行使用性能检查，如有效期为一年，至少半年应进行一次。

4.4 采样和现场监测的安全防护

进入突发环境事件现场的应急监测人员，必须注意自身的安全防护，对事故现场不熟悉、不能确认现场安全或不按规定佩戴必需的防护设备（如防护服、防毒呼吸器等），未经现场指挥/警戒人员许可，不应进入事故现场进行采样监测。

4.4.1 采样和现场监测人员安全防护设备的准备

各地应根据当地的具体情况，配备必要的现场监测人员安全防护设备。常用的有：

a．测爆仪，一氧化碳、硫化氢、氯化氢、氯气、氨等现场测定仪等。

b．防护服、防护手套、胶靴等防酸碱、防有机物渗透的各类防护用品。

c．各类防毒面具、防毒呼吸器（带氧气呼吸器）及常用的解毒药品。

d. 防爆应急灯、醒目安全帽、带明显标志的小背心（色彩鲜艳且有荧光反射物）、救生衣、防护安全带（绳）、呼救器等。

4.4.2　采样和现场监测安全事项

4.4.2.1　应急监测，至少二人同行。

4.4.2.2　进入事故现场进行采样监测，应经现场指挥/警戒人员许可，在确认安全的情况下，按规定佩戴必需的防护设备（如防护服、防毒呼吸器等）。

4.4.2.3　进入易燃易爆事故现场的应急监测车辆应有防火、防爆安全装置，应使用防爆的现场应急监测仪器设备（包括附件如电源等）进行现场监测，或在确认安全的情况下使用现场应急监测仪器设备进行现场监测。

4.4.2.4　进入水体或登高采样，应穿戴救生衣或佩带防护安全带（绳）。

5　样品管理

5.1　样品管理目的

样品管理的目的是为了保证样品的采集、保存、运输、接收、分析、处置工作有序进行，确保样品在传递过程中始终处于受控状态。

5.2　样品标志

5.2.1　样品应以一定的方法进行分类，如可按环境要素或其他方法进行分类，并在样品标签和现场采样记录单上记录相应的唯一性标志。

5.2.2　样品标志至少应包含样品编号、采样地点、监测项目（如可能）、采样时间、采样人等信息。

5.2.3　对有毒有害、易燃易爆样品特别是污染源样品应用特别标志（如图案、文字）加以注明。

5.3　样品保存

除现场测定项目外，对需送实验室进行分析的样品，应选择合适的存放容器和样品保存方法进行存放和保存。

5.3.1　根据不同样品的性状和监测项目，选择合适的容器存放样品。

5.3.2　选择合适的样品保存剂和保存条件等样品保存方法，尽量避免样品在保存和运输过程中发生变化。对易燃易爆及有毒有害的应急样品，必须分类存放，保证安全。

5.4　样品的运送和交接

5.4.1　对需送实验室进行分析的样品，立即送实验室进行分析，尽可能缩短运输时间，避免样品在保存和运输过程中发生变化。

5.4.2　对易挥发性的化合物或高温不稳定的化合物，注意降温保存运输，在条件允许情况下可用车载冰箱或机制冰块降温保存，还可采用食用冰或大量深井水（湖水）、冰凉泉水等临时降温措施。

5.4.3　样品运输前应将样品容器内、外盖（塞）盖（塞）紧。装箱时应用泡沫塑料等分隔，以防样品破损和倒翻。每个样品箱内应有相应的样品采样记录单或送样清单，应有专门人员运送样品，如非采样人员运送样品，则采样人员和运送样品人员之间应有样品交接记录。

5.4.4　样品交实验室时，双方应有交接手续，双方核对样品编号、样品名称、样品性状、样品数量、保存剂加入情况、采样日期、送样日期等信息确认无误后在送样单或接样单上签字。

5.4.5 对有毒有害、易燃易爆或性状不明的应急监测样品，特别是污染源样品，送样人员在送实验室时应告知接样人员或实验室人员样品的危险性，接样人员同时向实验室人员说明样品的危险性，实验室分析人员在分析时应注意安全。

5.5 样品的处置

5.5.1 对应急监测样品，应留样，直至事故处理完毕。

5.5.2 对含有剧毒或大量有毒、有害化合物的样品，特别是污染源样品，不应随意处置，应作无害化处理或送有资质的处理单位进行无害化处理。

5.6 样品管理的质量保证

5.6.1 应保证样品从采集、保存、运输、分析、处置的全过程都有记录，确保样品管理处在受控状态。

5.6.2 样品在采集和运输过程中应防止样品被污染及样品对环境的污染。运输工具应合适，运输中应采取必要的防震、防雨、防尘、防爆等措施，以保证人员和样品的安全。

5.6.3 实验室接样人员接收样品后应立即送检测人员进行分析。

6 监测项目和分析方法

6.1 监测项目

6.1.1 监测项目的确定原则

突发环境事件由于其发生的突然性、形式的多样性、成分复杂性决定了应急监测项目往往一时难以确定，此时应通过多种途径尽快确定主要污染物和监测项目。

6.1.2 已知污染物的突发环境事件监测项目的确定

根据已知污染物确定主要监测项目。同时应考虑该污染物在环境中可能产生的反应，衍生成其他有毒有害物质。

6.1.2.1 对固定源引发的突发环境事件，通过对引发突发环境事件固定源单位的有关人员（如管理、技术人员和使用人员等）的调查询问，以及对引发突发环境事件的位置、所用设备、原辅材料、生产的产品等的调查，同时采集有代表性的污染源样品，确认主要污染物和监测项目。

6.1.2.2 对流动源引发的突发环境事件，通过对有关人员（如货主、驾驶员、押运员等）的询问以及所运送危险化学品或危险废物的外包装、准运证、押运证、上岗证、驾驶证、车号（或船号）等信息，调查运输危险化学品的名称、数量、来源、生产或使用单位，同时采集有代表性的污染源样品，鉴定和确认主要污染物和监测项目。

6.1.3 未知污染物的突发环境事件监测项目的确定

6.1.3.1 通过污染事故现场的一些特征，如气味、挥发性、遇水的反应特性、颜色及对周围环境、作物的影响等，初步确定主要污染物和监测项目。

6.1.3.2 如发生人员或动物中毒事故，可根据中毒反应的特殊症状，初步确定主要污染物和监测项目。

6.1.3.3 通过事故现场周围可能产生污染的排放源的生产、环保、安全记录，初步确定主要污染物和监测项目。

6.1.3.4　利用空气自动监测站、水质自动监测站和污染源在线监测系统等现有的仪器设备的监测，确定主要污染物和监测项目。

6.1.3.5　通过现场采样分析，包括采集有代表性的污染源样品，利用试纸、快速检测管和便携式监测仪器等现场快速分析手段，确定主要污染物和监测项目。

6.1.3.6　通过采集样品，包括采集有代表性的污染源样品，送实验室分析后，确定主要污染物和监测项目。

6.2　分析方法

为迅速查明突发环境事件污染物的种类（或名称）、污染程度和范围以及污染发展趋势，在已有调查资料的基础上，充分利用现场快速监测方法和实验室现有的分析方法进行鉴别、确认。

6.2.1　为快速监测突发环境事件的污染物，首先可采用如下的快速监测方法：

a. 检测试纸、快速检测管和便携式监测仪器等的监测方法。

b. 现有的空气自动监测站、水质自动监测站和污染源在线监测系统等在用的监测方法。

c. 现行实验室分析方法。

6.2.2　从速送实验室进行确认、鉴别，实验室应优先采用国家环境保护标准或行业标准。

6.2.3　当上述分析方法不能满足要求时，可根据各地具体情况和仪器设备条件，选用其他适宜的方法如 ISO、美国 EPA、日本 JIS 等国外的分析方法。

6.3　实验室原始记录及结果表示

6.3.1　实验室原始记录内容

6.3.1.1　突发环境事件实验室分析的原始记录，是报告应急监测结果的依据，可按常规例行监测格式规范记录，保证信息完整。

6.3.1.2　实验室原始记录要真实及时，不应追记，记录要清晰完整，字迹要端正。

6.3.1.3　如实验室原始记录上数据有误，应采用“杠改法”修改，并在其上方写上正确的数字，并在其下方签名或盖章。

6.3.1.4　实验室原始记录要有统一编号，应随监测报告及时、按期归档。

6.3.2　结果表示

突发环境事件应急的监测结果可用定性、半定量或定量的监测结果来表示。

6.3.2.1　定性监测结果可用“检出”或“未检出”来表示，并尽可能注明监测项目的检出限。

6.3.2.2　半定量监测结果可给出所测污染物的测定结果或测定结果范围。

6.3.2.3　定量监测结果应给出所测污染物的测定结果。

6.4　实验室质量保证和质量控制

6.4.1　分析人员应熟悉和掌握相关仪器设备和分析方法，持证上岗。

6.4.2　用于监测的各种计量器具要按有关规定定期检定，并在检定周期内进行期间核查，定期检查和维护保养，保证仪器设备的正常运转。

6.4.3　实验用水要符合分析方法要求，试剂和实验辅助材料要检验合格后投入使用。

6.4.4 实验室采购服务应选择合格的供应商。

6.4.5 实验室环境条件应满足分析方法要求，需控制温湿度等条件的实验室要配备相应设备，监控并记录环境条件。

6.4.6 实验室质量保证和质量控制的具体措施参照相应的技术规范执行。

7 数据处理与监测报告

7.1 数据处理

7.1.1 突发环境事件应急监测的数据处理参照相应的监测技术规范执行。

7.1.2 数据修约规则

按照 GB/T 8170的相关规定执行。

7.2 监测报告

7.2.1 基本原则

突发环境事件应急监测报告以及时、快速报送为原则。

7.2.2 报告形式及内容

7.2.2.1 为及时上报突发环境事件应急监测的监测结果，可采用电话、传真、电子邮件、监测快报、简报等形式报送监测结果等简要信息。

7.2.2.2 突发环境事件应急监测报告应包括以下内容。

a. 标题名称。

b. 监测单位名称和地址，进行测试的地点（当测试地点不在本站时，应注明测试地点）。

c. 监测报告的唯一性编号和每一页与总页数的标志。

d. 事故发生的时间、地点，监测断面（点位）示意图，发生原因，污染来源，主要污染物质，污染范围，必要的水文气象参数等。

e. 所用方法的标志（名称和编号）。

f. 样品的描述、状态和明确的标志。

g. 样品采样日期、接收日期、检测日期。

h. 检测结果和结果评价（必要时）。

i. 审核人、授权签字人签字（已通过计量认证/实验室认可的监测项目）等。

j. 计量认证/实验室认可标志（已通过计量认证/实验室认可的监测项目）。

7.2.3 在以九种形式上报的应急监测结果报告中，应以最终上报的正式应急监测报告为准。

7.2.4 对已通过计量认证/实验室认可的监测项目，监测报告应符合计量认证/实验室认可的相关要求；对未通过计量认证/实验室认可的监测项目，可按当地环境保护行政主管部门或任务下达单位的要求进行报送。

7.2.5 环境污染程度评价

如可能，应对突发环境事件区域的环境污染程度进行评价，可用如下方法进行：

7.2.5.1 评价突发环境事件对区域的环境污染程度，执行 GB 3838、GB/T 14848、GB 3095、GB 15618等相应的环境质量标准。

7.2.5.2 对发生突发环境事件单位所造成的污染程度进行评价，执行相应的污染物排放标准。事故对环境的影响评价，参照 7.2.5.1 条执行相应的环境质量标准。

7.2.5.3　对某种污染物目前尚无评价标准的，可根据当地环境保护行政主管部门、任务下达单位或事故涉及方认可或推荐的方法或标准进行评价。

7.2.6　时间要求

突发环境事件应急监测结果应以电话、传真、监测快报等形式立即上报，跟踪监测结果以监测简报形式在监测次日报送，事故处理完毕后，应出具应急监测报告。

7.2.7　报送范围

按当地突发性环境污染事件（故）应急预案要求进行报送。一般突发环境事件监测报告上报当地环境保护行政主管部门及任务下达单位；重大和特大突发环境事件除上报当地环境保护行政主管部门及任务下达单位外，还应报上一级环境监测部门。

7.3　应急监测报告的质量保证

7.3.1　监测报告信息要完整。

7.3.2　监测报告实行三级审核。

附录 A
（资料性附录）
突发环境事件应急监测预案编制提纲

A.1　总则

为了强化各级环境监测站对突发环境事件的应急监测能力，及时掌握突发环境事件的现状，各地应建立健全相应的组织机构，落实应急监测人员和配备应急监测设备，各地可根据应急预案编制提纲编制适合当地实际情况的突发环境事件应急监测预案。

A.2　适用范围

A.3　组织机构与职责分工

应按各级环境监测站在本管辖区域应急监测网络内的职责分工，制定网络内各级组织的机构组成及职责分工，同时应绘制相应的组织机构框图以及相关人员的联系方法。

对在区域之间（如省与省、市与市之间）发生的突发环境事件，应由上级环境监测站负责协调、组织实施应急监测。

A.4　应急监测仪器配置

根据环境监测站的实际情况，明确应急监测仪器和相关物品的名称、型号、数量、适用范围、保管人等信息。

A.5　应急监测工作基本程序

预案中应急监测工作基本程序的编制至少应包括应急监测工作网络运作程序、具体工作程序和质量保证工作程序三方面内容，可以用流程图的形式表示。

A.5.1　应急监测工作网络图

指环境监测站所在区域的、自上而下的网络关系图。

A.5.2　应急监测工作流程图（包括数据上报）

指环境监测站内部应急监测工作从接到指令开始，到监测数据上报全过程的工作路线流程。

A.5.3 应急监测质量控制要求及流程图

根据应急监测质量控制的基本要求，绘制质量控制流程图，方便环境监测人员对照执行。

A.6 应急监测方案制定的基本原则

明确应急监测方案的制定责任人员、应急监测方案中所应包括的基本内容等。

A.7 应急监测技术支持系统

为提高应急监测预案的科学性及可操作性，各级环境监测站应尽可能按下列内容编制应急监测技术支持系统，并给予不断的完善。

A.7.1 国家相应法律、规范支持系统

A.7.2 环境监测技术规范支持系统

A.7.3 当地危险源调查数据库支持系统

A.7.4 各类化学品基本特性数据库支持系统

A.7.5 常见突发环境事件处置技术支持系统

A.7.6 专家支持系统

A.8 应急监测防护装备、通讯设备及后勤保障体系

预案中应规定应急监测防护和通讯装备的种类和数量，统一分类编目，并对放置地点和保管人进行明确规定。应明确后勤保障体系的构成及人员责任分工。

第三章 现场应急监测分析技术的类型及特点

第一节 现场应急监测分析技术的类型

随着突发环境事件对监测技术需求的日益迫切，现场应急监测分析技术也相应地得到了快速发展，根据检测技术的原理及形式不同，环境分析专家们将其分为感官检测法、动物检测法、植物检测法、化学产味法、试纸法、侦检粉法、侦检管法、检测管法、滴定或反滴定法、化学比色法、便携式仪器分析法、免疫分析法及车载实验室法等。其中便携式仪器分析技术包括便携式光学分析技术、便携式色谱分析技术、便携式色谱质谱联用分析技术、便携式电化学分析技术、便携式生物监测技术等。在应急监测初期进行污染物初步筛查时，可首先采用快速定性、半定量分析技术进行快速监测。如对于一般已知污染物种类的突发环境事件，检测管法可发挥较大的作用。但对于那些污染物未知及污染物种类多，尤其是有机污染事件时，仅靠检测管已不能满足现场定性和定量分析的要求。此时可采用便携式色质联用仪及各种高性能便携式气体检测仪器（如袖珍式爆炸和有毒有害气体检测仪）等进行监测。本节将就目前较为成熟的现场监测仪器设备分析技术做一简单介绍，详细内容将在以后各章予以讨论。

1．试纸技术

试纸技术的基本原理是根据某种污染物的特效反应，将试纸浸渍与该污染物具有选择性反应的分析试剂后制成该污染物的专用分析试纸。试纸的颜色变化可作定性分析，而将变化后的色度与标准色阶比较即可作半定量分析。

2．检测管技术

检测管技术的检测原理是当被测气体或液体通过检测管时造成检测管内填充物颜色变化，并根据颜色变化程度来测定特定的气体或水体污染物。按检测污染物介质不同，检测管包括气体检测管、水质检测管，气体检测管有短程检测管、长程检测管等，水质检测管又有直接检测管、色柱检测管等。

3．试剂盒技术

试剂盒技术基于待测物与某特定试剂进行化学或生物等反应并可通过颜色变化表现反应程度的特性，通过目视比色或辅助仪器比色、滴定等方法即可获得待测物浓度值。用于环境污染物检测的试剂盒主要有化学显色试剂盒、生物酶学试剂盒、酶联免疫试剂盒、微生物试剂盒等，具有携带方便、操作简单、适合现场快速检测、经济实用等优点。

4．袖珍式爆炸和有毒有害气体检测仪技术

根据可燃性气体和有毒有害气体的热学、光学、电化学及色谱学等特点设计的，能在事故现场对某种或多种可燃性气体和有毒有害气体进行采集、测量、分析和报警的仪器。各种类型高性能便携式气体检测器的出现，在突发性大气环境污染事故的应急监测和调查中发挥了重要作用。

5．便携式光学分析技术

将光谱技术便携化、小型化，目前已有便携式紫外-可见吸收技术、便携式红外光谱仪技术、便携式荧光光谱技术、便携式原子吸收技术、便携式散射技术、便携式反射技术等产品可应用于现场快速检测。

6．便携式气相色谱技术

便携式气相色谱技术较为适合环境污染事故的应急检测，这种技术通过给色谱仪配备不同类型的检测器，可实现对无机有害气体（如 AsH_3、PH_3、H_2S）、有机气体（如烷烃类、芳香烃类、醛类、酮类、醇类、醚类及有机磷等）和其他有机污染物（如卤代烃、氯代苯类等）等多种污染物的现场快速检测。

7．便携式离子色谱技术

便携式离子色谱检测技术是在实验室离子色谱检测技术基础上发展起来的检测技术。它是将离子色谱仪的泵、检测器、柱箱等集成化、小型化，最终形成便携式离子色谱分析仪。目前的便携式离子色谱分析仪，可对 F^-、Cl^-、Br^-、NO_2^-、PO_4^{3-}、NO_3^-、SO_4^{2-}及 Li^+、Na^+、NH_4^+、K^+、Ca^{2+}、Mg^{2+}等多种阳离子进行现场快速检测。

8．便携式气-质联用技术

便携式气-质联用技术结合气相色谱技术和质谱技术两者的优点，能够现场给出气体、水体和土壤中未知挥发或半挥发污染物的定性及定量检测结果，是一种较为理想的应急检测技术。

9．便携式电化学仪技术

便携式电化学仪检测技术是一种电分析化学技术，具有灵敏度高、应用范围广、准确度高、仪器便携、信号处理简单等特点，主要包括便携式溶出伏安仪检测技术、离子选择性电极检测技术、电化学生物传感器技术等。目前，已有大量的单项或多项目污染物电化学检测仪器投入实际污染事故中的应用。

10．快速生物应急监测技术

单纯的化学分析无法全面评价环境的质量，而生物监测更具有直观、客观、综合和历史可溯源性的特点。本书介绍的快速生物应急监测技术主要包括生物综合毒性检测技术和粪大肠菌群快速检测技术。在突发环境事件应急监测工作中，生物综合毒性检测技术能快速评价污染物的综合毒性，并间接反映污染物对人体健康或环境安全的危害。而快速检测粪大肠菌群酶底物法，操作简单，检测时间短，无需确认实验，不需要专门的无菌间，在条件较差的地方也能应用。该方法使用的试剂可提供选择性杂菌抑制，能有效避免传统方法产生的假阳性反应，非常适合应急监测需求。

第二节　现场应急监测分析技术的选用原则与方法

为快速查明突发环境事件污染物的种类、污染程度、范围以及污染发展趋势，为指挥决策提供科学依据，需要对现有的技术、设备以及各环节进行有机结合统筹开展，在具体实施现场监测时，要能针对不同的应急类型和应急时段，选择最适合的仪器和分析方法，以便在最短的时间内，用最简单有效的方法获取最有价值的监测数据，减少事件的危害，需选择合理的应急监测技术与使用程序作支撑。

一、现场应急监测分析技术的选用原则

突发环境事件应急监测分析技术的选用以及时、准确为首要原则。应能快速鉴定、鉴别污染物，并能给出定性、半定量或定量的检测结果，仪器能直接读数，使用方便，易于携带，干扰小，试剂用量少，对样品的前处理要求低。对于不得不采用实验室方法分析的项目，应选择现有最简单快速的分析方法。

二、现场应急监测分析技术的选用方法

对现场快速测定方法的选择主要依赖于准确度的要求，一般应基于“尽量准确”的原则，尽量选择操作简单、快速的分析方法。可按如下步骤和程序选择分析方法。

（1）在污染物性质及含量均不明了时，应首先选用能直读数的仪器如检测试纸法、便携式气体检测仪等先进行初步筛查，为下一步准确定量定性作基础，给应急处置提供最初的技术依据，同时也避免在不知浓度情况下污染高精度仪器。

（2）不同类型污染事件选择监测分析技术的方法

①对于环境空气污染事件，应优先考虑采用气体检测管法、便携式气体检测仪、便携式气相色谱法、便携式红外光谱法和便携式气相色谱-质谱联用仪器法等。同时，还可从现有的环境空气自动监测站和污染源排气在线连续自动监测系统获得相关监测信息。

②对于地表水、地下水、海水和土壤环境污染事件，应优先考虑选用化学比色法、便携式分光光度计法、便携式综合水质检测仪器法、便携式电化学检测仪器法、便携式气相色谱法、便携式红外光谱法和便携式气相色谱-质谱联用仪器法等。同时，还可从现有的地表水水质自动监测站和污染源排水在线连续自动监测系统获得相关检测信息。

③对于无机污染物，应优先考虑选用检测试纸法、气体或水质检测管法、便携式气体检测仪、化学比色法、便携式分光光度计法、便携式综合检测仪器法、便携式离子选择电极法及便携式离子色谱法等。

④对于有机污染物，应优先考虑选用便携式红外光谱仪法、便携式气相色谱法、便携式质谱仪和便携式色谱-质谱联用仪法等。

（3）由于污染物复杂，便携式监测仪器的现场监测能力有限，基本局限在挥发性有机物、重金属等因子，对大多数半挥发性及不挥发性有机物难以进行现场监测，当这些污染物进入水体，一时又不能鉴别污染物特性时，需要用生物综合毒性仪对水体毒性做一个综合判断，为应急决策进行污染范围控制提供依据，同时采样送实验室进行快速分析。

（4）对于现场不能分析的污染物，应迅速采集样品，并尽快送至实验室及时分析。

由于突发环境事件可能对各种环境要素（如空气、地表/地下水、废水、土壤等）带来了不同程度的破坏，而且环境样品尤其是事故发生时的监测分析对象具有瞬时变化的特性，增加了监测的困难程度，常规监测分析技术难以满足突发环境事件的监测需要。因此，

应对突发环境事件，必须提供最一般的监测技术，以达到较快地启动各种仪器设备，从而迅速有效地进行较全面的现场应急监测的目的。随着分析技术的发展和仪器制造水平的提高，目前可供选择的现场快速检测分析技术及相关仪器得到了长足发展。常见污染物及应急监测分析方法的选择见表 3.1。

表 3.1 常见污染物应急分析方法的选择

化合物名称	检测技术
氯气	检测试纸法
	气体检测管法
	便携式电化学传感器法
CO	检测试纸法
	气体检测管法
	便携式电化学传感器法
	便携光学式（非分散红外吸收）检测器法
HCl	检测试纸法
	气体检测管法
	便携式传感器法
氟化物	检测试纸法
	气体检测管法
	化学测试组件法
NH_3	检测试纸法
	气体检测管法
	便携光学式检测器法
NO_x	检测试纸法
	气体检测管法
	便携式电化学传感器法
	便携光学式检测器法
H_2S	检测试纸法
	气体检测管法
	便携式电化学传感器法
	便携光学式检测器法
	便携式分光光度法
	便携式离子色谱法
SO_2	检测试纸法
	气体检测管法
	便携式电化学传感器法
	便携光学式检测器法
O_3	气体检测管法
	便携式电化学传感器法
	便携光学式检测器法

化合物名称	检测技术
AsH_3	检测试纸法
	气体检测管法
	便携式电化学传感器法
PH_3	检测试纸法
	气体检测管法
	便携式电化学传感器法
	便携式气相色谱法
HCN	检测试纸法
	气体检测管法
	便携式电化学传感器法
	便携式分光光度法
光气	检测试纸法
	气体检测管法
	便携式仪器法
	便携式分光光度法
总烃	气体检测管法
	目视比色法
	便携式 VOC 检测仪法
可燃气	气体检测管法
	便携式 LEL 传感器法
	便携式挥发性有机物（VOCs）检测仪法
沥青烟	气体检测管法
	便携式挥发性有机物（VOCs）检测仪法
	便携式气相色谱法
硫酸雾/硝酸雾	检测试纸法
	气体检测管法
	便携式仪器法
铅（气态）（环境空气）	气体检测管法
	便携式离子计法
	便携式比色计/光度计法
O_3（水）	检测试纸法
	检测管法
	便携式比色计/光度计法
	便携式分光光度计法
AOX（水）	化学测试组件法
	便携式比色计/光度计法
COD（水）	水质检测管法
	快速回流法
	化学测试组件法
	便携式比色计/光度计法
	便携式分光光度计法

化合物名称	检测技术
碳氢化合物（油）（水、土壤）	检测试纸法
	水质检测管法
	便携式比色计/光度计法
	便携式红外光谱仪器法
	现场萃取-实验室分析法
阴离子洗涤剂（水）	水质检测管法
	化学测试组件法
	比色计/光度计法
	便携式分光光度计法
阳离子洗涤剂（水）	化学测试组件法
	便携式比色计/光度计法
	便携式分光光度计法
有机络合物（水）	化学测试组件法
	便携式比色计/光度计法
	便携式分光光度计法
Ag（水、土壤）	检测试纸法
	化学测试组件法
	便携式分光光度计法
	便携式 X 射线荧光光谱仪法
Al（Ⅲ）（水、土壤）	检测试纸法
	化学测试组件法
	便携式比色计/光度计法
	便携式分光光度计法
	便携式 X 射线荧光光谱仪法
As（AsH_3）（环境空气、水、土壤）	检测试纸法
	砷检测管法
	便携式分光光度计法
	便携式 X 射线荧光光谱仪法
Ba（水、土壤）	水质检测管法
	便携式比色计/光度计法
	便携式分光光度计法
	便携式 X 射线荧光光谱仪法
Be（环境空气、水、土壤）	化学测试组件法
	便携式分光光度计法
	便携式 X 射线荧光光谱仪法
Bi（水、土壤）	检测试纸法
	便携式分光光度计法
	便携式 X 射线荧光光谱仪法
Ca（水、土壤）	检测试纸法
	化学测试组件法
	便携式分光光度计法

化合物名称	检测技术
Cd（水、土壤）	水质检测管法
	便携式比色计/光度计法
	便携式分光光度计法
	便携式X射线荧光光谱仪法
Co（水、土壤）	检测试纸法
	便携式比色计/光度计法
	便携式分光光度计法
	便携式X射线荧光光谱仪法
Cr（水、土壤）	检测试纸法
	水质检测管法
	便携式比色计/光度计法
	便携式分光光度计法
	便携式X射线荧光光谱仪法
CrO_4^{2-}（水、土壤）	检测试纸法
	水质检测管法
	化学测试组件法
	便携式比色计/光度计法
	便携式分光光度计法
Cu（水、土壤）	检测试纸法
	水质检测管法
	化学测试组件法
	便携式比色计/光度计法
	便携式分光光度计法
	便携式X射线荧光光谱仪法
Hg（环境空气、水、土壤）	气体检测管法
	水质检测管法
	便携式分光光度计法
Fe（水、土壤）	检测试纸法
	水质检测管法
	化学测试组件法
	便携式比色计/光度计法
	便携式分光光度计法
Mg（水、土壤）	化学测试组件法
	便携式离子计法
	便携式离子色谱法
Mn（水、土壤）	水质检测管法
	化学测试组件法
	便携式比色计/光度计法
	便携式分光光度计法

化合物名称	检测技术
Na（水、土壤）	便携式离子计法
	便携式离子色谱法
Ni（水、土壤）	检测试纸法
	自制试纸采用丁二酮肟法
	水质检测管法
	化学测试组件法
	便携式比色计/光度计法
	便携式分光光度计法
	便携式X射线荧光光谱仪法
Pb（环境空气、水、土壤）	检测试纸法
	水质检测管法
	便携式比色计/光度计法
	便携式分光光度计法
	便携式X射线荧光光谱仪法
Sb（Ⅲ）（水、土壤）	检测试纸法
	便携式分光光度计法
	便携式X射线荧光光谱仪法
Se（环境空气、水、土壤）	水质检测管法
	便携式X射线荧光光谱仪法
Sn（水、土壤）	检测试纸法
	便携式比色计/光度计法
	便携式分光光度计法
	便携式X射线荧光光谱仪法
Tl（水、土壤）	便携式分光光度计法
	便携式阳极溶出伏安仪法
	便携式X射线荧光光谱仪法
Zn（水、土壤）	检测试纸法
	水质检测管法
	化学测试组件法
	便携式比色计/光度计法
	便携式分光光度计法
	便携式X射线荧光光谱仪法
Zr（Ⅳ）（水、土壤）	检测试纸法
	便携式分光光度计法
	便携式X射线荧光光谱仪法
B（水、土壤）	检测试纸法
	化学测试组件法
	便携式分光光度计法
余氯（水）	检测试纸法
	水质检测管法
	化学测试组件法
	便携式比色计/光度计法
	便携式分光光度计法
	便携式电化学传感器法

化合物名称	检测技术
ClO_2（水）	水质检测管法
	化学测试组件法
	便携式比色计法
	便携式分光光度计法
	便携式电化学传感器法
氯化物（水、土壤）	检测试纸法
	水质检测管法
	化学测试组件法
	便携式比色计/光度计法
	便携式离子计法
	便携式分光光度计法
	便携式离子色谱法
氟化物（环境空气、水、土壤）	检测试纸法
	水质检测管法
	化学测试组件法
	便携式比色计/光度计法
	便携式离子计法
	便携式分光光度计法
	便携式离子色谱法
碘化物（环境空气、水、土壤）	检测试纸法
	水质检测管法
	化学测试组件法
	便携式离子计法
	便携式分光光度计法
	便携式离子色谱法
卤化物（环境空气、水、土壤）	检测试纸法
	便携式离子计法
	便携式分光光度计法
	便携式离子色谱法
氰化物（水、土壤）	检测试纸法
	水质检测管法
	化学测试组件法
	便携式比色计/光度计法
	便携式离子计法
	便携式分光光度计法
	便携式离子色谱法
铵离子（NH_4^+）（水、土壤）	检测试纸法
	水质检测管法
	化学测试组件法
	便携式比色计/光度计法
	便携式离子计法
	便携式分光光度计法
	便携式离子色谱法

化合物名称	检测技术
硝酸盐（水、土壤）	检测试纸法
	水质检测管法
	化学测试组件法
	便携式比色计/光度计法
	便携式离子计法
	便携式分光光度计法
	便携式离子色谱法
亚硝酸盐（水、土壤）	检测试纸法
	淀粉-KI 试纸法
	水质检测管法
	化学测试组件法
亚硝酸盐（水、土壤）	便携式比色计/光度计法
	便携式离子计法
	便携式分光光度计法
	便携式离子色谱法
总氮（水、土壤）	水质检测管法
	便携式比色计/光度计法
	便携式分光光度计法
磷酸盐（水、土壤）	检测试纸法
	水质检测管法
	化学测试组件法
	便携式比色计/光度计法
	便携式离子计法
	便携式分光光度计法
	便携式离子色谱法
元素磷（水、土壤）	萃取-比色法
	实验室快速气相色谱法
总磷（水、土壤）	水质检测管法
	化学测试组件法
	便携式分光光度计法
硫化物（S^{2-}，H_2S）（水、土壤）	醋酸铅试纸法
	水质检测管法
	化学测试组件法
	便携式比色计/光度计法
	便携式离子计法
	便携式分光光度计法
	便携式离子色谱法
硫酸盐（水、土壤）	检测试纸法
	水质检测管法
	化学测试组件法
	便携式比色计/光度计法

化合物名称	检测技术
硫酸盐（水、土壤）	便携式离子计法
	便携式分光光度计法
	便携式离子色谱法
亚硫酸盐（水、土壤）	检测试纸法
	淀粉-KI 试纸法
	化学测试组件法
	便携式比色计/光度计法
	便携式离子计法
	便携式分光光度计法
	便携式离子色谱法
硫氰酸盐（水、土壤）	便携式比色计/光度计法
	便携式离子计法
	便携式分光光度计法
	便携式离子色谱法
SiO_2（水、土壤）	化学测试组件法
	便携式比色计/光度计法
	便携式分光光度计法
过氧化物（水、土壤）	检测试纸法
	化学测试组件法
	便携式比色计/光度计法
	便携式分光光度计法
N_2H_4（水）	化学测试组件法
	便携式比色计/光度计法
DEHA（diethyl hydroxyl amine）（水、土壤）	化学测试组件法
	便携式比色计/光度计法
CS_2（环境空气、水、土壤）	现场吹脱捕集-检测管法
	化学测试组件法
	便携式气相色谱法
烷烃类（环境空气、水、土壤）	气体检测管法
	便携式挥发性有机物（VOCs）检测仪法
	便携式气相色谱法
	便携式气相色谱-质谱联用法
	实验室快速气相色谱法
	便携式红外分光光度法
石油类（环境空气、水、土壤）	气体检测管法
	水质检测管法
	便携式挥发性有机物（VOCs）检测仪法
	便携式气相色谱法
	便携式红外分光光度法
烯炔烃类（环境空气、水、土壤）	气体检测管法
	便携式挥发性有机物（VOCs）检测仪法

化合物名称	检测技术
烯炔烃类（环境空气、水、土壤）	便携式气相色谱法
	便携式气相色谱-质谱联用法
	便携式红外分光光度法
醇类（环境空气、水、土壤）	气体检测管法
	便携式气相色谱法
	便携式气相色谱-质谱联用法
	实验室快速气相色谱法
	便携式红外分光光度法
甲醛（环境空气、水、土壤）	检测试纸法
	气体检测管法
	水质检测管法
	化学测试组件法
	便携式检测仪法
醛酮类（环境空气、水、土壤）	气体检测管法
	便携式气相色谱法
	实验室快速气相色谱法
	便携式气相色谱-质谱联用法
	实验室快速液相色谱法
	便携式红外分光光度法
卤代烃类（环境空气、水、土壤）	气体检测管法
	便携式挥发性有机物（VOCs）检测仪法
	现场吹脱捕集-检测管法
	便携式气相色谱法
	便携式气相色谱-质谱联用法
	实验室快速气相色谱法
	便携式红外分光光度法
氰/腈类（环境空气、水、土壤）	气体检测管法
	便携式气相色谱法
	便携式气相色谱-质谱联用法
	实验室快速气相色谱法
	便携式红外分光光度法
苯系物（芳香烃类）（环境空气、水、土壤）	气体检测管法
	现场吹脱捕集-检测管法
	便携式挥发性有机物（VOCs）检测仪法
	便携式气相色谱法
	便携式气相色谱-质谱联用法
	实验室快速气相色谱法
	便携式红外分光光度法
酚类及其衍生物（环境空气、水、土壤）	气体检测管法
	水质检测管法
	化学测试组件法
	便携式比色计/光度计法
	便携式分光光度计法

化合物名称	检测技术
酚类及其衍生物（环境空气、水、土壤）	便携式气相色谱法
	便携式气相色谱-质谱联用法
	实验室快速气相色谱法
	便携式红外分光光度法
氯苯类（环境空气、水、土壤）	气体检测管法
	便携式气相色谱法
	便携式气相色谱-质谱联用法
	实验室快速气相色谱法
	便携式红外分光光度法
苯胺类（环境空气、水、土壤）	气体检测管法
	便携式气相色谱法
	便携式气相色谱-质谱联用法
	实验室快速气相色谱法
	便携式红外分光光度法
硝基苯类（环境空气、水、土壤）	气体检测管法
	便携式气相色谱法
	便携式气相色谱-质谱联用法
	实验室快速气相色谱法
	便携式红外分光光度法
醚酯类（环境空气、水、土壤）	气体检测管法
	便携式气相色谱法
	便携式气相色谱-质谱联用法
	实验室快速气相色谱法
	便携式红外分光光度法
有机磷农药（环境空气、水、土壤）	残留农药测试组件法
	便携式气相色谱法
	便携式气相色谱-质谱联用法
	实验室快速气相色谱法
	便携式红外分光光度法
一般细菌（水、土壤）	检测试纸法
大肠菌类（水、土壤）	检测试纸法
肠炎痢疾菌（水、土壤）	检测试纸法
葡萄球菌（水、土壤）	检测试纸法
γ放射性核素（环境空气、水、土壤、生物体）	γ辐射应急检测仪
	便携式巡测γ谱仪
	高灵敏度大面积测量仪器实施空中快速测量γ辐射
α、β放射性核素（环境空气、水、土壤、生物体）	液体闪烁谱仪
	α、β测量仪
	X 剂量率应急检测仪和α、β表面污染检测仪

第四章　快速定性、半定量分析技术

现场监测技术的原则是：应能快速鉴定、鉴别污染物的种类，并能给出定性或半定量直至定量的检测结果，直接读数、使用方便、易于携带，对样品的前处理要求低。以下就几种应用较为广泛的现场快速定性、半定量分析技术进行介绍。

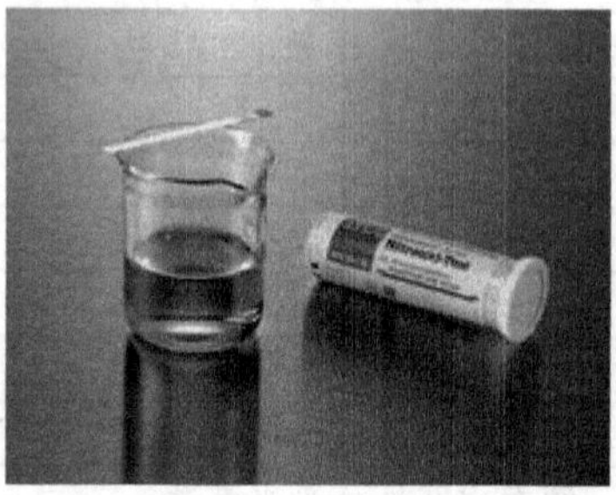
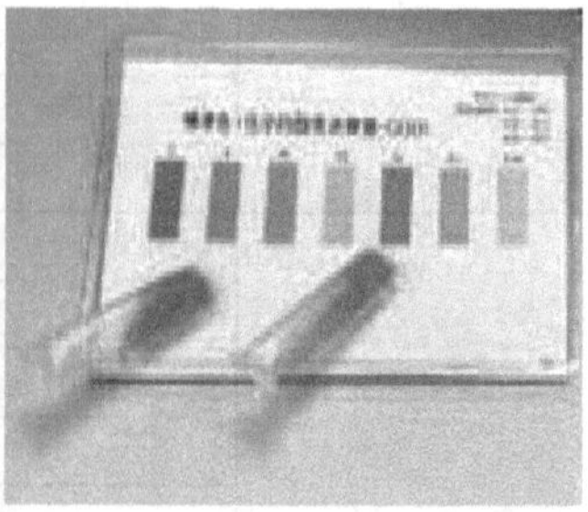
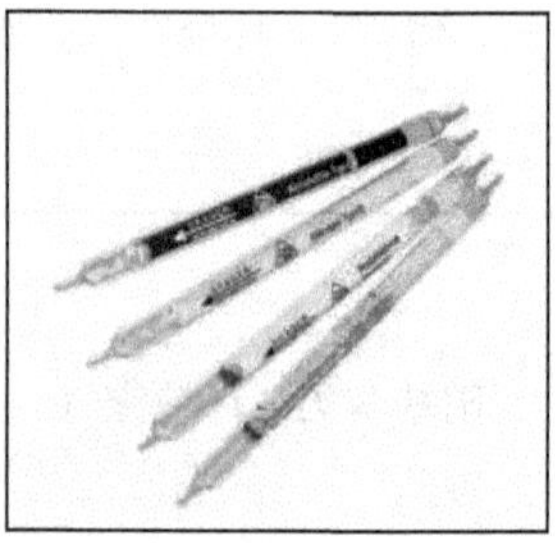

第一节　试纸技术

近年来试纸技术被广泛应用于医学、农业、食品、环境、质检等多个领域。试纸技术可给出某化合物是否存在的信息，以及是否超过某一浓度的信息，被认为是一种前导性的测试。

一、技术原理与特点

1．技术原理

被测物质与试纸中的显色剂发生显色反应，根据被测物质浓度，显色剂按照一定规律变色。根据试纸所示颜色与标准比色板比对确定被测物质浓度。

2．技术特点

操作简便、快速、测定范围宽，但测量范围及色阶间隔较粗、干扰多、精度较差。

二、主要产品与应用范围

1．主要产品

试纸技术由于其应用的广泛性被国内外多家公司开发、销售。同时由于其技术原理简单，而被国内多家科研机构自主研发使用。

2．应用范围

伴随着科技的发展，试纸技术从单一的 pH 试纸发展到如今的可对多种有害物质进行定性或半定量测量。由于其具有从几百微克每升至数百毫克每升的大跨度的测试范围，故其既可用于高浓度污染物或应急监测初期阶段污染较重水体中相关污染物的测定，同时也可以作为有害物质定性检测的辅助手段。目前已知的试纸类型如下：

金属及其化合物类：铜、锌、铅、镍、铁、钴、砷、六价铬、铝、二价铁、锑、铋等。

无机阴离子类：氰化物、硫酸盐、硫化物、氟化物、硫化物等。

营养盐类：氨氮、磷酸盐、亚硫酸盐、亚硝酸盐等。

三、试纸的使用操作

1．水样采集

根据《突发环境事件应急监测技术规范》（HJ 589—2010）中采样规范进行采样。

2．水样的前处理

混浊样品，建议过滤处理；高浓度样品，建议稀释处理；如样品酸碱度超出测定范围时，缓慢滴加无机酸或碱调节至测定范围，应注意避免产生沉淀。

3．分析步骤

首先将试纸的反应区浸入到被测溶液中，取出后除去试纸上多余溶液且按照要求等待一段时间后，根据试纸显色与色标卡对照。

4．结果及表示

定性结果：根据试纸显色与色标卡颜色系列是否相符，判断被测污染物的存在性。

定量测定：被测物质的浓度根据试纸显色与色标卡对照得出。如反应区颜色与某一色阶基本相同，则色标卡上标示的浓度即为被测物质的半定量结果，如反应区颜色在相邻两色阶之间则色阶浓度区间为被测物质的半定量结果。测试前需根据试纸说明中的要求对被测溶液温度及酸碱度进行适当调节。

5．质量保证和质量控制

试纸质量保证期：一般市售试纸质量保证期为 2 年左右，应在质量保证期内使用。

试纸校准：试纸应定期对色标卡上最低和最高浓度点标准溶液进行校准，试纸显色与色标卡相应颜色基本相符才可使用。

平行样测定：每批样品应进行 10%平行样品测定，平行样品显示颜色不应超过一个色阶。

四、应用实例

概述：电镀是机械制造业中的一项基础工业，在工业生产中发挥着非常重要的作用。

但电镀生产污染严重，其过程中产生的电镀废水是电镀污染的主要来源。目前，大多数电镀企业通过末端处理均能对污染达到比较有效的处理，但是仍旧有少数小企业并不具备电镀废水回收处理的能力，需要外送委托处理。2011 年 8 月，吉林至永吉国道一运送电镀废水的槽车与一货车相撞发生槽车侧翻事故，造成约 2 t 电镀废水泄漏，下游约 200 m 处为温德河，温德河距入松花江 5 km。

现场监测：应急监测人员于 30 min 后到达事故现场，消防人员已在下游 100 m 处用沙袋围堵，废水未进入温德河。经采用试纸法快速分析，初步确认废水中主要污染物为六价铬，而后通过采用 pH 试纸、铁试纸、钼试纸及汞检测管进行测试排除其干扰，最终确认废水中主要污染物为六价铬，其含量在 0.2～0.5 mg/L 之间。由于试纸法仅能用于污染物的定性及半定量测定，不能给出污染物的准确含量。故后续采用便携式痕量金属分析仪对温德河入松花江口进行连续监测，六价铬监测结果均符合国家相关标准。

质量控制：现场平行测定二次，测试结果浓度均在 0.2～0.5 mg/L 之间。同时现场采样后送回实验室测定，其浓度为 0.356 mg/L，与现场测试结果基本相符。

第二节 检测管技术

一、技术原理与特点

1．技术原理

检测管是一种使用简便、快速、直读式的、价格低廉的气体或水质现场快速检测工具，可以定性、定量地检测有害的气体或水体污染物。检测管种类形式多样，但基本原理大致相同，即在一个固定长度内径的玻璃管内，装填一定量的指示粉用塞料加以固定，再将玻璃管的两端密封加工而成。指示粉是一种表面吸附了化学试剂的固体载体颗粒。其中化学试剂能与待测物质发生化学反应，并产生颜色变化。化学试剂通常只对一种或一组化合物有效。当被测物质通过检测管时，其与管内指示粉迅速发生化学反应，并显示出颜色。根据变色环所示的刻度位置，就可以定性及半定量的读出被测物质的浓度。

2．技术特点

检测管作为环境污染现场快速检测的基本配备，具有以下优点：

（1）操作简便：用检测管测定气体浓度时，不需要同化学分析那样加入多种化学试剂和使用各种玻璃仪器，一般也无需进行计算，也无需仪器分析那样做好复杂的测前准备。工作步骤仅有采样和结果显示两步，而这两步又几乎是同时进行的，这就为专业分析人员提供了极大方便，即使对没有分析基础知识的人，如现场工程技术或操作人员，只要参照使用说明或对其稍加指导就可以应用。

（2）分析快速：由于操作简便，可使每一次样品分析所需时间大为缩短，一般只需几十秒至几分钟即可得知分析结果，其分析速度是任何化学分析方法所不能比拟的。

（3）可信度高：精度和灵敏度均高于试纸法，气体检测管含量标度的确定是模拟了现场分析条件，采用不同浓度标准气标定的，因而克服了化学分析中易带入的方法误差。因为气体检测管是工业化生产，加之操作简单，使用时人为误差也易克服。

（4）适应性好：检测管成为系列产品后，可检测的气体多种多样，每种气体的测量范围可由 10^{-7} 到百分之几十，因而在实际应用时只要选择合适型号的检测管，即可进行各种气体不同含量的定量分析，尤其在炼油、天然气及石化行业分析，如硫化氢测定在不同工序其含量有很大波动，化学分析法往往根椐不同含量采用不同的分析方法，而检测管法由于测量范围宽，只采用一种方法就可代替了，也减少了不同方法所带来的方法误差，特别适合现场检测需要，对不具备化学分析条件的地方更为适用。

（5）由于用检测管进行测定时无需热源、电源，可确保现场使用安全。

（6）另外气体检测管使用时不需维护、价格低廉、携带方便也是其他方法不可比拟的。

但是，检测管技术在环境监测中的应用也有一定的局限：

（1）一种检测管能够检测的污染物种类有限，多数为一种检测管只能对一种污染物进行定向、半定量分析。

（2）检测管一般只能提供瞬间的浓度测量，不能提供连续检测；对化学性质相似的复杂物质，不能很好的区分，只能显示他们浓度的总和。

（3）检测管仅限于检测常见化合物，很多化合物还没有对应的检测管可以检测。

（4）各种检测管都有一定的有效期，超出期限将很难达到预期的检测效果。

（5）一些检测管对化合物的显色时间较长，难以达到快速定性定量的检测结果。

二、检测管的主要种类及应用范围

1. 主要种类

根据使用对象的不同，检测管主要可分为气体检测管和水质检测管两个大类；检测管还可根据检测功能、测定方式及应用范围的不同分为定性检测管、定量检测管，短时检测管、长时检测管、直读式长时检测管及直接水质检测管、色柱水质检测管等许多种类，以下将主要从气体检测管和水质检测管两个方面进行介绍。

（1）气体检测管

气体检测管是在一个固定长度和内径的玻璃管内，装填一定量的检测剂，用塞料加以固定，再将玻璃管两端熔封。使用时将管子两端割断，让含有被测物质的气体定量地通过管子，被测物质即和管中检测剂发生定量化学反应，部分检测剂被染色，其染色长度与被测物浓度成正比，从检测管上已印制好的刻度即得知被测气体的浓度。检测剂是将某些能与待测物质发生化学反应并可改变颜色的化学试剂吸附在固体载体颗粒表面上加工而得，测定不同气体的检测管其化学组成是不同的，检测管的化学反应原理与常用的化学分析反应原理基本相同，检测管法只是将化学分析中的所谓“液态反应”转移到固体表面上进行的。

从检测时间上看，气体检测管可分为短时检测管、长时检测管、直读式长时检测管，其中短时检测管常用于污染气体的现场快速检测；而从构造上讲检测管基本上分三种类型：第一种只有一个指示层，用以测定组分单一或干扰因素小的气体样品（如图 4.1 所示）；第二种是在指示层前加有净化层或者转化层，分别用以消除干扰物质对测定的影响，或使被测物质与转化层试剂反应，产生新物质后再在指示层中予以测定，净化层或转化层通称为检测管“前层”（如图 4.2 所示）；第三种是当前物质易生与指示层产化学反应时，在制造中将这两部分分别装在两个玻璃管内，分别熔封，使用时用套管相联。

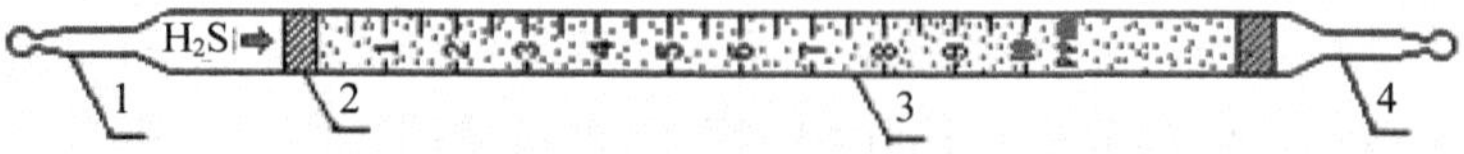

1、4—封口尖端；2—塞填料；3—指示层

图 4.1　只有一个指示层的检测管

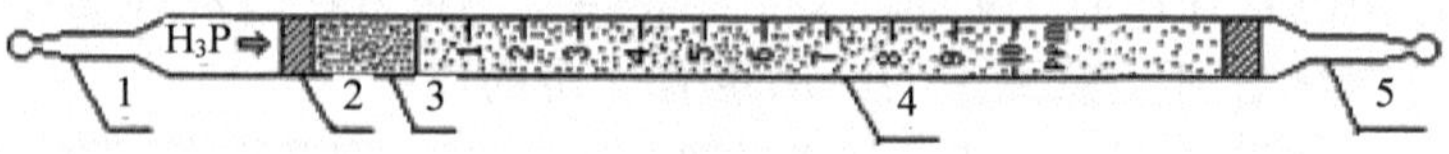

1、5—封口尖端；2—塞填料；3—前层；4—指示层

图 4.2　带有前层的检测管

检测管使用方法虽然简单，但除去检测管本身质量之外，正确的使用方法也是保证测量结果准确的关键，使用方法一般为“吸入法”和“推入法”二种。

因采样工具不同而分为三种型式：

① 强负压吸入法：其采样工具为手动采样器，构造如图 4.3 所示。它由铝合金和橡塑件组成，每冲程采气量为 100 ml 和 50 ml，具有操作简便，便于携带的优点。它的缺点是开始进气负压很大造成样流速不均衡，有些检测管用它测量结果误差较大，同时量程扩展有局限性、并需进行日常维护，否则会有漏气现象，适用于劳动安全卫生领域的空气监测。

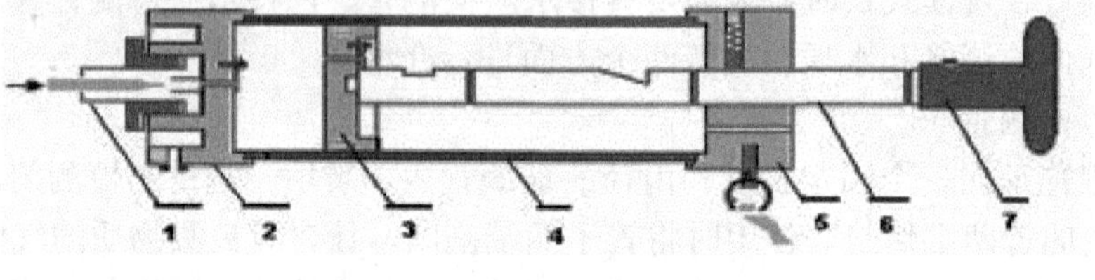

1—检测管插入口；2—前端盖；3—活塞；4—气缸；5—后端盖；6—拉杆；7—手柄

图 4.3　手动采样器示意图

② 电动泵吸入法：盖斯泰克检测管配套的采样器，每分钟流速固定，用时间控制采样量，可连续数小时工作，可测瞬间含量值也可测时间加权平均值，缺点是价格高、构造复杂，需专人维护。

③ 注射器吸入法：这是较传统的方法，如图 4.4 所示。将已折断封口的检测管用短胶管与注射器相接，拉动活塞使样气先经过检测管，再计量采样体积，此方法对测量含量小的气样对其准确度影响不大，但对于被测组分含量较大的气样，由于是先吸收后计量，会造成实际采样体积的计量不准确，影响了测量结果的准确性。

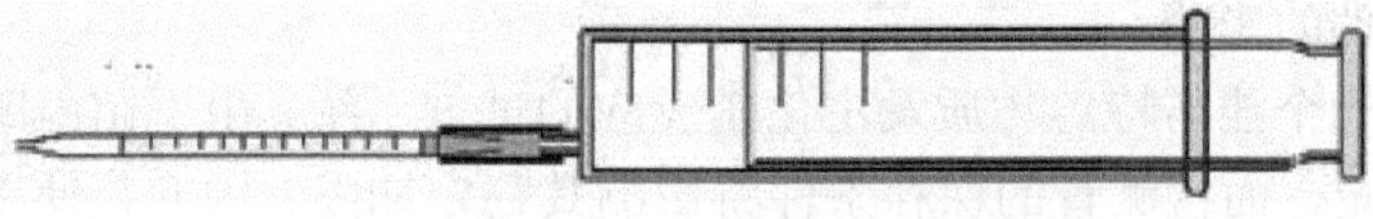

图 4.4 注射器采样检测管示意图

④ 注射器推入法：先用注射器采集一定体积的气体样品用短胶管与将折断封口的检测管相接，将已采的样品气匀速推入检测管。用注射器作采样器具有易得、价廉、基本无需维护和调试的优点，尤其是它可以人为做到匀速进样，克服了手动采样器那样进气速度不匀的缺点，而且可以在 100 ml 内任意调整进样体积，以便于检测管量程的扩展，但在采样量大于 100 ml 时需要重复操作，稍有不便。

（2）水质监测管

水质检测管形式与气体检测管类似，根据检测方法的区别，水质检测管又主要分为直接检测管和色柱检测管两种。

直接检测管是将显色等试剂直接封在去乙烯软朔料试管中，检测中将检测管一段刺破并用手挤压另一端，放入待测水样吸入适量水样，经一段时间显色反应后，测定液的颜色发生变化，将其与标准色阶对比，获得待测物的种类或浓度。

色柱检测管是将一定量的水样通过某种检测管内时，水样中的待测物质与馆内填装的显色剂反应并产生鲜艳的色柱，色柱长度与水样中被测物的浓度成正比，由浓度标尺可直接读出结果。具体检测过程分为两步：一是配置样品，将小包试剂打开，并将其倒入烧杯中。量取一定量水样注入烧杯中，轻摇使其全部溶解后待用；二是检测操作，将检测管两端切断，上端用胶管与漏斗相连，然后放在试管架上，下面用小烧杯盛接。准确量取配制好的水样加入漏斗即可。样品将自动流经馆内填料并产生色柱。带色柱稳定后，用浓度标尺即可直接读出测量结果。

2．应用范围

可直接对多种气体以及水质中多种污染物进行直接检测，范围可从 10^{-7} 到百分之几十。也可在具有可能引火、引爆性气体存在时安全使用。目前已知的检测管类型如下：

气体检测管：一氧化碳、二氧化氮、甲醛、氨气、硫化氢、二氧化碳、二氧化硫、氯气、氰化氢、氯化氢、二硫化碳、砷化氢等。

水质检测管：汞、氯化物、氰化物、硫化物、砷、锌、镍、六价铬、铜、二价铁等。

三、检测管的选择使用

1．检测管性能的影响因素

如前所述，检测管技术是一种简便、快速、直读式的污染物现场快速检测技术，而其检测性能会受到检测管制作、保管、使用等过程中条件因素影响。

（1）制作工艺的影响

检测管的制作材料及制作工艺是其检测性能的基础，优质的制作材料及良好的制作工艺将使检测管具有较好的稳定性、灵敏度的检测性能。

（2）保存条件的影响

检测管都有一个能与特定物质发生化学反应的试剂系统，由于馆内所含的化学物质很难保持无限期稳定，而检测管的保存条件将影响其稳定期限。因此，使用单位在储备每种检测管时，都应该按照说明书要求的条件进行保存，如保存在低温干燥处等。

（3）检测环境的影响

气体的检测管在测量时，也会受到当时的环境条件影响，如温度、湿度、酸碱度等都有可能对检测结果有一定的干扰。因此，因尽量按使用说明书注明的条件使用；在非正常使用中，应提前询问制造厂商或进行模拟实验确定偏差程度。

（4）样品采集量的影响

检测管的显色长度与样品采集量不一定成正比。当检测物质浓度不在检测管设计测定范围内时，所检测到得检测数据不能真实反映污染物浓度。此时，可采取稀释样品、跟换其他量程检测管的办法予以解决。

（5）数据读取方式的影响

检测管测定数据读取的正确与否，直接影响到最终检测结果的准确程度。因此，在使用检测管时应严格按照说明书进行读取。

（6）干扰物质的影响

一些检测管中的显色试剂对多种化合物均有响应，一般生产厂家都尽可能的采取措施减少它们之间的干扰。但环境中干扰气体浓度较大或十分复杂时，检测管很难得到准确结果，应同时使用其他方法进行检测。

2. 检测管的选择

对于各类不同的生产场合和检测要求，选择合适的检测管是每一个从事环境监测和安全卫生工作人员都必须十分注重的工作。以下就具体适用情况进行简要介绍：

（1）已知待测物的种类

每一个污染事故碰到的污染物种类都是不同的。在选择检测管时就要考虑到所有可能发生的情况。如能根据污染现场的信息大体确定可能存在的污染物的种类，则根据可能存在的污染物选择其相应的检测管即可。假如甲烷和其他毒性较小的烷烃类居多，选择相应的烷烃检测管无疑是最为合适的。这不仅是因为检测管原理简单，应用较广，同时它还具有维修、校准方便的特点。假如存在一氧化碳、硫化氢等有毒气体，就要优先选择一个特定气体检测仪才能保证工人的安全。

（2）未知待测物的种类

如果污染物的来源等信息未知，而根据现场情况也难以判断可能存在的污染物种类时，应该首先使用检测范围较广的多指标检测管进行快速定性检测；有条件的情况下，也应该采用其他扫描型检测仪器进行快速定性，然后可根据获得的信息选择相应的检测管进行检测。例如对有机有毒有害气体，考虑到其可能引起人员中毒的浓度较低，比如芳香烃、卤代烃、氨（胺）、醚、醇、脂等等，就应当选择光离子化检测仪，而绝对不要仅仅使用检测管应付，因为这可能会导致人员伤亡。

（3）特殊使用场所

检测管及其配套装备的使用根据使用场所不同而有所不同，假如是进入密闭空间，比如反应罐、储料罐或容器、下水道或其他地下管道、地下设施、农业密闭粮仓、铁路罐车、船运货舱、隧道等工作场合，在人员进入之前，就必须进行检测，而且要在密闭空间外进行检测。此时，就必须选择带有内置采样泵的多气体检测管。因为密闭空间中不同部位（上、中、下）的气体分布和气体种类有很大的不同。比如：一般意义上的可燃气体的比重较轻，它们大部分分布于密闭空间的上部；一氧化碳和空气的比重差不多，一般分布于密闭空间的中部；而像硫化氢等较重气体则存在于密闭空间的下部。同时，氧气浓度也是必须要检测的种类之一。另外，假如考虑到罐内可能的有机物质的挥发和泄漏，一个可以检测有机气体的检测管也是需要的。因此一个完整的密闭空间气体检测装备应当是一个具有内置泵吸功能，以便可以非接触、分部位检测。

3. 检测管的使用

检测管的正确使用是决定检测结果的正确与否的关键因素，因此在使用检测管测定污染物时需要遵循以下原则：

（1）检测管应在使用期限内使用。一般检测管的有效期不小于 1 年，且通常检测管可使用到的有效期月份的最后一天。检测管失效后会出现变色长度变长或变短、变色界限模糊、指示粉变色等。因此，检测管只能在有效期内使用，超出此范围，不管是否已经开封使用，都应该及时更换。

（2）检测管及其采样器应根据使用标准对检测管进行保管与校对。检测管保存条件对检测管的有效期有较大影响，如低温保存能够明显延长检测管的有效期。因此，检测管必须根据相应的标准进行保存，并对其进行定期校订，以确保随时可用。

（3）需根据下面几条原则正确读取检测管显示值：测试后在规定时间内读数；利用检测背景读数；当变色终点偏流时，读数应为最长和最短的平均值。当偏流较为严重时，应重新测定；当检测管变色终点颜色较浅或模糊时，应以可见的最弱变色为准；测定过程中要注意观察检测管的变色情况，瞬间全部变色时，需更换大量程检测管。

总之，检测管的使用应该严格按照相应的国家或行业标准，进行保管和使用，以保证其检测结果的可靠性。

4. 使用检测管的操作步骤

下面以水质检测管为例介绍一下检测管使用中需要注意的问题：

（1）水样的前处理：混浊样品，建议过滤处理；高浓度样品，建议稀释处理；如样品酸碱度超出测定范围时，缓慢滴加无机酸或碱调节至测定范围，应注意避免产生沉淀。

（2）使用时将检测管两端割断，使含有被测物质的气体或液体匀速定量的通过检测管内部，被测物质与指示粉发生化学反应，部分指示粉因化学反应被染色。指示粉发生染色长度与检测管上已印制好的刻度相对照即可知被测物质浓度。

（3）注意事项：① 检测管给定的测定时间一般是指水样在 15～40℃时显色所需要的时间，在低水温时，需延长显色时间。但一般应严格遵守此时间，显色时间不足或过长均会影响显色及测定结果。② 比色时，应在自然光下进行。③ 应尽可能准确地吸入半管水样，否则显色程度可能有变化而影响程度结果。④ 水样 pH 值＜5 或 pH 值＞9 时，应分别用稀 NaOH 或稀硫酸中和至 pH 值在 5～9 之间。⑤ 在使用时，试管中的试剂不应散失，若碰到手上，应用清水冲洗干净，用过的试管应回收或于焚烧炉中焚烧处理。⑥ 所有检测试管应保存于低温、干燥及黑暗处。

四、应用实例

（1）概述

苯是一种石油化工基本原料。苯的产量和生产的技术水平是一个国家石油化工发展水平的标志之一。由于苯具有一定的毒性且为易燃易挥发液体，故对于苯的运输具有严格运输操作规程。2012 年 1 月 24 日，吉林至舒兰 202 国道，黑龙江至吉林运送苯罐车与一丰田吉普车发生相撞，造成苯罐车侧翻，罐体两处破裂造成约 1 t 左右的苯泄露。由于室外气温为−28℃，泄露的苯立即凝固，未对下游水体造成污染。

（2）现场监测

事故发生 1 小时后，应急监测人员到达事故现场，采用检测管快速定性及半定量测定事故现场附近环境空气中苯浓度，其含量在 0.5～1.0 mg/m^3 之间，为应急处置及人员防护提供了基础参考信息，但是检测管仅能用于污染物的定性及半定量，不能给出污染物的准确含量。故后续采用便携气质对该敏感点进行连续监测，苯浓度均符合国家相关标准要求。

（3）质量控制

现场平行测定 2 次，测试结果浓度均在 0.5～1.0 mg/m^3 之间。同时现场采样后送回实验室测定，其浓度为 0.625 mg/m^3，与现场测试结果基本相符。

第三节　试剂盒技术

一、技术原理与特点

1. 技术原理

试剂盒是用于盛放检测化学成分、药物残留、病毒种类等化学或生物试剂的盒子，盒内配有进行检测分析所必需的全部试剂的成套用品。按检测原理则可分为化学显色试剂盒、酶抑制试剂盒、酶联免疫吸附剂测定（ELISA）试剂盒、微生物发光试剂盒等。

2. 技术特点

（1）方便携带与使用。试剂盒的小包装中包含了一次测定所需的准确剂量的化学试剂，避免了交叉污染及逸散，而且包装和配置好的试剂减少了复杂的混合标定过程，配上合适的现场检测器具，无需多重准备即可快速进行分析工作。

（2）性价比高。试剂一般选用绿色环保、无毒、便于弃置的材料制成。使用更加经济。

（3）操作简便、反应较迅速、反应结果都能产生颜色或颜色变化、便于目视或利用便携式分光光度计进行定量测定、结果可直接读出、可进行多组分的现场分析、测定准确度较好。由于器材简单、监测成本低，所以易于推广使用。

（4）特异性较好。试剂盒中的检测试剂一般都是对某一种污染物具有特异性检测性能，可较好的排除其他污染物的干扰。

（5）扫描检测功能较差。试剂盒虽然一般能够特异性的对某一种污染物进行定性或定量分析，但很难一次性检测多种污染物的种类及其浓度。

二、试剂盒的主要种类及应用范围

目前，国内外已经开发出较多种类的环境污染物现场快速检测试剂盒，按检测试剂承载形式不同可分为试纸条、试剂包、测试卡、试剂瓶等；按检测原理则可分为化学显色试剂盒、酶抑制试剂盒、酶联免疫吸附剂测定（ELISA）试剂盒、微生物发光试剂盒等。以下按检测原理的不同介绍一下不同种类的试剂盒及应用范围。

1. 化学显色试剂盒

化学显色试剂盒检测环境污染物的基本原理是，将装在试剂盒中的能够与某种污染物发生特效反应的分析试剂加入一定量的环境污染样品中，通过特定的显色反应而产生相应的颜色变化，将最终显示颜色的深浅程度与标准色阶相比较进而得到待测污染物的种类及初步浓度值等信息（如图 4.5 所示）。各种试剂盒里的试剂具有一定的专一性，其他污染物一般不会参与反应、干扰检测结果。但由于受特异性显色反应条件的限制，目前可用于实际检测中的化学试剂盒主要为重金属污染物检测试剂盒，而用于有机污染物快速检测的化学试剂盒产品较少。

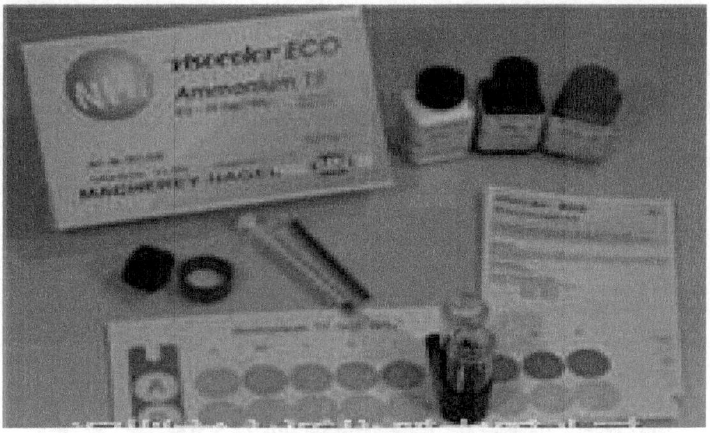

图 4.5　化学试剂盒中的试剂及色阶

2. 酶抑制剂盒

酶抑制试剂盒技术是根据酶抑制基本原理建立起来的一种试剂盒快速检测方法（如图 4.6 所示）。在一定条件下，某些种类的环境污染物对特定生物酶的正常功能有抑制作用，其抑制率与污染物的浓度呈正相关。据此在酶抑制反应中引入底物和显色剂，观察颜色的变化或测定酶与某种特定化合物反应的物理化学信号变化，确定酶的抑制率，从而达到检测污染物的目的。酶抑制试剂盒一般需要分光光度计或电化学传感器等辅助设备完成检测任务。具体就是将酶制剂溶解于比色皿中或吸附在载体上（纸片或电极），当检测含有特定污染物的样品时，酶的活性被抑制，从比色皿（纸片）的颜色变化或电极的读数变化即可定性/半定量检测此类特定污染物。酶抑制试剂盒技术的优点在于，操作简便、检测速度快、不需要昂贵的仪器，适合现场检测以及大批量样品的筛选检测，易于推广普及。但该技术检测灵敏度比气质联用的仪器法要差一些。

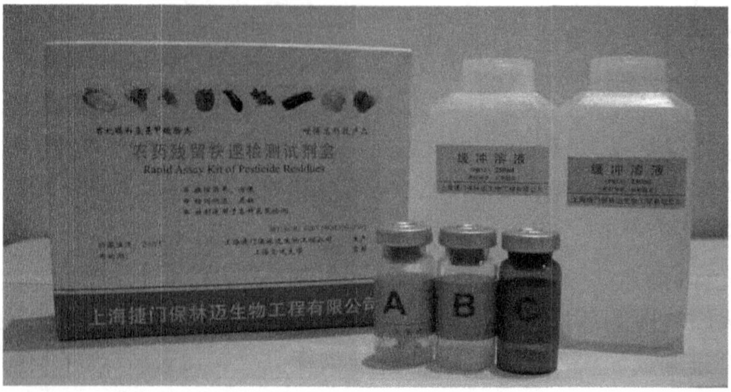

图 4.6　全液体型农药污染物酶抑制检测试剂盒

3．ELISA 试剂盒

ELISA 是酶联接免疫吸附剂测定（Enzyme-Linked Immunosorbnent Assay）的简称，它是继免疫荧光和放射免疫技术之后发展起来的一种免疫酶技术。ELISA 试剂盒是以免疫学反应为基础，将抗原、抗体的特异性反应与酶对底物的高效催化作用相结合起来的一种敏感性很高的检测技术（如图 4.7 所示）。由于抗原、抗体的反应在一种固相载体——聚苯乙烯微量滴定板的孔中进行，每加入一种试剂孵育后，可通过洗涤除去多余的游离反应物，从而保证试验结果的特异性与稳定性。

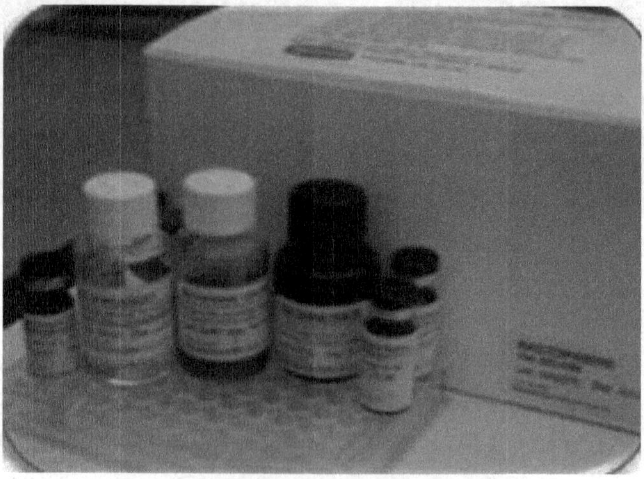

图 4.7　微囊藻毒素 ELISA 检测试剂盒

在实际应用中，通过不同的设计，具体的方法步骤可有多种。即：用于检测抗体的间接法、用于检测抗原的双抗体夹心法以及用于检测小分子抗原或半抗原的抗原竞争法等等。比较常用的是 ELISA 双抗体夹心法及 ELISA 间接法。

4．发光细菌毒性检测试剂盒

发光细菌毒性检测试剂盒（如图 4.8 所示）是基于生物细菌的检测技术，根据发光细菌菌种在新陈代谢时发光强度的变化进行定性和定量检测。此种试剂盒的检测原理是：使用发光细菌冻干粉试剂，当这些发光细菌菌种处于有毒的环境中时，它们所发出的光受到抑制，根据其光的强度变化即可快速准确地测试出样品的毒性，即可直接检测上千种潜在的毒性物质。其检测结果可与国际毒性检测标准法对照得出相应的毒性等级[参见《急性毒性的测定——发光细菌毒性法》（GB/T 15441—1995）]。例如：当污染样品中无重金属污染物时，荧光素酶合成收到抑制，细菌发出很低的光信号；而当污染样品中含有有重金属时，荧光素酶合成激活，细菌发出高强度的光信号。

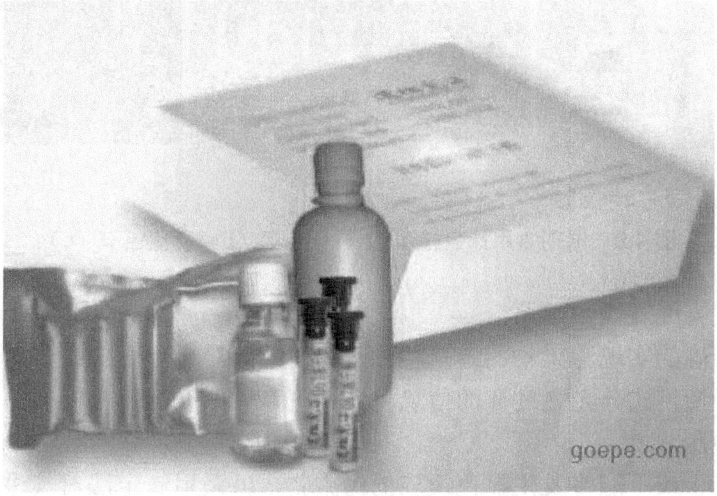

图 4.8　发光细菌毒性检测试剂盒

三、试剂盒的选择使用

1．试剂盒的现场使用方法及辅助设备

采用试剂盒技术进行现场污染物测定时，一般有三种不同的分析方式（或检测方法）：目视比色检测、便携式光度计检测、滴定检测。

（1）目视比色检测

目视比色是利用试剂盒试剂与待测物质发生显色反应且显色强度直接与待测物浓度相关的原理进行检测。即反应的颜色与一定范围的简易标准比色器具比色，当反应液颜色与色阶某一颜色匹配时，即可读出检测结果。目前的试剂盒用比色器具主要有比色柱、比色盘及比色卡等。

比色柱由一个样品/混合池和一个分步颜色比较器组成，封装在塑料件中用于比色检测（如图 4.9a）。测定时，将试剂盒检测试剂盒样品在混合器皿中混合并将产生的颜色与分步颜色比较即可做出判断。

比色盘的比色单元有一个连续变化的彩色轮盘，可快速准确的进行颜色比较（如图 4.9b）。测定时，只需简单的转动比色盘，使反应样品的颜色比色盘的某一颜色一致即可读出浓度值。一般说来，比色盘较比色柱更为精确。

比色卡由分步色阶组成，一般压制成膜，以便保存备用（如图 4.9c）。测定时，将试剂盒中的试剂与样品在比色管（或比色皿）反应，反应完全后把比色管放在比色卡上移动，反应液颜色与比色卡颜色一致时，即可直接读取浓度值。

a　　　　b　　　　c

图 4.9　试剂盒用比色柱（a）、比色盘（b）及比色卡（c）

（2）便携式光度计检测

为了能够准确的实现污染物的定量检测，试剂盒常常结合便携式分光光度计进行检测分析。更多关于便携式分光光度计的信息将在第五章详细介绍。

（3）滴定检测

对于某些难于或不能将发生显色反应的污染物，可采用滴定法对其进行检测。即按试剂盒操作指南（如图 4.10），在测试瓶或试管中加入一定量的待测样品及显色剂，用试剂盒中的刻度移液管或计数滴定器对样品进行滴定，直至颜色发生变化，即可直接由滴定管刻度读取数据。

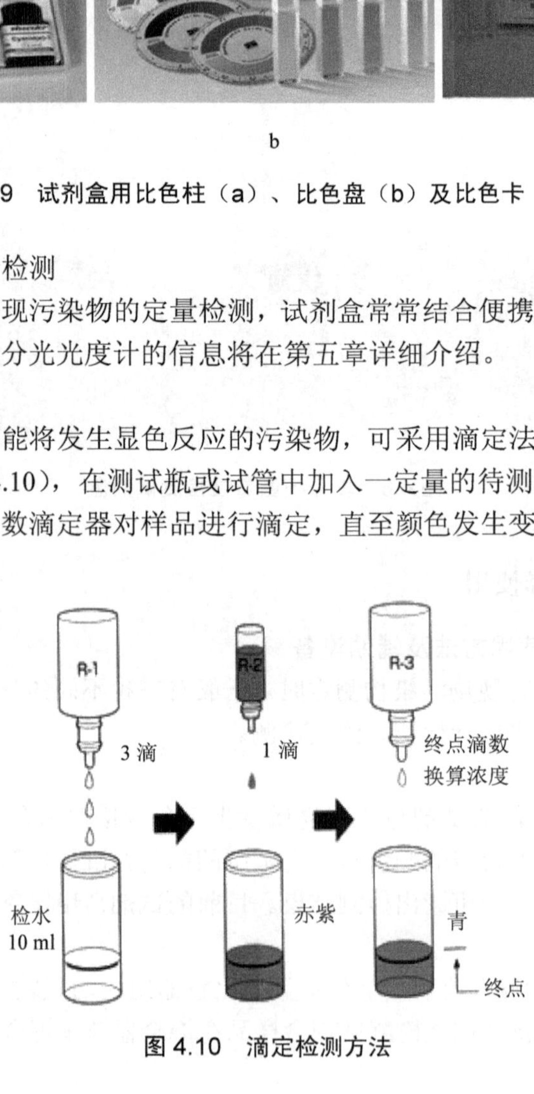

图 4.10　滴定检测方法

2．试剂盒选择使用的注意事项

试剂盒产品的质量、试剂盒的保存方式、试剂盒的使用方法及使用环境都会对检测结果有一定的影响。因此，为了尽可能的发挥试剂盒的检测效果，在选择使用试剂盒时需注意以下几点：

（1）市场上的试剂盒种类繁多、性能品质不尽相同，要仔细甄别，同时根据检测要求，选择合适的试剂盒产品。

（2）试剂盒的储存条件对其检测性能有较大影响，要严格按照产品说明规范的条件储存试剂盒，并定期进行检查、校正及过期更换。

（3）一些生物制剂构成的试剂盒运输及使用条件也较为严格苛刻，须严格按产品说明执行，做好低温运输等工作，以保障试剂盒性能。

（4）大部分试剂盒为比色检测，如以目视闭塞检测，应注意光线对结果的影响，不能直对阳光，眼睛与色液齐平为好；利用比色盘等特制比色器具时，可从上向下垂直目测，以便增加光程、提高灵敏度。

（5）如以便携式分光光度计等辅助仪器检测，应注意做好此类仪器的日常保养、校正等工作。

3．新型污染物检测试剂盒

试剂盒快速检测技术在时间、成本、速度等方面比传统的仪器分析方法具有明显的优势，在欧美等国家已被广泛应用于污染物的快速检测。我国近几年推广也很快，并开展了广泛的研究工作。

（1）新型 ELISA 试剂盒

清华大学学者针对环境污染物（主要包括小分子有机污染物和某些致病微生物），利用免疫检测技术的原理即利用污染物质诱发动物肌体的免疫反应产生抗体，利用抗体对抗原的特异性识别来对各种污染物质进行检测和监测。其中的酶联免疫吸附检测（Enzyme-Linked Immunosorbent Assay，ELISA）是用酶标记抗体或抗原，再利用抗原与抗体的特异性结合（结合物上含有标记的酶），通过酶与底物产生颜色反应，用于定量测定。ELISA 检测具有简单快速的特点，能在一两个小时之内同时检测出约 90 个样品，具有通量大的显著特点。因此 ELISA 技术可以作为环境污染物的免疫快速筛查技术。

该研究针对环境中小分子有机污染物及某些致病微生物的免疫快速筛查技术做了大量的工作，主要包括对小分子物质的修饰和衍生、完全抗原及包被抗原的设计和合成、信号提呈试剂的设计和合成（如酶标抗原（抗体）、荧光标记抗原（抗体））、多克隆抗体和单克隆抗体的制备、免疫检测方法的建立和优化、ELISA 试剂盒的开发、免疫检测技术的综合评价及标准化等多个方面，并且已经积累了丰富的经验。其技术成果已多次在饮用水和地表水的检测中进行了应用，并取得了良好的应用效果。研究成果不但可以应用于环境污染物的不定期样品检测；也可应用于周期性的、大规模的、常规性的环境监测，主要包括水体和土壤中的农药残留（杀虫剂、除草剂、杀菌剂）及其降解物（如百菌清，甲萘威，滴滴涕，林丹，环氧七氯，对硫磷，甲基对硫磷，马拉硫磷，乐果，敌敌畏，敌百虫，内吸磷，溴氰菊酯，阿特拉津等）、藻毒素及贝毒素等次级代谢产物、二噁英以及其他许许多多对环境有害的并且在相关环境标准中列出的小分子有机污染物（如六氯苯，硝基苯，二硝基苯，2,4-二硝基甲苯，2,4,6-三硝基甲苯，硝基氯苯，2,4-二硝基氯苯，2,4-二氯苯酚，2,4,6-三氯苯酚，五氯酚，苯胺，联苯胺，丙烯酰胺等），还包括某些致病微生物（例如大肠杆菌）。目前开发的针对微囊藻毒素-LR ELISA 检测限能达到 0.01 μg/L（多抗）和 0.1 μg/L（单抗），针对 2,4-D 的 ELISA 检测能达到μg/L 的水平，这都比相应的国家标准中限制的浓度低一个数量级以上。

（2）检测微囊藻毒素 MC-LR 的酶联免疫试剂盒

近年来水体中藻毒素的危害逐渐为人们所重视，已有学者及公司研制出藻毒素的 ELISA 试剂盒，用于对水体、饮用水和藻类制品中微囊藻毒素（MC-LR）含量的检测。此种试剂盒测定的基础是标记免疫反应，微孔板包被有 MC-LR-BSA，加入 MC-LR 标准或样品，再加入 MC-LR 抗体。游离的 MC-LR 与微孔板上的 MC-LR-BSA 竞争 MC-LR 抗体，没有连接的 MC-LR 抗体被洗涤除去，加入 HRP-羊抗兔抗体，标记免疫反应后没有连接的 HRP-羊抗兔抗体被洗涤除去。加显色液、终止液后，用酶标仪测定其吸光度，吸光度的值与样品中的 MC-LR 浓度成反比，对照标准曲线即可确定被测样品中 MC-LR 的含量。此种试剂盒结构较为简单，使用方便、廉价、灵敏度高，可以达到 0.25 ng/ml。

（3）农药污染物酶学试剂盒

上海交通大学生命学院利用自主生产的高活性重组乙酰胆碱酯酶，研制出农药污染物现场快速检测酶学试剂盒，并对试剂盒的制作及生产工艺进行优化，实现了试剂盒产品中主要成分的全液体化，以方便检测过程中的应用。该试剂盒由缓冲溶液、酶、底物和显色剂等四个部分组成，采用全液体型组装，携带方便、操作简单、即开即用；对有机磷农药污染物的检出限为 0.1～1 mg/L，检测时间为 15～30 min，可实现环境污染事件中农药污染物的现场快速定性/半定量检测。

除了上述新型试剂盒外，还有学者或专业公司在尝试发展完善传统比色试剂盒、新型微生物检测试剂盒等等，有兴趣的读者可查看相关研究文献，此处不再赘述。

四、应用实例

（1）概述

细鳞河为舒兰市常规监测河流，2011 年 7、8 月份下游 2 个监测断面氨氮出现超标现象。

（2）现场监测

为帮助舒兰站排查污染源、查询超标原因，在使用 pH 试纸及温度计排除酸碱度和温度的干扰后应急监测人员采用氨氮试剂盒对细鳞河两岸所有排污口进行逐一排查，由于试剂盒适合现场快速测定，仅用半天时间完成 20 多个排污口监测工作。造成细鳞河氨氮超标原因认定为，有 3 个未经处理的生活污水排污口直接排入细鳞河。根据监测结果舒兰市环保局协调相关部门对超标排放口进行了整治。

（3）质量控制

现场平行测定 2 次，同时现场采样后送回实验室测定，其与现场测试结果基本相符。

第四节　袖珍式爆炸和有毒有害气体检测仪技术

一、技术原理与特点

袖珍式爆炸和有毒有害气体检测仪是根据可燃性气体和有毒有害气体的热学、光学、电化学及色谱学等特点设计的，能在事故现场对某种或多种可燃性气体和有毒有害气体进行采集、测量、分析和报警的仪器。各种类型高性能便携式气体检测器的出现，在突发性大气环境污染事故的应急监测和调查中发挥了重要作用，如：①初期个人防护确定与防护范围确认；②泄漏检测与泄漏物确认；③去除污染确认；④后期处理及恢复过程的污染确认。

传感器是气体采集部分，也是整个气体检测仪的关键部件。通过与可燃性气体或有毒有害气体反应，产生电流，转换成线性电压信号，电压信号经放大、A/D 转换，信号处理器对 A/D 转换的数据进行分析处理后由 LCD 显示出所测气体浓度。当检测气体的浓度达到预先设定报警值时，蜂鸣器和发光二极管将发出报警信号，同时将报警信息记录在内置或外置存储器中。目前，常见的传感器类型有催化燃烧式传感器、半导体传感器、双量程可燃气传感器（TC）、非分散红外吸收传感器（NDIR）、火焰离子化检测器（FID）、光离子化检测器（PID）、电化学传感器及固态聚合体电解液氧气传感器（SPE）。

袖珍式爆炸和有毒有害气体检测仪器多为配有 PID、FID、IR（红外传感器）等检测器或配有基于催化燃烧氧化法、定点位电解法为原理的反应器的气体分析仪，此类传感器种类较多，一般具有响应速度快、线性度和重复性好、使用方便，易于制成袖珍式（多为扩散式）和便携式（多为抽气式）仪器的特点，可以很高的灵敏度分析空气、水和土壤中的挥发性有毒有害气态化合物（VOCs）或其他有毒有害气体（如 CO、SO_2、NO、NO_2、HCl、HCN、Cl_2、H_2S 等），以及可燃性气体（如氢气、天然气、乙烯、乙炔、煤气和液化石油气等），非常适合于环境普查、爆炸、火灾、事故泄漏、有害废物处置场等污染源及工业卫生等方面的现场连续检测。具有以下特点：①体积小、携带方便，电池供电，价格低廉，不需或很少需要另外辅助器材，在任何地方均可测试，一台仪器往往可进行多项目测定，常为浓度直读式，易于迅速给出浓度值；②可用于确定污染物的存在，由于具有快速的扫描作用，可为进一步的气相色谱等方法分析提供有价值的信息；③可确定总的有机污染物的污染程度并给予实时报警；④可在事故现场做出健康与安全的评价等。

二、主要仪器设备及其应用范围

便携式毒害气体仪器的品种型号很多，检测能力各有所长。目前，国内外常见的袖珍式爆炸和有毒有害气体检测仪的品牌型号及应用范围见表 4.1。

表 4.1　国内外常见仪器设备及应用范围

序号	名称型号	应用范围
1	MultiRAE 2 六合一有毒有害气体检测仪 PGM-62X8	适用包括 EC、LEL、TC、PID、IR、Gamma 等在内的所有 RAE 传感器，各种传感器可任意组合、灵活配置。检测精度高，适用于各种危险环境使用
2	复合式气体检测仪 PGM-7840	最多可配置 5 种传感器，可对氧气、可燃气体、一氧化碳、硫化氢、氨气、氯气、氰化氢、一氧化氮、二氧化氮、磷化氢和二氧化硫进行检测
3	QRAE II 四合一气体检测仪 PGM-2400	可同时对可燃气、氧气和有毒气体进行检测。QRAE II 兼容扩散和泵吸两种工作方式，适合不同应用场所

序号	名称型号	应用范围
4	ToxiRAE LEL 个人用可燃气体检测仪 PGM-1880	Toxi RAE LEL 是袖珍的个人用可燃气体检测报警器（便携式可燃气体探测器），可在 0～100% LEL 范围内对可燃性气体进行高精度实时检测
5	Portasens 11 C16 型便携手持式气体检测仪	可对溴气、氯气、二氧化氯、氟气、过氧化氢、碘气、臭氧、氨气、一氧化碳、氢气、氧气、一氧化氮、光气、氯化氢、氟化氢、氰化氢、硫化氢、二氧化氮、二氧化硫、酸气、氢化砷、乙硼烷、锗烷、硒化氢、磷化氢、硅烷、环氧乙烷、甲醛、乙醇及乙炔等 30 多种气体进行检测
6	A14/A11 有毒气体检测系统	气体种类和量程根据客户要求选用。包括氨气、一氧化碳、氢气、一氧化氮、氧气、光气、溴气、氯气、二氧化氯、氟气、臭氧、氯化氢、氰化氢、氟化氢、硫化氢、二氧化氯、二氧化硫、砷化氢、乙硼烷、锗烷、硒化氢、磷化氢、硅烷
7	TVA-1000B 有毒挥发气体分析仪	（FID/PID 结合型或单 FID 检测器，便携式、重量轻，多个响应系数和曲线，多点校正，内置数据记录功能）使用双检测器不仅可以检测有机组分而且可以利用 PID 检测器检测无机组分。例如有一些组分可以被 PID 检测但不能被 FID 检测：氨、二硫化碳、氯仿、甲醛、硫化氢
8	ImpulseX4 四合一气体检测仪	Impulse X4 四合一气体检测仪是一款便携式气体探测器，可用来防止易燃物、氧气、一氧化碳以及硫化氢气体危害
9	Sirius PID 多种气体检测仪	可同时检测可燃气、氧气、一氧化碳、硫化氢及挥发性有机物（VOC）
10	Altair 4X，多种气体检测仪	Altair4 4X 四合一检测仪气体种类及范围：可燃气体（LEL）量程 0～100%LEL 或 0～5%甲烷；氧气量程 0～25%（体积浓度）；一氧化碳量程 0～999 ppm[①]；硫化氢量程 0～200 ppm
11	FirstCheck 便携式多组分气体检测仪	FirstCheck 能够检测从 1 ppb[②]到 10 000 ppm 的全部 VOC 气体和传统的四合一毒气（氧气、硫化氢、一氧化碳和可燃气体）
12	BW 四合一气体检测仪	1、2、3 或 4 种气体同时检测：硫化氢、一氧化碳、氧气、可燃气体
13	Gas Alert Micro Clip（MC-系列）四合一气体检测仪	1、2、3 或 4 种气体同时检测：硫化氢、一氧化碳、氧气、可燃气体
14	Gas Alert Quattro（QT-系列）四合一气体检测仪	支持气体：硫化氢、一氧化碳、氧气、可燃气体（甲烷、丙烷、天然气等）
15	GasAlertMicro 5 复合气体检测仪-五合一	复合气体检测仪（可复合 1～5 种气体）硫化氢、一氧化碳、氧气、二氧化硫、磷化氢、氨气、二氧化氮、氰化氢、氯气、二氧化氯、臭氧和可燃气体，测量 0～1 000 ppm 的挥发性有机物
16	Drager X-am® 2000（四合一）气体检测仪	可检测 1～4 种气体：可燃气、氧气、一氧化碳和硫化氢

① ppm=10^{-6}。
② ppb=10^{-9}。

序号	名称型号	应用范围
17	X-am 5600 多种气体检测仪	将红外和电化学 XXS 微型传感器技术相结合，可同时检测 1～6 种气体的检测仪可以可靠地检测可燃气体、氧气，氯气、一氧化碳、二氧化碳、氢气、硫化氢、氰化氢、氨、一氧化氮、二氧化氮、磷化氢、二氧化硫等有毒有害气体和有机蒸气
18	Drager X-am® 5000 多种气体检测仪	能有效测量易燃气体、水蒸气以及氧气和一氧化碳、硫化氢、二氧化碳、氯气、氰化氢、氨气、二氧化氮、磷化氢和二氧化硫的浓度
19	XP-3118 测氧测爆气体检测仪	检测对象：可燃性气体、氧气
20	XP-302M 复合气体检测仪	特性：同时检测与显示 4 种气体浓度，主要用于作业前测定环境浓度； 检测对象：可燃性气体、氧气、一氧化碳、硫化氢
21	GX-2009 复合气体检测仪	袖珍型大屏幕显示四种气体浓度的检测仪：可燃气体、氧气、一氧化碳、硫化氢
22	GX-8000 五合一气体检测仪	检测气体包括可燃气体、氧气、一氧化碳、硫化氢等；可燃性有氢气（H_2）
23	TY2000-B 型便携式气体检测仪	可同时对多达 16 种有毒有害气体进行测量的应急检测仪器
24	DN-B3000 有毒气体检测仪	测量参数：一氧化碳、硫化氢、氢气、氨气、一氧化氮、二氧化硫、二氧化氮、氯气、氯化氢
25	GAMC 型四合一气体检测仪	检测 2～4 种气体：硫化氢、一氧化碳、氧气（体积浓度）、可燃气体
26	M5 多功能气体检测仪探测器	单台仪器最多可配 5 种气体传感器，可检测一氧化碳、硫化氢、磷化氢、二氧化硫、二氧化氮、氰化氢、氯气、氨气、光气、氧气、挥发性有机物、可燃气体

三、典型仪器设备的使用及注意事项

1．几种典型仪器设备的应用介绍

对于有毒有害气体检测仪，其测量时可在现场直接进样和分析，现场获取数据，而不需要复杂的样品采集、制样和分析过程，现介绍几种性能较高的气体分析仪。

（1）TVA-1000B 有毒挥发气体分析仪

TVA-1000B 是把 FID 和 PID 检测器结合在一起的肩背式挥发性气体分析仪。它操作简便、体积小，可以很容易地随身带去工厂和野外场所，使用 TVA-1000B 可以同时快速连续分析和记录无机和有机挥发气体。可用于挥发性气体监测、应急监测、地下储油罐检测、有毒废弃物现场评估、劳动卫生监测、天然气泄漏监测等。

FID 检测器：可以检测到 0～50 000 ppm 很大浓度范围内的有机气体。FID 检测器可以检测 PID 不能检测的组分。FID 通过火焰燃烧打破碳氢链进行检测，所以它不受分子的电离电位的限制。

FID/PID 检测器共存：使用双检测器不仅可以检测有机组分而且可以利用 PID 检测器检测无机组分。PID 无燃气和助燃空气的要求，在无氧环境中 TVA-1000B PID 就可以使用。独特的双检测器 FID/PID 结合设计能够监测到目前大多数浓度范围的挥发组分，

TVA-1000B 还能检测到低于 ppm 级的大多数组分。

（2）PGM-7840 复合式气体检测仪

该仪器是带内置吸气泵以及可选数据记录功能的复合式气体检测仪，最多可同时安装 5 个不同的气体传感器。表 4.2 列出了 PGM-7840 复合式气体检测仪的主要技术参数。

表 4.2 PGM-7840 复合式气体检测仪主要技术参数

体积重量	21 cm×7.6 cm×4.9 cm；568g（带充电电池）			
检测器	催化燃烧检测器（可燃气 LEL）、电化学检测器、热导检测器（可燃气 VOL）			
电池	镍氢充电电池或 4 节 AAA 碱性电池			
显示	大屏幕 LCD 显示，以及 LED 背景灯			
测量范围 分辨率 响应时间	测量物质	测量范围	分辨率	响应时间（t_{90}）/s
	LEL	0～100%LEL	1%	15
	O_2	0～30%VOL	0.1%	15
	CO	0～500 ppm	1 ppm	25
	H_2S	0～100 ppm	1 ppm	30
	SO_2	0～20 ppm	0.1 ppm	15
	NO	0～250 ppm	1 ppm	20
	NO_2	0～30 ppm	0.1 ppm	25
	Cl_2	0～10 ppm	0.1 ppm	60
	HCN	0～100 ppm	1 ppm	60
	PH_3	0～5 ppm	0.1 ppm	60
	NH_3	0～50 ppm	1 ppm	150

（3）PortasensⅡC16 型便携手持式气体检测仪

该仪器用于检测现场环境空气中的各种气体。通过更换即插即用型的电化学传感器模块可以检测 30 多种不同的气体。传感器不需校准，几乎可在任何地方使用，精度一般为测量值的±5%（取决于传感器种类），灵敏度和重复精度为量程的 1%，可根据监测需要切换、设定量程；内置采样泵，外置采样杆；采用背景光液晶显示；RS232 输出接口、专用接口电缆和专用软件用于储存气体浓度值，可储存 12 000 个数据，存储间隔在 160 min 内可设；采用碱性 D 型电池供电，备用电池为可充电镍镉电池；操作温度−25～55℃，相对湿度 0～95%（无冷凝），质量为 1.4 kg。本书第六章第三节将对其进行详细介绍。

2. 注意事项

气体检测仪在使用过程中的许多细节问题，直接影响仪器的最佳性能的发挥，关系到数据的准确可靠，每一个从事环境应急监测人员都必须充分地了解。

（1）注意经常性的校准

有毒有害气体检测仪也同其他的分析检测仪器一样，都是用相对比较的方法进行测定，先用一个零气体和一个标准浓度的气体对仪器进行标定，得到标准曲线储存于仪器之中，测定时，仪器将待测气体浓度产生的电信号同标准浓度的电信号进行比较，计算得到准确的气体浓度值。因此，随时对仪器进行校零，经常性对仪器进行校准都是保证仪器测量准确的必不可少的工作。目前很多气体检测报警仪都可以更换检测传感器，在更换探头时除了需要一定的传感器活化时间外，还必须对仪器进行重新校准。另外，建议在各类仪器在使用之前，对仪器传感器用标气进行响应检测，以保证仪器真正起到保护的作用。

（2）注意各种不同传感器间的检测干扰

一般而言，每种传感器都对应一个特定的检测气体，但任何一种气体检测仪也不可能是绝对特效的。因此，在选择一种气体传感器时，都应当尽可能了解其他气体对该传感器的检测干扰，以保证它对于特定气体的准确检测。

（3）注意各类传感器的寿命

各类气体传感器都具有一定的使用年限。一般来讲，在便携式仪器中，LEL 传感器的寿命较长，一般可以使用 3 年左右；光离子化检测仪的寿命为 4 年或更长；电化学特定气体传感器的寿命相对短一些，一般在 1～2 年；氧气传感器的寿命最短，大概在 1 年左右。电化学传感器的寿命取决于其中电解液的干涸，所以如果长时间不用，将其密封放在较低温度的环境中可以延长使用寿命。因此，要随时对传感器进行检测，尽可能在传感器的有效期内使用，一旦失效，及时更换。

（4）注意检测仪器的浓度测量范围

各类有毒有害气体检测器都有其固定的检测范围，只有在其测定范围内完成测量，才能保证仪器准确地进行测定。而长时间超出测定范围进行测量，就可能对传感器造成永久性的破坏。比如 LEL 检测器，如果不慎在超过 100% LEL 环境中使用，就有可能彻底烧毁传感器。而其他有毒有害气体检测报警器，长时间工作在较高浓度下使用也会造成损坏。

（5）注意确保仪器良好的维护和保养

为了确保分析结果的准确性，电化学传感器的仪器应注意经常检查电池容量，及时充电，以保证仪器处于良好的状态；光离子化传感器（PID）的仪器应存放在清洁、干燥、温暖的环境下，并安装外置灰尘及水阱过滤器；当出现显示不能归零、PID 对潮气有反应、PID 显示数据不稳定等情况时，需要清洗 PID 灯和传感器；清洁 PID 时，应使用无水甲醇或专用的 PID 清洁剂，或用镜头纸擦拭灯表面，也可使用超声波清洁剂清洁，清洁完毕可在空气中风干或用暖风快速吹干。

四、应用实例

1．光离子化检测技术在应急监测中的应用

资料记载，在一个湿热环境（35℃，95% RH）条件下，某地发生了罐车液苯泄漏事故。在该次污染事故应急处置过程中（包括初始个人防护等级的确定、泄漏源检测、危险范围确认、污染情况判断及善后处置等环节），监测人员利用袖珍式光离子化检测仪（PID）对苯蒸气进行检测，从而为紧急灾害救援小组科学决策提供了大量数据支持。

2．复合式气体检测仪在有毒物质泄漏事故中的应用

2011 年 7 月 23 日，重庆市渝中区南纪门冷库氨气泄漏事件，重庆市环境监测中心监测人员立即响应，携带 8 台 PGM-7840 复合式无线传输气体检测仪赶往现场并设置数个点位进行氨气浓度监测。在事发半小时之内，现场应急指挥中心根据监测快报提供的各监测点位氨气浓度值，及时下达了人员疏散命令，确保了人员生命财产安全。事发 12 小时后，在确信各监测点位氨气浓度达到环境安全水平后，现场应急指挥中心下达了应急监测终止

的命令。

3．复合式无线传输气体检测仪监测点位优化中的应用

李军利用 32 台 PGM-5024 复合式无线传输气体检测仪对某油田 P302 井试气过程大气环境进行连续监测，检测项目包括二氧化硫、硫化氢。监测结果表明，二氧化硫主要出现在 P302 井场周围和西南方向，硫化氢主要出现在试气井场附近。在深入研究中，作者运用最优分割法对监测数据进行了标准化分析，并最终确定了优化点位。后续对井场周边居民和动植物的调查发现，优化后的点位设置科学合理。

4．便携式 VOC 检测仪（ppb RAE 3000）在甲苯泄漏事故中的应用

2011 年 4 月 30 日，南京市环境监测中心站应急人员对南京栖霞区某交通干道一辆装载甲苯的槽罐车交通事故起火进行了监测，首先应用便携式 VOC 检测仪对现场空气中挥发性有机物（VOCs）进行测定，结果略高于正常浓度范围，对周边空气环境无明显影响。在本次突发性环境污染事故中，事先知道污染物是甲苯，最优先考虑使用的仪器为便携式气相色谱仪，但却选择了操作相对简单的便携式 VOC 测定仪，迅速确定了空气中的浓度，发挥了便携式仪器的作用。

第五章 便携式光学分析技术

光学分析法是根据物质发射、吸收电磁辐射以及物质与电磁辐射的相互作用，基于物质对光的吸收或激发后光的发射所建立起来的一类方法，包括紫外-可见分光光度法，红外及拉曼光谱法，原子发射与原子吸收光谱法，原子和分子荧光光谱法等。

第一节 紫外-可见分光光度技术

一、技术原理与特点

1．技术原理

物质的结构决定了物质在吸收光时只能吸收某些特定波长的光。紫外-可见分光光度法是利用物质对光的吸收光谱，对物质进行定性分析或定量分析的方法。按所吸收光的波长区域不同，分为紫外分光光度法和可见分光光度法，合称为紫外-可见分光光度法。朗伯-比耳光吸收定律：当一束平行单色光通过均匀的样品时，其吸光度与吸光组分的浓度、吸收池的厚度乘积成正比。在一定波长（λ_{max}）下测定某物质的标准系列溶液的吸光度作标准曲线，然后测定样品溶液的吸光度值，由标准曲线求得样品溶液的浓度或含量。

2．技术特点

仪器设备和操作都比较简单，分析速度较快同时具有有较好的选择性；精密度和准确度较高，但色度对其干扰较大。

二、主要仪器设备与应用范围

1．主要仪器

目前市售的便携式分光光度计分为探入式和比色皿式两种类型且均为可见分光光度计。

2．应用范围

几乎所有的无机元素和在紫外及可见光区有特征吸收的有机化合物都能用紫外可见分光光度法进行测定。由于便携式仪器的体积等方面的制约，到目前为止便携式分光光度计可对水质中 240 多种有毒有害物质进行定量测量，可应用于突发性环境污染事故应急现场快速测定，其适用于事故现场周边污染水体中目标污染物的测定。

三、便携式分光光度计的使用操作

1．水样采集

根据《突发环境事故应急监测技术规范》（HJ 589—2010）中采样规范进行采样。

2．水样的前处理

混浊样品，建议过滤处理；高浓度样品，建议稀释处理；如样品酸碱度超出测定范围时，缓慢滴加无机酸或碱调节至测定范围，应注意避免产生沉淀。

3．分析步骤

首先取适量被测物质溶液与显色剂混合均匀，按照要求等待一段反应时间后，与相应波长处进行比色。根据溶液吸光度与标准曲线相对照得出被测物质浓度。测试前需根据方法说明中的要求对被测溶液温度及酸碱度进行适当调节。

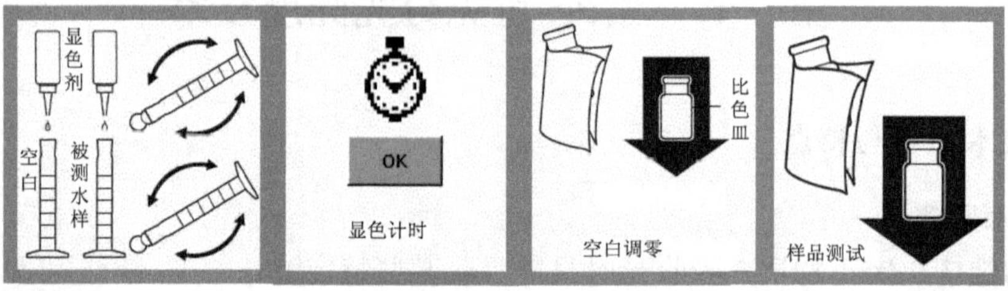

4．结果及表示

在一定波长（λ_{max}）下测定被测物质的标准系列溶液的吸光度作标准曲线，然后测定样品溶液的吸光度值，由标准曲线求得样品溶液的浓度或含量。

5．质量保证和质量控制

空白：每批样品或试剂有变动时，都应有相应的空白实验。空白样品应经历样品制备和测定的所有步骤。

加标：每分析一批（20 个）样品必须有一个空白加标；组分回收率在 80%～120%之间；每分析一批（20 个）样品必须有一个加标样品，组分回收率在 80%～120%之间。

平行样：每分析一批（20 个）样品必须有一个平行样，平行样品误差在 10%以内。

建议根据周期定期制作校准曲线，并采用质控样品定期对校准曲线进行校准。

四、应用实例

概述：2010 年 7 月吉林市松花江支流温德河发生特大洪水，造成松花江水质中氨氮发生明显变化。

现场监测：为确保距吉林市区 70 km 处松花江吉林出境断面水质达标，应急监测人员携带便携式分光光度计在出境断面进行连续监测。首先使用 pH 试纸及温度计排除温度及酸碱度干扰，然后通过采用实际水样做空白调零消除水样中由洪水带来的色度干扰。测试结果与实验室测试结果相比较，相对标准偏差小于 15%。

质量控制：空白加标及样品加标测试，组分回收率均控制在 80%～120%之间；同时现场采样后送回实验室测定，其与现场测试结果相比较相对标准偏差小于 15%。

第二节　便携式傅立叶红外分析技术

一、便携式傅立叶红外分析技术基本原理及特点

1．便携式傅立叶红外分析技术基本原理

傅立叶变换红外光谱（FT-IR）仪是综合了红外光谱原理、迈克尔逊干涉仪技术和傅立叶变换数学方法等技术的一种现代分析仪器。目前，它正被广泛应用到化工、商检、司法、地质和环保等众多领域。

化合物分子中化学键或官能团，其振动能级从基态跃迁到激发态需要吸收特定波长的红外光。物理吸收不同的红外光，将在不同波长上出现吸收峰，红外光谱就是这样形成的。化学键振动所吸收的红外光的波长取决于化学键动力常数和连接在两端的原子折合质量，也就是取决于分子的结构特征。根据分子对红外光吸收后得到谱带频率的位置、强度、形状以及吸收谱带和温度、聚集状态等的关系便可以确定分子的空间构型，求出化学键的力常数、键长和键角，红外光谱分析便是由特征吸收谱带频率的变化推测邻近的基团或键，进行混合物及化合物定性分析，由特征吸收谱带强度的改变对混合物及化合物进行定量分析。

傅立叶红外光谱仪由光源、干涉仪、样品室、检测器和计算机组成（见图5.1），由光源发出的光经过干涉仪转变成干涉光，干涉光中包含了光源发出的所有波长光的信息。当上述干涉光通过样品时某一些波长的光被样品吸收，成为含有样品信息的干涉光，由计算机采集得到样品干涉图，经过计算机快速傅立叶变换后得到吸光度或透光率随频率或波长变化的红外光谱图。

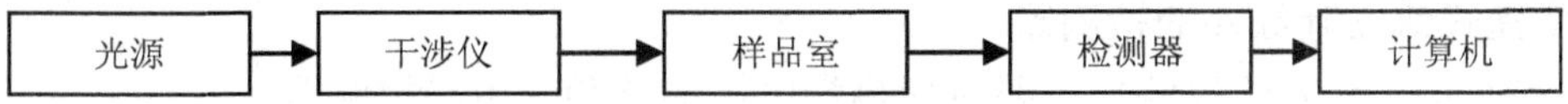

图5.1　傅立叶红外光谱仪组成

2．便携式傅立叶红外分析技术基本特点

便携式傅立叶红外分析技术有如下基本特点：

（1）便携式傅立叶红外光谱仪灵敏度高，与传统色散型红外光谱仪相比，傅立叶红外光谱仪没有狭缝的限制，光通量大，提高了光能的利用效率。

（2）便携式傅立叶红外光谱仪扫描速度快，傅立叶红外光谱仪采用干涉仪产生的干涉光照射样品可一次性获得全波段的光谱信息。色散型红外光谱仪扫描波段比较窄，要分几次扫描才可获得全波段的光谱信息。

（3）便携式傅立叶红外光谱仪波数准确性高。采用激光测量技术，使测试中光谱波数准确性、重复性得到提高。

（4）便携式傅立叶红外光谱仪扫描波数范围大，具有多路通过的特点。

（5）便携式傅立叶红外光谱仪的结构简单，光学部件少，适合野外使用。

二、便携式傅立叶红外仪主要部件

便携式傅立叶红外仪主要部件包括光源、检测器、样品室、干涉仪等组成。

1. 便携式傅立叶红外仪的光源

便携式傅立叶红外仪的光源主要有碘钨灯、硅碳棒、高压汞灯和金属陶瓷光源等。

（1）碘钨灯原理是当灯丝发热时，钨原子被蒸发后向玻璃管壁方向移动，当接近玻璃管壁时，钨蒸气被冷却到大约 800℃并和卤素原子结合在一起，形成卤化钨（碘化钨或溴化钨）。卤化钨向玻璃管中央继续移动，又重新回到被氧化的灯丝上，由于卤化钨是一种很不稳定的化合物，其遇热后又会重新分解成卤素蒸气和钨，这样钨又在灯丝上沉积下来，弥补被蒸发掉的部分。通过这种再生循环过程，灯丝的使用寿命不仅得到了大大延长（几乎是白炽灯的 4 倍），同时由于灯丝可以工作在更高温度下，从而得到了更高的亮度、更高的色温和更高的发光效率。使用范围 4 500～24 000 cm^{-1}，功率大、能量高、寿命长、稳定性好。

（2）硅碳棒是以碳化硅为主要原料制成的高温电热元件。使用范围 50～15 000 cm^{-1}，功率大、能量高、范围宽、水冷却。

（3）高压汞灯是由石英电弧管、外泡壳（通常内涂荧光粉）、金属支架、电阻件和灯头组成。电弧管为核心元件，内充汞与惰性气体。放电时，内部汞蒸气压为 2～15 个大气压，因此称为高压汞灯。

（4）金属陶瓷光源是多晶氧化铝陶瓷制造电弧管管壳，这种陶瓷材料能承受比石英高 200℃以上的高温，制成电弧管后正常运转温度可以高达 1 200℃，加之其导热率较高，电弧管本身温度分布较为均匀，即使冷端也在 900℃以上，因此充入其中的金属卤化物能充分蒸发，这是陶瓷金卤灯的光效和显色指数高而稳定的原因。

2. 便携式傅立叶红外的检测器

便携式傅立叶红外的检测器主要包括热释电检测器和光电导检测器。

（1）热释电检测器是一种红外辐射的探测器件，它利用热释电体的自发极化随温度变化的特性制成。这种器件在室温下工作，具有很宽的光谱范围和较高的探测率。热释电型探测器所利用的是温度变化率，对波长没有选择性，因而能探测快速变化的辐射信号。热释电型红外探测器（TGS）材料有硫酸三甘酞、L-丙氨酸等。热释电检测器用途十分广泛，主要有：辐射测量与定标、红外分光光谱测量、辐射温度测量等。

（2）光电导检测器是红外光谱仪检测器的一种，用于傅立叶变换型红外光谱仪中，代表性的有 MCT 检测器。MCT 是 Mercury Cadmium Telluride 的英文缩写。采用 Hg-Cd-Te 半导体材料薄膜，又称光电导检测器。吸收辐射后非导电性的价电子跃迁至高能量的导电带，从而降低了半导体的电阻，产生信号。该检测器用于中红外及远红外区，需冷至液氮温度（77K）以降低噪声。这种检测器比热电检测器灵敏，在 FT-IR 及 GC（气相色谱）/FT-IR 仪器中广泛应用。

三、便携式傅立叶红外光谱仪产品

目前，便携式傅立叶红外光谱仪有多种产品。按检测对象分类包括：专门分析气体的有 GASMET 便携式傅立叶红外气体分析仪和 GasID 便携式傅立叶红外气体分析仪；专门分析液体样品、固体粉末或胶体的有 Mobile-IR 便携式傅立叶红外光谱仪、TransportKit 便携式傅立叶红外分析仪和 MLp 型便携式傅立叶红外光谱仪。

1. GASMET 便携式气体分析仪

GASMET 便携式气体分析仪（见图 5.2）用于对现场环境空气的快速分析，可应用于应急监测、污染源调查、劳动卫生、消防和防化等领域。GASMET Dx 4020 使用 Temet 独有傅立叶变换红外光谱仪、特制温控分析单元和信号处理电路，结构非常牢固，抗震性强，适于野外工作。

GASMET Dx4020 可同时分析中红外有吸收的气体，可选择不同量程范围，联机 CALCMET 分析软件，提供成分分析，供用户参考。

图 5.2　GASMET 便携式气体分析仪

技术特点：

（1）气体分析仪主机，使用傅立叶变换红外分析原理。

（2）便携式，方便携带，抗震性强，适于野外工作。

（3）既能使用 220 V 交流电源，也可使用便携式充电电源及车载电源工作。

（4）直接连续采样，实时连续分析，可同时显示 5 种气体的浓度时间变化曲线，分析时间最短 1 s，无需预浓缩等前处理，能进行快速定性、定量分析。

（5）采用防潮光学窗口材料，能适应潮湿的工作环境。

（6）中红外全光谱分析 900～4 200 cm^{-1}。

（7）可同时得出 50 个组分的分析结果。

（8）可连续记录存储现场测试的样品光谱图和数据。

（9）可进行历史数据回放，全真模拟现场过程，能将数据自动转化为 Excel 格式形成测试报告。

（10）可自动搜寻查找未知气体成分，并可自动进行谱库查找，适用于对现场环境的各种气体分析，随机提供近 300 种气体的参考光谱库。

（11）出厂气体组分标定后，无需再次标定，提供标定图谱库和参考图谱库。

（12）操作软件为中文界面，并能显示浓度数值、浓度趋势图和光谱图。

（13）消耗材料少、费用低，日常使用只需要高纯氮气，用于作背景和清扫样气室。

（14）具有国家正式计量器具型式批准证书（CPA 认证）。

GASMET Dx4020 的技术参数：
干涉仪：分辨率 8 cm^{-1}
扫描速度：10 次/s
检测器：PMCT
红外光源：SiC，1 550 K
分束器：ZnSe
窗口：ZnSe
波长范围：900～4 200 cm^{-1}
工作温度：50℃
多次反射光程：9.8 m
材料：100% 黄金涂层
反射镜：固定，黄金涂层
体积：1.07 L
接口：Swagelok 6 mm 或 1/4"
密封：Viton®O-rings
数据接口通讯：RS-232 D 型 9 孔
内置采样泵样气流量：2～10 L/min

2．GasID 便携式傅立叶红外气体分析仪

GasID（见图 5.3）的工作原理：

通过使用吸附管采样的方法，可采集低浓度的气体和蒸汽样品。使用采样泵将气体引入，并使气体通过采样器中装有吸附剂的吸附管。采样完成后，将采样器洗消后连接到 GasID 上，对吸附管进行热解析，使样品释放出来。样品被吸入样品池，并收集样品的谱图。将未知气体和蒸汽的谱图与标准谱图进行比较，对样品进行鉴别。加热和分析过程持续 2～3 min。采样管和样品固定器可以反复使用。对于高浓度的样品，可以使用标准的 Tedlar 采样袋直接采样和分析。

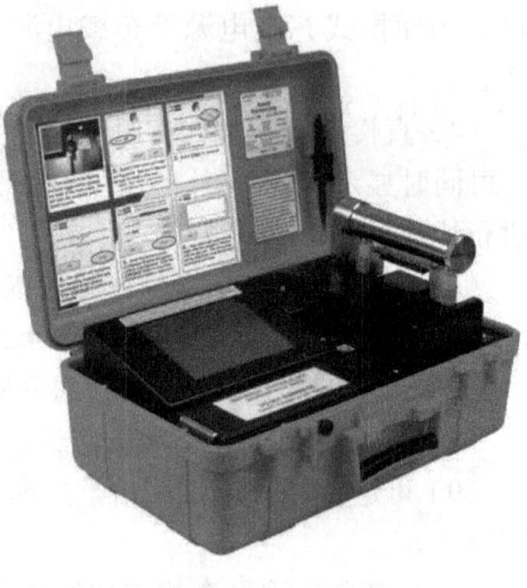

图 5.3 GasID 便携式傅立叶红外气体分析仪

GasID 的技术特点：

（1）GasID 使用傅立叶红外的技术，通过检测未知气态物质的红外谱图，并和数据库中几千种已知的化合物的指纹图谱比较来鉴别化合物；

（2）GasID 是适用于气态样品鉴别，简单、快速、有效的解决方案。GasID 便携式的特点特别适合于野外应用。该系统能够在任何时间和任何地点提供准确的测试结果，以便快速做出决定，节约了时间和成本；

（3）GasID 用于处理突发事故、现场检测、鉴别现场的气体和蒸汽，它可以现场立即判定物质成分。

技术参数：

干涉仪：高透过率 Michelson 干涉仪，拥有固定和可移动立方角镜

分束器：ZnSe

最大分辨率：4 cm^{-1}

激光：HeNe

红外光源：陶瓷元件，中心卡口安装

光谱范围：650～4 000 cm^{-1}

防水功能：采样装置为整体防水设计，可整体洗消，避免二次污染

检测器：直径 1.3 mm DTGS 检测器

采样泵：内置采样泵和预浓缩采样

采样方式：吸附管采样和 TedLar 取样袋直接采样，两种采样方式

谱库：内置强大有毒有害物质谱库和 NIOSH 信息库

数据库包括：NIST/EPA 气相红外谱库

3．Mobile-IR 便携式傅立叶红外光谱仪

Mobile-IR（见图 5.4）是便携式傅立叶红外光谱仪，适用于现场鉴定未知物质。Mobile-IR 不仅具备便携机的特点，既重量轻、易于携带、稳定可靠、易于操作，同时又兼备实验设备的高灵敏度、宽光谱范围和高分辨率。不论是液体样品、固体粉末或胶体，Mobile-IR 都可以直接测量，而无需任何样品制备。OPUS/Mentor 软件引导用户每一步的操作，通过内置的谱库，可在 1 min 内鉴定所测未知物。

Mobile-IR 是一款野外现场测红外光谱仪。

图 5.4 Mobile-IR 便携式傅立叶红外光谱仪

主要技术性能：

采样方式：易清洗单次反射金刚石 ATR

环境适应性：系统满足 IP67 标准要求，可在污染区中使用，可整体洗消

工作温度：−5～40℃

工作湿度：0～100%R.H.

PC/控制器：嵌入式计算机系统，触摸屏操作方式（手指或指示笔）可选择连接外接计算机或无线连接方式，具有标准 USB 接口。可连接外置 USB 接口键盘或触摸板（可选件）

用户界面：布鲁克 OPUS/Mentor 软件，采用简单直观的提示方式，使用者可非常方便地按照提示一步步完成所需的操作而无需记忆任何指令或命令

参考谱库：可使用多种红外参考谱库，如：白色粉末谱库、爆炸物谱库、危险化学品谱库、常规化学品谱库、农药谱库、毒品谱库等

无线功能：支持做高达 54 Mbit/s 的无线数据传输，传输速度自适应，兼容 802.11g 通讯协议

4．Transport Kit 便携式傅立叶红外分析仪

Transport Kit 便携式傅立叶红外分析仪（见图 5.5）提供了一种快速、高效地分析现场样品的技术手段，可用来筛选并区分出那些与事件相关的样品进行需进一步的实验室分析。在这套系统里包括了所有的在快速展开系统中所需的制样工具。Transport Kit 是一台结构紧凑、功能强大的便携式傅立叶红外分析仪，这种便于运输的系统是专为快速反应工作组和流动实验室设计的。这台光谱仪包含有一个内置的计算机及全彩色的显示器，因此到野外现场工作时无需携带笨重的笔记本电脑。计算机内置设计也简化了在严重污染区的仪器净化清理工作。Transport Kit 的标准配置包括适于分析纤维、固体、液体、粉末或者压缩气体的高级制样附件模块，这些坚固的附件在安装后无需在进行烦琐的准直工作。Transport Kit 内包含三种 Swap-Top 模块，分别是：透过制样附件；Golden Gate 金刚石 ATR 附件。

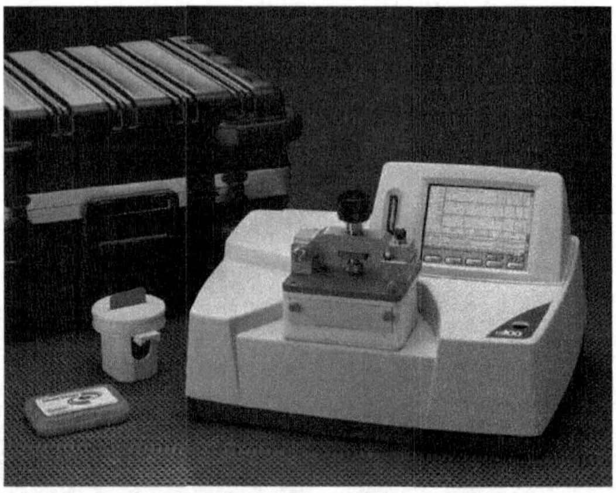

图 5.5　Transport Kit 便携式傅立叶红外分析仪

技术参数：

分辨率：1 cm^{-1}

光谱范围：375～7 800 cm^{-1}

标准附件：Golden Gate 金刚石 ATR 附件，透过采样模块，气体池（可选）

可选附件：可兼容 Spectra-Tech 的 Foundation 系列 ATR Swap-Top 附件模块

主机重量：14.5 kg

5．MLp 型便携式傅立叶红外光谱仪

MLp（图 5.6）是专为现场快速红外分析应用而开发的傅立叶红外光谱仪，其尺寸仅为 20 cm×28 cm×17 cm，重量只有 7 kg，因此适合于室外应用。

MLp 的核心是采用了专利技术，极其坚固的干涉仪部件，可以在各种恶劣环境中可靠工作；另外 MLp 的所有精密光学部件都被安装在一个精心设计的减震平台上，保护其在现场工作中不受损害，这些措施使 MLp 成为目前世界上最坚固的傅立叶红外光谱仪。

MLp 可以分析各种形态的样品，包括各种粉末、液体、漆状或胶状样品，只需要一键操作，MLp 就可以在 2 min 提供对被测样品进行化学识别或定量分析。

TumblIR 进样系统：使液体样品的分析变得快速而简单。这种专利技术的进样系统由固定的下端宝石窗口和可旋转的上端宝石窗口所构成，在分析样品时，只需在下端宝石窗口滴入一滴样品，再旋转上端宝石窗口使上下窗口闭合，就形成了固定光程长的透射池，这种进样方式非常适合于液体样品中微量组分的定量分析。

宝石 ATR 进样系统：适用于分析各种液体和固体样品，测量时只需将样品放置在宝石窗口上，压力装置会自动使样品和宝石窗口紧密接触，从而达到最佳的分析效果。

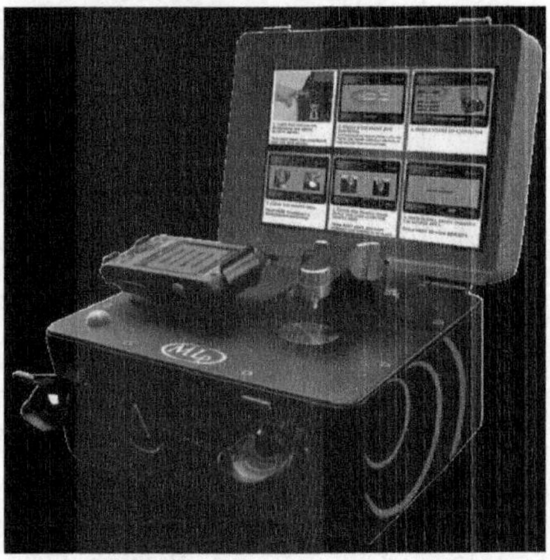

图 5.6　MLp 型便携式傅立叶红外光谱仪

技术参数：

规格：20 cm×28 cm×17 cm

重量：7 kg

工作温度：−10～50℃

电源：内置电池（可持续工作 4 h）

分析时间：1～2 min

控制电脑：PDA 电脑、台式或笔记本电脑

四、GASMET 便携式傅立叶红外光谱仪应用

以 GASMET 便携式傅立叶分析红外光谱仪为例介绍此类仪器的应用。GASMET 将傅立叶分析原理运用到对现场样品的实时分析中，它具有牢固可靠的干涉仪、防腐蚀的样品池、多次反射的长光程、具有体积小、结构牢固、抗震性强、直接进样、快速分析等特点，是突发性污染事故的应急监测快速分析的理想工具。另外其日常维护工作量很小、费用低，平均每 1～2 年进行一次样品池清洁维护和水分标定。使用过程中只需要纯氮气进行零点校准，没有其他的消耗材料。

1.　空气的污染物监测

GASMET 便携式傅立叶红外光谱仪运用于应急现场，并能在尽可能短的时间内测量出污染物质的种类及浓度，该类仪器可以对 200 余种污染物进行定性分析以及对 50 余种污染物进行定量分析（见表 5.1）监测物的浓度是 ppm 级以上。该仪器可在突发性环境污染事故中初期监测中，为应急事故处置提供准确可靠的监测数据。

表 5.1　空气中 50 种组分名称及检出限　　单位：ppv[①]

序号	英文名称	中文名	分子式	检出限
1	Water vapour	水蒸气	H_2O	0.000 6%
2	Carbon dioxide	二氧化碳	CO_2	0.268
3	Carbon monoxide	一氧化碳	CO	1.053

① ppv 指体积分数。

序号	英文名称	中文名	分子式	检出限
4	Nitrous oxide	一氧化二氮	N_2O	0.088
5	Nitrogen monoxide	一氧化氮	NO	1.754
6	Nitrogen dioxide	二氧化氮	NO_2	0.088
7	Sulphur dioxide	二氧化硫	SO_2	0.154
8	Ammonia	氨气	NH_3	0.272
9	Hydrogen chloride	氯化氢	HCl	1.446
10	Hydrogen cyanide	氰化氢	HCN	0.858
11	Hydrogen fluoride	氟化氢	HF	0.43
12	Methane	甲烷	CH_4	0.307
13	Ethane	乙烷	C_2H_6	0.438
14	Ethylene	乙烯	C_2H_4	0.34
15	Propane	丙烷	C_3H_8	0.199
16	Hexane	（正）己烷	C_6H_{14}	0.119
17	Cyclohexane	环已胺	C_6H_{12}	0.057
18	Benzene	苯	C_6H_6	0.57
19	Toluene	甲苯	C_7H_8	0.524
20	Styrene	苯乙烯	C_8H_8	0.501
21	*m*-Xylene	间二甲苯	C_8H_{10}	0.461
22	*o*-Xylene	对二甲苯	C_8H_{10}	0.3
23	*p*-Xylene	邻二甲苯	C_8H_{10}	0.397
24	Acetic acid	乙酸	$C_2H_4O_2$	0.1
25	Formaldehyde	甲醛	CH_2O	0.415
26	Acetone	丙酮	C_3H_6O	0.239
27	Methanol	甲醇	CH_3OH	0.323
28	Ethanol	乙醇	C_2H_5OH	0.446
29	Phenol	苯酚	C_6H_6O	0.189
30	Dichloromethane（Freon 30）	二氯甲烷（氟利昂 30）	CH_2Cl_2	0.587
31	Chloroform（Trichloromethane，Freon 20）	氯仿	$CHCl_3$	0.272
32	1,1-Dichloroethane	1,1-二氯乙烷	$C_2H_4Cl_2$	0.68
33	1,2-Dichloroethane（Freon 150）	1,2-二氯乙烷（氟利昂 150）	$C_2H_4Cl_2$	0.758
34	Trichloroethylene	三氯乙烯	C_2HCl_3	0.19
35	Tetrachloroethylene	四氯乙烯	C_2Cl_4	0.072
36	Phosgene	光气	$COCl_2$	0.076
37	Methyl acetate	乙酸甲酯	$C_3H_6O_2$	0.081
38	Ethyl acetate	乙酸乙酯	$C_4H_8O_2$	0.721
39	Methyl acrylate	甲基丙烯酸酯	$C_4H_6O_2$	0.1
40	Trimethylamine	三甲胺	C_3H_9N	0.186
41	Nitrobenzene	硝基苯	$C_6H_5NO_2$	0.088
42	Chlorobenzene（Phenyl chloride）	氯苯	C_6H_5Cl	0.358
43	Ethylbenzene	乙苯	C_8H_{10}	0.3
44	Acrylonitrile	丙烯腈	C_3H_3N	0.893
45	Carbon disulfide	二硫化碳	CS_2	0.034

序号	英文名称	中文名	分子式	检出限
46	Aniline	苯胺	$C_6H_5NH_2$	0.186
47	Chloroethene（vinyl chloride）	氯乙烯	C_2H_3Cl	0.467
48	Acrolein（Acrylic aldehyde）	丙烯醛	C_3H_4O	0.177
49	Acetaldehyde	乙醛	C_2H_4O	0.265
50	Acetic anhydride	乙（酸）酐	$C_4H_6O_3$	0.042

2．水中有机污染物监测

（1）水样前处置装置

GASMET 便携式傅立叶红外光谱仪器以前只可以监测空气中有机污染物，目前它通过连接一个专利产品前处理装置后可以监测水中有机污染物，监测物浓度范围是 ppb～ppm 级。过程如下：首先将水样前处理装置、管路和红外光谱仪连接形成一个封闭系统。通过红外光谱仪装置内置泵的抽吸作用，对水中的挥发性组分进行吹扫，含有挥发性组分的气体通过沉降室和过滤器过滤后，气体进入红外光谱仪检测器检测，然后从排气口进入水样前处理装置，循环往复多次使水样中挥发性物质达到气液平衡。测试装置如图 5.7 所示。

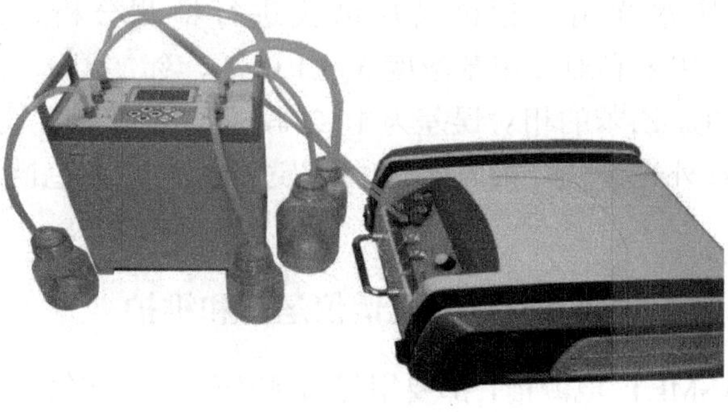

图 5.7　红外光谱仪测试水中挥发性有机物装置

（2）测试方法

1）仪器准备工作：依据红外光谱仪的 Calcmet Pro 软件定性和定量方法的要求，对仪器进行零气（纯 N_2）冲洗和零点校准，设置软件参数。

2）建立标准曲线：将系列浓度的水中挥发性物质标准溶液，分别加入水样前处理装置的样品瓶中，按照图 5.7 方式连接好管路（注意红外光谱仪的进样口、排气口和样品瓶之间的连接管线不能接错，以防样品中的水倒吸进入仪器），开启采样泵进行气体闭路循环检测，浓度检测值稳定后记录该值，然后根据红外光谱仪的仪器操作说明，对仪器进行吹扫清洗，仪器显示值为空气本底状态时可以进行下一个标准品的测定，建立系列水中浓度-仪器响应检测值的标准曲线 $Y=kX+b$（Y 为水中浓度值，μg/L，X 为仪器相应检测值，ppm（体积浓度））。

3）样品测定：待测水样加入水样前处理装置的样品瓶中，连接好管路和进行循环检测，显示稳定的浓度检测值后也记录该值，然后按照标准曲线进行计算水中的浓度。

（3）水中挥发性有机物清单

水中挥发性有机物清单见表 5.2。

表 5.2 水中挥发性有机物清单

序号	物质	序号	物质	序号	物质	序号	物质	序号	物质
1	苯	7	苯乙烯	13	正己烷	19	1,2,4-三甲苯	25	乙酸乙酯
2	甲苯	8	二氯甲烷	14	环己烷	20	1,3,5-三甲苯	26	丙酮
3	间二甲苯	9	三氯乙烯	15	氯乙烯	21	环己烷	27	甲醇
4	对二甲苯	10	四氯乙烯	16	1,1 二氯乙烯	22	丙烯酸乙酯	28	乙醇
5	邻二甲苯	11	氯甲烷	17	1,1-二氯乙烷	23	丙烯酸甲酯	29	异丙醇
6	乙苯	12	氯苯	18	1,2-二氯乙烷	24	乙酸甲酯	30	正丁醇

（4）实际未知水样的定性和定量

按照本方法对某一化工场地的废水中的未知污染物进行测定，发现苯系物等污染物。根据红外光谱仪的浓度检测显示值计算水中总二甲苯浓度为 439.4 μg/L，其中邻二甲苯 107.9 μg/L、间二甲苯 145.3 μg/L、对二甲苯 186.7 μg/L、乙苯 237.2 μg/L。为了考察实验结果的准确性，该废水样用气相色谱质谱仪进行检测分析，水中总二甲苯浓度是 562.9 μg/L，其中间二甲苯和对二甲苯浓度 333.1 μg/L、邻二甲苯浓度分别是 229.7 μg/L、乙苯浓度是 215.2 μg/L。乙苯的相对误差为 10.2%，总二甲苯相对误差为 21.9%，可以满足应急现场的需要，但红外光谱仪分析时间短，不超过 3 min，只占色谱质谱仪分析时间 15 min 左右的五分之一。

五、GASMET 便携式傅立叶红外光谱仪运行和维护

（1）在关闭 GASMET 电源前，都要用氮气或干燥的清洁气体对样品池进行充分的清洗。然后卸下导气管，盖好进气口。当电源被关闭时，如果有腐蚀性的气体保留在样品池中，样品池中的光学反射镜会被腐蚀。经常测量高浓度的腐蚀性的气体会缩短样品池的使用寿命。

（2）每次测量前，必须加装粉尘过滤芯。如果样气中含有较多的粉尘等颗粒物，进入样品池前应先进行过滤。否则，污垢将在样品池中积聚并且降低测量的准确度。在导气管中任何液体滴或浮尘都可能会进入样品池，影响光路的正常工作。

（3）如果长时间切断电源或在非常潮湿的环境中使用仪器，建议首先用干燥的氮气接通 PURGE 口（流量为 0.3 L/min，通 10 min），对仪器内部进行去湿处理。

（4）测量时的仪器放置方式（水平或竖直）应与进行背景标定时的放置一致。

（5）样品气体的压力和温度应尽可能保持稳定。

（6）在搬动仪器时要小心，应尽量避免强烈的振动。

（7）在进行分析时，仪器需保持放置平稳无振动。

（8）GASMET 不能用水清洗，也不能使用丙酮等清洁剂进行擦拭。如果仪器在灰尘大的环境中使用，建议经常检查仪器前置过滤芯，必要时更换。

第三节　便携式 X 射线荧光光谱技术

一、X 射线荧光法基本原理

1. X 射线光谱

X 射线是由高能量粒子轰击原子所产生的电磁辐射，能量为 124～0.124 keV。虽然 X 射线和可见光一样属于电磁辐射，但其波长比可见光短得多，介于紫外线与γ射线之间，约为 0.01～10 nm 的范围，见图 5.8。X 射线的频率大约是可见光的 1 000 倍，所以它的光子能量比可见光的光子能量大得多，表现明显的粒子性。由于 X 射线具有波长短，光子能量大这两个基本特性，所以 X 射线光学（几何光学和物理光学）虽然具有和普通光学一样的理论基础，但两者的性质却有很大的区别，X 射线与物质相互作用时产生的效应和可见光也迥然不同。

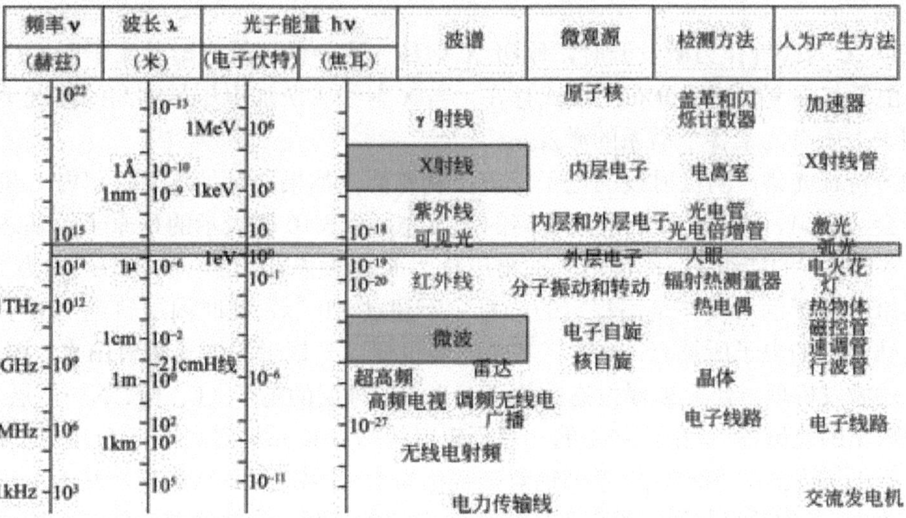

图 5.8　电磁波谱

现在人们已经发现了许多的 X 射线产生机制，其中最为实用的能获得有足够强度的 X 射线的方法仍是当年伦琴所采用的方法——用阴极射线（高速电子束）轰击对阴极（靶）的表面。用该种方法所得到的 X 射线，被称作原级 X 射线谱，其波长组成很复杂，但按其特征可以分成连续光谱和特征光谱两部分。

（1）连续光谱：连续光谱又称为“白色”X 射线，在 X 射线管中，固体阴极被加热后产生大量电子，这些电子在一定电压下加速向金属阳极轰击，由于数量庞大的电子在轰击、碰撞金属靶的过程中行为随机，因此产生连续的具有不同波长的 X 射线。连续光谱包含了从短波限开始的全部波长，其强度随波长变化连续地改变。从短波限开始随着波长的增加强度迅速达到一个极大值，之后逐渐减弱，趋向于零（图 5.9）。该射线总强度与 X 光管的电压和靶材的原子序数有关。

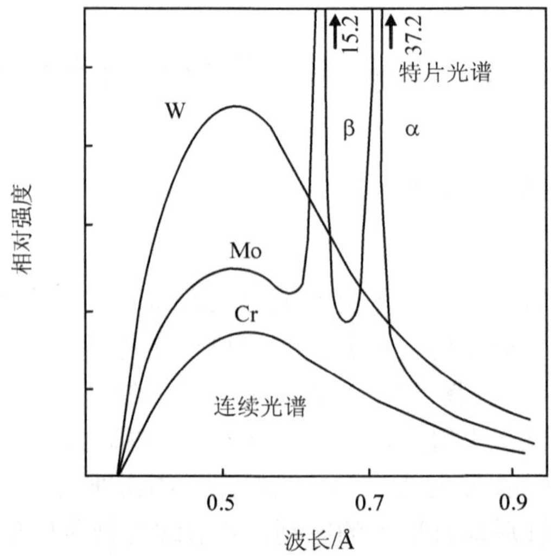

图 5.9 钨、铬的连续光谱及钼的特征光谱

在以 X 射线管作为激发源时，原级 X 射线光谱中的连续光谱是用于激发样品的主要光源。由于其强度以连续分布的形式存在，当 X 射线管所加电压足够高的情况下，它适用于周期表上所有元素各个谱系的激发。

（2）特征光谱：阴极射线的电子流轰击到靶面，如果能量足够高，靶内一些原子的内层电子会被轰出，使原子处于能级较高的激发态。图 5.10 右表示的是原子的基态和 K、L、M、N 等激发态的能级图，K 层电子被击出称为 K 激发态，L 层电子被击出称为 L 激发态，依次类推。原子的激发态是不稳定的，寿命不超过 10^{-8}s，此时内层轨道上的空位将被离核更远轨道上的电子所补充，这时，多余的能量便以光量子的形式辐射出来。图 5.10 左描述了上述激发机理。处于 K 激发态的原子，当不同外层的电子（L、M、N……层）向 K 层跃迁时放出的能量各不相同，产生的一系列辐射统称为 K 系辐射。同样，L 层电子被击出后，原子处于 L 激发态，所产生一系列辐射则统称为 L 系辐射，依次类推。基于上述机制产生的 X 射线，其波长只与原子处于不同能级时发生电子跃迁的能级差有关，而原子的能级是由原子结构决定的，这些有特征波长的辐射将能够反映出原子的结构特点，称为特征光谱。

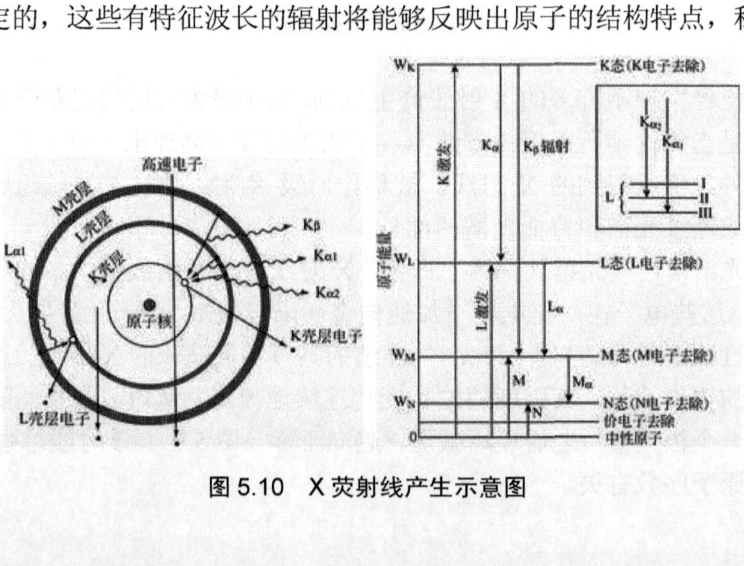

图 5.10 X 荧射线产生示意图

2. X 射线荧光法

用 X 射线管辐照样品，是产生荧光 X 射线光谱的常用方法。在此种情况下，试样中的元素将初级 X 射线束吸收而激发并发射出它们自己的特征 X 射线荧光，该种方法称为 X 射线荧光法。

莫塞莱发现，元素的特征 X 射线的波长λ与元素的原子序数 Z 有关，其数学关系如下：

$$\sqrt{\frac{1}{\lambda}}=K（Z-S）$$

这就是莫塞莱定律，式中 K 与 S 是与谱线有关的常数。因此，只要测出特征 X 射线的波长，就可以知道元素的种类，这就是 X 射线定性分析的基础。此外，特征 X 射线的强度与相应元素的含量有一定的关系，据此，可以进行元素的定量分析。X 射线荧光法是所有元素分析方法中最常用的一种。它可以对原子序数大于氧的所有元素进行定性分析，同时也可以对元素进行半定量或定量分析。

X 射线荧光光谱主要具备如下分析特点：

（1）可直接对块状、液体、粉末样品进行分析，亦可以对小区域或微区式样进行分析，如质子 X 射线荧光通过良好聚焦的带电粒子束可提供 0.5 μm 的束斑。

（2）可分析镀层和薄膜的组成和厚度，如用基本参数法薄膜软件可分析多达 10 层膜的组成和厚度。

（3）波长色散和能量色散 X 射线荧光光谱仪对元素的检测范围为 10^{-5}%～100%，对水样的分析可达 10^{-9} 数量级；全反射 X 射线荧光管普的检测限 10^{-9}～10^{-12}g。它们已能满足许多物质的分析要求。

（4）谱仪不仅已具有自动化、智能化、小型化和专业化等特点，并在性能上也有很大改进。

（5）X 射线荧光光谱是非破坏分析方法，随其分析技术的发展，已广泛用于陶瓷、金属屑和首饰的组成分析，为文物的断源和断代提供了可靠的信息。

二、便携式 X 射线荧光技术

现在，X 射线荧光光谱在实验室里已广泛用于多元素分析。在采矿、材料研究和环境分析等领域，X 射线荧光光谱仪也是不可缺少的分析工具。X 射线荧光光谱仪总体来讲可分为波长色散型（WDXRFS）和能量色散型（EDXRFS）。其中，室内大型 X 荧光仪多采用波长色散方案，少有采用能量色散方案，但在野外现场便携仪器中采用前一方案，难度较大，主要原因在于：

（1）必须采用复杂的晶体分光系统，难于实现仪器的轻便化、小型化；

（2）对样品的粒度、几何条件等要求严格，现场测量难于实现等；

（3）仪器的功耗大，一般在数百瓦以上，现场仪器无法承受。

因此，能量色散 X 荧光技术，为现阶段众多便携 X 荧光仪的主要方案。其结构由激发源、探测器、放大器、多道脉冲幅度分析器、笔记本微机系统以及高低压电源系统等组成。

能量色散谱仪是利用 X 射线荧光具有不同能量的特点，将其分开并检测，不是用分光晶体，而是依靠半导体探测器来完成。这种半导体探测器包括锂漂移硅探测器、锂漂移锗探测器、高能锗探测器等。X 光子射到探测器后形成一定数量的电子-空穴对，电子-空穴对在电场作用下形成电脉冲，脉冲幅度与 X 光子的能量成正比。在一段时间内，来自试样的 X 射线荧光依次被半导体探测器检测，得到一系列幅度与光子能量成正比的脉冲，经放大器放大后送到多道脉冲分析器（通常 1 000 道以上）。按脉冲幅度的大小分别统计脉冲数，脉冲幅度可以用 X 光子的能量标度，从而得到计数率随光子能量变化的分布曲线，即 X 光能谱图，能谱图经过计算机进行校正，然后显示出来，其形状与波谱类似，只是横坐标是光子的能量。

图 5.11 所示为能量色散型光谱仪，由光源（X 射线管或放射性物质）、试样架、半导体、半导体检测器和不同的用于能量选择的电子器件等组成。能量色散系统的一个显著优点是简便，在光谱仪的激发和检测部分中没有移动的部件，可以同时测定试样中几乎所有的元素，分析速度快。再者，由于没有准直器和晶体衍射器并且检测器靠近试样，使到达检测器的能量增大 100 倍或更多，因而可以使用强度较弱的光源，如放射性物质或低能量 X 射线管。能量色散型仪器对式样的损伤要小很多，且没有光谱仪那么复杂的机械机构，因而工作稳定，仪器体积也小，如 OURSTEX 200TX 谱仪（图 5.12）及 Genius XRF 等，均适合现场快速测定的需要。

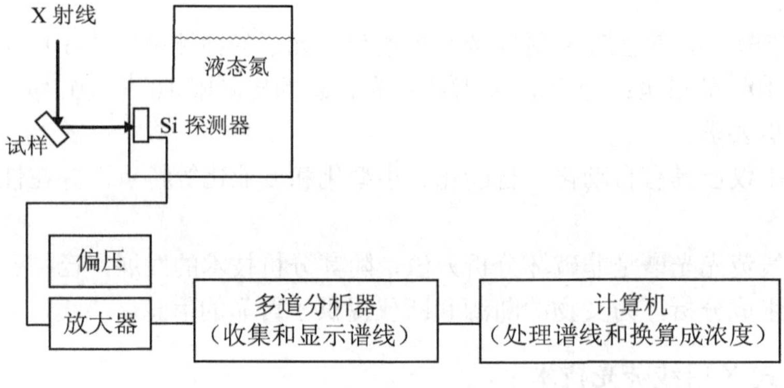

图 5.11 能量色散型光谱仪仪器结构

图 5.12 OURSTEX 200TX 仪器

三、典型仪器应用及其使用操作

X 射线荧光光谱法被广泛地应用于考古学、生物医学、环境研究、地质学和材料科学等领域，是一种经济、快速、能一次完成多元素样品定量分析的方法。市场上比较常见的便携 X 荧光仪以手持式能量色散仪器居多，大多应用于各类地质矿样多元素检测和分析、矿渣精炼分析及考古研究中，如 Genius XRF 系列，Niton XL 系列等（图 5.13）。这类仪器大都采用小功率化微型光管、Si（Li）或 SDD 等半导体电制冷探测器和多道分析器，具备灵敏度较高、测试时间短、操作简易等优点。

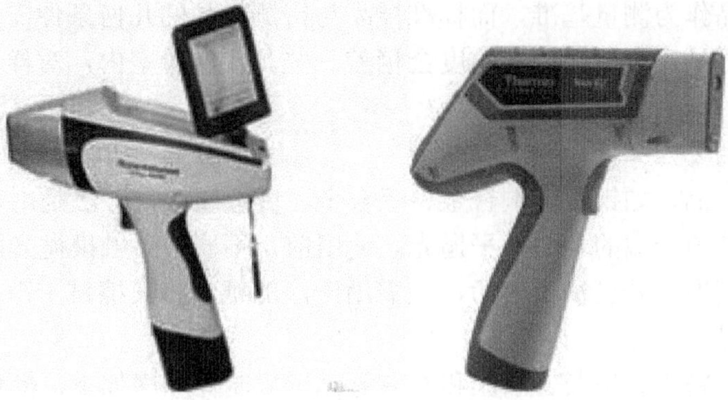

图 5.13 Genius XRF 和 Niton XL 手持 X 荧光分析仪

1. Genius XRF 手持式 X 荧光光谱仪

Genius XRF 是一款专门针对在现场、野外进行 X 荧光分析应用而设计的仪器，具有体积小，重量轻，普通人可手持测量的特点，便于携带，检测速度快，在小型化的同时也能满足一定的技术要求。该仪器可应用于土壤污染物进行原位测试与修复分析，地表土壤成分分析，它已广泛应用于各类地质中，检测样品包括矿渣、岩石、泥土、泥浆等。仪器外观见图 5.14。

①TF 卡接口；②Mini USB 接口；③电源及充电指示灯；④辐射指示灯；⑤板机；⑥电池

①PDA；②电源指示灯；③电源开关；④辐射指示灯

图 5.14 仪器外观

（1）仪器原理及结构

该仪器应用 X 射线管提供一定管压和管流，X 光管激发出连续的 X 荧光光谱线，X 荧光照射到样品上产生具有样品特征的 X 荧光，进入探测器后变成电压信号，信号经过放大和数据采集后送计算机处理，并得到所需要的测试数据。

（2）分析操作

1）样品制备

定性分析时，不规则的样品也可直接测量，不需要对样品进行特殊处理。但是对样品进行准确的定量分析时则需要对样品进行一定处理。X 荧光分析基本上是一种相对测量，需要有标准样品作为测量基准，而标准样品与待测样品的几何条件需要保持一致，因此，在野外对天然样品进行测量，其精度会稍差一些。在实验室内，对样品进行一些处理后，会得到较精确的结果。

①固体样品

制备固体样品，如钢铁、铜合金、铝合金、贵金属等，方法是用车床将样品车成柱状样品，并保证其中一端的表面磨平抛光。使用前，不要用手触摸抛光面，以免表面沾上油污，影响测量精度。若已沾上油污，则需用干净的绒布将其擦拭干净。

②粉末样品

包括矿粉、粉尘、炉灰、水泥和石灰等。一般制样顺序如下：批量→多个小样→大量样品→粉碎缩分→制样→测定试样。若要获取较好的测量结果，建议将样品粒度控制在 200 目以下。一般情况下，将粉末样品放入样品杯中，即可直接测量。另外，使用压片方法也可得到较为准确的测量结果。

③液体样品

制样方法主要有以下三种：a. 直接法，将液体样品直接倒入样品杯中进行分析。b. 富集法，使用相关方法（如铜试剂、离子交换树脂等）富集液体样品中的待测元素。c. 点滴法，将液体样品滴在滤纸上分析。

2）样品操作

在进行移动式操作（即手握仪器实时移动检测）时，将仪器枪头部位直接贴近待测样品，即可直接应用内置校准曲线进行样品测量。测量不同类型的样品时，需从程序栏选择其对应的测量模式，才能保证最佳的测量效果，如测定土壤时，选择“土壤常用模式”等。但需注意，在测量过程中要防止不规则带刺样品刺穿测试薄膜，损坏探测器铍窗。

一个比较完整的测试操作流程主要包括：

①确保仪器连接正确并开启电源；

②自检完毕后进行初始化；

③选择合适的测量模式进行分析测试；

④连接电脑或直接在主机上分析；

⑤关闭电源。

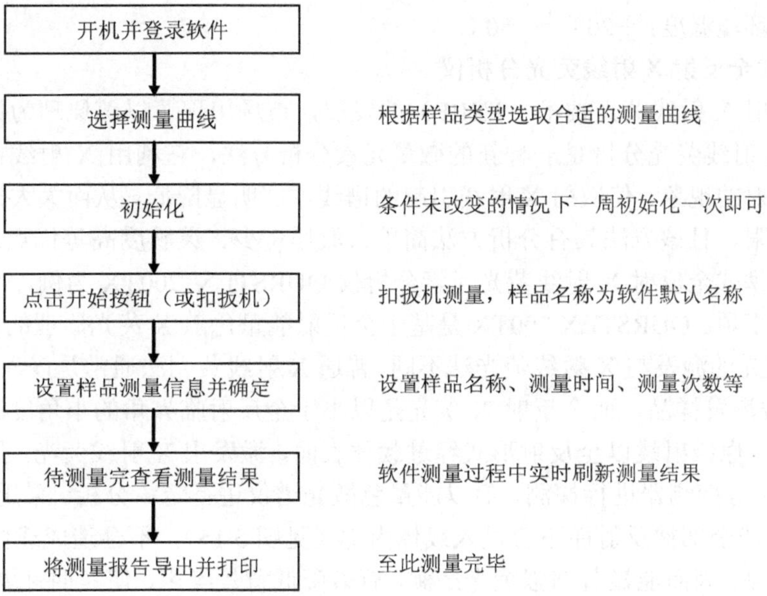

（3）测定影响因素及注意事项

1）仪器在测量过程中要避免受到干扰，例如：受到电机、振动、电焊、电磁、高压等的干扰。

2）仪器不要在有灰尘或肮脏、温度过高或过低的地方使用，否则会导致测量结果不准，甚至损坏仪器内部器件。不要用腐蚀性化学试剂、强洗涤剂清洗或擦拭仪器，请用软布擦拭仪器灰尘，如有污点请用酒精棉球轻轻擦净。

3）为使仪器长期保持工作正常，需定期对仪器的各项参数进行测试，并及时进行调整。

（4）仪器具体参数

1）测量元素范围：镁（Mg）到铀（U）。

2）处理器和内存：CPU 667MHz，内存 256MB，扩展存储最大支持 32GB，标配 2GB，可以存储超过 200 000 组数据。

3）含量范围：ppm～99.99%。

4）检测时间：10～60 s。

5）GPS、WIFI：内置系统。

6）电池使用时间：可充电锂电池，电池最大容量 7 800 mAh，可持续工作 8～12 h；配有宽电压 110～220 V 通用适配器，可交流供电使用。

7）检测对象：固体、液体、粉末。

8）探测器：25 mm^2，SDD 探测器，分辨率≤145 eV，最低可达 139 eV。

9）激发源：50 kV/100 μA-银靶端窗一体化微型 X 光管及高压电源。

10）准直器和滤光片：直径 4.0 mm 和 2.0 mm 准直器，6 种滤光片组合自动切换。

11）数据传输：数字多道技术，SPI 数据传输，快速分析，高计数率；可通过 USB 接口、无线与计算机传输。

12）操作环境湿度：＜95%。

13）操作环境温度：−20℃～+50℃。

2．便携式全反射 X 射线荧光分析仪

随着全反射 X 射线荧光技术（TXRF）的发展，市场出现了以该原理为依据的便携仪器。全反射 X 射线荧光分析是一种新的微量元素分析方法，它利用 X 射线在样品承托物表面发生全反射的现象，使散射 X 射线引起的谱线本底明显降低，从而大大改进了微量元素测定的检测限，且该方法具有分析方法简单、取样量少、灵敏度高等优点。

下面以便携式全反射 X 射线荧光元素分析仪 OURSTEX 200TX 为例，简要介绍其使用操作及注意事项。OURSTEX 200TX 是基于全反射能量色散 X 荧光原理的便携仪器。全反射 X 射线荧光的激发与 X 射线荧光法不同，普通 X 射线荧光法通常是以入射角大约 45°的原级 X 射线激发样品，而全反射 X 荧光是以小于全反射临界角的小角度激发样品。样品置于载体上，原级射线以全反射形式经过载体表面，激发出 X 射线荧光，用垂直在样品上方的 Si（Li）等探测器进行探测，后以能量色散光谱仪进行定量分析。采用全反射系统，使得入射 X 射线全部被反射而不会进入载体内部（见图 5.15），不会造成载体内部 X 射线散乱发射的现象，因而能显著增强荧光产额，有效降低背景噪声，使其拥有更高的灵敏度。

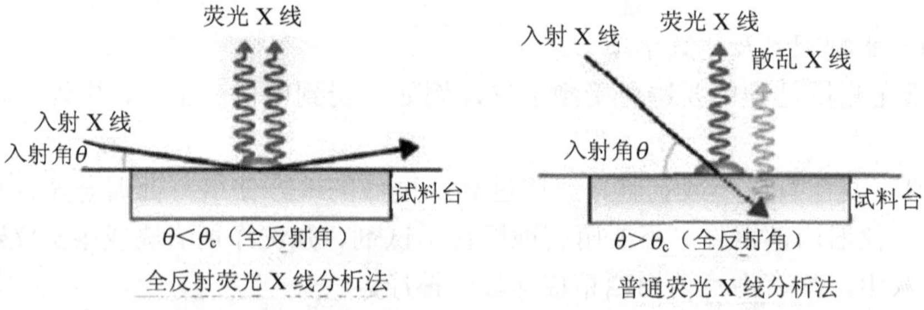

图 5.15　TXRF 和 XRF 区别示意图

（1）仪器原理及结构

轰击银靶发射的原级 X 射线，经 X 射线导波器准直后，根据全反射原理，以一定角度照射放在石英光学平面试验台（石英载片）的样品上，激发出待测样品的特征 X 荧光被 SDD 检测器检测，仪器内部结构见图 5.16。

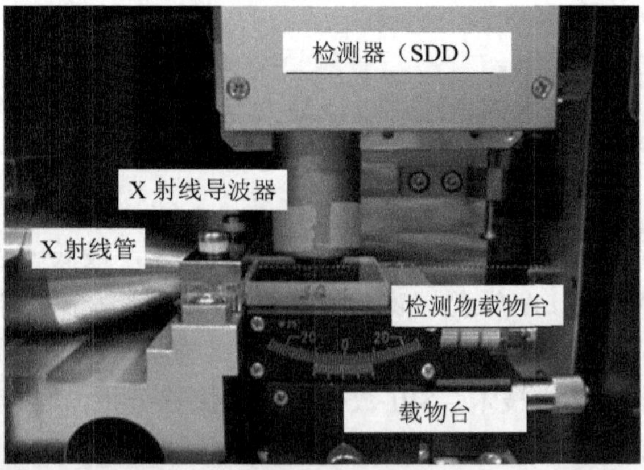

图 5.16　OURSTEX 200TX 内部结构

（2）分析操作

定性：当照射样品得到多元素 X 射线峰图时，通过将测量峰图激发能与已知目标元素的特征 X 射线激发能对照，若能量值相近则可定性为该目标元素。图 5.17 为 Ba、Pb、Br、Cd、Zr 的不同特征峰图。

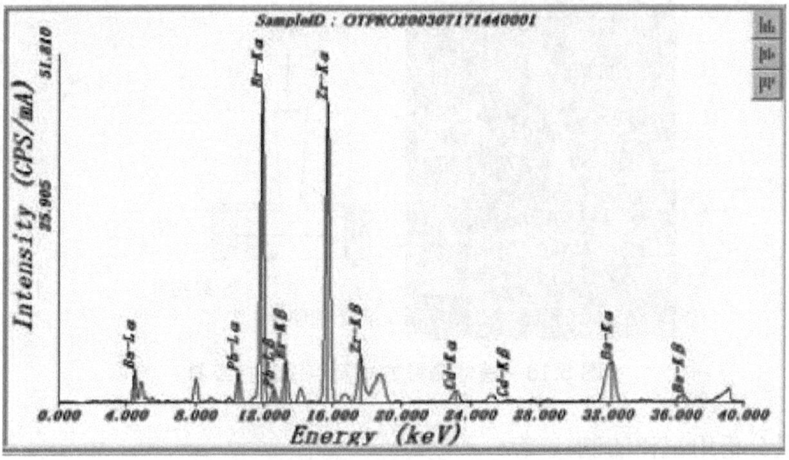

图 5.17　Ba、Pb、Br、Cd、Zr 的不同特征峰图

定量：X 射线荧光光谱定量分析是一种相对分析技术，要有一套已知含量的标准试样系列（经化学分析过的或人工合成的），通过测量标准试样系列和未知样品的 X 射线强度并加以比较进行定量分析。具体定量分析方法有：

1）标准曲线法：测量一系列（一般不少于 5 个）与分析试样理类似的标准样品，将标准样品中分析元素的含量与 X 射线强度的关系绘制校准曲线用以求得未知试样中分析元素的含量。应用本法时要注意共存元素的影响，必要时选取用适当数学模式求得影响系数并加以校正。

2）内标法：对于添加某一成分后易于混合均匀的样品，如溶液，可采用内标法，即把一定量的内标元素加到待测元素含量已知的试样中作为标准试样，测量标准样品中待分析元素与内标元素的 X 射线强度比，用该强度比相对分析元素含量绘制校准曲线。待测试样中也加入同一种内标物质和同样的量，按同样方法求得 X 射线强度比，从校准曲线求得含量。内标法适合含量高于 10%的元素的测量，应注意不要因加入内标元素不当而对分析线产生选择吸收、选择激发或重叠干扰。适当的基体元素谱线和散射线也可作为内标线。

3）标准加入法：标准加入法也称增量法，即在试样中加入一定量的分析元素，根据 X 射线强度的变化而求得试样中分析元素的含量。使用这种方法要求分析元素含量与相应的 X 射线强度呈线性关系且增量值不应少于两个，该法适用于元素含量小于 10%的测定。

因此，在实际分析时，可根据需要选择不同定量方法测量。通常在进行液体样品分析时，用单点或多点曲线内标法测量。

利用该仪器对液体样品分析时，通过微量移液器将数滴样品溶液滴在石英载片上，通过红外光照等措施干燥载片液体，以干燥后载片上的斑痕为分析对象进行测定。由于受 X 射线管光路和检出器的放入角度等仪器设计因素影响，若滴落在石英载片的溶液偏离光学平面的中心部位，将会导致 X 射线照射强度显著变化，极易造成样品测量精度变低，重复性变差。为此，应用特质丙烯材料制成的点滴支持工具（具备微量移液枪头端口插入小孔的中心准直器）就能够最大程度地保证液滴滴到石英载片的中心，从而提高了测量精度，见图 5.18。

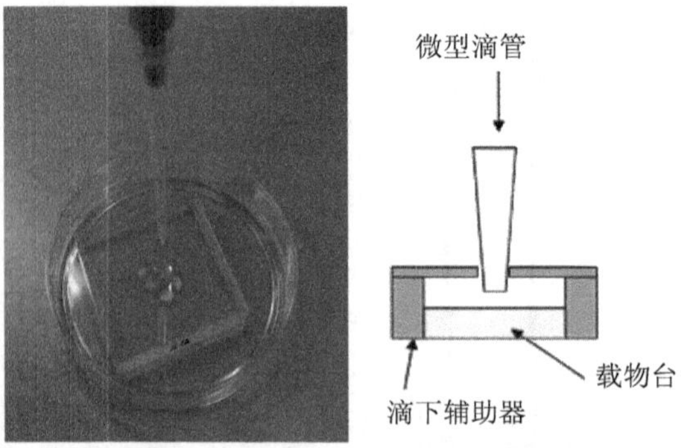

图 5.18 液体测量方式及点滴支持工具

（3）定量分析用试样的制备

定量分析对试样有很严格的要求，这些要求因样品形态不同而异。而当待测样品制样不佳，样品组分不均一时，往往会造成错误的测试结果，因此，样品制备至关重要。

1）土壤及粉状试样：粉末、颗粒以及组成不均匀的块状样品可用粉碎机、研磨机等研磨至一定的粒度，填入仪器特定分析载体中上机分析。

2）液体试样：测定液体样品时要根据实际情况，选择合适内标。将液体用“点滴法”进行测定，即将待测液体样品直接滴加到载体上，干燥后测量上机分析。

（4）全反射 X 荧光测定影响因素及注意事项

1）试样的污染：受到污染的试样将造成分析误差。X 射线荧光光谱分析中要特别注意试样表面的污染，制样过程中应注意实验室工作环境的污染、试剂的污染、用手触及试样表面时造成的污染、内衬材料的污染等。

2）样品的不均一性或物理形态不同会对样品的含量造成不确定性。比如块状样或粉末状样品。

3）样品量过小，而测试时间比较短的情况下，极易造成测试误差。

4）样品表层不平：如果载片表面不平，或样品填充不平（如土样），则每次受到 X 射线激发程度一致，测试结果不稳定。

5）外部有强磁场、强电流、谐波干扰或者电流不稳、温度高、湿度大的情况下易造成测试不稳定。

6）元素与元素之间的荧光干扰。通过元素周期表上特征 X 射线能量的观看，我们可以知道有一些元素的能量很相近，会有相互干扰的情况出现。如 Pb 与 As 之间的相互干扰。由于 Pb 的 L_{α} 与 As 的 K_{α} 峰非常接近，所以若样品同时存在 Pb 和 As 元素，则这两个元素会有干扰严重影响到测试结果，因此就要选择不同的分析线进行分析。

7）高含量元素会对处于附近元素造成干扰。由于高含量元素的峰谱图会很高，易使该元素附近的本底相应提高。这样就可能会把附近低含量的峰谱淹没在本底里面，从而造成测不出此元素的含量。

第四节 便携式测汞技术

一、汞分析测试技术

水中汞含量甚微，所要求的监测方法应该是快速、准确、灵敏和简便。目前常用的方法主要有冷原子吸收法、原子荧光法、分光光度法，此外汞的检测还有电热原子吸收光谱法、电感耦合等离子体质谱法（ICP-MS）、X 射线荧光分析、同位素稀释质谱法、HPLC-ICP/ MS 和电化学方法等。汞以无机汞和有机汞各种形态存在于水体中，在试样测试前，根据分析的不同要求，采用不同的方法对试样进行预处理。目前，常用的预处理方法包括水样的消解与还原，富集与分离，如高锰酸钾-过硫酸钾消解法、高锰酸钾-硫酸消解法、溴酸钾-溴化钾消解法、紫外光照射消解法，汞齐富集法、萃取富集法、巯基棉吸附法等。

二、便携式测汞仪

在突发性汞污染事故时，环境应急监测在污染事故的应急处置中起着举足轻重的作用，监测数据的准确和及时是事故处理的核心工作。因此，应急监测就对仪器设备、分析方法提出了更高的要求，既要快速又要相对准确。随着测汞技术的逐步发展，分析方法的不断完善，一些满足应急监测需求的不同种类便携式测汞仪陆续研制成功，市场上也相继出现了一批较为成熟的便携式测汞仪，这些仪器以上述介绍方法为基础，兼具自动化、智能化、小型化和专业化等特点，在检出限、测量范围等性能指标上也能够达到或接近实验室测汞仪器水平，能够满足应急监测时的现场分析。如以阳极溶出伏安法为基础的 Pdv6000，汞测量范围为 1～6 000 μg/L，详见第六章第二节；具备塞曼效应背景扣除的原子吸收测汞仪 RA-915 系列的检出限可达 0.02 μg/L 等。

1．RA-915M 测汞仪

RA-915M 汞分析仪（见图 5.19），结合其附件构成的测试系统，可以按现行测试方法及标准完成饮用水、天然水、废水、土壤、食品及饲料、生物样品、石油及其加工产品等多介质中汞含量的测定。在空气中汞蒸气浓度的测定中，该分析仪既适用于固定点的测量模式，也适用于交通工具等的连续移动测量模式。其主要的技术参数如下：

测量汞含量的线性范围可达三个数量级以上，应用多光程分析池分析样品时，方法检出限可达μg/L 级；对某些复杂样品不需要进行预先化学处理，可进行空气中的汞含量长时间连续监测，监测空气具有极低的检出限；轻巧便携，野外现场监测不需气瓶和电源。

RA-915M 设计成两种使用模式：一种是便携使用模式，采用显示与控制单元使用仪器；另一种是实验室固定式使用模式，采用计算机软件使用仪器，两种模式分别适合现场测定和实验室分析。主要由汞分析仪主机、液体分析模块和固体分析模块组成。

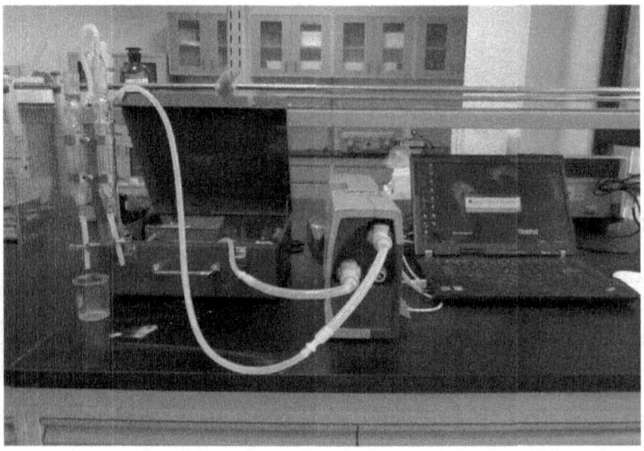

图 5.19 RA-915M 测汞仪

RA-915M 汞分析仪：按设定参数运行分析方法，在单机分析中用来接受处理数据信息并显示结果；也可连接工作站用软件进行分析。

RP-91 附加装置（见图 5.20）：应用“冷蒸汽”技术测定液体样品中的汞。以还原剂（氯化亚锡）还原 Hg^{2+}为元素汞，气流（空气）将元素汞传输到分析池。分析用的还原剂和样品置于起泡器中，通过起泡器连续空气抽吸，形成的元素汞被带入主机分析池。

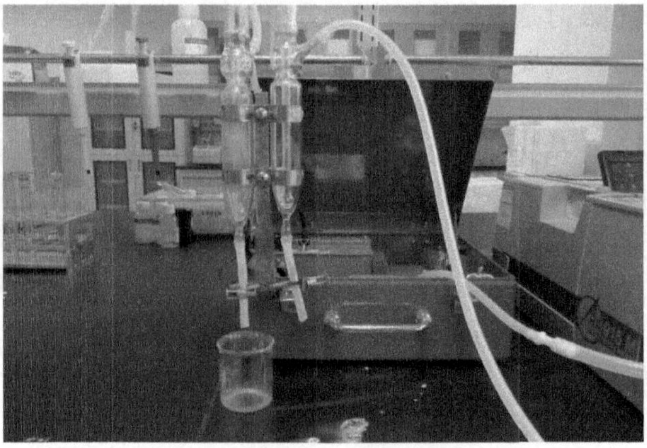

图 5.20 RP-91 液体模块

（1）分析原理及仪器结构

RA-915M 汞分析仪是基于采用高频偏振光调谐技术和塞曼背景校正技术的原子吸收光谱法。放射源（汞灯）置于永磁体中，在永磁体的作用下将汞灯发出的共振线分（λ=253.7 mm）为一系列塞曼分量σ_-、σ_+和 π，其中 π 谱线对该仪器检测没有意义，不用考虑。在定值的磁场下，σ 分量的一部分进入最大的吸收区，执行分析谱线的作用。σ_-、σ_+分别作为检测线和参比线，借助偏振调制器能随时间的变化分开分析谱线与对比谱线并进入到多光程样品池中。在不存在汞蒸气时，两种谱线的强度相等，当出现汞的吸收原子时，由于多光程样品池对汞元素有特征性的吸收，检测线和参比线的强度差分别随着汞含量的增大而加强，并呈线性关系，通过之间的信号差和汞标准溶液系列浓度，绘制校准曲线可最终得出汞含量（图 5.21）。

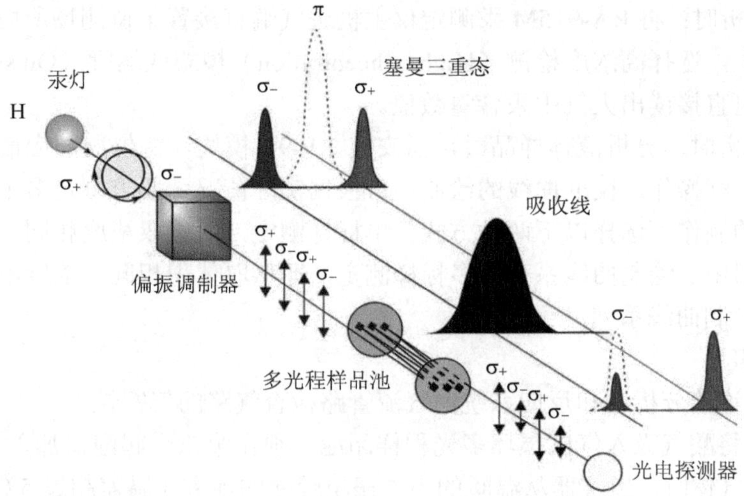

图 5.21 RA-915M 汞分析仪的操作原理

汞分析仪的结构示意如图 5.22 所示。汞灯放置在磁场两极的中间，由高频发生器激发。光线通过偏振调制器到达光桥。光桥依据操作模式，自动切换光路。光桥在位置III时，光线通过汞校准池（校准模式时，汞校准池插入光路中），穿过多光程样品池、单光程样品池组件，被检测器检测到。光桥在位置 II 时，光线到达检测器之前，只通过单光程样品池组件。光桥在位置 I 时，光线通过可拆卸的外接样品池光学单元、单光程样品池组件，到达检测器。光电检测器产生的信号通过信号处理单元，将信号按照调制频率分离，并产生分析信号。最后信号在显示与控制单元或计算机显示出来。

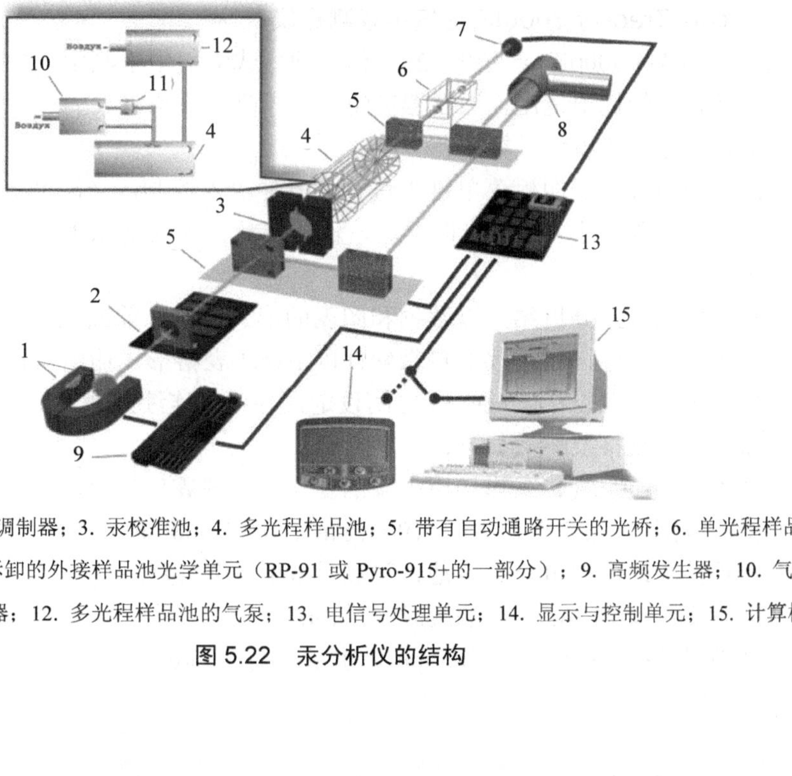

1. 汞灯；2. 偏振调制器；3. 汞校准池；4. 多光程样品池；5. 带有自动通路开关的光桥；6. 单光程样品池组件；7. 光电检测器；8. 可拆卸的外接样品池光学单元（RP-91 或 Pyro-915+的一部分）；9. 高频发生器；10. 气体流量整流器；11. 汞吸附过滤器；12. 多光程样品池的气泵；13. 电信号处理单元；14. 显示与控制单元；15. 计算机

图 5.22 汞分析仪的结构

（2）分析操作

1）气体分析时：将 RA-915M 汞测定仪主机进气端直接置于待测场所内，根据实际工作情况设定参数，选择高浓度检测（High concentration）模式或运行（On stream）模式进行连续测量，可直接读出大气中汞含量数值。

2）液体分析时：分析液体样品时，需安装 RP-91 模块，待仪器响应信号平稳后，按操作说明进行后续操作。校准曲线的绘制：可根据实际情况、要求测定多个标点，绘制校准曲线。曲线的制作可选择以下两种方式：单标样测定，即移取浓度相同，体积不同的标准样品于起泡器中，绘制曲线系列；多标样测定，即移取体积相同，浓度不同的标准样品于起泡器中，绘制曲线系列。

（3）注意事项

1）要通过连接分析池和反应系统的气流管路检查气路的气密性。

2）为避免将酸气吸入气阀损坏多光程样品池，须在第二个起泡器加入适量碱液。

3）在测量气体时，当仪器从温暖的地方搬至较冷的地方（温差超过 5℃）时，为避免环境温度对测量结果的干扰，重新进行零点校准。

4）在进行液体样品的测定前，需对样品进行处理（消解）将汞转化为离子形态，并用相同方法准备空白样品。

（4）质量保证

1）定期对仪器状态进行测试。定期运行仪器“Test”模式，进行仪器的自动校准，通过仪器内置汞校准池检验仪器性能。当测试的理论值与实测值差小于 20%，表明仪器状态良好。

2）定期更换仪器内置吸附过滤器。当分析仪在测量模式下运行约 500 h（或一年）时需要更换，确保仪器零点校正准确。

2. Mercury Tracker 3000IP 空气中汞测定仪

Mercury Tracker 3000IP（见图 5.23）作为便携式大气中汞测定仪的一种，具备较为简易的操作以及较低的检出范围。该仪器应用冷原子吸收光谱法，通过汞在 253.7nm 波长处吸光度衰减量测定汞浓度。

操作：用户通过仪器面板菜单键盘进行仪器的输入控制，光源开启后预热稳定约 1～5 min 即可测定。测量时，在基线调零后，仪器自动、连续地以汞浓度值和柱状图显示汞的测试结果。

显示和数据输出：分析结果以数据和图表的形式输出在前面板 LCD 屏幕上，也可将其通过接口与电脑相连，通过仪器自带软件以 Excel 表格形式输出数据供分析人员查阅。仪器的数据记录间隔可以在 1～999 s 之间设定，并可以连续监测 4 h。

该仪器具体的规格及参数如下：

（1）应用范围：空气、工作场所内汞的变化，汞泄露、污染源、废气；

（2）检测范围：（三个档位）0～100 μg/m^3、0～1 000 μg/m^3、0～2 000 μg/m^3；

（3）便携性能：内置可充电电池，可满足 6 h 操作需要；

（4）灵敏度：＜0.1 μg/m^3，响应时间：1 s；

（5）外型尺寸：450×195×305 mm，重量：约 5.5 kg。

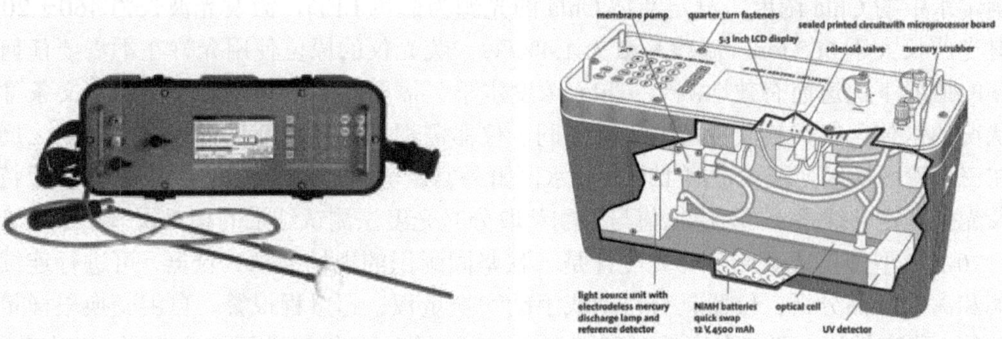

图 5.23　Mercury Tracker 3000IP 外观及内部结构

第五节　其　他

在环境应急监测中，其他常见便携式光学分析技术还包括便携式原子吸收技术、便携式分子荧光技术、便携式散射技术及便携式反射技术等。

一、便携式原子吸收技术

便携式原子吸收技术是基于原子吸收光谱法进行待测元素含量检测的分析方法。如 WFX-910 型便携式现场检测原子吸收光谱仪。该仪器具有便携式、小型化、能耗低、快速化及专用化等特征，能够实现现场和在线实时检测。

WFX-910 型便携式现场检测原子吸收光谱仪采用电热钨丝原子化器与 CCD 微型光谱仪，节能、保护气消耗小、无需水冷。仪器备有高性能空心阴极灯供电系统，有利于弱光元素分析；采用市电供电或锂电池供电，锂电池可在野外无市电情况下供电。仪器适合无需复杂处理的水质样品现场检测，其检测项目包括砷、镉、铬、铜、铅、硒及铊等元素。

李晓晨等利用便携式原子吸收光谱仪进行镉、铬、铜、锰及铅元素测量试验，并同常规石墨炉仪器测量结果相比较，确认采用钨丝电热原子化器和 CCD 检测系统的小型化原子吸收器，同样能获得不逊于常规石墨炉原子吸收的测量结果，其检出限、特征质量、精密度等指标也充分满足痕量分析的要求。测量模拟天然水标准物质的实验结果也表明，仪器在测量类似的水样或液体样品时结果准确可靠。

二、便携式分子荧光技术

便携式分子荧光技术是利用分子荧光进行检测的分析方法。目前，市场上常见的便携式分子荧光仪器主要包括 Aquafluor 手持叶绿素荧光仪、10-AU 型便携式荧光分光光度计、SCUFA 系列自容式水下荧光光度计及 TD-500D 便携式水中油分析仪等。该类仪器具有灵敏度高、线性范围宽、携带方便及操作简单等特点。

Aquafluor 手持叶绿素荧光仪的测试原理是利用荧光仪发出的激发光通过未经处理的水样，引起活体藻细胞内的 Chla 发出荧光，再根据荧光强度与 Chla 浓度之间的正比例关系确定水中的 Chla 浓度。测定活体 Chla 的光源为蓝色 LED，激发光波长为 460±20nm，发射光波长大于 665 nm，温度系数为 1.4%/℃。荧光仪的原位使用允许在不需要任何样品准备的情况下快速而有效地测定 Chla 浓度水平。需要注意的是，对于不同水文条件及污染状况的水体，其优势藻种及浊度等不同，仪器需根据水体特征进行校准后使用。周贤杰等在三峡库区次级河流大宁河 139 m 回水区野外富营养化监测中，利用 Aquafluor 手持叶绿素荧光仪测定叶绿素 a，其模拟值与丙酮萃取分光光度法测试结果的相对误差小于±7%。

10-AU 型便携式荧光分光光度计是一款坚固耐用的现场便携式仪器，可进行连续流动监测和离散样品分析。仪器具有自动或手动切换量程、超量程报警、自由变换采样量大小等功能。稳定性好，即使在环境温度骤变或电源不稳时，仍能进行长期监测；动态范围宽，使用自动测量功能，高低浓度均能自动读出；防水性能好，可以置于各种环境中进行野外现场测定。通过使用特定的光学滤片，可测定罗丹明、叶绿素 a 及原油等物质，其灵敏度分别为 10 pg/L、25 pg/L、10 μg/L。

SCUFA 系列自容式水下荧光光度计分为 SCUFA Ⅰ型、SCUFA Ⅱ型、SCUFA Ⅲ型和 SCUFA Ⅳ型四种型号，是一种使用简便、高精密度、多功能自溶式水下荧光光度计，主要用于叶绿素测定及染料跟踪检测。除了 SCUFA Ⅰ型外，其余型号均有独立通道的浊度测量单元，监测深度可达 600 m 或 6 000 m（SCUFA Ⅳ型）。仪器内部可储存 11 000 个数据，控制程序可以预设仪器的采样间隔；利用自动量程控制，仪器可以在各种不同的环境条件下进行测量而不需手动改善增益，能适应剧烈的动态变化，可以进行剖面测量，也可进行定点测量。叶绿素和罗丹明检出限分别为 0.02 μg/L 和 0.04 μg/L。

TD-500D 便携式水中油分析仪是一款双通道、手持式荧光仪，可使用几乎全部常规溶剂作为萃取剂替代对人体有害污染环境的四氯化碳。产品具有体积小、重量轻、精度高、快速检测等优点，可用于测量水中或土壤中的原油、燃油、润滑油、柴油、凝析油及碳氢化合物等。其测量范围宽，无需进行样本稀释。

三、便携式散射技术

便携式散射技术是利用便携式仪器对被测物质光散射现象进行检测的分析方法。目前，市场上常见的便携式散射仪器有 2100P 便携式浊度仪、Turbiquant1100 IR 型便携式浊度仪、Turb350 IR 型手提式浊度仪、TM1000 型数字手提式浊度仪、115 型便携式浊度仪、H193703 型便携式浊度仪及 ZDJ-1 型便携式浊度仪等。

2100P 便携式浊度仪采用 90°光散射测试，光源为红外 LED（860 nm）。测量范围为 0.00～1 000.00 NTU（可自动切换量程范围）；准确度为±1%测值或 0.01 NTU。曹勇锋等采用该产品测试了不同硫酸铝投加量、磁场强度和磁滤速度条件下珠江水域大学城河段水体样品的浊度，发现采用微絮凝-大梯度磁滤工艺处理后水体浊度去除率达到 80%以上。

Turbiquant1100 IR 型便携式浊度仪采用 90°光散射测试。测量范围为 0.00～100.00 NTU（可自动切换量程范围）；准确度分别为±2%测值（0.00～500.00 NTU）或±3%测值（500.00～1 100.00 NTU）。

Turb350 IR 型手提式浊度仪采用 90°光散射测试，光源为红外 LED（860 nm）。量程范围为 0.00～1 100.00 NTU（可自动切换量程范围）；准确度分别为±2%测值（0.00～

500.00 NTU）或±3%测值（500.00～1 100.00 NTU）。

TM1000 型数字手提式浊度仪采用 90°光散射测试。测量范围分别为 0.00～50.00 FTU 和 50.00～1 000.00FTU（自动选择量程）；精度为±2%FS。4 位 LCD 多功能显示屏。

115 型便携式浊度仪采用 90°光散射测试。测量范围分别为 0.00～1.99 NTU、0.00～19.99 NTU 和 0.00～199.99 NTU；分辨率为 0.1%FS。

H193703 型便携式浊度仪采用 ISO 7027 方法测试。测量范围分别为 0.00～50.00 FTU 和 50.00～1000.00FTU；准确度分别为±5%FS（0.00～10.00FTU）、±10%FS（10.00～50.00 NTU）和±5%FS（50.00～1 000.00 NTU）。

ZDJ-1 型便携式浊度仪采用透光法测试。光源所产生的一束平行光照射被测水样，根据 Jackson 透光浊度测量法，透光量与悬浮颗粒的量呈指数函数衰减关系，即浊度=1/*D*（*A*−lg*T*）（其中 *D*、*A* 为常数，*T* 为透光率）。在与光源出射光呈 180°方向上，用光电转换器接受透射光，经光电转换后，信号送放大器放大，由表头显示其浊度。测定范围分别为 0.00～10.00 mg/L 和 0.00～50.00 mg/L（一档），0.00～50.00 mg/L 和 0.00～100.00 mg/L（二档），0.00～100.00 mg/L 和 0.00～500.00 mg/L（三档）；精度分别为±5%或±10%（300.00～500.00 mg/L）。该仪器不需要采样，将探头直接浸入所测水中读取指示值。

四、便携式反射技术

便携式反射技术是利用便携式仪器对被测物质光反射现象进行检测的分析方法。目前，市场上常见的便携式反射仪器有 HNU RP-80 型便携式反射光度计、RQ（Rellectoquant）型多参数反射测试仪等。该类仪器具有携带方便、易于操作等特点。

HNU RP-80 型便携式反射光度计扫描波长范围为 250～700 nm。仪器可用于污染水平的定量分析、泄漏源及监测井位置的确定、生物处理有效性的调查。其检测项目包括苯、甲苯、乙基苯、二甲基苯、无铅汽油、内燃机燃料、原油、裂解油、多氯联苯、氯仿、四氯化碳、三氯氟甲烷、1,1,1-三氯甲烷及二氯甲烷等。

RQ 型多参数反射测试仪的特点是独特的条形码技术避免误操作；RQ 反射测试，保证结果准确性；RQ 加强型反射仪，可增加测试的灵敏度和测试项目。操作步骤是：①将测试条浸入准备好的测试样品中；②反应结束后，把测试条放入 RQ 反射仪中；③按下测试键，根据屏幕提示操作，最后读出结果。现场测试项目包括余氯、总氯、氯化物、亚硝酸盐、磷酸盐、钾、铝、氨氮、铬、钴、铜、甲醛、铁、铅、锰、钼、镍、硝酸盐、过氧化物、pH、亚硝酸盐及总硬度等。在一次氯化物泄露事故中，四川省某环境监测站曾利用 KW83-CFAH-1-16955-0001RQ 多参数水质反射测试仪测定地表水中的余氯、总氯、氯化物，其结果与实验室分析结果相近。

第六章　便携式电化学分析技术

电化学分析法是应用电化学原理和技术，利用化学电池内被分析溶液的组成及含量与其电化学性质的关系而建立起来的一类分析方法。其特点是灵敏度高，选择性好，设备简单，操作方便，应用范围广。许多电化学分析法既可定性，又可定量；既能分析有机物，又能分析无机物，并且许多方法便于自动化，可用于连续、自动及遥控测定，在生产、科研和医药卫生等各个领域有着广泛的应用。

根据测量的电信号不同，电化学分析法可分为电位法、电解法、电导法和伏安法。

电位法是通过测量电极电动势以求得待测物质含量的分析方法。若根据电极电位测量值，直接求算待测物的含量，称为直接电位法，如离子选择性电极法（ISE）等；若根据滴定过程中电极电位的变化以确定滴定的终点，称为电位滴定法。

电解法是根据通电时，待测物在电极上发生定量沉积的性质确定待测物含量的分析方法。

电导法是根据测量分析溶液的电导以确定待测物含量的分析方法。

伏安法是将一微电极插入待测溶液中，以电解时得到的电流-电压曲线为基础而演变出来的各种分析方法的总称。溶出伏安法（又称反相极谱法）是从电化学分析中的极谱法发展起来的，融进了预富集过程，随之进行“探头”扫描，分为阳极溶出伏安法（ASV）和阴极溶出伏安法。此外还有吸附溶出伏安法。

无论是哪一种类型的电化学分析法，都必须在一个化学电池中进行，因此，化学电池的基本原理是各种电化学方法的基础。

便携式电化学仪检测技术是一种电分析化学技术，具有灵敏度高、应用范围广、准确度高、仪器便携、信号处理简单等特点，主要包括便携式溶出伏安仪检测技术、离子选择性电极检测技术、电化学生物传感器技术等。目前，已有大量的单项或多项目污染物电化学检测仪器在突发环境事件应急监测中得到应用。

第一节　便携式离子选择性电极检测技术

一、技术原理与特点

离子选择性电极又称离子选择电极或离子电极，是一类利用膜电位测定溶液中离子活度或浓度的电化学传感器。1906 年由 R・克里默最早研究，随后由德国哈伯（F.Harber）等人制成的测量溶液 pH 的玻璃电极是第一种离子选择电极，到 60 年代末，离子选择电极的商品已有 20 多种。离子选择电极具有将溶液中某种特定离子的活度转化成一定电位的能力，其电位与溶液中给定离子活度的对数呈线性关系。

离子选择电极是膜电极，其核心部件是电极尖端的感应膜。按构造可分为固体膜电极、液膜电极和隔膜电极。离子选择电极法是电位分析的分支，一般用于直接电位法，也可用于电位滴定。该法的特点是：①测定的是溶液中特定离子的活度而不是总浓度；②使用简便迅速，应用范围广，尤其适用于对碱金属、硝酸根离子等的测定；③不受试液颜色、浊度等的影响，特别适于水质连续自动监测和现场分析。目前，pH 和氟离子的测定所采用的离子选择电极法已定为标准方法，水质自动连续监测系统中，有 10 多个项目采用离子选择电极法。

离子选择电极法测 pH 的原理：以玻璃电极为指示电极，饱和甘汞电极为参比电极，插入溶液中组成原电池。当氢离子浓度发生变化时，玻璃电极和甘汞电极之间的电动势也随之变化，在 25℃时，每单位 pH 标度的变化相当于 59.1 mV 电动势变化值，在仪器上直接以 pH 的读数表示。

离子选择电极法测水中氟离子的原理：电极上的氟化镧单晶膜存在晶格空穴，空穴的大小和形状与 F^-相匹配，所以对氟离子有特异选择性，在氟化镧电极膜两侧的不同浓度氟溶液之间存在电位差，电位差的大小与氟化物溶液的离子活度有关，氟电极与饱和甘汞电极组成一对原电池，利用电动势与离子活度负对数的线性关系直接求出水样中氟离子浓度。

二、主要仪器设备与应用范围

pH 和氟离子的选择性离子电极法都是成熟的标准检测方法，对应的国家标准分别为《水质 pH 值的测定 玻璃电极法》（GB/T 6920—1986）和《水质 氟化物的测定 离子选择电极法》（GB/T 7484—1987），这两种方法在国内外有大量标准化的仪器可以选用。

1. pH 电极法适用范围

本法适用于饮用水、地面水及工业废水 pH 值的测定。

水的颜色、浊度、胶体物质、氧化剂、还原剂及高含盐量均不干扰测定；但在 pH＜1 的强酸性溶液中，会有所谓“酸误差”，可按酸度测定；在 pH＞10 的碱性溶液中，因有大量钠离子存在，产生误差，使读数偏低，通常称为“钠差”。消除“钠差”的方法，除了使用特制的“低钠差”电极外，还可以选用与被测溶液的 pH 值相近似的标准缓冲溶液对仪器进行校正。

温度影响电极的电位和水的电离平衡。须注意调节仪器的补偿装置与溶液的温度一致，并使被测样品与校正仪器用的标准缓冲溶液温度误差在±1℃之内。

2. 氟离子选择电极法测定范围

本法适用于饮用水、地面水及工业废水中氟离子的测定。

水的颜色、浊度均不干扰测定；适用于氟化物在 0.05～1 900 mg/L 样品的检测。当水样中含有化合态（如氟硼酸盐）、络合态的氟化物时，应预先蒸馏分离后测定。

温度影响电极的电位和样品的电离平衡。须注意调节仪器的补偿装置与溶液的温度一致，并使被测样品与校正仪器用的标准缓冲溶液温度误差在±1℃之内。

三、典型仪器设备的应用

1．pH 值的测定

（1）试剂

按要求准备好标准缓冲溶液。

（2）仪器

1）酸度计或离子浓度计。常规检验使用的仪器，pH 至少应当精确到 0.1 个单位，pH 范围从 0 至 14。如有特殊需要，应使用精度更高的仪器。

2）玻璃电极与甘汞电极。

（3）样品保存

最好现场测定。否则，应在采样后把样品保持在 0～4℃，并在采样后 6 h 之内进行测定。

（4）步骤

1）仪器校准

操作程序按仪器使用说明书进行。先将水样与标准溶液调到同一温度，记录测定温度，并将仪器温度补偿旋钮调至该温度上。

用标准溶液校正仪器，该标准溶液与水样 pH 相差不超过 2 个单位。从标准溶液中取出电极，彻底冲洗并用滤纸吸干。再将电极浸入第二个标准溶液中，其 pH 大约与第一个标准溶液相差 3 个单位，如果仪器响应的示值与第二个标准溶液的 pH（S）值之差大于 0.1 个单位，就要检查仪器、电极或标准溶液是否存在问题。当三者均正常时，方可用于测定样品。

2）样品测定

测定样品时，先用蒸馏水认真冲洗电极，再用水样冲洗，然后将电极浸入样品中，小心摇动或进行搅拌使其均匀，静置，待读数稳定时记下 pH 值。

（5）精密度

如表 6.1 所示。

表 6.1　仪器精密度要求

pH	允许 pH 差	
	重复性	再现性
＜6	±0.1	±0.2
6～9	±0.1	±0.3
＞9	±0.2	±0.5

（6）注意事项

1）玻璃电极在使用前先放入蒸馏水中浸泡 24 h 以上。

2）测定 pH 时，玻璃电极的球泡应全部浸入溶液中，并使其稍高于甘汞电极的陶瓷芯端，以免搅拌时碰坏。

3）必须注意玻璃电极的内电极与球泡之间甘汞电极的内电极和陶瓷芯之间不得有气泡，以防断路。

4）甘汞电极中的饱和氯化钾溶液的液面必须高出汞体，在室温下应有少许氯化钾晶体存在，以保证氯化钾溶液的饱和，但须注意氯化钾晶体不可过多，以防止堵塞与被测溶液的通路。

5）测定 pH 时，为减少空气和水样中二氧化碳的溶入或挥发，在测水样之前，不应提前打开水样瓶。

6）玻璃电极表面受到污染时，需进行处理。如果系附着无机盐结垢，可用温稀盐酸溶解；对钙、镁等难溶性结垢，可用 EDTA 二钠溶液溶解，沾有油污时，可用丙酮清洗。电极按上述方法处理后，应在蒸馏水中浸泡一昼夜再使用。注意忌用无水乙醇、脱水性洗涤剂处理电极。

2．氟离子的测定

（1）仪器和器皿

1）pH/电导率/离子综合测定仪。

2）磁力搅拌器及塑料包裹的搅拌子。

3）100 ml、1 000 ml 容量瓶。

4）50 ml、100 ml 和 500 ml 烧杯。

5）50 ml 量筒。

6）2.00 ml、5.00 ml 和 10.00 ml 吸液管，50.00 ml 移液管。

7）镊子。

（2）试剂

1）氟化物标准贮备液：称取 0.221 0 基准氟化钠（NaF）（预先于 105～110℃烘干 2 h 或者于 500～650℃烘干约 40 min，冷却），用去离子水溶解后转入 1 000 ml 容量瓶中，稀释至标线，摇匀。贮存在聚乙烯瓶中。此溶液每毫升含氟离子 100 μg。

2）0.1 mol/L 氢氧化钠和 0.1 mol/L 盐酸或 0.1 mol/L 硫酸。

3）溴百里香酚蓝指示剂，0.05%。

4）柠檬酸-柠檬酸钠缓冲溶液：称取 24.0 g 柠檬酸和 270.0 g 柠檬酸钠用去离子水溶解后转入 1 000 ml 容量瓶中，稀释至标线，摇匀，存于聚乙烯瓶中。总离子强度调节缓冲溶液（TISAB）：称取 58.8 g 二水合柠檬酸钠和 85.0 g 硝酸钠，用去离子水溶解，用盐酸调节 pH 至 5～6，转入 1 000 ml 容量瓶中，稀释至标线，摇匀，存于聚乙烯瓶中。

（3）测定步骤

1）电极的准备：

取下电极头部的保护帽，小心不要碰到电极膜。取下参比填充口橡胶塞，把电极下部的磨口玻璃向上退，排干原参比液，再在参比填充口中加入相应的电解液至填充口下，拧紧磨口，电解液不可渗出过快，可通过磨口调节。连接离子电极和参比电极至相应的接口，把氟离子电极插入去离子水中活化 1 h。

2）仪器准备和操作：

按照所用测量仪器和电极使用说明，首先接好线路，将各开关置于“关”的位置，开启电源开关，预热 15 min。同时打开磁力搅拌器，将电极插入去离子水中充分洗净电极。

3）标准曲线的校正：

分别用吸液管和吸量管吸取 1.00 ml、5.00 ml、10.00 ml、20.00 ml、50.00 ml 氟化钠标准贮备液置于 5 只 100 ml 容量瓶中，加入 10 柠檬酸-柠檬酸钠缓冲溶液，用去离子水稀释至标线，摇匀后倒入 100 ml 烧杯中，将电极插入第一个校准溶液中按“Cal”开始校准。显示屏上的“CAL1”表示正在测量第一个校准点。当测量值稳定后，读数将会按照所选终点方式显示。对接下来的校准标液重复上述步骤。在测量好最后一个标准液后终止校准过程。屏幕上出现包含所有校准结果的列表。经过检查校准曲线合格（分段斜率在 85%～110%）后按下保存。

4）水样的测定

取 50.0 ml 混匀水样于 100 ml 容量瓶中，加 2～3 滴溴百里香酚蓝指示剂，用 0.1 mol/L 的盐酸或氢氧化钠溶液调节 pH 至 7 左右，加 10 ml 柠檬酸-柠檬酸钠缓冲溶液，稀释至刻度线，摇匀。倒入 50 ml 或 100 ml 烧杯中，若水样浑浊应用快速定量滤纸过滤，将洗净的电极插入该溶液中，按“读数”键，两次读数相差不超过 0.05 mg/L 时记下该值。同时作空白实验。

（4）计算

$$C=(C_1-C_{空})\times 2$$

式中：C_1 —— 所测定样的浓度，mg/L。

$C_{空}$ —— 测定空白时的浓度，mg/L。

（5）注意事项

1）每次测定样品时都应带测相应浓度的标准溶液，以检验仪器状态。

2）测定完成后应将电极浸泡于 300 mg/L 的氟化钠溶液中，所以在用之前应用去离子水充分洗净擦干电极再测定。

3）测定完成后应将橡皮塞向上推以封住填充口，防止参比液挥发。

四、典型应用实例

江苏省扬中市饮用水水源地突发性环境污染事件应急监测

概述：2006 年 1 月 8 日，长江航道江苏扬中段扬中市水源水取水口处发生一起沉船事件，一艘载有约 250 t 浓硫酸的运输船“苏宿货 489 号”，因触礁导致船体沉没，沉船地点距扬中二墩港取水口约 50 m 左右，船上装载的浓硫酸部分泄漏。镇江市、扬中市两级环保监测部门在事发后迅速赶往现场组织监测，采用便携式 pH 计法测定水中的 pH 值并及时向上级部门提供了准确监测数据，为本次突发性事件污染的控制与处置提供了决策依据。该船被拖到取水口下游 1 500 m 处打捞出水。由于监测监控到位和处理及时，该次沉船事件未造成较大影响。

第二节　便携式阳极溶出伏安检测技术

一、阳极溶出伏安分析法分析原理

电化学分析方法是以物质在溶液中和电极上的电化学性质为基础建立起来的一种分析方法。电化学分析测量信号是电导、电位、电流、电量等信号，无需分析信号的转换，能直接记录。所以电化学分析仪器装置较光谱分析仪器要简单、小型的多且操作方便，可应用在便携设备研制和现场分析方法开发中。应用于检测重金属方面的电化学分析法主要包括伏安法、极谱法、电位分析法、电导分析法等。其中伏安法（Voltammetry）和极谱法（Polarography）都是通过电解过程中得到的电流-电位（电压）或电位-时间曲线进行分析的方法。近 20 年，此两者在重金属痕量分析方法中占有越来越重要的地位。

伏安法通过记录电流值与电压值的函数曲线来进行物质分析，定量分析参数一般取电流值，其优势在于低的检测下限和多元素辨别能力，适用于在线、现场运用。主要包括阳极溶出伏安法（Anodic Stripping Voltammetry，ASV）、阴极溶出伏安法（Cathodic Stripping Voltammetry，CSV）、吸附溶出伏安法（Adsorptive Stripping Voltammetry，ASV）等。

阳极溶出伏安法（以下简称 ASV）的原理是，被测物质在恒电位及搅拌条件下富集，然后从相对负电位扫描到相对正电位，使富集在电极表面的物质发生氧化反应而重新溶出。此方法的检测下限可达亚 ppb 水平，可对水中可溶性金属进行分析。阳极溶出伏安法伏安曲线图见图 6.1。

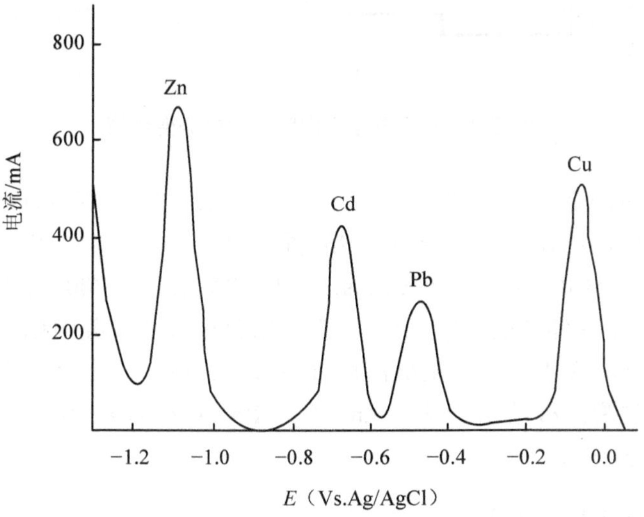

图 6.1　阳极溶出伏安曲线图

ASV 法分析过程很简单，基本过程分为两步。首先，将还原电势施加于工作电极上，在比待测金属离子溶出峰电位更负的电压下，待测金属离子（M^{n+}）被还原为金属（M）沉积于工作电极表面，如下所示：

$$M^{n+} + ne^- \longrightarrow M$$（被还原，富集）

电势施加时间越长，还原出来沉积于电极表面（此过程称为“沉积”或“积累”）的金属越多，这是在电极表面富集金属的过程。为了提高富集效果，可同时搅拌溶液，以加快被测物质输送到电极表面。富集物质的量则与电极电位、电极面积、电解时间和搅拌速度等因素有关。

当足够的金属富集于工作电极表面时，逐渐增加工作电极上的电势，金属将在电极上被氧化溶出，仪器会记录溶出峰信息，根据溶出峰电压值定性，溶出峰电流值（峰高）来定量。对于给定电解质溶液和电极，每种金属都有特定的发生氧化反应的电压，反应过程如下：

$$M \longrightarrow M^{n+} + ne^-$$（被氧化，溶出）

富集是一个缓慢的富集过程，溶出是瞬间释放，一次溶出信号的法拉第电流会大大增加，这种分析原理使方法的灵敏度大为提高。

例：PDV6000 *plus* 基本分析过程如图 6.2 所示：

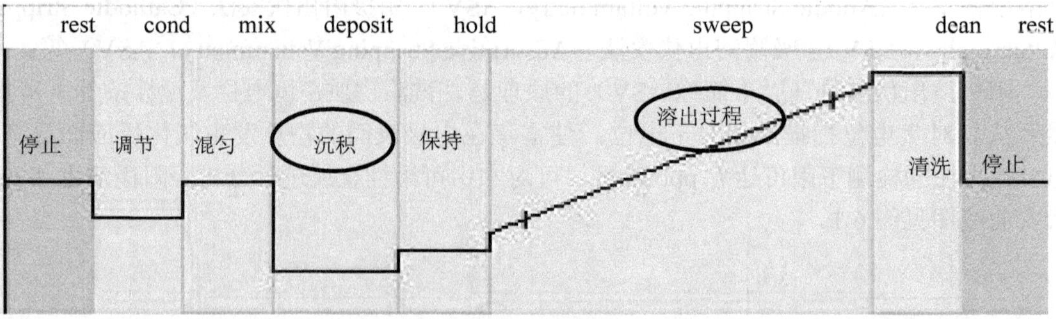

图 6.2　分析过程不同阶段的电势变化图

沉积时间依据待测金属浓度的不同在几秒到几百秒之间，溶出时间仅为 1 s 左右。

目前采用阳极溶出法作为标准分析方法的金属元素不是很多，基本是污染事故中常见的重金属元素，如 Zn、Cd、Pb、Cu、Hg、As。美国 EPA 推荐的 7000 系列分析方法中 7472、7063 方法分别介绍了水体中的 Hg、As 阳极溶出分析方法，美国标准方法委员会认证的 3130B 方法介绍了 Zn、Cd、Pb 的阳极溶出分析方法。我国《水和废水监测分析方法（第四版）增补版》中也将阳极溶出法纳入 Zn、Cd、Pb、Cu 这四种金属的分析方法，但未纳入 Hg、As 的分析方法。

二、方法应用范围和领域

阳极溶出伏安分析法（ASV）主要用于溶液中重金属离子的现场测定和实验室分析。在环境监测领域主要用于重金属的污染事故或突发事件的现场监测中，如尾矿塌坝、化工厂爆炸、电镀冶金厂废水违规排放等事故的应急监测，以判断水体中重金属的污染情况。阳极溶出法可以测定多种金属元素，如 Zn、Cd、Pb、Cu、As、Hg、Cr（VI）、Fe、Mn 等，根据沉积时间的不同，可以检测几个 ppb 到几个 ppm 浓度的样品。对于 Zn、Pb、

Cu、As、Cr（VI）等多数元素 PDV6000 *plus* 的定量下限远比《地表水环境质量标准》（GB 3838—2002）、《地下水质量标准》（GB/T 14848—93）中规定的III类水限值要低，可以满足对水体中这些金属是否超标进行判断。对于 Hg、Cd 两种元素测定定量下限在标准限值附近或高于标准限值，对于这种情况可用便携式重金属分析仪进行初步判定，当测定结果靠近定量下限时，可将水样送交实验室进行分析。

三、便携式阳极溶出仪的结构及部件组成（以 PDV6000 *plus* 为例）

基于 ASV 方法的重金属分析仪包括三个主要部件，一个数据分析处理中心，称为主机（图 6.3、图 6.4）；一个分析池组件（图 6.5、图 6.6），包括一个搅拌电极及三个分析电极（图 6.7）；一个电力供应部件（图 6.8）。

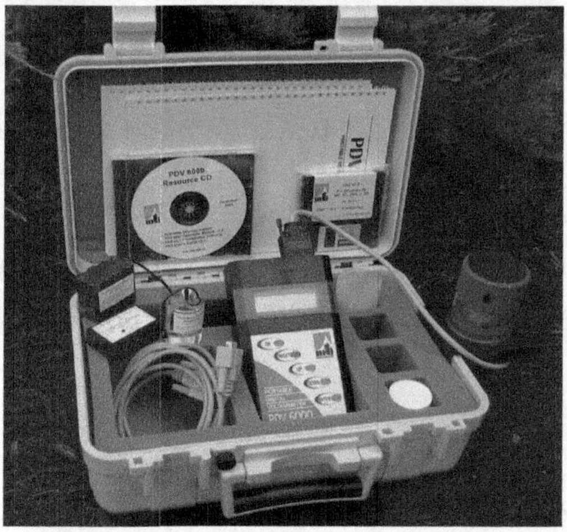

图 6.3　PDV6000 *plus*

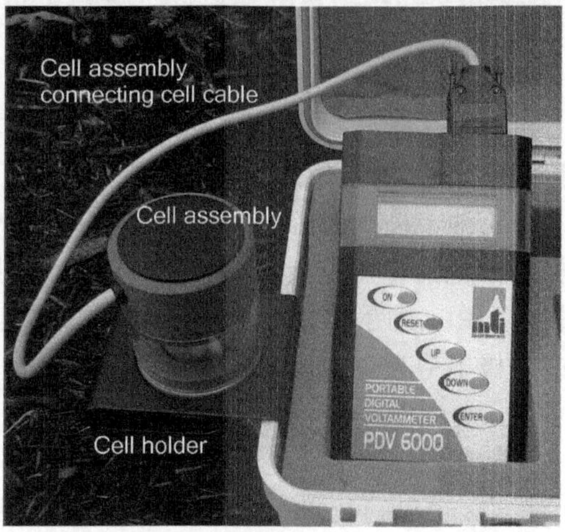

图 6.4　PDV6000 *plus* 主机及分析池组

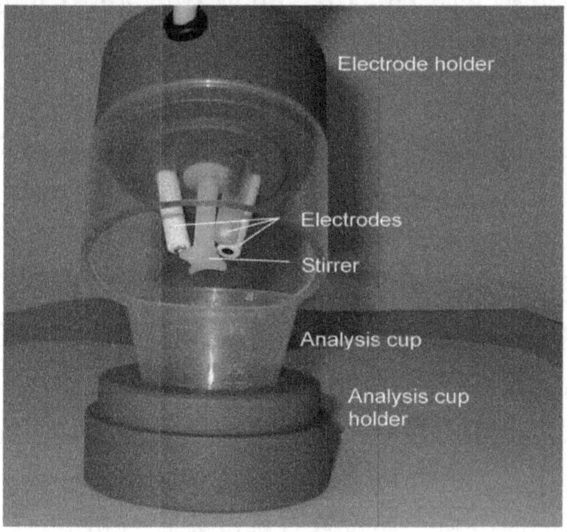

图 6.5　分析池组件

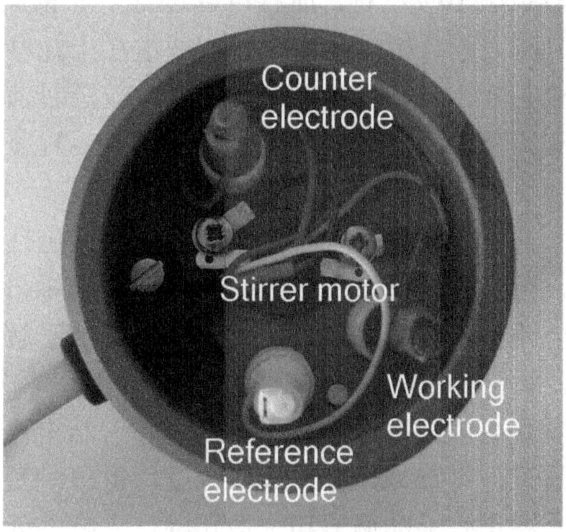

图 6.6　分析池组件电极安装情况

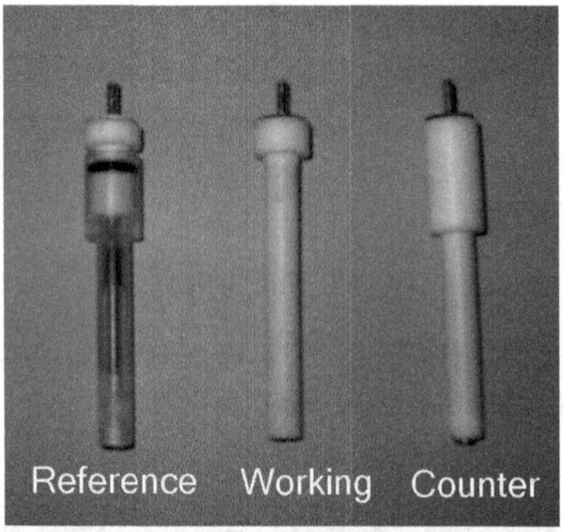

图 6.7 分析电极

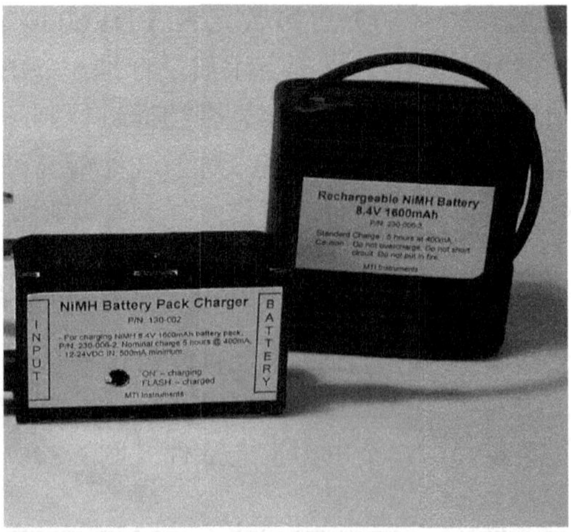

图 6.8 NiMH 电池组

主机：存储分析方法和参数，在单机分析中用来接受处理数据信息并显示结果；也可连接工作站用软件进行分析。

分析池组件：包括中央搅拌电机、搅拌子及核心分析组件——三个电极（蓝色的工作电极、白色的参比电极及红色的对电极）。其中工作电极配有两种：裸碳玻璃电极、裸金电极，可在以上两种电极表面镀不同的金属膜来分析不同金属。参比电极为 Ag/AgCl 电极，以此电极电势为零来定义工作电极的电势值。对电极为铂丝电极。

四、方法分析的优缺点

优点：ASV 可分析多种金属元素，包括 Zn、Cd、Pb、Cu、Cr（VI）、Fe、Mn、As、Ni、Hg、Ag 等，而且精密度和准确度都比较好。数据的偏差基本可控制在 5%左右，误差可控制在 10%左右。而且可以进行多元素同时分析，如 Zn、Cd、Pb 或 Cd、Pb、Cu 可以同时测定。分析时间比较短，基本在十几秒到几十秒内即可以完成一次分析。检出限低可达亚 ppb 水平，可进行痕量分析。较于目前其他重金属元素现场测定方法，如：分光光度法和比色法，ASV 具多元素分析能力，且兼顾多元素同时分析及分析快速和准确度较高这几项优势。

基于 ASV 的便携式重金属分析仪包括两种分析系统，各有特点。一种是单机分析系统，所有分析程序和参数均存储于主机中可直接调用，操作较软件分析简单，现场分析时不能对分析参数进行灵活调整，也无法了解溶出峰情况，精密度和准确度不及软件分析方法。另一种是工作站 VAS 软件分析系统，VAS 软件提供了更灵活和精确的分析方式。分析参数可以根据现场要求灵活调整，结果可以溶出峰图显示，加入对样品稀释和标点配置的信息，可直接计算原水样浓度，也提供数据存储和取样位置和样品描述的注解。可对溶出峰图进行手动调节和空白扣除，支持多元素同时分析，还设置有标准添加分析方法，可通过对水样中加入适宜浓度的标物质来消除基体效应产生的干扰。

缺点：ASV 方法现场分析所需的试剂很多，不同元素金属需要准备不同的电解液，同时需要多种电极清洁试剂用于现场电极处理。分析中存在不同金属离子间的干扰：①Cd、

Pb、Cu 同时分析时，Zn、Bi 可能与 Cu 生成金属间化合物，影响 Cu 的测定，所以 Zn 不能与 Cu 同时测定，Zn、Cd、Pb 或 Cd、Pb、Cu 可同时测定；②Hg、Pb、Fe 等在一定浓度下干扰 As 的测定，引起 As 溶出峰值下降；③Ag 会与 Hg 峰部分重叠，高浓度 Pb、Cd 使 Hg 峰增高。分析组件的搅拌电机非常怕水，易被电解液腐蚀而损坏，导致搅拌速度下降或不稳定，这将直接影响分析的灵敏度和稳定性；分析前电极的清理准备比较繁琐，电极的维护要求也比较多。

五、便携式阳极溶出重金属分析仪和电极新技术

1．便携式阳极溶出重金属分析仪

目前国内外应用较多的基于阳极溶出伏安法的分析仪器有：PDV6000plus、Nanotek2000、Metalyser HM1000 和 HM3000、Nano-Band™ Explorer Ⅱ等。

Nano-Band™ Explorer Ⅱ是一款痕量金属分析仪，可对水中 Zn、Cd、Pb、Cu、Hg、As 进行分析，检测下限可达亚 ppb 水平，主要应用在水环境安全监测中。可在实验室使用，同时配有野外便携箱可满足现场分析要求。其优点是将原本的三个单独电极——工作电极、参比电极和辅助电极整合为一个多合一电极，分析更稳定，同时方便维护。支持多种测试技术：如阳极溶出伏安法、阴极溶出伏安法、循环伏安法、方波伏安法等。测试系统需主机配合控制软件一同使用。仪器见图 6.9。

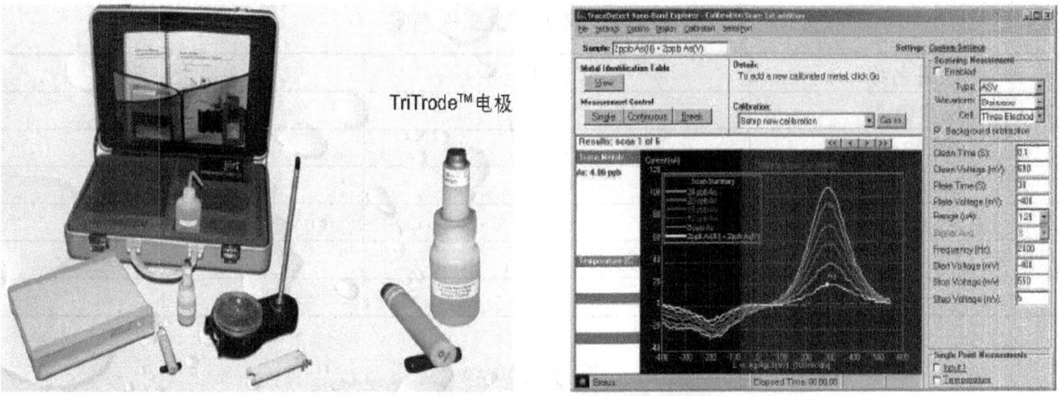

图 6.9　Nano-Band™ ExplorerII 及软件分析图

Metalyser HM1000（图 6.10）和 HM3000 可对 Zn、Cd、Pb、Cu、As、Hg 6 种元素进行分析，检测下限在亚 ppb 或 ppb 水平，精确度在 0.01～1 ppb 范围，检测上限可达几个 ppm 以上，可应用于水安全监测及污染事故应急监测中。其测定水体样品可直接将分析探头及取样杯插入水体中进行取样测量，并将分散电极整合在一个探头上，分析前后无需组装和拆装电极，测试系统为单机独立分析不配备工作站，无溶出峰信息。

图 6.10　Metalyser HM1000

Nanotek2000（图 6.11）：采用工作电极、参比电极和辅助电极三电极分析系统，最快检测时间 25 s；典型检测包括铜、锌、砷、汞、镉、铅等重金属离子，同时内置 20 多个可编程分析菜单，可根据用户需求自行开发多种重金属离子检测方法，其最低检测限优于 ppb，具体检出限见表 6.2。

表 6.2　常见重金属检测限

项目名称	检出下限/ppb	定量上限/ppm
铜（Cu）	0.5	60
锌（Zn）	1.0	50
砷（As）	0.5	20
汞（Hg）	0.1	20
镉（Cd）	0.5	50
铅（Pb）	0.5	50

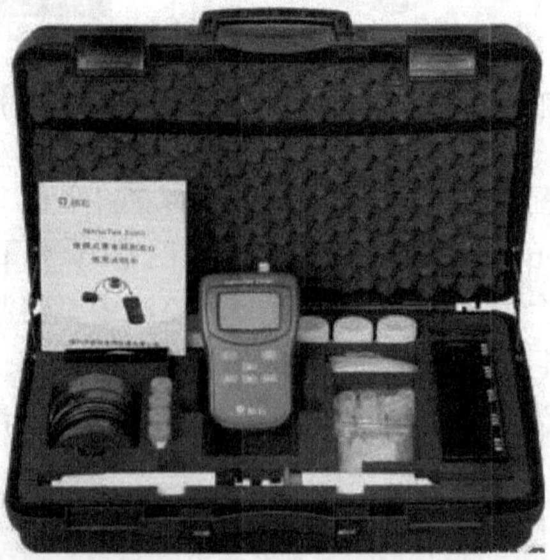

图 6.11　Nanotek2000

2．电极新技术——化学修饰电极的应用

化学修饰电极指针对不同分析对象，在裸电极表面进行分子设计，将具有优良化学性质的分子、离子、聚合物设计固定在电极表面，使电极具有某种特定的化学和电化学性质，改善电极分析性能。与未修饰的裸电极相比，具有良好的灵敏度、选择性和稳定性，可以免去镀膜所带来的二次污染，其测定检出限可达到几个或几十个 ppb。

应用研究有：①1-（2-吡啶偶氮）-2-萘酚（PAN）修饰玻碳电极测定镉。PAN 主要是在配合滴定和分光光度法上应用广泛，其具有性质稳定，配位能力强，颜色变化明显，对滴定条件（如 pH、温度及有机溶剂存在等）要求较宽，与适当隐蔽剂配合可直接测定许多混合金属离子等优点。PAN 还是一种常用的螯合萃取剂，能用于各种金属的分离和分析，所以 PAN 用于萃取富集后进行电化学分析，如应用在极谱分析或溶出分析。②双硫腙修饰玻碳电极测定镉、铅。双硫腙主要广泛用于萃取分光光度法测定重金属离子。因其具有巯基、偶氮基，能与重金属离子形成螯合物的特性，可以利用双硫腙修饰电极后采用电化学方法测定金属离子。③蒙脱石修饰玻碳电极测定镉和汞。蒙脱石是一种硅酸盐黏土类化合物，具有强的吸附能力，同时它还是一种优良的阳离子交换剂，有很强的离子交换能力，用于修饰的碳糊电极，可以通过吸附和离子交换作用，富集溶液中的阳离子而实现对它们的直接测定。④杯芳烃修饰碳糊电极测定汞、铜和铅等。杯芳烃是酚单体通过亚甲基在酚羟基邻位连接而成的环状低聚化合物，因具有独特的大小可调节的穴状结构，而产生优良的络合识别能力。

六、现场分析中注意事项和质控措施

1．测定中的注意事项

（1）Hg 测定中的注意事项

1）Hg 分析的工作电极可选为裸碳电极，测定过程对电极表面的清洁度要求比较严格，分析前应严格按照电极清洗打磨步骤进行处理，建议每次测定前最好都用 1 mol/L NaOH（电极调节液 A）进行浸泡。

2）裸碳电极分析 Hg 高浓度样时，记忆效应和残留污染比较严重。对于大于 200 ppb 浓度的水样不能做连续分析，必须在测定一次后清洗电极 30s 或进行多次 5s 清洗才能再测定，否则溶出峰值会逐渐增高，导致测定结果偏高。如：250 ppb 浓度样连续 5 次分析的 RSD（相对标准偏差）可达到 8%，RE 达到 20%。

3）每次分析结束后应运行裸碳清洁程序除去电极表面的残留杂质或残留的 Hg。否则会污染电极影响下次的分析。

（2）Cr（VI）测定中的注意事项

1）Cr（VI）分析的工作电极为裸碳电极，测定过程对电极表面的清洁度要求比较严格，分析前应严格按照电极清洗打磨步骤进行处理，建议每次测定前最好用 1 mol/L NaOH（电极调节液 A）进行浸泡。

2）Cr（VI）高浓度分析的记忆效应，残留污染也比较严重。对大于 200 ppb 浓度的水样不能做连续分析，必须在测定一次后清洗电极 30s 或进行多次 5s 清洗才能再测定，否则溶出峰值会逐渐增高，导致测定结果偏高，对于几个 ppm 的样建议适度增加清洗时间。如：

400 ppb 浓度样连续 5 次分析的 RSD 可达到 10%，RE 达到 15%。

3）搅拌速度对分析的稳定性和灵敏度有较大影响，搅拌速度不稳定或下降后溶出峰值会上下漂移或持续降低，导致无法准确定量，且检测的灵敏度会下降。

4）电极稳定性不高，测定分析期间需要回测校准点，一般建议分析 2～3 个样后就重新校准一下，或适度增加标点回校频率，以保证数据的准确度。

5）分析前的电极调节过程不可忽略，且需对标样进行多次连续分析至 RSD 稳定在 5%附近，否则表明电极未处于稳定敏感状态，会对定量结果产生影响。电极调节过程的一般规律是第一次分析得到的溶出峰值最高，后 3～4 次分析的峰值会回落并处于稳定状态。若多次调节后溶出峰值仍不能稳定，可能是电极表面未处理干净，可运行裸碳清洁程序除杂或应取下工作电极进行重新打磨和清洁处理后再重复调节步骤。

（3）As 测定中的注意事项

1）As 分析的工作电极为裸金电极，对于不镀膜的裸电极对电极表面的清洁度要求是比较严格的，分析前应严格按照电极清洗打磨步骤进行处理，建议每次测定前最好用 5 mol/L HCl（电极调节液 B）进行浸泡。

2）若初次分析样品结果大于 500 ppb 时，应将水样稀释后再测定，否则测定结果可能大大低于真实值。因为在高于 500 ppb 浓度下分析时，电极处于接近饱和状态，溶出峰电流值接近最大，这时即使分析溶液中浓度大大高于 500 ppb，测定的溶出峰值也不会有太大增高变化，所以导致结果严重偏低。

3）与 Cr 相似，搅拌速度对分析的稳定性和灵敏度有较大影响，搅拌速度不稳定或下降后溶出峰值会上下漂移或持续降低，导致无法准确定量，且检测的灵敏度会下降。

4）电极稳定性不高，测定分析期间需要回测校准点，一般建议分析 2～3 个样后就重新校准一下，或适度增加标点回校频率，以保证数据的准确度。

5）分析前的电极调节过程不可忽略，且需对标样进行多次连续分析至 RSD 在 5%附近，若调节中发现溶出峰忽高忽低或持续下降，应取下工作电极进行重新打磨清洁处理后再重复调节过程。

（4）Zn、Cd、Pb、Cu 分析中的注意事项

1）此四种金属分析的工作电极为镀汞膜碳电极，镀 Hg 膜的好坏直接影响分析结果的准确度。可以通过对标样中 Cd 峰的情况来判断镀膜的状态。Hg 膜镀膜完好，Cd 的溶出峰高且锐利（图 6.12）；Hg 膜镀膜不成功，Cd 的溶出峰会大大降低、峰较扁圆（图 6.13）。

2）分析的稳定性好，可以连续分析 5 个样品期间无需重新校准标点。

3）若电极不常分析较脏或含杂质较多的水，分析前可不必像裸碳电极一样每次都用 1 mol/L NaOH（电极调节液 A）进行浸泡，以延长电极使用寿命。

2．质量控制和质量保证

（1）分析过程中要适时对校准点进行回测，回测结果满足分析要求，则此之前的分析结果均可接受；但若发现回测值超出分析控制要求，则需要对之前分析的样品进行重新测定。

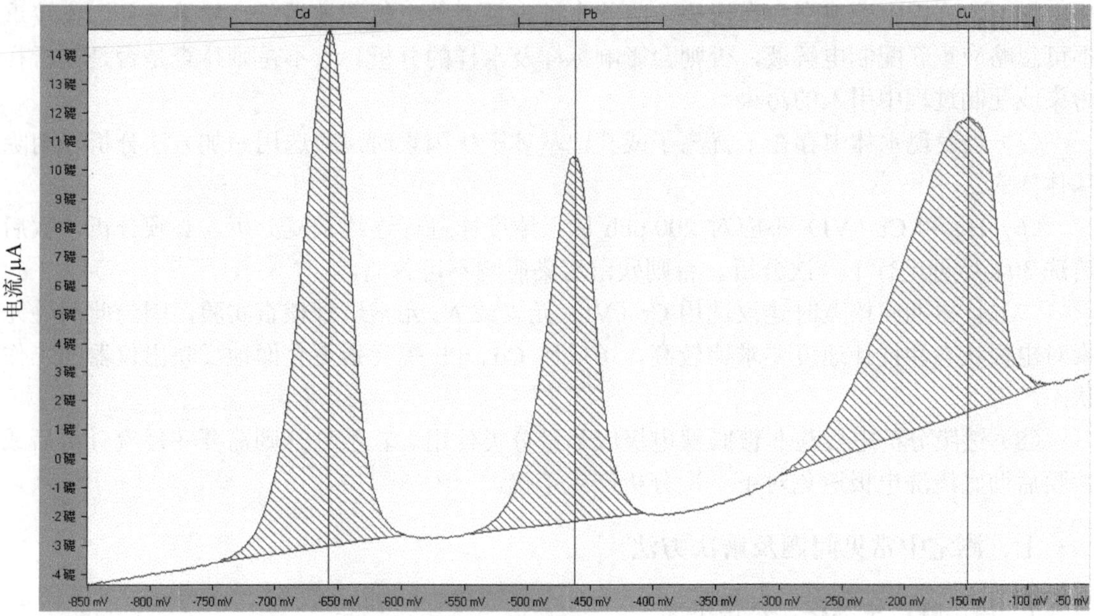

图 6.12　Hg 膜镀膜完好时 Cd、Pb、Cu 的溶出峰图

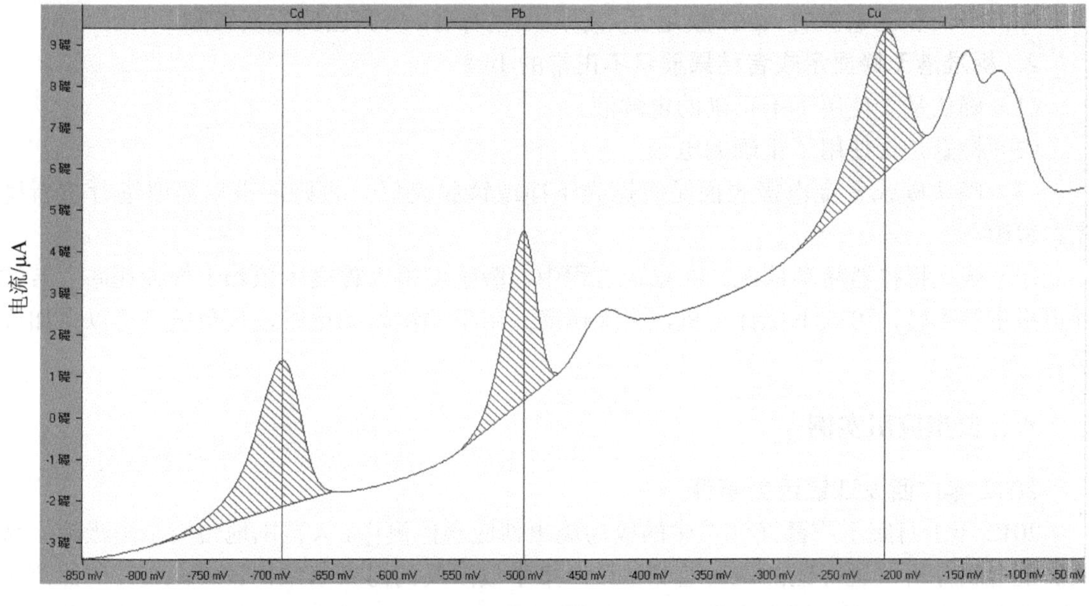

图 6.13　Hg 膜未镀好时 Cd、Pb、Cu 的溶出峰图

（2）工作电极在分析前必须进行正确的打磨和清洁处理，处理好后的电极表面应是非常光亮的，不能有肉眼可见的污点，否则必须重新处理。

（3）分析前应确认参比电极的中 KCl 的量是否充足，且必须确认 AgCl 膜是否有缺损，如发现有 Ag 白斑露出必须重新镀膜，否则会影响电压值的测定，导致峰值漂移而无法准确定性。

（4）若分析中发现空白有污染，应首先排查是否是电解液被污染，如果是且污染较重不可忽略应重新配制电解液，否则会影响标样及水样的分析。若不是则排查是否是分析杯污染或配制过程中引入的污染。

（5）当发现水体中存在干扰离子或其他基体干扰因素时，应选用添加方法分析以消除基体效应。

（6）Hg 和 Cr（VI）不应对 200 ppb 以上浓度样进行连续重复分析，必须分析一次后清洗 30 s 后再进行下一次分析。否则残留污染影响不可忽略。

（7）仪器期间核查时建议选用 Cr（VI）元素或 As 元素进行核查实验，因为此两种元素对电极状态和搅拌速度要求比较高，可以比 Cd、Pb 等元素更全面地反映出仪器的工作状态。

（8）镀膜分析电极与非镀膜裸电极应尽量分类使用。若不分开则需要在每次分析后或镀膜后彻底清洗电极避免对下一次分析产生干扰。

七、测定中常见问题及解决方法

1．溶出峰产生漂移，定性不准

（1）确认参比电极 KCl 溶液中是否有气泡，如有应排除。

（2）确认 KCl 是否充足，不足应补足。

（3）确认参比电极的 AgCl 膜是否完整，如已有 Ag 斑露出应重新镀膜。

2．标准液无峰显示或者结果显示不正常的小峰

（1）确认是否使用了不正确的电解液。

（2）检查是否使用了正确的电极。

（3）确认碳或者金电极表面是否抛光干净或镀膜完好，否则应根据需要进行重新抛光、镀膜。

（4）确认搅拌器转动情况。在累积过程中，敏感度很大程度上依赖于搅拌速率。若搅拌电极生锈不转，可取下搅拌电机，去除锈渍并用手慢慢转动电机，直至电机可以自如旋转。

八、典型应用实例

2012 年广西龙江镉污染事件

2012 年 1 月底于广西龙江发生的镉污染事件应急监测中，大范围地使用了阳极溶出伏安法重金属分析仪进行镉的现场监测。该污染事故涉及的污染水域比较广，布设的监测断面比较多，而且监测的频次非常高，关键断面区要求每 1 h 或 2 h 监测一次，这样无法完全使用实验室大型仪器分析方法来完成应急监测，因此实际工作中采用了 ASV 法便携式重金属分析仪作为此次应急监测的主要方法。期间使用多项指控措施进行数据的质量控制，包括平行样分析、加标、质控样测定及实验室比对，平行样分析的偏差基本在±10%范围内；加标回收率在 90%～110%范围；质控样分析结果也比较好，与实验室 AAS 方法以及在线 ASV 方法比对结果也在可接受范围。采用 PDV6000 *plus*（阳极溶出伏安法）分析样品，具体的质控措施和结果见表 6.3 至表 6.6。

表 6.3 平行样、空白样测定结果

断面编号	质控措施					
	平行样/（mg/L）					空白
	样品 1	样品 2	相对偏差/%	判断指标/%	结论	
5-2#	0.018	0.017	2.9	±10	合格	—
7-1#	0.011	0.011	0.0	±10	合格	0.001 L
7-2#	0.012	0.011	4.3	±10	合格	0.001 L
9#	0.076	0.069	4.8	±10	合格	0.001 L
	0.077	0.068	6.2	±10	合格	—
	0.037	0.044	−8.6	±10	合格	—
	0.037	0.034	4.2	±10	合格	—
	0.038	0.040	−2.6	±10	合格	—
10#	0.038	0.039	−1.3	±10	合格	—
	0.037	0.040	−3.9	±10	合格	—
	0.02	0.019	2.6	±10	合格	—
	0.018	0.016	5.9	±10	合格	—
12#	0.003	0.003	0.0	±10	合格	—
	0.005	0.006	−9.1	±10	合格	—
	0.006	0.006	0.0	±10	合格	—
	0.003	0.003	0.0	±10	合格	—
	0.005	0.006	−9.1	±10	合格	—
13#	0.017	0.016	3.0	±10	合格	—
	0.016	0.015	3.2	±10	合格	—
	0.015	0.015	0.0	±10	合格	—
	0.015	0.014	3.4	±10	合格	—
	0.011	0.011	0.0	±10	合格	—

表 6.4 实际样加标回收测定

断面编号	加标回收率/%	评价指标/%	合格与否
9-1#	100	90～110	合格
2-1#	102	90～110	合格
13#	106	90～110	合格
13-1#	94	90～110	合格

表 6.5 质控样测定结果

断面编号	测定结果/（mg/L）	不确定度	合格与否
9-1#	0.214 0	0.206 ±0.009	合格
13-1#	0.004 2	0.004 ±10%	合格
14#	0.009 5	0.010 ±10%	合格

表 6.6 实验室间比对测定结果 单位：mg/L

断面编号	采样时间	参与比对实验室		
		监测车	区站（PDV6000）	来宾站（AAS）
9#	12:00	0.004 0	0.003 9	0.004 2
	14:00	0.004 0	—	0.004 2
	16:00	0.003 6	0.004 0	—
	20:00	0.004 0	0.003 7	—
9-1#	08:00	—	0.001 0	0.005 0

断面编号	采样时间	参与比对实验室	
		南宁市站（PDV6000）	新圩水厂（AAS）
7#	08:00	0.011	0.016 7
7-2#	08:00	0.011	0.015 2

第三节 便携式电化学传感器有毒气体检测技术

一、技术原理与特点

电化学传感器是利用有毒有害气体与电解液反应产生的电势差的方式来对常见的有毒有害气体进行检测的元件。传感器的工作原理为：被测气体由进气孔扩散到工作电极表面，在工作电极、电解液、对电极之间进行氧化还原反应。其反应的性质依工作电极的电极点位和被分析气体的化学性质而定。被分析气体为 SO_2、CO、H_2S、NO 等时发生氧化反应，被分析气体为 NO_2、Cl_2 等时发生还原反应。工作电极是由将具有催化活性金属的高纯度粉末（例如铂）涂覆在透气憎水膜上形成。工作电极得失电子数与被分析气体的浓度值成正比。传感器在工作时，由外电路在工作电极和参比电极之间施加一个恒电位差，使工作电极上保持一个恒定点位，待测气体通过传感器的渗透膜，扩散进入电解槽，发生氧化或还原反应。由于其是通过检测电流来检测气体的浓度，因此可以分为不需供电的电池式以及需要供电的可控电位电解式。

电化学传感器的制造方法多种多样，最终取决于要检测的气体和制造商。然而，传感器的主要特性在本质上非常相似。主要有以下共同特性：

（1）在三电极传感器上，通常由一个跳线来连接工作电极和参考电极。如果在储存过程中将其移除，则传感器需要很长时间来保持稳定和准备使用。某些传感器要求电极之间存在偏压，而且在这种情况下，传感器在出厂时带有 9 V 电池供电的电子电路。传感器稳定需要 30 min 至 24 h，并需要三周时间来继续保持稳定。

（2）多数有毒气体传感器需要少量氧气来保持功能正常。传感器背面设有一个通气孔以达到该目的。建议在使用非氧气背景气应用场合中与制造商执行复检。

（3）传感器内电池的电解质是一种水溶剂，用憎水屏障予以隔离，憎水屏障具有防止水溶剂泄漏的作用。然而，和其他气体分子一样，水蒸气可以穿过憎水屏障。在大湿度条件下，长时间暴露可能导致过量水分蓄积并导致泄漏。在低潮湿条件下，传感器可能燥结。

设计用于监控高浓度气体的传感器具有较低孔率屏障以限制通过的气体分子量，因此它不受湿度影响，和用于监控低浓度气体的传感器一样，这种传感器具有较高孔率屏障并允许气体分子自由流动。

二、主要仪器设备与应用范围

电化学气体传感器应用领域很广，可用于化工、采矿、军事等行业的安全检测、环保监测、生产过程控制等。这种电化学气体传感器具有体积小、检测速度快、准确、便于携带、可现场直接检测和连续检测等独特优点，优于过去在以上行业占主导地位的光学和光谱等气体检测方法。它对于改善人类的生活环境，保障人们身心健康有着重要的现实意义，因此具有良好的市场前景。

目前常见的电化学传感器可以检测一氧化碳、硫化氢、一氧化氮、二氧化氮、二氧化硫、氯气、氨气、氢氰酸等多种无机有毒有害气体。还有专门测量氧气在空气中含量的电化学传感器。由于电子技术的发展，这类仪器的实用程度大为提高，可以用于检测 10^{-6} 级的威胁人员安全的有毒有害无机气体。

目前，常见的电化学传感器气体检测仪有 PGM-7840 多功能测定仪、PortaSens II 检测仪等。前者为一款五合一的一体式气体检测仪，可以同时检测一氧化碳、硫化氢、二氧化氮、氯气和可燃气体 5 种气体；后者为即插即用的检测仪，通过更换相应传感器模块检测多种类型的气体，能够检测超过 40 种不同的气体和蒸汽，无需再次校准。目前，提供的传感器主要有：溴气、氯气、二氧化氯、氟气、过氧化氢、碘气、臭氧、氨气、一氧化碳、氢气、氧气、一氧化氮、光气、氯化氢、氟化氢、氰化氢、硫化氢、二氧化氮、二氧化硫、酸气、氢化砷、乙硼烷、锗烷、硒化氢、磷化氢、硅烷、环氧乙烷、甲醛、乙醇、乙炔。

三、典型仪器设备的使用及注意事项

1. PortaSens II C16 检测仪

（1）操作步骤

1）使用前充电，并检查电源是否充足。

2）装上取样棒。

3）打开仪器背面盖板。

4）装入需要测定与有害因素种类相同的传感器。

5）进行检测：按面板绿色按钮。

6）读取显示屏显示读数。

7）关闭仪器：按住绿色键至出现“POWER DOWN”为止。

8）取出传感器，放入传感器存放盒。

9）拔出取样棒。

10）测定完毕，做好记录，仪器归入仪器箱。

（2）注意事项

1）使用前要检查电源和充电。

2）传感器不使用时要放入传感器盒，并定期更换电池。

3）近距离测定要注意做好个人防护。

（3）仪器的校正

1）传感器调零：一般使用空调房中的室内空气作零气（氧气除外），因为在干净的室内空气中传感器检不出污染物。

2）标气校正：一般将传感器送厂家校正，也可以自己用钢瓶气体校正，钢瓶与仪器之间接 T 型三通，正常启动仪器，按 SPAN 键进行校标。

（4）故障分析及排除

1）传感器指示灯不亮：仪器没有充电，没开机。传感器指示灯大约 3 s 闪一次提示缺电。电池完全放电后指示灯就不亮。更换 D 型的碱性电池。用充电器充电 24 h。

2）电源开关按下后检测器不启动：检查新电池是否安装，连接充电器，等待 5～10 min，再重试一次电源开关。若仪器仍然不启动，联系 ATI 公司维修。

3）在延长充电时间后，很快发生低电量报警：在带 12 V 电阻的负载下，检查电池充电器的电压，电压大约为 6 V；若充电器正常，检查电池型号。

4）检测器对气体无响应：运行响应测试。若仪器无响应，可能是传感器已损坏，更换传感器或联系 ATI 公司维修。

5）LCD 显示屏出现泵的故障报警：若泵的控制电路不能够保持 RPM，检查过滤器或进样杆。若要继续使用，检查进样杆是否清洁，需要时更换过滤器。

6）浓度报警时间延长：传感器监测到高浓度气体，恢复到零点的时间将较长，只需让仪器在清洁空气中运行几个小时便可恢复正常。若 6 h 后还不恢复正常，传感器可能损坏，更换传感器或联系 ATI 公司维修。

7）即使泵还在运行，外部流量计指示无流量：检查过滤器，若阻塞，要更换；检查后盖板两个螺丝口是否拧紧。

2．PGM-7840 检测仪

（1）操作步骤

1）开机关机

按【MODE】键 1 s 后放开，仪器开始启动，蜂鸣一次后泵启动，自检；持续按【MODE】键 5 s，仪器蜂鸣一次开始倒计时，5 s 并蜂鸣五次，仪器关闭，松开【MODE】键。

2）测量

①接上抽气探头及过滤头（注意气流方向）；

②仪器启动自检完毕以后，显示“READY…”，按【Y/+】键一次，仪器泵开始启动并测量，仪器持续显示即时浓度值，读数平稳时记录数值；

③更换测量点位时，应先抽新鲜空气，使读数降低至室外环境读数后再测量。

3）充电

①关机；

②连接充电器连接 220V 交流电，接通仪器底部充电接口，仪器面板显示“Deep discharging”，询问三次。按【Y/+】键，仪器开始放电；如果显示“Deep discharging”，10 s 内不按【Y/+】键，仪器开始充电，仪器显示“Charging”和电池的电压。

③绿色 LED 灯长亮时，显示“Fully Charged”，电池充满。

（2）注意事项

1）为防止电击危险，在维修传感器的时候，一定要关闭电源，传感器盖提供一个电屏蔽，在开盖时绝对禁止操作。

2）为减少引燃危险气体的危险，一定要在没有危险气体存在的情况下对电池进行充电或维修传感器。

3）当仪器从运输箱中取出或第一次开启时，在检测池中可能会存有少量残余无机和有机气体，因而在各类气体检测器上会有一个几个 ppm 的读数，此时可以将仪器放在一个已知不含任何无机有机气体的环境中，开启仪器几分钟以后，检测池中的残余气体将被清除，读数也将随之为零。

4）仪器的电池即使在关机的情况下也会慢慢放电，如果仪器未能在 5～7 天内充电，电池电压可能会很低，因此，最好的方法是让仪器在使用前一直充电，建议在第一次使用时一定要使仪器全部充满，至少充电 10 h。

（3）校正仪器

在编程状态下，用户可以对仪器进行重新校正，使用“清洁气体”和“标准气体”的二点校正的方法，首先清洁空气只含氧 20.9%，不含其他可检测的有毒或易燃易爆气体；用它来调整仪器各传感器的零点。然后是已知浓度的参考气体设置仪器的第二点，即 Span gas 扩展气体。

1）清洁空气校正

这一过程决定仪器的零点。实现清洁空气校正需要一个校正连接器和一瓶清洁空气（选购），这是一个只含干燥的 20.9%氧气而不含其他任何有机、有毒或可燃气体或杂质的氮气瓶。如果得不到这种气瓶，也可使用任何不含可检测杂质的压缩空气。如果不能确认压缩空气的纯净，可以使用过滤器。校下连接器，用以连接仪器的入气口和气瓶的调节头。

2）多传感器校正

该功能的目的可以同时为仪器中的多个传感器确定校正曲线的第二点。这需要一瓶标准混合气体。用户可以选择不同的气体混合（注）来进行多气体校正。

注：交叉灵敏度：有些传感器可能会对其他气体也表现出一定的灵敏度，因此，在选择混合气体时一定要小心以防校正错误。比如，某些气体会使 CO 传感器产生错误读数。一般情况下，推荐对 CO，H_2S 有毒气体传感器、氧气、易燃易爆气体传感器，以一瓶混合的标准气做多传感器校正。

3）单传感器校正

该操作过程的目的是为测定单个传感器校正曲线的第二点。此时需要一瓶标准参考气作为扩展点。工厂中用于校正仪器的校正气体的浓度。

四、典型应用实例

“3·29”京沪高速淮安段液氯泄漏事件应急监测

概述：2005 年 3 月 29 日晚，京沪高速公路淮安段上行线 103K+300M 处发生一起交通事件，一辆载有约 40 t（超载 25 t）液氯的山东槽罐车鲁 HO0099 与山东货车鲁 QA0398 相撞，槽罐车两个直径 10 cm 的法兰从根部完全断裂，导致槽罐车液氯大面积泄漏。事发地王兴等 3 个乡镇 29 人死亡，送医院治疗 300 多人，近 1 万名群众紧急疏散，约 2 000 亩农作物受灾，环境受到严重污染，京沪高速公路宿迁至宝应段因故关闭 20 个小时。在这次污染事件的处理过程中，环境监测部门在市环保局应急中心的直接指挥下，积极做好应急监测工作，反应迅速，针对污染源及时准确提供现场实测空气监测数据 400 多个；水质监测数据 76 个，同时对现场的植物和土壤进行采样。

针对大气污染使用 PGM-7840 RAE 多功能测定仪、PEG35ToxiRAE 氯气测定仪、快速检气管和 Gasemet DX4015 傅立叶红外分析仪。PEG35ToxiRAE 测定仪有现场直读，响应快速的优点，其响应范围在 0.3～60 mg/m^3，使用该仪器在现场移动监测快速，快速确定氯气污染的安全距离在 1 km。

由于空气中 HCl 和 Cl_2 超标，为加快疏散人员返乡，市环保局于 4 月 1 日建议指挥部采取措施向空气中、农田作物、环境物品，特别是事件发生地附近的村民居室内喷洒碳酸氢钠溶液，喷洒后监测结果表明空气中氯化氢下降 70%左右，证明喷洒效果明显。

4 月 2 日，淮安市环保局建议再次喷洒碳酸氢钠溶液。经过 2～3 次碳酸氢钠溶液喷洒，村民居室内氯化氢浓度降低到＜0.015 mg/m^3，在较短的时间内使空气中氯化氢降至符合空气质量标准，保证受灾群众尽早安全返回家园。4 月 3 日指挥部正式通知受灾群众可以安全返乡。

第七章　便携式色谱分析技术

色谱法利用不同物质在不同相态的选择性分配，以流动相对固定相中的混合物进行洗脱，混合物中不同的物质会以不同的速度沿固定相移动，最终达到分离的效果。

色谱过程的本质是待分离物质分子在固定相和流动相之间分配平衡的过程，不同的物质在两相之间的分配会不同，这使其随流动相运动速度各不相同，随着流动相的运动，混合物中的不同组分在固定相上相互分离。根据物质的分离机制，又可以分为吸附色谱、分配色谱、离子交换色谱、凝胶色谱、亲和色谱等类别。目前，气相色谱法是分析测定环境中有机污染物的主要手段，随着高性能便携式气相色谱仪的出现，其在突发环境事件应急监测中发挥着越来越重要的作用。

第一节　便携式气相色谱技术

一、便携式气相色谱的基本原理

便携式气相色谱仪的原理是载气（如氮气）将进样后气体带入色谱柱得以分离，不同组分先后从色谱柱中流出，经过检测器检测后，得到不同组分浓度的色谱图。检测器是便携式气相色谱仪最重要的部件之一，决定了该仪器的主要性能。如 Voyager 便携式气相色谱仪配有光离子化检测器（PID）和电子捕获检测器（ECD），CMS 系列便携式气相色谱仪 4 种检测器，除以上两种检测器外，还提供微氩电离检测器（MAID）和热导检测器（TCD）、zNose 系列便携式气相色谱仪配备表面声波检测器（SAWD）。

1. 检测器

热导检测器（TCD，thermal conductivity detector）是利用被测组分和载气热导系数不同而响应的浓度型检测器，它是整体性能检测器，属物理常数检测方法。由于它对所有的物质都有响应，结构简单，性能可靠，定量准确，价格低廉，经久耐用，是非破坏型检测器。

电子俘获检测器（ECD，electron capture detector）是一种具有选择性、高灵敏度的浓度型检测器，它只对含有电负性元素（如卤素、硫、磷、氮、氧等）的物质有响应。电负性越高，灵敏度愈高。

光离子化检测器（PID，Photoionization detector）有激发源和离子化室两部分组成。激发源常用紫外灯，发射出光子进入离子化室，当光子能量大于样品组分的电离势时，样品分子吸收光子发生离子化，产生检测信号。高能量（如 11.7eV 和 10.2eV）紫外灯对多数化合物都有信号，类似通用型检测器。

微氩离子检测器（MAID，Micro Argon Ionization Detector）是以氩气（At）作为载气，以镍（Ni-63）作为放射源，当 Ar 气流过检测器时，某些氩原子赋能至激发态，称为 exitons，与此同时其他氩原子被电离。氩的激发能约为 11.7 eV。当样品分子进入检测器时，与 exitons 碰撞。在碰撞的过程中能量被释放给样品分子，exitons 将它们电离产生检测信号。

表面声波检测器（SAWD，Surface Acoustic Wave Detector）采用声表面波原理制造出独有创新的检测器，检测器内的压电石英晶片上电极的信号发送端产生 500MHz 的表面声波，检测器表面对样品进行吸收，这样引起接受端的表面声波变化，产生检测信号。

2．检测器性能指标

各种检测器有不同的工作原理，为了便于比较其性能，通常以响应速度、灵敏度、稳定性和线性范围来考察各种检测器性能。一个理想的检测器应该是灵敏度高、检测限低、响应快、线性范围宽和稳定性好的。对通用型检测器，要求对各种组分均有响应，而对选择性检测器则要求仅对某类型化合物有响应。便携式气相色谱仪常用检测器的特点和应用范围见表 7.1。

表 7.1 便携式气相色谱仪常用检测器的特点和应用范围

检测器种类	特点	最低检测限	主要检测物质
热导检测器（TCD）	通用性	100 ppm	有机污染物、无机气体等
电子俘获检测器（ECD）	选择性	ppt	电负性化合物，如卤素等
光离子化检测器（PID）	选择性	1 ppb	含碳挥发性有机物
微氩电离检测器（MAID）	选择性	1 ppb	烯、醇、醛、酯、苯系物、苯的衍生物等有机物
表面声波检测器（SAWD）	选择性	ppb～ppt 级	挥发性有机物、半挥发性有机物

二、目前主要的便携式气相色谱仪及其应用范围

便携式气相色谱仪通常有 5 个部分组成，一是气体进样系统，通过内置的抽气泵实现自动定时采样和进样功能，也配有普通的进样口，接受手动的注射进样；二是载气系统，配有可从普通载气钢瓶充气的小气瓶，另外可自备 2～8 L 的小气瓶，用于较长时间的现场监测；三是检测器；四是电源，自带可充电电池，还配有交流转换器，可使用车载电源；五是计算机控制系统，可与笔记本电脑连接。仪器的辅助装备主要是便携式顶空装置。目前在我国市场上使用比较广泛的便携式气相色谱仪主要为 Voyager 便携式气相色谱仪、CMS 便携式气相色谱仪和 zNose 便携式气相色谱仪等。

1．Voyager 便携式气相色谱仪

Voyager（图 7.1）是一款便携式的自动气体分析仪，Voyager 自动从空气中采集样品，并将其引入 GC。Voyager GC 采用预柱反冲洗技术，从而获得快速的分析速度。为了能够分析更宽范围的不同化合物，Voyager 在其 GC 内部安装了三种分离分析管柱。日常工作中可以不必更换 GC 管柱，Voyager 可自动选择管柱。这些管柱在可控的提升温度下进行化合物的精确鉴定。在分析期间，Voyager 能够控制气体流量和时间的选择，并且将分析的结果同以前已知组分的校准标准液的分析结果作比较。然后，Voyager 在其显示屏幕上

以化合物的名称和浓度报告分析结果，并可在其内部数据记录器中储存分析结果。如果任何一种待检测的化合物超过了设置的警报浓度点，Voyager 能够发出报警声音。

Voyager 便携式气相色谱仪器主要配置有：①光离子化（PID）和电子捕获（ECD）双检测器；②内置三组通用毛细分析柱；③保护预柱与进样口自动反吹功能；④配两个加热的进样口：一个为自动进样口，另一个为手动注射进样口；⑤内置充电电池、充电器；⑥内置载气瓶、载气填充连接附件；⑦6 英尺专用伸缩取样探头，防尘防水膜；⑧专用的 SiteChart 色谱工作软件及数据通讯电缆。

图 7.1 Voyager 便携式气相色谱仪

该仪器的主要技术参数是：①环境温度：5～40℃；②相对湿度：0～100%；③电源：220V±10%，50Hz 和 10～18V DC；④规格尺寸：39 cm×27 cm×15 cm；⑤重量（包括电池）：6.8 kg；⑥NiCd 充电电池，能在室外和色谱柱加温的情况下工作 6～8 h；⑦载气容量约 500 ml 的载气钢瓶，可连续供气达 8 h，最大安全压力：1 800 psi（1 psi=6.895 kPa）；⑧进样方式为自动气体进样，进样最大可达 1 000 μL，可由软件设定调整，也可按预设时间间隔进样，实现现场在线监测，和手动注射进样，最大为 150 μL；⑨内置 3 根分析毛细柱，可依据不同的分析目标化合物选择不同的毛细柱进行分析，自动切换，无需更换；⑩柱温 55～80℃，控温精度为 0.1℃；⑪光离子化检测器（PID）的光谱能量范围：8.0～10.9eV；⑫电子捕获检测器（ECD）的光谱能量范围：11.0～12.5eV（对卤代烃、卤代芳烃等具有高灵敏度与选择性）；⑬动态范围：0.005 ～1500 ppm；⑭线性范围：0.005 ～500 ppm；⑮有两种操作与显示模式，一是利用键盘 4 个固定功能键和 4 个菜单键可单机直接操作使用，二是通过笔记本电脑 SiteChart 色谱软件操作使用。

2．CMS 便携式气相色谱仪

CMS 系列便携式气相色谱仪要应用于气体、液体及土壤中挥发性有机物（VOCs）的分析。可配备多种检测器，有多种进样方式，其分析灵敏度接近于实验室的气相色谱仪器。以 CMS 100 型（图 7.2）为例简介如下。

CMS100 便携式气相色谱仪分析气体样品时，其内置恒流采样泵抽取一定体积空气样品，当气流流经装有少量吸附剂的预浓缩器时待测组分在室温下被捕集，解析时瞬间加热预浓缩器（400℃），通过逆向载气流将化合物吹入毛细色谱柱，经色谱柱分离后进入检测器进行检测，并用保留时间定性，峰面积定量。样品除了能够通过预浓缩器进入仪器外，还可以通过直接注入和样品定量环的方式进入仪器。

CMS100 可以同时配备 4 个检测器：微氩离子检测器（MAID）、电子俘获检测器（ECD）、光电离子检测器（PID）和热导检测器（TCD）。

MAID 检测器：对电离电位低于 11.7 eV 的有机化合物灵敏。这些化合物包括卤甲烷类和卤乙烷类，四氯化碳和 1,1,1-三氯乙烷。这种检测器可检测这些化合物以及其他含量低于 ppb 量级的碳氢化合物。

ECD 检测器：对电负性高的官能团如氯化或氮化-碳氢化合物较为灵敏。广泛用于分析氯化碳氢化合物，如 PCBs 和除虫剂。

PID 检测器：是最常用的非放射性检测器。用于紫外辐射电离和检测电离电位低于 10.6 eV 的碳氢化合物，灵敏度可达 1 ppb。

TCD 检测器：用于检测浓度范围从 100 ppm 至%量级的天然气体。

图 7.2 CMS 便携式气相色谱仪

CMS100 便携式气相色谱仪器主要配置有：①可配置微氩电离检测器，对一些常见检测器无法检测的物质有响应；②色谱柱有填充柱或毛细管柱可供选择或者选择双柱系统；③精确的炉温控制系统；④内置载气气瓶、校准气气瓶和可充电电池，满足便携需要；⑤配有自动进样泵和 optional 独立加热的柱上注射口，可以自动进样，也可以手动进样；⑥预浓缩器和 optional 进样环，满足不同浓度组分的分析要求；⑦外部设备接口，可选配附件包括吹扫捕集系统、顶空系统；⑧专用的用户友好的菜单式操作软件。

该仪器的主要技术参数是：①电源 220 V，50 Hz 交流电源或者 12 V DC，可以使用交流转换器以延长使用时间；②规格尺寸：15 cm×52 cm×51 cm；③重量 22 kg；④镍氢电池，在加热 65℃的条件下可使用 9 h；⑤对柱子进行恒温加热或程序升温，最大温度 179℃；⑥内部载气可供 8～16 h，内部校准气可供 3 周使用；⑦自动进样泵抽速，使用预浓缩器 70 ml/min 的采样速度，用进样环时 1 000 ml/min 的采样速度。

3．zNose 便携式气相色谱仪

zNose 快速分析仪（图 7.3）采用快速气相色谱技术对混合物进行分离，化合物从色谱柱依次流出后，被表面声波检测器（SAWD）检测到，在电脑上显示分析图以及全貌指纹图谱，能对数百种挥发性半挥发性有机物进行定性定量分析。表面声波检测器实际上包含了上百个高效表面声波传感器，它利用微小精确的阵列排列的多个传感器，针对不同的化合物提供相应的可识别的气体指纹图“Vapor Prints”。检测器内的压电石英晶片信号发送端产生 500MHz 的表面声波，检测器表面对来自于色谱柱的样品进行吸收，引起频率变化。将频率变化转化成相应信号后，即得到常规色谱图，然后进行定性定量分析。这种技术检测速度快，灵敏度高，检出限低。

MicroSense 软件和 4200 zNose 用于检测空气以及土壤、水或其他物质所释放的气体，包括挥发性有机化合物（VOCs）和半挥发性有机化合物（SVOCs）。仪器对一些蒸气压低的物质较为灵敏。可以在 10 s 内检测到浓度在 5 pg 以下的一些物质。

仪器操作顺序分为三个部分：采样、进样和分析。采样时系统通过顶空采样可使气体经过内置泵进入进样口。样品经由阀门进入 trap，在这里样品被吸收，然后六通阀将转动使得 trap 和色谱柱相连以便进样。一旦连接，trap 将迅速升温，使物质迅速汽化。然后作为载气的氦气将这些样品气带入到毛细柱。色谱柱将在软件的控制下升温使这些化合物分

离。不同的物质会依次从色谱柱流出进入 SAWD 检测器。进入检测器的物质将会降低 SAW 晶体的振动频率。这个频率和参考频率混在一起产生一个中频（IF），系统微处理器能够计算这个中频。计算机通过检测器的响应来对程序可以识别的每一种物质进行定性和定量。通过到达检测器的时间来确定化合物，由于每一种成分的含量可以引起频率的变化，这样可以作为定量的依据。

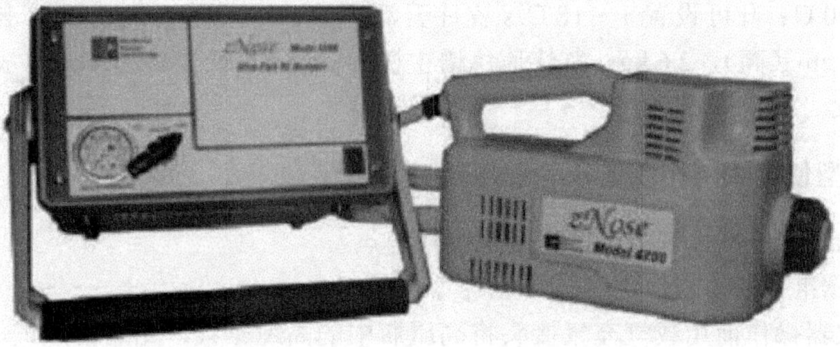

图 7.3　zNose 便携式气相色谱仪

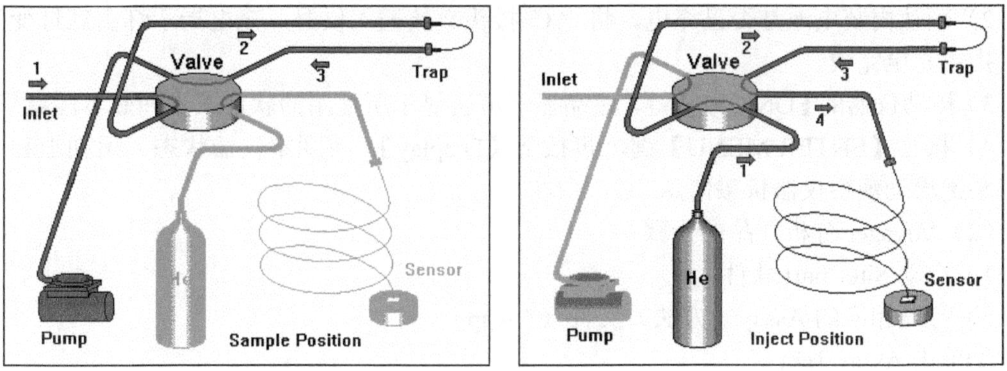

图 7.4　进样与分析示意图

气体样品可以直接进行测定，对于液体或土壤样品，可使用专用的解析器解析出样品蒸汽再通过吸附和解析的方式导入进样口，然后通过色谱柱分离后到达表面声波检测器进行定性定量分析。

主要特点：

（1）快速气相色谱技术，整个分析过程只需要几秒钟；

（2）SAWD 检测器采用表面声波技术，这种检测器稳定性和重现性好，线性范围宽 10^6，灵敏度高，C12 以下化合物检出限为 ppb 级，C12 以上化合物检出限可达 ppt 级；

（3）Vaporprint 分析软件，即气体指纹图谱技术，除了对各个成分的分析外还能做到气体组合的全貌分析，指纹图谱和色谱图同时显示并进行数据分析处理。

zNose 便携式气相色谱仪器主要配置有：①具有专利技术的表面声波检测器；②快速色谱技术专利系统；③远程控制和数据传输系统；④内置载气气瓶和可充电电池，满足便携需要；⑤内置采样泵和预浓缩装置；⑥工作站，包括操作系统、aporprint 分析软件和远程故障诊断系统；⑦样品加热器和远程采样分析装置等配件装置。

该仪器主要技术参数是：①环境温度 5～40℃，相对湿度 0～95%；②工作电源为充电锂电池，典型使用 6 h 或者接 220 V 交流电；③载气为高纯氮气，可填充也可更换氮气瓶；④SAW 表面声波检测器，动态范围 10^6±10%，温度 0～150℃；⑤采样泵和预浓缩，流速 0.5 ml/s，泵吸时间 1～300 s；⑥不锈钢进样口，50～200℃，可控温；⑦色谱柱温度范围是室温至 200℃；升可设置 1～18℃/s 程序升温方式；⑧采样头 31.8 cm（长）×10.9 cm（宽）×17.3 cm（高），2.6 kg；⑨快速色谱主机 38.1 cm（长）×26.4 cm（宽）×14.5 cm（高），8.5 kg。

三、典型便携式气相色谱仪的使用及其注意事项

1. Voyager 便携式气相色谱仪使用操作要点

（1）仪器准备

1）在仪器操作前用载气充气接头将高压瓶中的高纯氮气，充满内藏式储气罐。如果仪器在实验室连续操作，可使用高纯氮气钢瓶，通过减压阀以载气连接组件接入仪器，钢瓶减压阀调节在 100 psi（690 kPa）或稍低。

2）确认内装电池是否已充电。将 AC 接头直接插入仪器，充电指示灯由红灯变为绿灯，指示充电完成。

3）按动仪器的【ON/OFF】键，液晶显示屏会显示所使用的软件版本和版本注意事项。

4）按动【ENTER/MENU】键，再按下【Display】，可观察仪器状态。用朝上和朝下的箭头键滚动观察仪器状态信息。

（2）Voyager 分析样品的步骤

1）启动 SiteChart 软件

2）打开相应的 Assay（方法）文件（*.App）

①单击 Assay Tab；

②进入 File，点击 Open；

③在相应的目录中找到 Assay 文件。

3）用 RS232 通信线缆将 Voyager 连接到计算机的串行口上

4）校验 Voyager 和计算机之间的通信

①进入 Instrument Tab，表格上右面底部仪器状态信息会连续地更新；

②如果通信未建立，检查 Commuication，setup，port。

5）将 Assay 信息传入 Voyager

①单击 send to Voyager 按钮。

6）仪器已经准备好，即可通过 Site Chart 或从仪器本身的键盘上分析样品

①从 Site Chart 做样品分析；

②进入 Instrument Tab；

③选定相应的色谱柱：Analyze，column；

④设定标记 Analyze，setup；

⑤单击 Start；

⑥从仪器键盘做样品分析；

⑦选定相应的色谱柱；

⑧设定标记；

⑨按动【Star/Stop】键。

备注：自动进样时仅需要按下【STAR/STOP】键即可；手工进样时按下【Start /Stop】（启动/停止）按键，将注射器针头穿过进样口的小孔，直到针尖接触到进样垫，但是不要刺穿进样口垫，在响声之后，透过隔膜推进针头，直到针筒刚刚接触到进样口，并迅速推动，保持注射器在适当的位置大约 2 s 不动，然后抽出。

2．CMS100 便携式气相色谱仪使用操作要点

（1）仪器检查与准备

1）将仪器电源接好（12VDC），见图 7.5。

图 7.5　CMS100 电源

2）打开仪器后面的钢气瓶阀门，检查内置钢气瓶压力。如果钢气瓶压力低于 500 psi 时，应注意及时进行充气，见图 7.6、图 7.7。

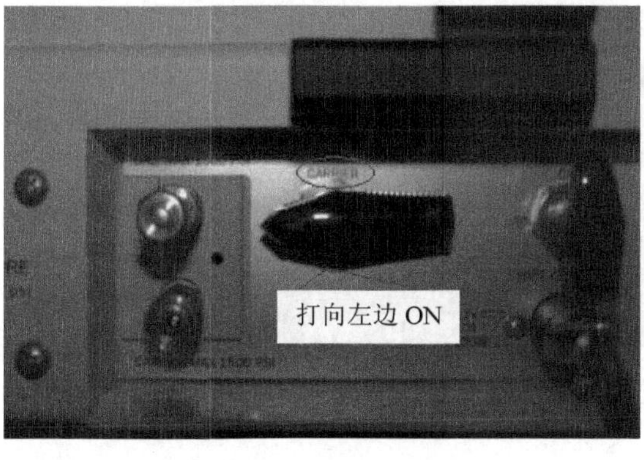

图 7.6　CMS100 钢气瓶阀门

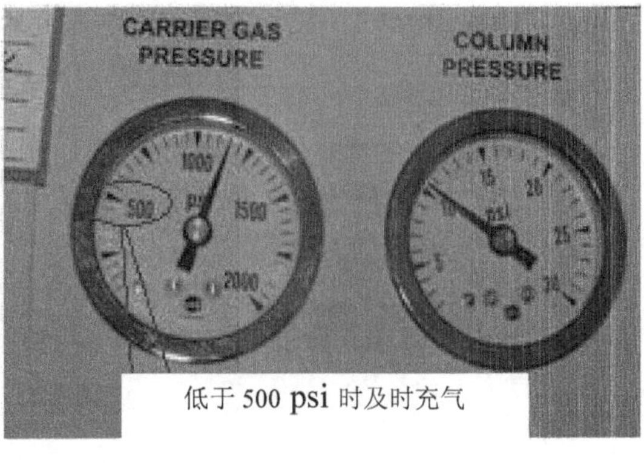

图 7.7　载气压力差

3）分析样品为气体时，要确保 PURGE GAS（反吹气口）为合上，并确保 EXHAUST（排气口为打开状态），见图 7.8。

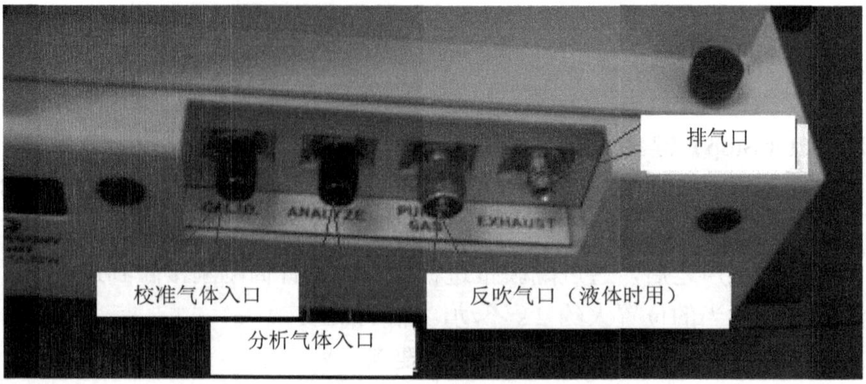

图 7.8 各气体入口、反吹气口、排气口

4）连接好仪器与电脑数据线（图 7.9），开启电脑。

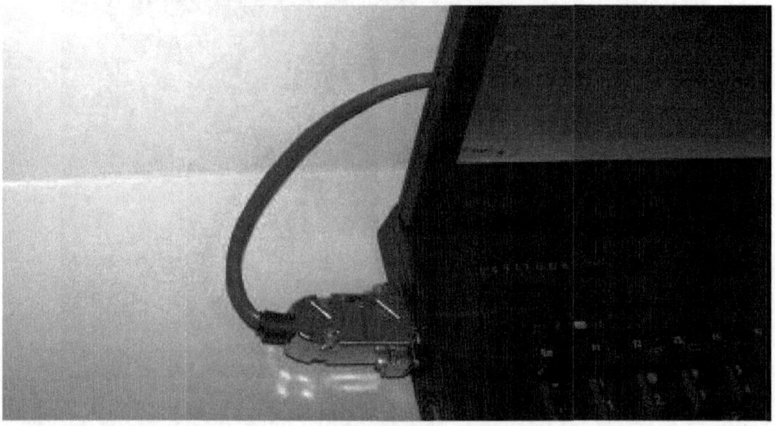

图 7.9 仪器与电脑数据线

5）仪器预热。双击桌面“CMS”图标进入软件，在主界面点击 Tools（工具）框中的“Show Temperature”（显示温度），等待仪器显示 70℃左右，见图 7.10。

图 7.10 仪器预热

（2）气体分析操作

① 如果直接采气样分析时，打开采气分析进气口和排气口即可。如果使用气袋采集气体分析，则在气袋收集好气体后，用三通管将气袋和仪器相连接并打开气袋口（确保排气口为打开状态），见图 7.11。

图 7.11 气体进样

② 点击“Operating Parameters”（运行参数）框中的“Operating Method”（运行方法），确保所选择的监测类别为气体类别，见图 7.12。

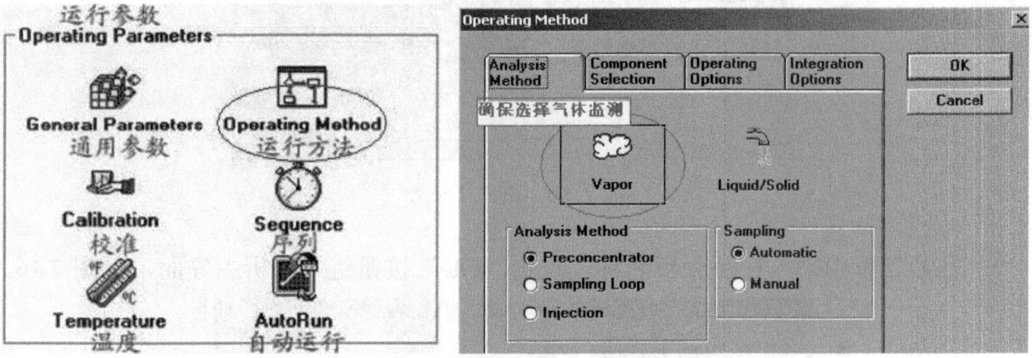

图 7.12 选择监测类别

③ 点击“Operating Parameters”（运行参数）框中的“Sequence”（序列），设置好相关的序列参数。

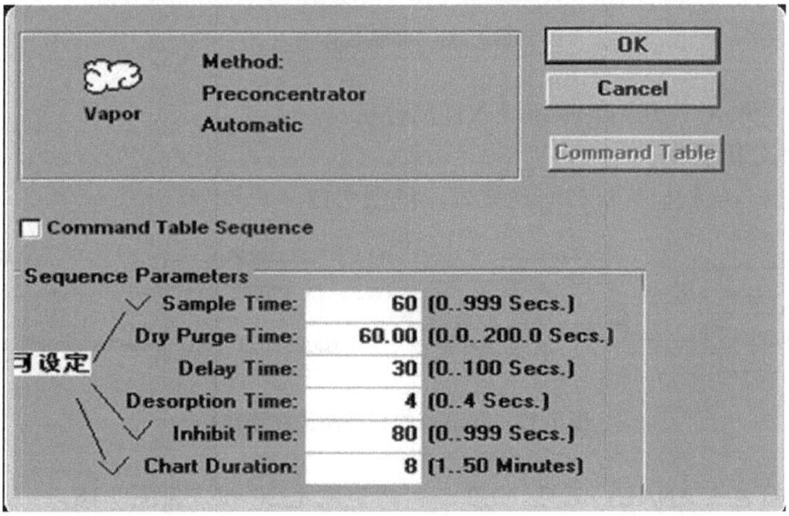

图 7.13 序列参数选择

④ 点击“Operation”（运行）框中的“Analyze”（分析）按钮，打开分析主界面，见

图 7.14。

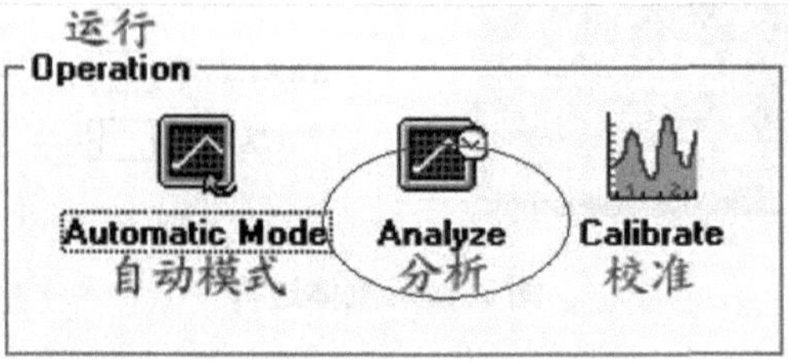

图 7.14 打开分析主界面

⑤ 点击“Yes”进入下一步，见图 7.15。

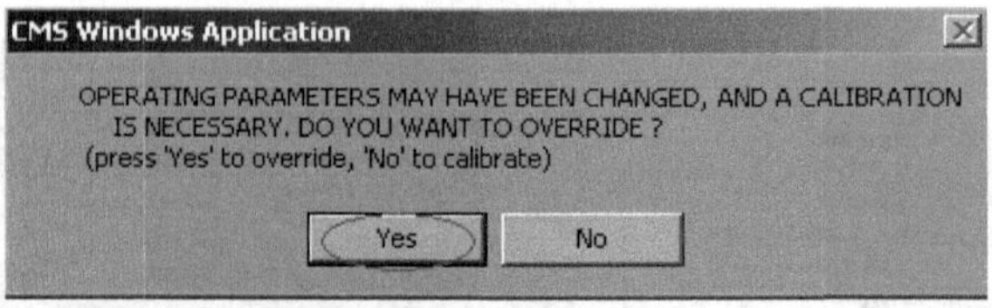

图 7.15 进入下一步

⑥ 在对话框中输入样品分析名称，点击“OK”按钮进入分析主界面，见图 7.16。

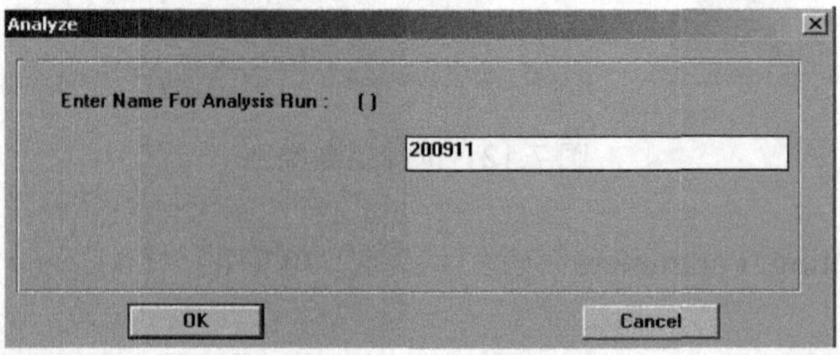

图 7.16 样品名称输入

⑦ 点击“Start”（开始）按钮进入样品分析。

（3）液体分析操作

① 将仪器与吹扫捕集进样器连接好，见图 7.17。

图 7.17 仪器与吹扫捕集进样器连接

② 将样品装入 ANALYZE 瓶，1/2 即可，也就是 20 ml，见图 7.18。

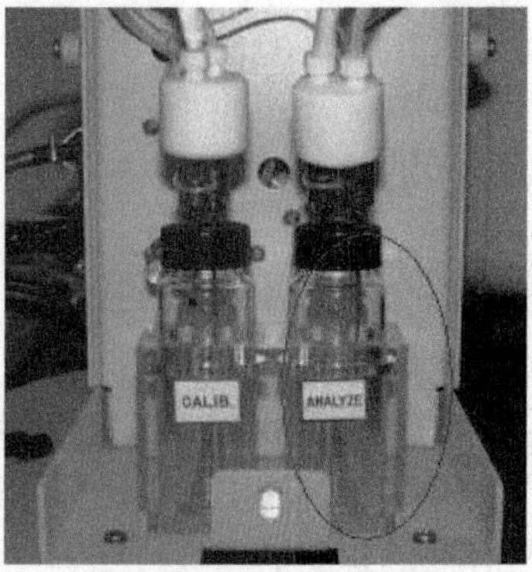

图 7.18　样品装入

③ 点击“Operating Parameters”（运行参数）框中的“Operating Method”（运行方法），确保所选择的监测类别为液体类别，见图 7.19。

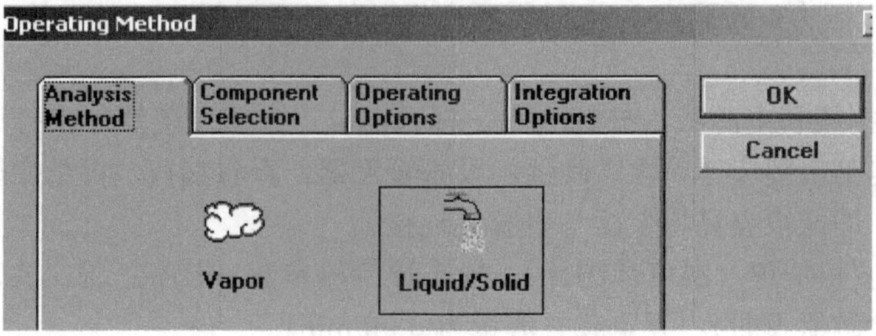

图 7.19　选择监测类别

④ 点击“Operating Parameters”（运行参数）框中的“Sequence”（序列），设置好相关的序列参数，完成后点击“OK”，见图 7.20。下同气体操作。

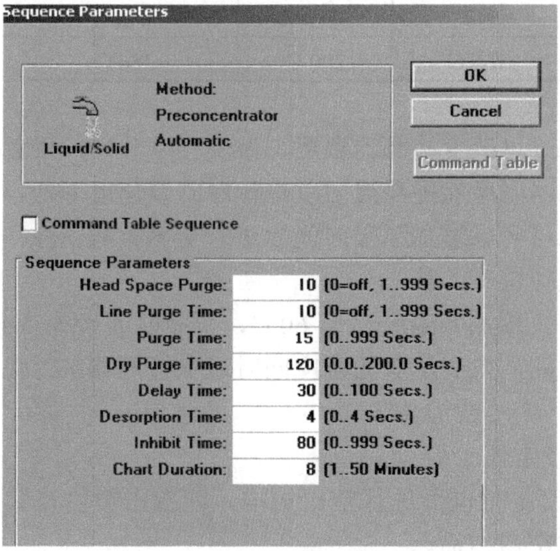

图 7.20　设定序列参数

（4）使用注意事项

1）始终保持仪器电池充满电状态；

2）每次充氩气的最大压力为 1 500 psi；

3）所用电源为 12VDC；

4）将仪器的接头和保护盖在分析完样品后重新接好，保持仪器管线不受污染；

5）定期分析空白样品，检查仪器状况，保证仪器能正常工作；

6）用完仪器内置储气罐气体后，需充满放置，保证仪器能在紧急情况下正常分析样品；

7）仪器分析完样品后，关闭 CMS 软件后色谱柱开始降温，需等 10 min 后方可关闭内置气瓶开关阀，保持氩气对色谱柱的保护；

8）完成样品分析后，使用氩气吹洗仪器内部管路，将仪器放回指定的位置；

9）仪器曲线约 3 个月进行 1 次校准。

3．zNose 便携式气相色谱仪使用操作要点

（1）简要操作过程

1）检查氦气压力，低于 400 psi 时需要充气，充气不要超过 1 000 psi。充气过程见“准备工作”。

2）连接数据线和电源线，打开气阀，打开电脑，开启微敏软件，打开仪器开关，确认连接（我的电脑右键选择属性，硬件，设备管理器，查看端口。再从微敏软件设置处选择正确的端口，即能很容易将仪器与电脑相连接）。

3）点击设置快捷键（温度计图标），检查检测器参数，若不正确，改正参数（检测器的参数铭刻在检测器表面）。设定载气流量为 3 ml/min。

4）打开方法文件，改变参数建立方法。

常用分析条件如表 7.2 所示。

表 7.2 zNose 常用分析条件

检测器温度	柱初温	阀温	进样口	富集管	程序升温
60℃	40℃	165℃	200℃	250℃	40℃至 180℃，10℃/s

对于具体分析对象，可改变检测器温度，改变程序升温，或者改变泵吸时间建立具体的分析方法。降低检测器温度能提高灵敏度，程序升温速度降低，可改善分离，对于浓度低响应太小的分析对象可考虑增加泵吸时间以进行更多富集（注：改变方法时有两个位置需要同时改变，设置快捷键和方法）。

对于未知物分析时，检测器温度设为 60℃，泵吸时间设为 5 s。若响应低，再降低检测器温度，增加泵吸时间，得到足够的响应同时避免检测器被污染（注：泵吸时间最高设为 300 s）。

5）等待温度达到设定值。

6）在温度未达到设定时也可进行空白扫描，即双击黄色设置位置使其闪动，然后将检测器抬起，进行几次空白扫描。

7）将检测器放好，再进行空白扫描，直到基线平稳（响应值在 200 Hz 以下表示仪器系统已清理干净）。

8）定性：用 C6 至 C14 正构烷烃标准溶液，进行校准；进样品，进行谱库检索定性（必要时可自建标样谱库）。复杂混合样品，可通过匹配度来进行简单的定性分析。

9）定量：进已知浓度标样，输入浓度值和物质名称，建立峰文件；进样品，确定样本中分析对象浓度值。

10）操作过程中，保存需要的数据文件/方法文件/峰文件。

11）若需要调用系列数据到 Excel，可从峰下拉菜单选择峰纪要数据，保存文件，用鼠标和【Shift】键选择需要的数据文件，最后从 Excel 打开刚刚保存的文件就可以进行数据处理了。

12）分析结束，关闭电源。

（2）准备工作——充气

第一步：将充气附件连接到高纯氦气钢瓶上。

第二步：拧紧充气附件的放空阀，微开主阀后关闭主阀，再打开放空阀清洗管路，重复该过程三次后，拧紧放空阀。

第三步：将充气附件快接口接到仪器后面板的充气口。

第四步：打开钢瓶主阀为仪器充气，观察钢瓶表头读数，约 1 200 psi 时关闭主阀，打开放空阀放空后，取下充气附件的快接口。

（3）具体操作

1）运行空白

第一步：检查仪器状态。当出现“Ready”时表示系统已经准备好，若显示“Setting”则表示还有某部分温度未达到设定值。

第二步：若在未达到条件时要运行空白，需双击点击“Setting”使其闪动，然后点击键，也可以通过直接按 F5 或者点击“运行”菜单下的“运行”开始运行方法文件。

第三步：重复模式下运行空白。点击“RPT”进入重复模式，系统会自动完成重复，在设定好重复时间“关闭重复　90 秒”后，双击该窗口可以更改重复时间。注意：需要自动运行重复模式时，开始键和重复键必须同时激活。

2）正构烷烃响应及校准

第一步：烷烃接到进样口。用钳子将进样针接到进样口，注意不要用手接触针尖，以免污染进样针，将进样针插入校准液瓶，将进气针插入液面以下。

注意：烷烃溶液是用来做校准的，瓶中有甲醇作溶剂的 C6 至 C14 正构烷烃液。

第二步：点击开始键，开始运行，也可以按 F5 开始运行，或者选择运行菜单中的“运行”命令开始运行。

第三步：检查正构烷烃响应。几次重复后，仪器对正构烷烃的响应应该跟标准图非常接近。

第四步：校准。

①选择校准表。点击可选择所使用的烷烃，例如使用 C6 至 C14 正构烷烃顶空进样时，可选中 C6、C7、C8、C9、C10、C11、C12、C13、C14 这 9 个烷烃。使用 C6 至 C22 溶液时，选择 C6、C7、C8、C9、C10、C11、C12、C13、C14、C16、C18、C20、C22 这 13

个烷烃。

注意：每行都是用数字表示的，但是该数字并不是烷烃数，因此 C6 编号为 1。而 C7 编号为 2，依次类推。

②手动校准。选择手动校准后，蓝色校准区域出现在谱图上，可通过拖动各峰到实际位置上对正构烷烃进行校准，校准完后选择“校准完毕”即可。

注意：使用同样的色谱柱，同一个物质出峰应该在同一位置。如果改变方法的升温程序，应该使用新的方法进行烷烃校准。不管方法如何变，只要进行了烷烃校准，峰保留指数值不发生变化。

3）定性定量分析

①定性分析

仪器采用保留指数定性。以正构烷烃 C6 至 C14、C11 至 C22 或 C6 至 C22 为标准对分析物质的保留指数进行校准，然后与保留指数库进行对比定性。正构烷烃的保留指数被指定为 $100 \times N$，这里的 N 是分子中的碳原子数。通过比较未知化合物与相邻的正构烷烃的保留指数，可以进行定性分析。

定性分析操作过程如下：

A. 校准完成后，运行几次空白。

B. 响应值小于 200Hz 后，可进行样品分析。

C. 气体样品可直接进样，液体样品使用顶空瓶顶空进样。

D. 样品进样完成后，可进行定性分析。

E. 将光标放到色谱图界面某峰上，点击右键可进行谱库检索，系统会自动将保留指数与谱库中保留指数进行比较，并给出相近的物质名称。

F. 谱库编辑功能

可在谱库检索界面选择不同的谱库进行检索。谱库可进行添加、删除、编辑，修改后的谱库注意保存。经过编辑修改后保存的谱库可以在谱库的文本文件中看到。

②定量分析

定量操作过程如下：

A. 校准完成后，运行几次空白。

B. 响应值小于 200Hz 后，可进行样品定量分析。

C. 用购买或自配的标准气体或标准水样进行分析，建立标准样品的峰文件。

a. 在峰文件中选择“新建”，输入文件名称后关闭该窗口。

b. 在峰窗口双击选择需要的峰，出现定义峰窗口后，输入峰名称。

c. 依次定义各峰。

d. 保存峰文件。

D. 峰文件建立好后，点击峰窗口响应值位置，输入标准样品浓度值。

E. 进空白样品。

F. 实际样品进样。

G. 峰窗口自动显示样品中已定义物质是否含有及含有量多少。

自配标样注意事项：a. 需要让液体有足够的挥发，气体的平衡时间在 5 min 以上；b. 在用微量进样器取液体到顶空瓶时，要轻弹针管，保证完全进样到顶空瓶中；c. 自配水中标样时，取 20 ml 水到 40 ml 顶空瓶。将顶空瓶倒置，微量进样器将标样推入到水中，然后振摇 1 min，放置 15～20 min；d. 标样和样品的处理过程必须一致。

（4）操作注意事项及维护

1）最好在备注栏写上样品信息以免混淆。

2）不同样品最好建立单独文件夹，文件包括三种类型：方法文件、数据文件、峰文件。

3）使用前检查氦气压力，低于 400 psi 时需要充气，充气不高于 1 000 psi。

4）运行空白时，最好将检测器抬起，以免污染检测器。检查是否系统污染时，可将泵吸时间设置为 0。

5）检测器清洗：洗瓶丙酮冲洗。

6）检测器负载条低于 30%以后，必须进行烘烤甚至检测器清洗（点击检测器烘烤标志即可进行自动烘烤）。

7）Trap 推荐使用温度为 250℃。检测器烘烤时使用自动烘烤功能，检测器最低使用温度为 0℃。色谱柱初温不低于 40℃。

8）设定柱温时要注意不能超过柱最高使用温度以免损坏色谱柱。DB5 色谱柱最高不超过 200℃，DB624 色谱柱最高不超过 150℃。

9）进完一个样品以后，最好进行几次空白扫描，以免影响下次实验。

10）进样口等部分温度高，小心以免烫伤。

四、便携式气相色谱的应用实例

便携式气相色谱仪主要用于水和空气中多种挥发性有机物的监测，可检测的有机物浓度水平在 10^{-9}～10^{-6} 级之间。下面主要以 Voyager 便携式气相色谱仪为例，说明有机污染物的快速测试技术。

1．特征污染物应急监测方法研究

（1）石化炼油行业

主要污染物：甲基叔丁基醚、叔戊醚、甲醇、乙醇、苯、甲苯、乙苯、间-二甲苯、邻-二甲苯；

监测仪器：Voyager FFKM301 便携式气相色谱仪；

监测方法：运用 Assay#2 方法[B 柱，20 m×0.32 mm×1.5 μm Supelcowa ×10（PEG），柱温：60℃；检测器：PID，检测器温度：60℃；压力：12 psi；分析时间：1 250 s，采样时间：20 s，反吹时间：311 s，进样时间：5 s，进样方式：loop]。谱图见图 7.21。

（2）ABS 橡胶厂

主要污染物：苯乙烯、丙烯腈、1,3-丁二烯；

监测仪器：Voyager FFKM301 便携式气相色谱仪；

监测方法：运用 Assay#4 方法 1（A 柱，8 m×0.32 mm BLANK Fused Silica，柱温：60℃；检测器：PID，检测器温度：60℃；压力：12 psi；分析时间：685 s，采样时间：20 s，反吹时间：325 s，进样时间：2 s，进样方式：loop）。谱图见图 7.22。

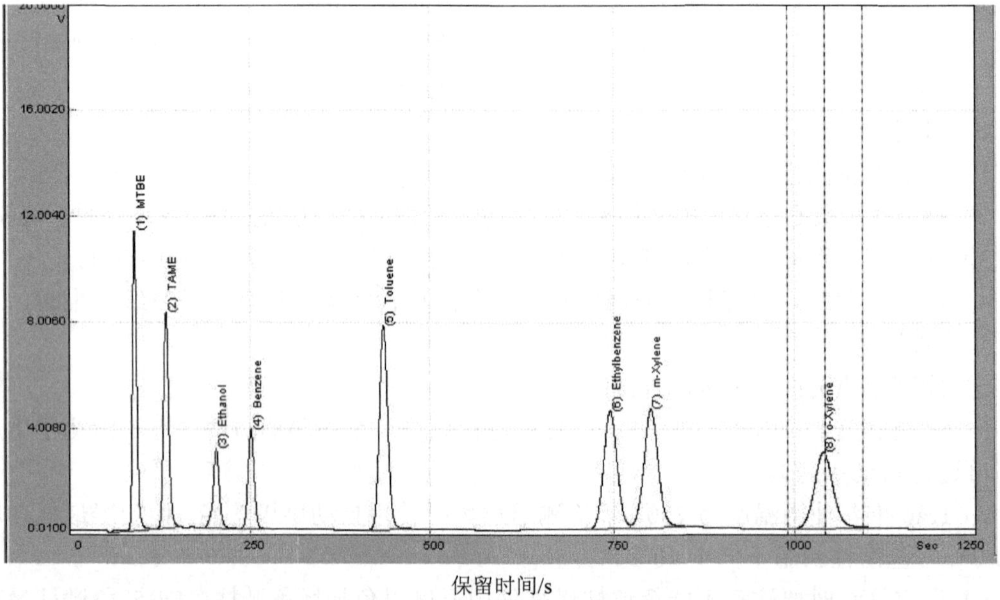

图 7.21 Assay#2 的色谱图

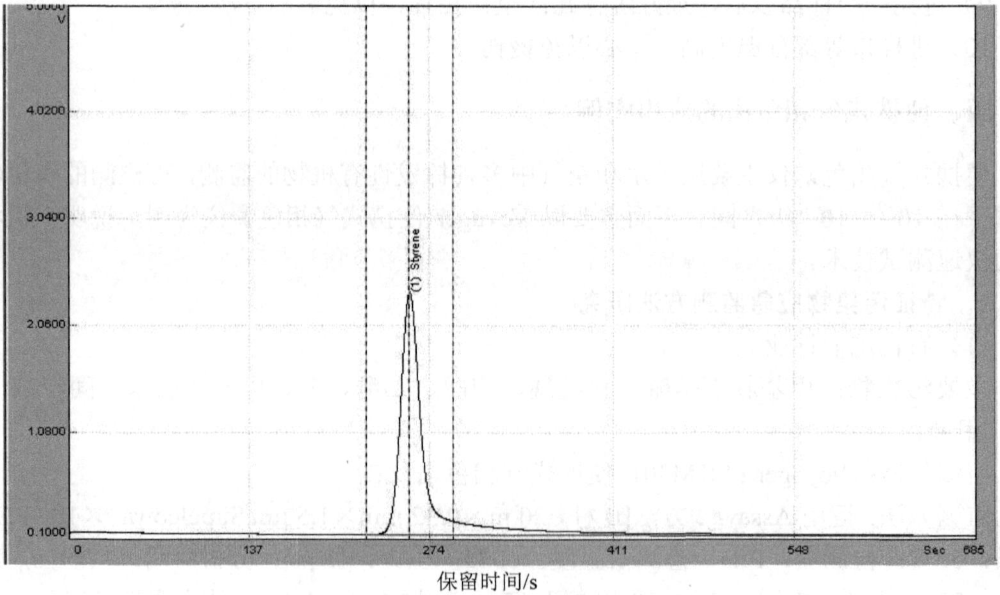

图 7.22 Assay#4 的色谱图（方法 1）

运用 Assay#4 方法 2[B 柱，20 m×0.32 mm×1.5 μm Supelcowa ×10（PEG），柱温 60℃；检测器：PID，检测器温度：60℃；压力：12 psi；分析时间：445 s，采样时间：20 s，反吹时间：41.5 s，进样时间：10 s，进样方式：loop]。谱图见图 7.23。

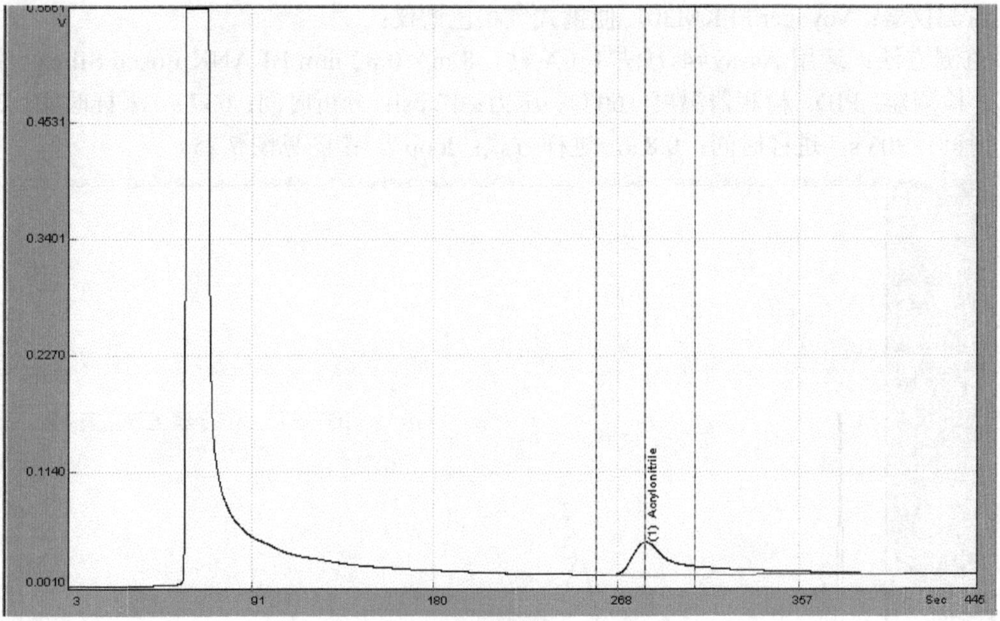

保留时间/s

图 7.23　Assay#4 的色谱图（方法 2）

运用 Assay#4 方法 3（C 柱，1.2 m×1.0 mm 1%SP1000 on 60/80 Carbopack B，柱温 60℃；检测器：PID，检测器温度：60℃；压力：12 psi；分析时间：510 s，采样时间：20 s，反吹时间：31 s，进样时间：3 s，进样方式：loop）。谱图见图 7.24。

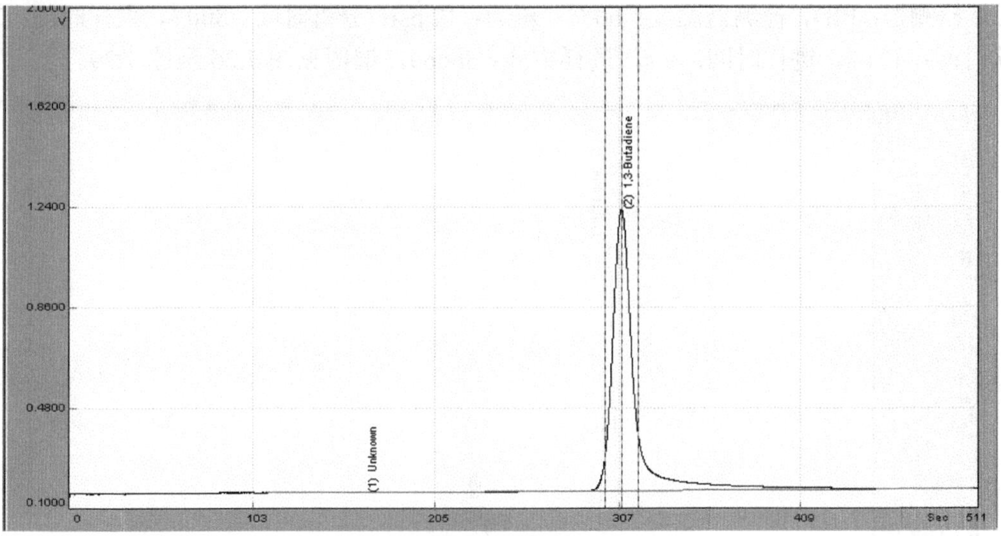

保留时间/s

图 7.24　Assay#4 的色谱图（方法 3）

（3）纸浆造纸厂

主要污染物：α-蒎烯、甲基硫醇、乙基硫醇、二甲基硫、丙酮、甲醇、甲基乙基酮、二甲基二硫、硫化氢；

监测仪器：Voyager FFKM301 便携式气相色谱仪；

监测方法：运用 Assay#4 方法 1（A 柱，8 m×0.32 mm BLANK Fused Silica，柱温 60℃；检测器：PID，检测器温度：60℃；压力：12 psi；分析时间：637 s，采样时间：20 s，反吹时间：303 s，进样时间：0.8 s，进样方式：loop)。谱图见图 7.25。

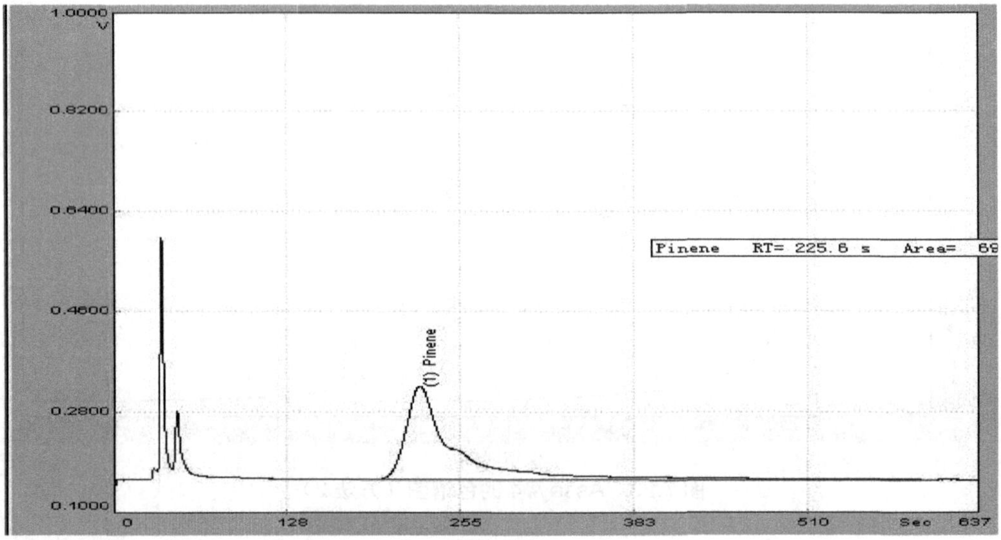

图 7.25 Assay#5 的色谱图（方法 1）

运用 Assay#5 方法 2（B 柱，20 m×0.32 mm×1.5 μm Supelcowa ×10（PEG)，柱温 60℃；检测器：PID，检测器温度：60℃；压力：12 psi；分析时间：800 s，采样时间：20 s，反吹时间：131 s，进样时间：5 s，进样方式：loop)。谱图见图 7.26 至图 7.29。

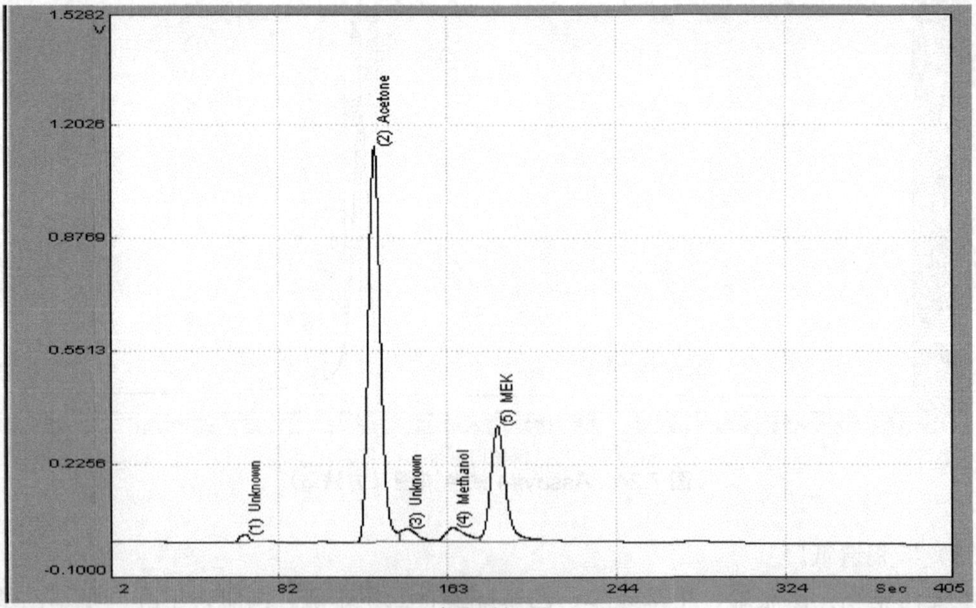

图 7.26 Assay#5 的色谱图（方法 2）（a）

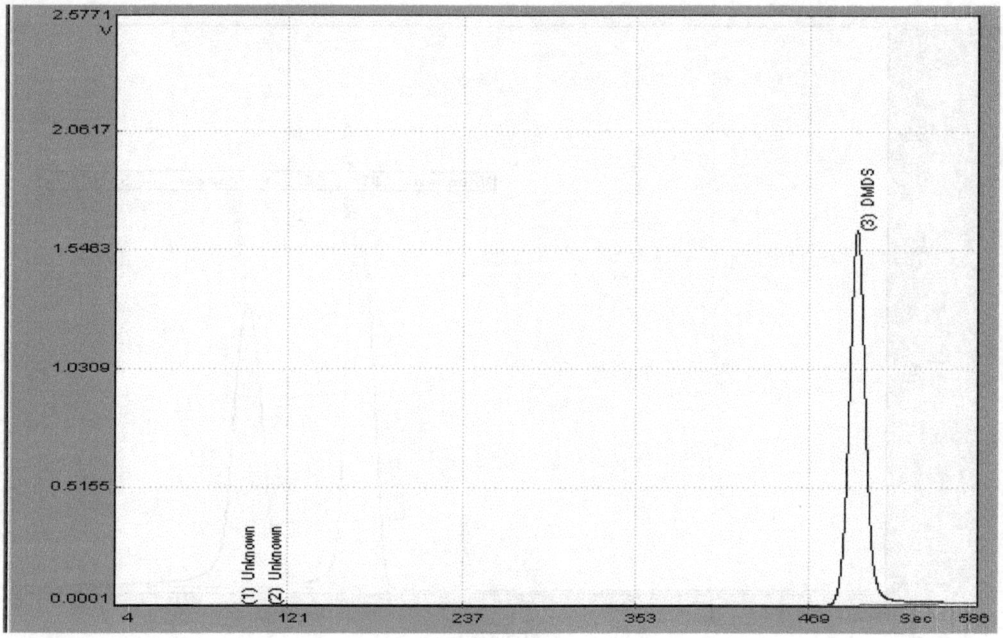

保留时间/s

图 7.27 Assay#5 的色谱图（方法 2）（b）

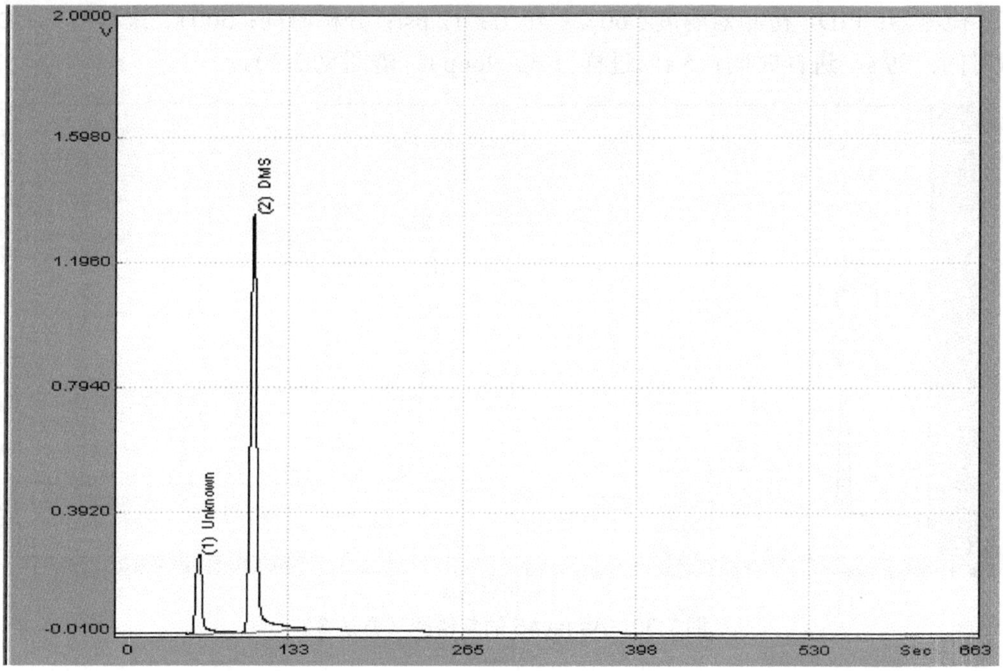

保留时间/s

图 7.28 Assay#5 的色谱图（方法 2）（c）

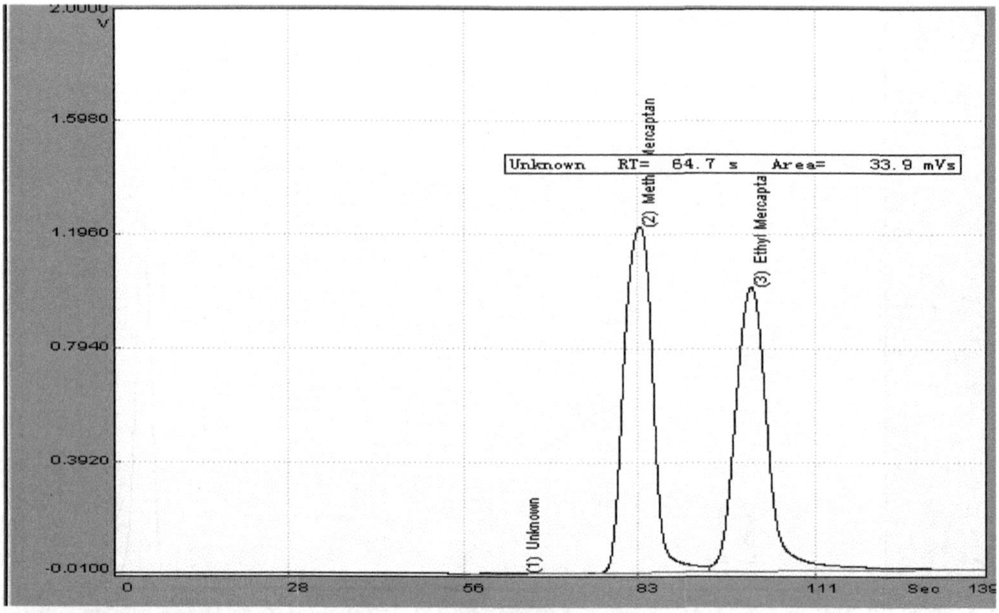

保留时间/s

图 7.29 Assay#5 的色谱图（方法 2）（d）

运用 Assay#5 方法 3（C 柱，1.2 m×1.0 mm 1%SP1000 on 60/80 Carbopack B，柱温 60℃；检测器：PID，检测器温度：60℃；压力：12 psi；分析时间：500 s，采样时间：20 s，反吹时间：99 s，进样时间：5 s，进样方式：loop）。谱图见 7-30。

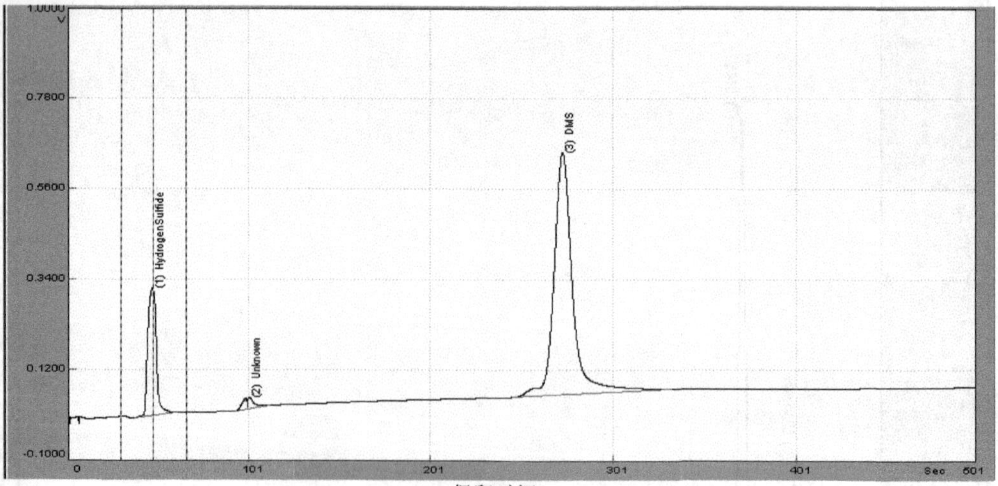

保留时间/s

图 7.30 Assay#5 的色谱图（方法 3）

（4）表面活性剂厂

主要污染物：环氧乙烷、环氧丙烷；

监测仪器：Voyager FFKM301 便携式气相色谱仪；

运用 Assay#6 方法（C 柱，1.2 m×1.0 mm 1%SP1000 on 60/80 Carbopack B，柱温

45℃；检测器：PID，检测器温度：45℃；压力：7.5 psi；分析时间：700 s，采样时间：20 s，反吹时间：75 s，进样时间：4 s，进样方式：loop）。谱图见图 7.31。

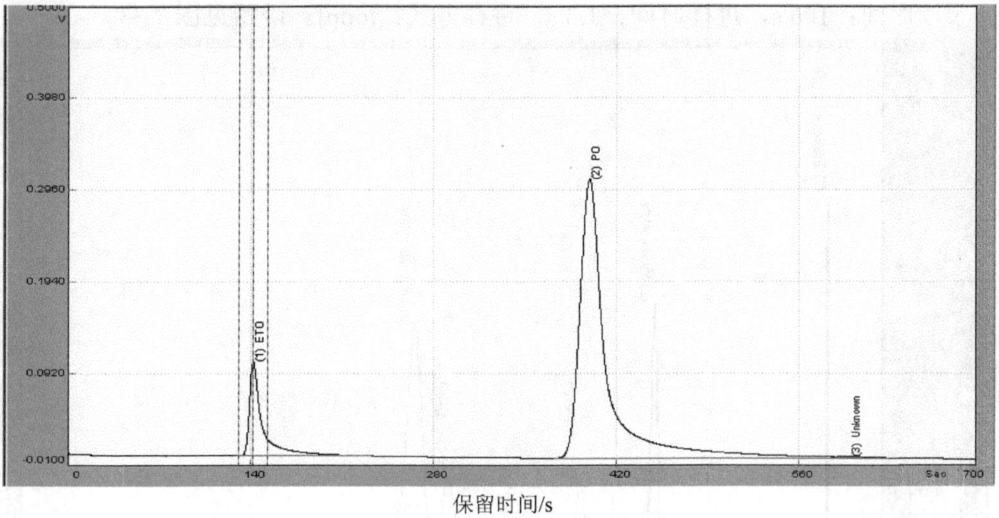

图 7.31　Assay#6 的色谱图

（5）高分子乳胶厂

主要污染物：正丁基丙烯酯、异基丙烯酯、苯乙烯、乙烯、醋酸乙烯酯、甲基丙烯腈、乙基丙烯腈；

监测仪器：Voyager FFKM301 便携式气相色谱仪；

监测方法：运用 Assay#7 方法 1（A 柱，8 m×0.32 mm BLANK Fused Silica，柱温 50℃；检测器：PID，检测器温度：50℃；压力：12 psi；分析时间：930 s，采样时间：20 s，反吹时间：440 s，进样时间：1.5 s，进样方式：loop）。谱图见图 7.32。

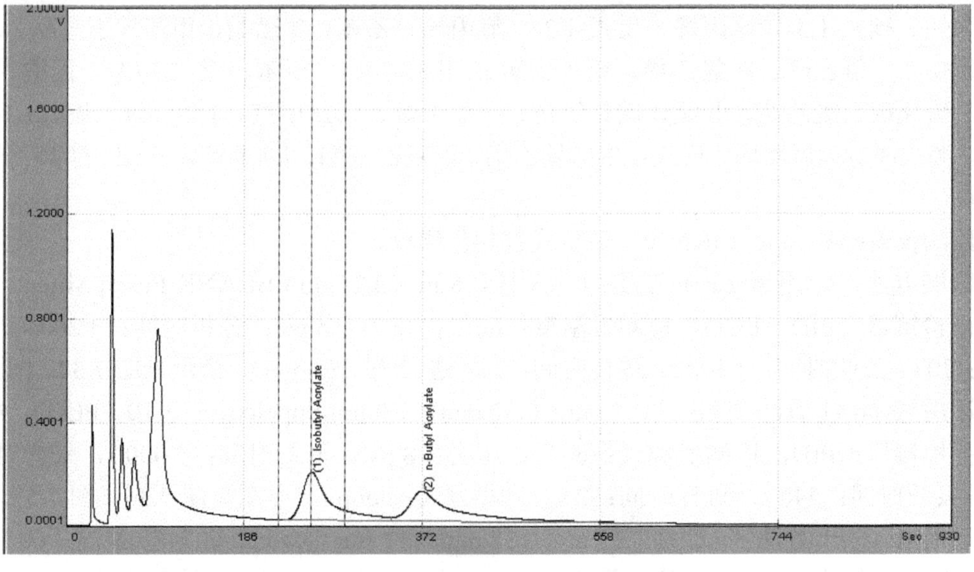

图 7.32　Assay#7 的色谱图（方法 1）

运用 Assay#7 方法 2[B 柱，20 m×0.32 mm×1.5 μm Supelcowa×10（PEG），柱温 50℃；检测器：PID，检测器温度：50℃；压力：12 psi；分析时间：1 020 s，采样时间：20 s，反吹时间：106 s，进样时间：1.3 s，进样方式：loop]。谱图见图 7.33。

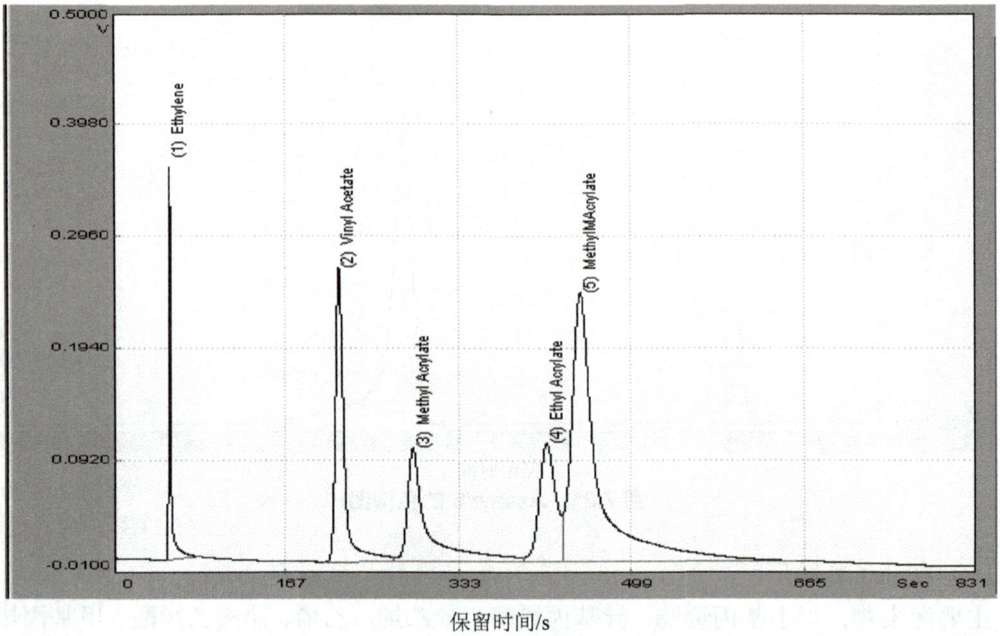

图 7.33　Assay#7 的色谱图（方法 2）

2．环境空气中有机污染物应急监测方法

主要污染物为：三溴甲烷、1,2-二氯苯、1,3-二氯苯、1,4-二氯苯、苯乙烯、1,2,2,2-四氯乙烷、一溴二氯甲烷、苯、氯苯、二氯乙基乙烯醚、二溴二氯甲烷、1,2-二氯乙烷、1,2-二氯丙烷、顺式-1,3-二氯丙烯、反式-1,3-二氯丙烯、乙苯、2-己酮、甲基异丁基酮、1,1,2-三氯乙烷、三氯乙烯、四氯乙烯、甲苯、间-二甲苯、邻-二甲苯、对-二甲苯、丙酮、溴甲烷、二硫化碳、氯乙烷、四氯化碳、氯仿、一氯甲烷、二氯甲烷、1,2-二氯乙烷、1,1-二氯乙烯、顺式-1,2-二氯乙烯、反式-1,2-二氯乙烯、甲基乙基酮、1,1,1-三氯乙烷、醋酸乙烯酯、氯乙烯。

监测仪器：Voyager FIKN301 便携式气相色谱仪。

监测方法：运用 Assay#1 方法 1（A 柱，8 m×0.25 mm BLANK Fused Silica，柱温 60℃；检测器：PID、ECD，检测器温度：60℃；压力：8 psi；分析时间：3 200 s，采样时间：20 s，反吹时间：2 500 s，进样时间：2 s，进样方式：loop）。谱图见图 7.34、图 7.35。

运用 Assay#1 方法 2（B 柱，20 m×0.32 mm×1.0 μm Supelcowa ×10（PEG），柱温：60℃；检测器：PID，检测器温度：60℃；压力：8 psi；分析时间：3 000 s，采样时间：20 s，反吹时间：540 s，进样时间：2 s，进样方式：loop）。谱图见图 7.36、图 7.37。

运用 Assay#1 方法 3（C 柱，15 m×0.32 mm×12 μm Quadrex 007-1，柱温：60℃；检测器：PID，检测器温度：60℃；压力：8 psi；分析时间：1066 s，采样时间：20 s，反吹时间：131 s，进样时间：2 s，进样方式：loop）。谱图见图 7.38、图 7.39。

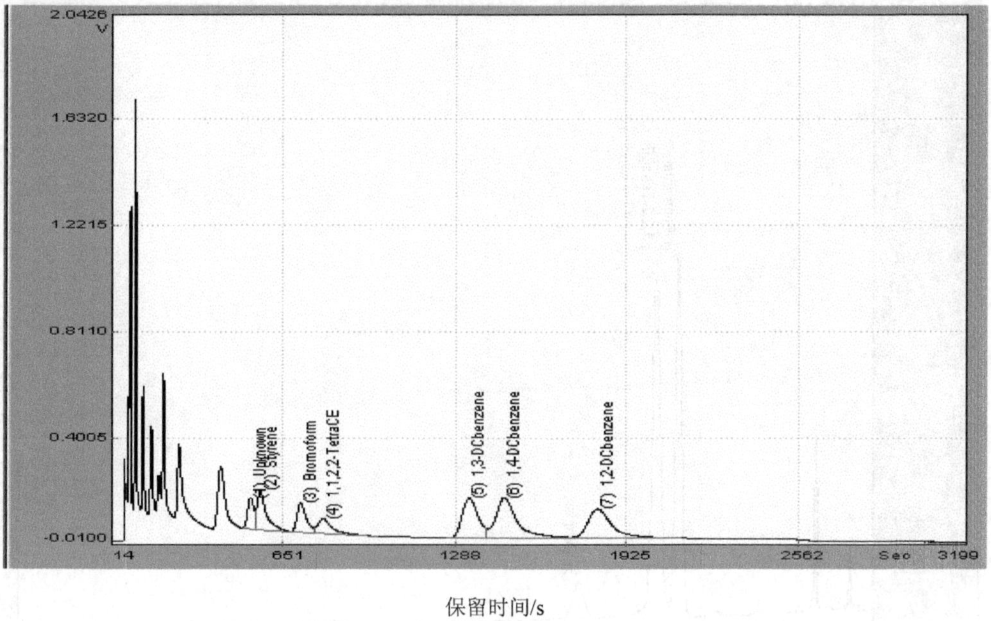

图 7.34　Assay#1 的色谱图（方法 1）（a）

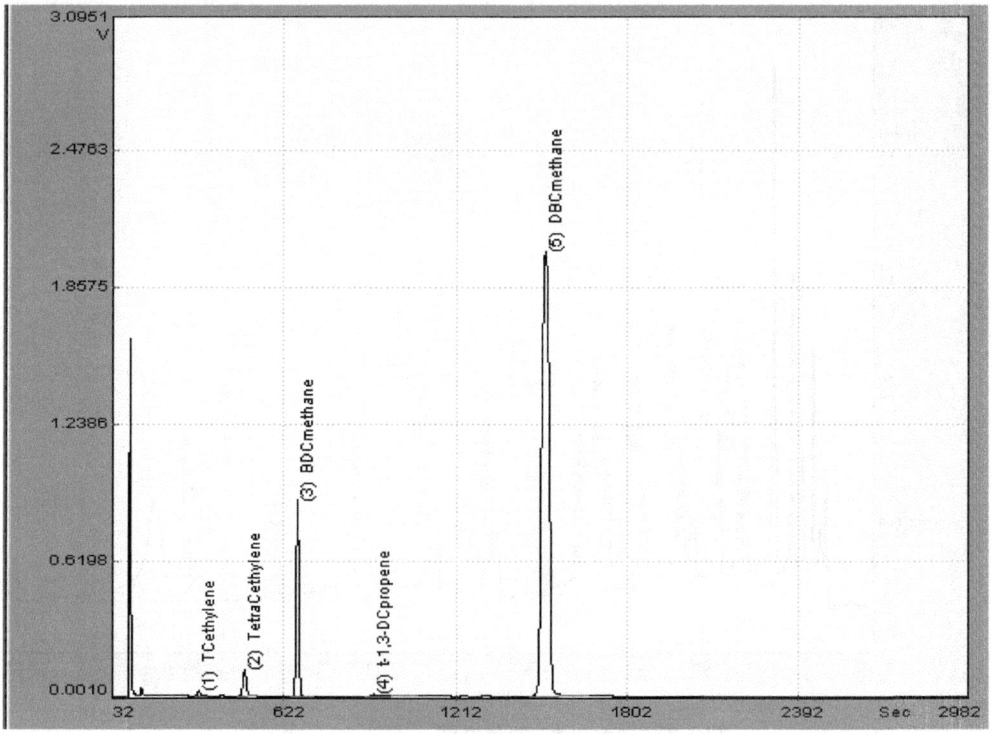

图 7.35　Assay#1 的色谱图（方法 1）（b）

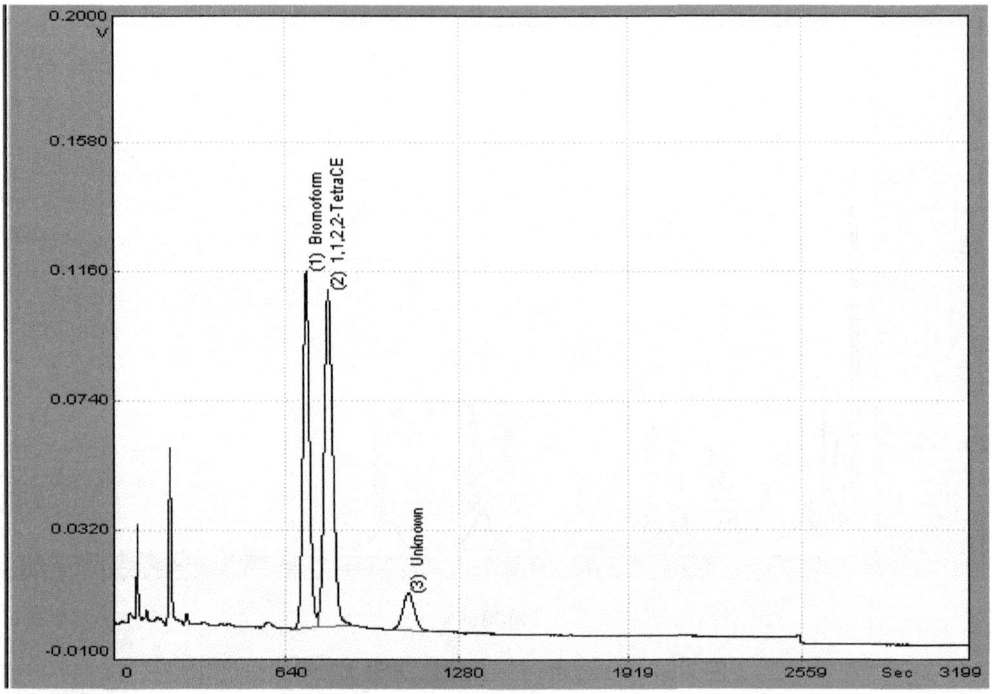

图 7.36 Assay#1 的色谱图（方法 2）（a）

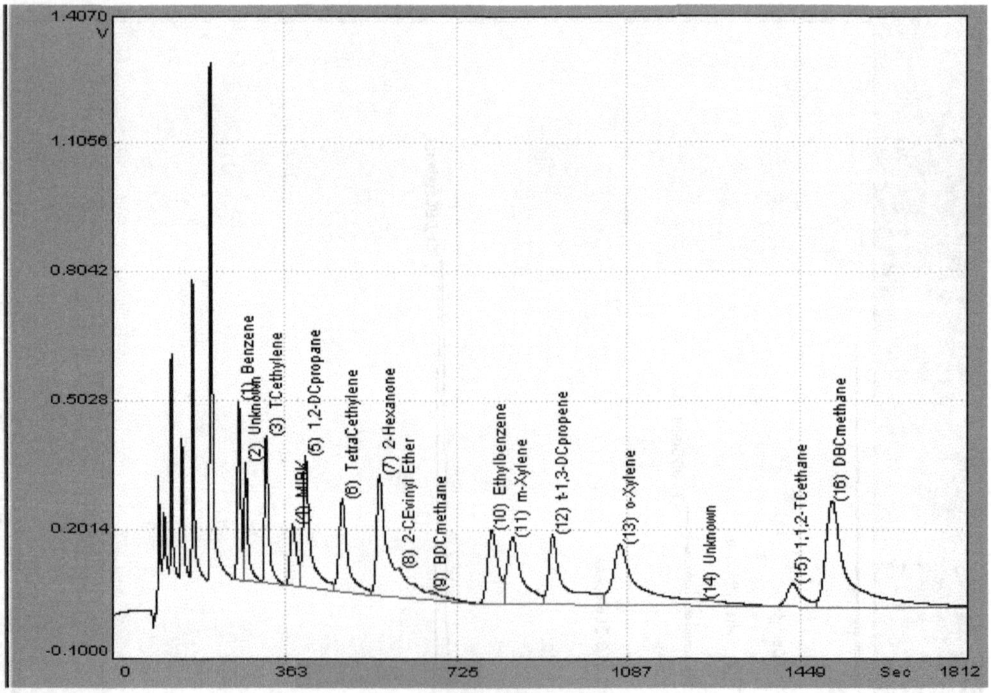

图 7.37 Assay#1 的色谱图（方法 2）（b）

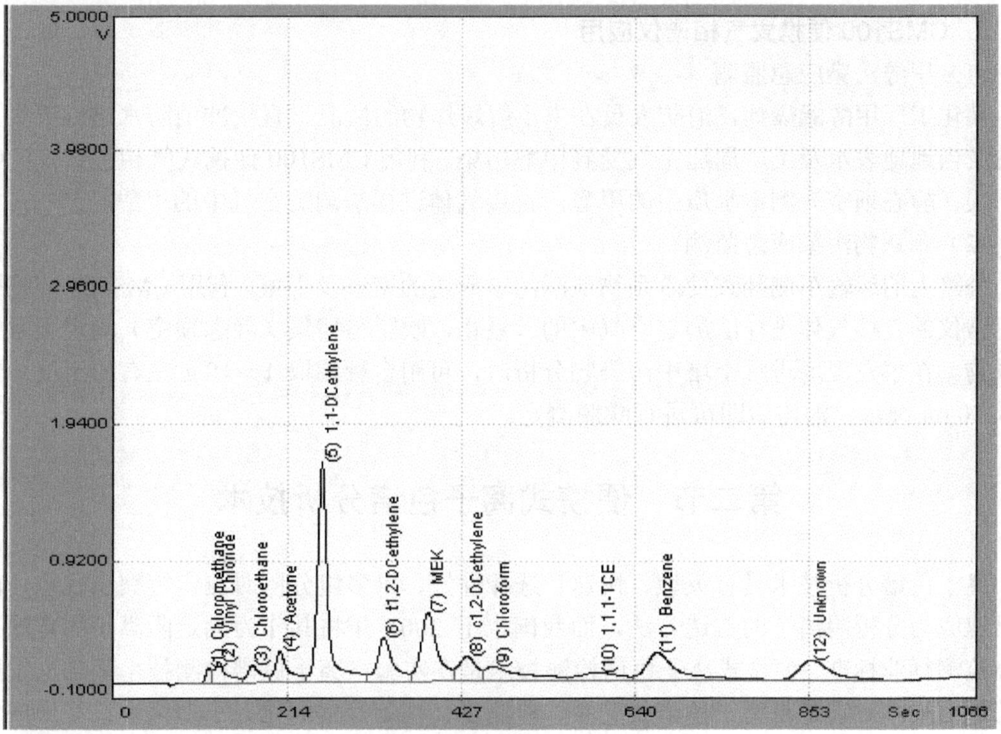

图 7.38 Assay#1 的色谱图（方法 3）（a）

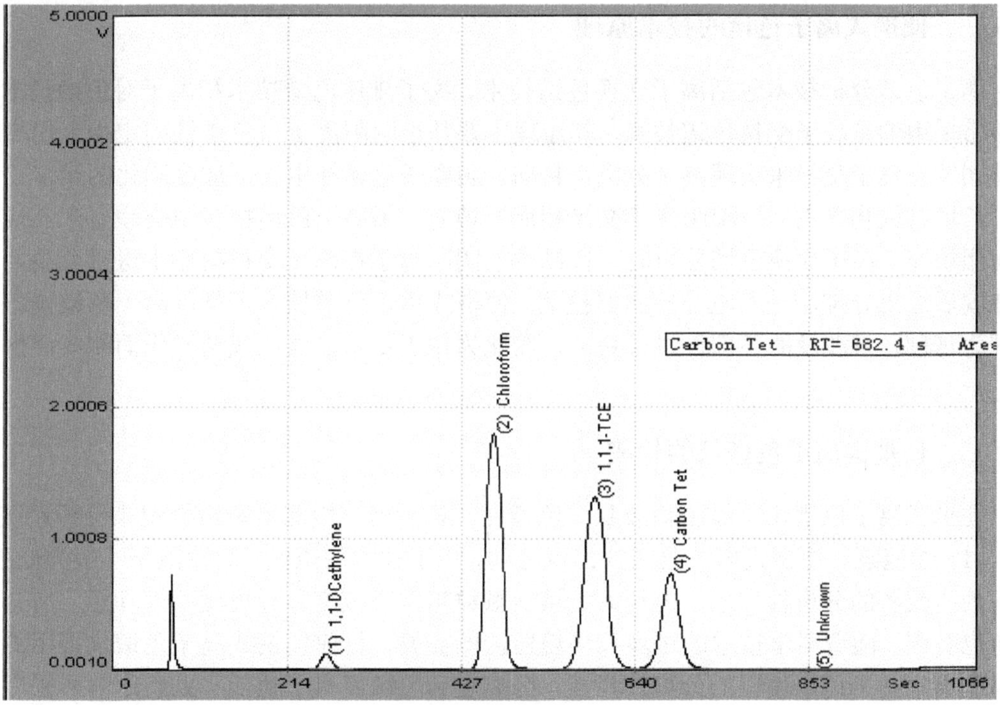

图 7.39 Assay#1 的色谱图（方法 3）（b）

3．CMS100 便携式气相谱仪应用

（1）甲醇污染应急监测

某化工厂甲醇罐爆炸，消防人员在未了解爆炸物的情况下直接冲消防水进行灭火，结果造成当地地表水及工厂周边空气受到甲醇污染。利用 CMS100 便携式气相色谱仪的吹脱与捕集（静态顶空）测定水质中的甲醇，直接气体进样法测定空气中的甲醇。

（2）苯系物污染应急监测

公路上的运输车侧翻致使苯系物泄漏污染周边的空气及土壤。利用 CMS100 便携式气相色谱仪的直接气体进样法测定空气中的苯系物，吹脱与捕集（静态顶空）测定土壤中的苯系物。在事发现场进行土壤中污染物分析时，可用台秤称取 1～10 g 左右的土壤，然后加入 50 ml 纯水，混匀后即可进行吹脱测定。

第二节　便携式离子色谱分析技术

离子色谱分析技术具有灵敏、快速、选择性好、可多组分同时测定等突出优点，问世后迅速成为分析阴离子的首选方法，而我国也于 2001 年将其作为测定阴离子的方法列为环境监测行业标准。便携式离子色谱检测技术是在实验室离子色谱检测技术基础上发展起来的检测技术。它是将离子色谱仪的泵、检测器、柱箱等集成化、小型化，最终形成便携式离子色谱分析仪。目前的便携式离子色谱分析仪，可对 F^-、Cl^-、Br^-、NO_2^-、PO_4^{3-}、NO_3^-、SO_4^{2-}及 Li^+、Na^+、NH_4^+、K^+、Ca^{2+}、Mg^{2+}等多种阳离子进行现场快速检测。

一、便携式离子色谱的技术原理

离子色谱分析技术包括离子交换色谱技术、离子排斥色谱技术和离子对色谱技术。目前最常采用的是离子交换色谱技术，其原理主要基于阴阳离子与色谱柱固定相上的离子交换基团发生离子交换来实现离子分离，目前，阴离子色谱柱用表层适度磺化的聚苯乙烯和苯二乙烯共聚物（表面附聚阴离子交换树脂）填充，阳离子色谱柱多用交联聚苯乙烯磺酸型树脂填充。离子交换色谱分析时，样品中的阴阳离子在离子交换树脂上进行分离，淋洗液洗脱后经电导抑制进入电导检测器检测。便携式离子色谱技术正是以离子色谱技术检测原理为基础，将涉及的各部件进行集成，简化为便于携带，能在现场操作而制成便携式仪器。

二、便携式离子色谱仪的构成

便携式离子色谱仪一般由输液泵、色谱柱、抑制器、检测器和数据记录分析系统。

（1）输液泵　便携式离子色谱仪出现之初，由于技术的限制，其输液泵一般为低压泵，相应的所配备的分析柱较短、内径大、填料颗粒粗，灵敏度和分离度不够理想，所分析的离子也有限。随着科学技术的进步和环境监测的需要，目前便携式离子色谱仪采用的色谱柱与实验室离子色谱使用的分离柱相同，分离度和灵敏度有了质的飞跃，这时所采用的输液泵一般为高压泵，如单柱塞可编程平流泵，其最大工作压力可达 20 MPa。

（2）色谱柱　便携式离子色谱所采用的色谱柱与实验室所用色谱柱相同，目前常用的有IonPac系列离子交换柱、Metrosep系列离子交换柱、SH系列离子交换柱，如IonPacAS14、Metrosep A5-250、IonPacAS9-HC、Metrosep A Supp 5-150、Metrosep A Supp 3-250、IonPacAS23、SH-AC-Ⅰ、SH-AC-Ⅱ等阴离子和IonPac CS12、SH-CC-ⅡB、SH-HM-Ⅰ、Metrosep C4-150、IonPac CS16、Metrosep C 4 150等阳离子分离柱。

（3）抑制器 与实验室离子色谱仪一样，便携式离子色谱仪的抑制器主要用作抑制淋洗液的背景电导，使淋洗液转换为电导很低的弱电解质或水。其类型有树脂填充抑制器、膜抑制器、膜柱复合型抑制器等。目前最常用的为可连续自动再生的自身再生抑制器，如SHY-6型离子色谱薄膜式 CO_2 后抑制器、电解水自再生微膜抑制器、SMII超微填充嵌体抑制器。

（4）检测器 离子色谱的检测器主要有以下两类：电化学检测器和光学检测器，电化学检测器包括电导检测器、直流安培检测器、脉冲安培检测器和积分安培检测器；光学检测器包括紫外-可见分光光度检测器和荧光检测器。随着联用技术的发展，另外还有MS检测器。目前便携式离子色谱通常采用的是电导检测器。

（5）数据记录分析系统 随着科学技术的发展，具有各自特色的数据记录和处理系统不断被推出，如DSP数字式信号处理技术、Chromeleon CE变色龙控制分析软件、EASY2000色谱工作站等。

三、主要仪器设备及应用范围

目前，常见的离子色谱仪有ICS系列、88X系列、Metrohm761系列、CIC系列、EP系列、PIA-1000等。其中，EP-600SI、EP-600I，Metrohm761及PIA-1000型为便携式离子色谱仪，其余厂家几乎未推出便携式色谱仪。这些仪器配合不同的分离柱和淋洗条件可用于 F^-、Cl^-、SO_4^{2-}、NO_3^{2-}、PO_4^{3-}、NO_2^-、Na^+、K^+、NH_4^+、Mg^{2+}、Ca^{2+}等常见阴阳离子，BrO_3^-、ClO_3^-、ClO_2^-等消毒副产物以及极性有机化合物和生物类化合物等的检测。

四、典型仪器设备的使用及注意事项

目前，比较典型的便携式离子色谱仪有761型便携式离子色谱仪、PIA-1000型便携式离子色谱仪以及EP-600I型和EP-600SA型便携式离子色谱仪等。以下即对EP-600I型便携式离子色谱仪和PIA-1000型便携式离子色谱仪的应用进行简单介绍。

1. EP-600I型便携式离子色谱仪

（1）仪器的构成和流路

EP-600I型便携式离子色谱仪（图7.40）由单柱塞可编程平流泵、分离柱、抑制电导检测器构成，其连接流路如图7.41所示。

（2）样品的采集与制备

离子色谱分析不同于传统手工比色、重量法等，因此进行样品采集时仅需用小体积塑料或玻璃瓶采集少量即可。根据样品的性质、待分析离子、干扰离子等选择适合的前处理方法进行。

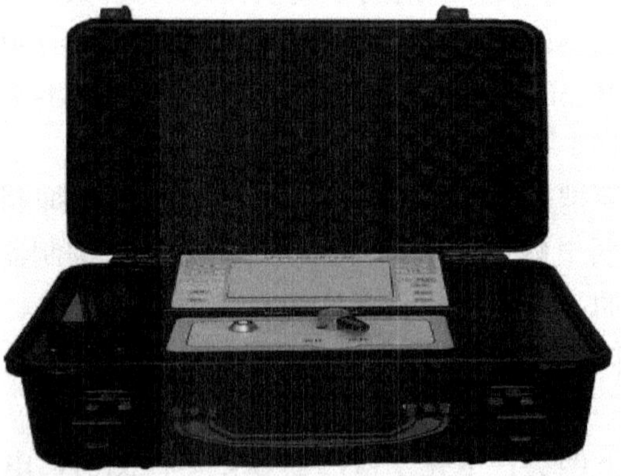

图 7.40 EP-600I 型便携式离子色谱仪

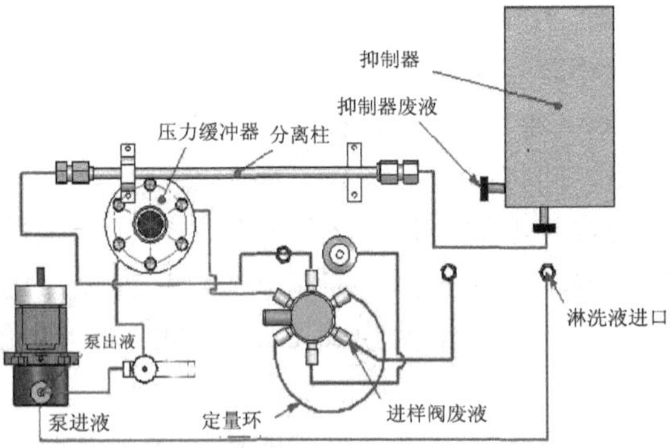

图 7.41 EP-600I 型便携式离子色谱仪连接流路

（3）样品分析

首先，开启仪器，根据项目选择合适的淋洗液及色谱分析系统，系统和淋洗液配备不当时会损坏仪器。如进行阳离子分析时，应绝对避免使用阴离子的淋洗液及阴离子分析系统；做阴离子分析时，也应绝对避免使用阳离子的淋洗液和阳离子分析系统。

其次，仪器调试，准备分析。根据分析目的，确认并设置仪器参数，如“泵流量”和“检测器量程”等，启动泵排气泡，关闭泵后观察压力，正常后，开启抑制器，确认其正常工作后调零后平衡 30 min 待分析。

再次，样品分析。依次进标准溶液、有证标准样品和经适当处理的样品进行标准曲线的绘制、校准和样品测定。另外，在离子色谱分析中，用作淋洗液和配制标准溶液的水中的离子本底应极低，要求其电阻率必须达 18.2 MΩ · cm 或以上。

最后，关机。关机时要注意关闭顺序，应先关闭抑制器再关泵。然后将泵的进液管从淋洗液中取出，放入超纯水中（此过程注意勿使气泡进入进液管），启动泵，用超纯水冲洗流路 20 min 以上后，停泵关机。

（4）注意事项

多数样品仅需简单过滤和稀释，即可直接进样测定。部分液体样品以及固体和气体样品需较复杂前处理过程，可提前参照相关方法进行。要求待进样的样品中，不含固体颗粒物，不含重金属、大分子有机物等任何可能损毁分离柱的成分，浓度适宜。

采集谱图的过程中，应该注意样品的进样顺序及冲洗进样针、进样过滤器、定量环等，防止发生交叉污染。原则上应该首先从标准系列的最低浓度开始进样并采集谱图，然后按照浓度增高的顺序依次进样并采集其他标准溶液的谱图，最后进样并采集被测样品的谱图。

进样并采集标准系列样品溶液谱图的过程中，每次进样之间应以 20 倍于定量环容积以上的被测标准溶液冲洗进样针、进样过滤器和定量环，方可采集被测标准溶液的谱图。

在分析过程中，应经常观察系统压力，电流表示数等，以监视仪器是否正常运行。另外，应注意淋洗液的剩余量，要绝对避免淋洗液抽空。还应注意废液瓶，防止废液溢出。

2. PIA-1000 型便携式离子色谱仪

该仪器（图 7.42）长 260 mm、高 300 mm、宽 42 mm，重量仅为 15 kg，便于移动。采用触摸操作盘，从设定测定条件到数据处理的操作，都以对话形式进行，电源为 AC、专用电池、汽车电池 3 种方式。其技术参数见表 7.3。

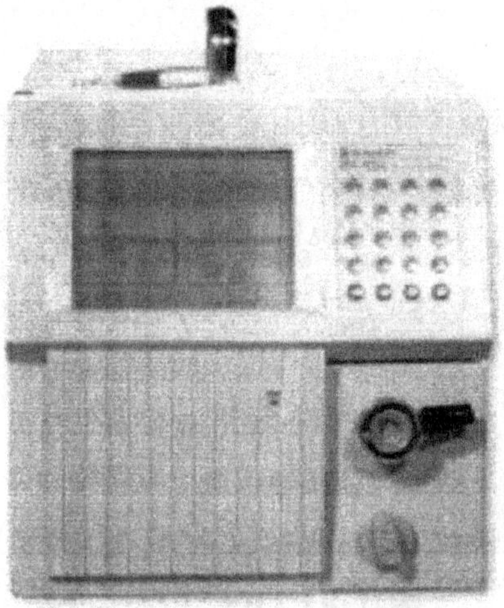

图 7.42 PIA-1000 便携式离子色谱仪

表 7.3 PIA-1000 便携式离子色谱仪技术参数

型号	PAI-1000
输液方式	串联双柱塞
流量设定范围	0.01～5 ml/min（0.01 ml step）
流量准确度	2%或 2 μL 以下
流量精度	0.3%以内
进样方式	手动进样方式
进样量	10 μL
温箱控制方式	模块加热式
设定温度范围	30～50℃（1℃ step）
控制温度	（室温+5）～50℃（1℃ step）
检测器	电导检测器
抑制方式	非抑制型
池容量	0.25 μL
量程	0.01～10 000 μS/cm
数据处理	内置式
电源	AC90-110V 最大 110VA
使用环境温度	4～35℃

进行无机阴离子分析时，采用 Shim-Pack IC-A3（S）（2 mm×15 cm）分析柱，淋洗液为 IC-MA3-1，分析 PO_4^{3-}、F^-、Cl^-、NO_2^-、Br^-、NO_3^-、SO_4^{2-}等阴离子。

进行无机阳离子分析时，采用 Shim-Pack IC-C3（S）（2 mm×10 cm）分析柱，淋洗液为 IC-MC3-1，分析 Na^+、NH_4^+、K^+、Mg^{2+}、Ca^{2+}等阳离子。

五、应用实例

目前突发环境事件应急监测中阴阳离子的分析主要以实验室台式离子色谱为主，拥有便携式离子色谱的单位还不是很多，有些监测站将某些小型的实验室台式离子色谱仪用于现场监测。下面简要介绍一下某环境监测站将体积较小的 ICS-1100 和 ICS-900 离子色谱仪在应急现场监测中的应用。

（1）高氯酸盐的分析

采用 ICS-1100 离子色谱仪，以 IonPac AS16 为分离柱，氢氧化钾为淋洗液分析水样中高氯酸盐，分析条件和谱图如图 7.43 所示。

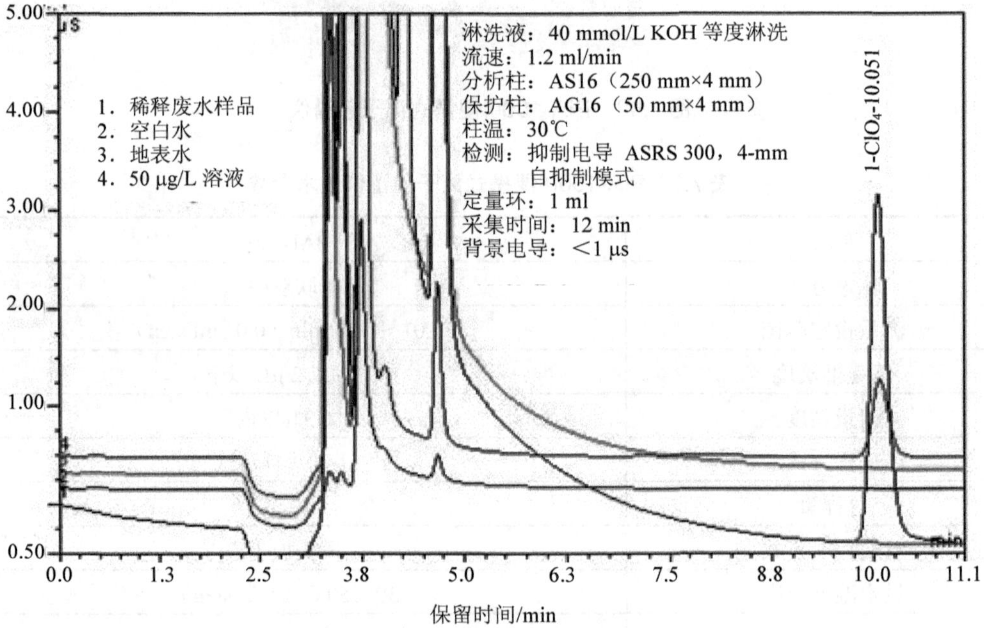

图 7.43 高氯酸盐分析谱图

（2）丙烯酸的分析

采用 ICS-1100 离子色谱仪，以 IonPac AS11-HC 为分离柱，氢氧化钾为淋洗液分析受污染水体中丙烯酸，分析条件和谱图如图 7.44 所示。

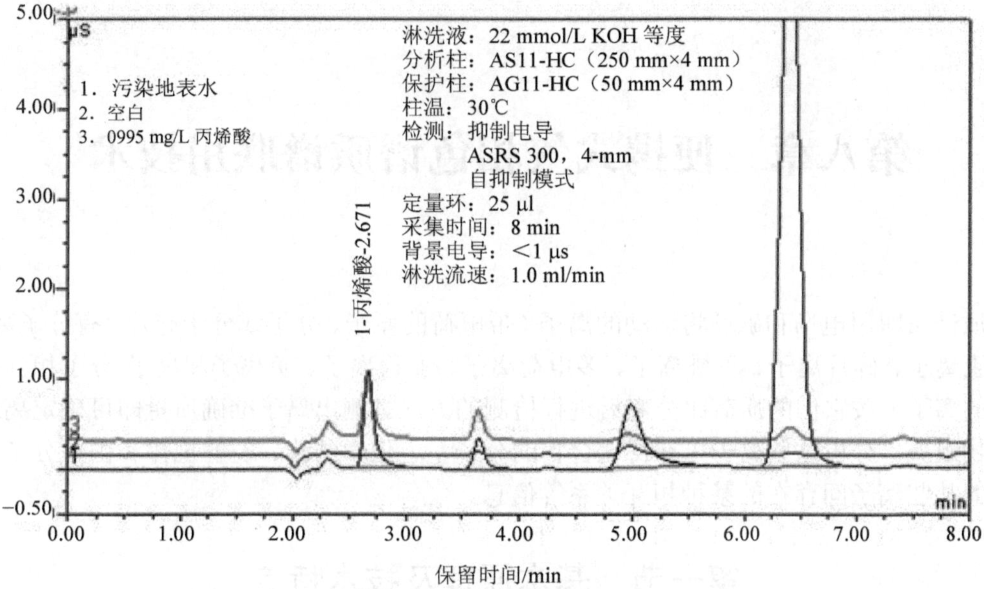

图 7.44　丙烯酸分析谱图

（3）氨的分析

采用 ICS-900 离子色谱仪（配有“只加水”技术装置的淋洗液自动发生器、连续再生离子捕获装置和自再生抑制器装置），以 IonPac AC16 为分离柱，甲烷磺酸梯度淋洗分析水中的氨，分析条件和谱图如图 7.45 所示。

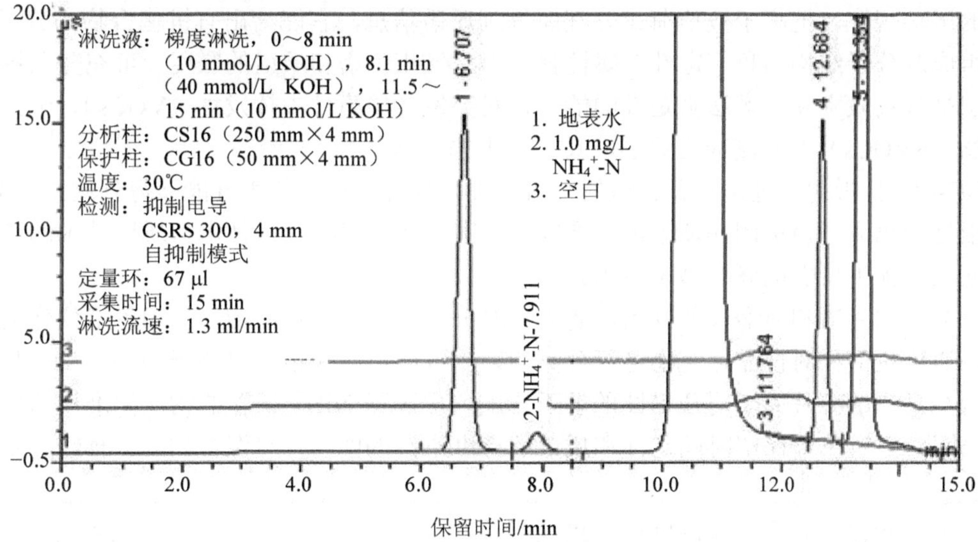

图 7.45　氨分析谱图

第八章　便携式气相色谱质谱联用技术

质谱法即用电场和磁场将运动的离子（带电荷的原子、分子或分子碎片，有分子离子、同位素离子、碎片离子、重排离子、多电荷离子、亚稳离子、负离子和离子-分子相互作用产生的离子）按它们的质荷比分离后进行检测的方法。测出离子准确质量即可确定离子的化合物组成。分析这些离子可获得化合物的分子量、化学结构、裂解规律和由单分子分解形成的某些离子间存在的某种相互关系等信息。

第一节　基本原理及技术特点

便携式气相色谱质谱联用仪（GC-MS）和台式气相色谱质谱联用仪的原理是相同的，结合了气相色谱技术和质谱技术两者的优点。气相色谱法是利用混合物的不同组分在两相中具有不同分配系数，当两相做相对运动时，不同组分在两相中进行多次反复分配实现分离，其最大特点在于高效的分离能力和高灵敏度，但其定性能力弱，特别是对难分离的混合物。而质谱法正好弥补这些不足，它是通过对被测样品离子化，利用不同离子在电场或磁场的运动规律，把离子按质荷比分开而得到质谱信息，它能给出有机化合物的分子量、元素组成及分子结构信息，定性专属性强。因此气相色谱和质谱的联用，可充分发挥气相色谱法高分离效率和质谱法强定性的能力，对突发环境事件中挥发性（VOCs）、半挥发性有机物（SVOCs）的监测能力更强，具有更大的优势。

GC-MS 分析的关键是设置合适的分析条件，使混合样品的组分能够得到满意的分离，得到很好的总离子色谱图和质谱图。该技术除同时具有气相色谱技术和质谱技术的特点之外，还具有如下特有的联合技术特点：

（1）气相色谱和质谱仪的联用，能提高对分析物质的定性能力。气相色谱仪作为进样系统，通过色谱柱对样品化合物进行分离后，一方面可减少杂质对离子源的污染，另一方面可减少杂质的碎片离子对质谱图的解析影响，提高与 NIST 谱库的物质标准质谱图的匹配率。因此通过色谱保留时间定性和质谱的标准谱图的匹配，对混合物的各种组分定性更准确。

（2）气相色谱和质谱仪的联用，提高了检测灵敏度。质谱仪作为联用仪器的检测器，有全扫描（SCAN）和选择离子监测（SIM）这两种扫描方式可选择。采用 SIM 模式时，只要设定检测所需要的目标化合物的特征离子，与 SCAN 模式相比，检测的灵敏度能提高 100 倍以上。无论 SCAN 还是 SIM 模式，通过提取离子色谱图方式方法定量，可排除基质和杂质峰的干扰，消除背景干扰，信噪比更好，定量更准确。通过提取离子色谱方式可以分离出色谱不能分开的化合物，对具有不同特征离子的化合物还可进行分离定量，另外，质谱技术对同分异构体分离有难度，但利用同分异构体具有不同的沸点，因而在色谱柱有不同的保留时间这一特点也可实现分离定量。因此，这两者的技术联用很大程度地提高检测灵敏度。

便携式 GC-MS 可在现场快速鉴别空气和水体中挥发性、半挥发性有机污染物，并可对待测组分进行准确定量，满足突发环境事件应急监测快速和准确定性、定量的要求，并已在环境应急监测工作中得到有效应用。

第二节　主要仪器设备及其应用范围

目前应用于现场应急监测的气相色谱质谱联用仪主要分为两类，一类是便携式气相色谱质谱仪，如 HAPSITE 便携式气相色谱质谱联用仪、TRIDION™气相色谱质谱联用仪、Mars-400 Plus 便携式气相色谱质谱联用仪；另一类是车载式气相色谱质谱联用仪，如 Griffin 450 车载式气相色谱质谱联用仪等。

一、HAPSITE 便携式气相色谱质谱联用仪

HAPSITE 便携式 GC-MS 有以下几个主要特点：

（1）使用氮气做载气，而非氦气或氢气。

（2）有独特的膜片隔离阀，气体穿过装在膜片隔离阀上的膜片表面进入质谱系统，当膜片隔离阀开启时，只要质谱仪保持在真空条件下，允许一定量的有机化合物气流至质谱仪，同时有效地阻止非有机气体（如载气氮气）。

（3）质谱仪真空系统，要求真空度为 6×10^{-3}Pa 以下，初始真空通过涡轮分子泵和膜片泵等仪器获得，仪器运行的后续真空由 HAPSITE 装置的非蒸发吸气剂（NEG）泵和小型溅射离子泵保持，NEG 泵对抽除活性气体很有效，但不能抽除惰性气体，小型溅射离子泵用于抽除惰性气体。

HAPSITE 便携式 GC-MS 内配有气体定量管和微阱浓缩器，还可配置顶空和吹扫-捕集系统。该仪器主要应用于污染事故现场空气和水体中 VOCs 定性和定量测定。图 8.1 为 HAPSITE ER 示意图。

图 8.1　HAPSITE ER 便携式气质联用仪

二、TRIDION 便携式气相色谱质谱联用仪

TRIDION™-9（图 8.2）便携式气质联用仪气相部分采用高分辨率的低热质毛细管柱

（MXT-5，5 m×0.1 mm，d_f=0.4 μm），质谱部分采用微型化环状离子阱分析器。内置电池供电可以维持 2.5 h 以上的工作时间。质量数范围为 43～500 u，半挥发性有机物的检测分析能力较强。

图 8.2 TRIDION™-9 便携式气质联用仪

采样工具除通用性极强的固态微萃取（SPME）采样手柄外，还可以采用动态针捕集、吹扫捕集及二级热解析等配套工具。另外，采样工具与主机的配合对于便携式设备也是一个重要的考虑因素，这样就对采样工具通用性提出较高的要求。Torion 公司采用的固相微萃取（SPME）采样手柄是一款通用性极强的采样工具，可以适用于气体、液体及固体的采样，同时由于采样工具可与主机机体独立分开工作，所以采样及分析可以分别进行，从而大幅提高采样及分析工作的效率。

三、Mars-400 Plus 便携式气相色谱质谱联用仪

Mars-400 Plus（图 8.3）有如下主要特点：

（1）现场检测速度较快

Mars-400 Plus 产品在保留了低热容气相色谱（LTM-GC）的体积小、功耗低、升/降温速度快等优势的基础上进一步采取快速色谱技术（FGC）和离子阱质谱高速扫描模式相结合的方式，使分析效率比常规色谱技术提高了 4 倍以上。另外，该产品能够在应急监测车抵达现场 20 min 内，完成所有的仪器调试进入检测状态。

（2）具有半挥发性有机物分析能力

Mars-400 Plus 通过专利的复合式进样口和零冷区全程伴热技术，可将便携式 GC-MS 的应用领域从传统的挥发性有机物（VOC）拓展至半挥发有机物（SVOC）。

（3）样品进样方式多样

Mars-400 Plus 支持多种进样方式（气体直接采样、顶空/吹扫进样、固相微萃取进样），既可以分析以气态为主的挥发性有机物，也能够检测水中和固体废弃物（如土壤）中沸点较高、成分更为复杂的半挥发性有机物，具备在线吹扫功能。内部控制单元不仅可以设定和控制吹扫气体的流量，而且能够控制 6 路样品通道的加热平衡温度和时间，设定每个样品的进样分析次数。

（4）多种通讯方式

Mars-400Plus 配备了多种通讯传输方式，包括外部接口 LAN、WiFi（选配），以及内

置 GPS 系统。

（5）仪器操作较简便

Mars-400 Plus 将传统台式仪器复杂的操作过程简化为“向导式”操控方式：用户根据向导提示选择仪器内置的常见化合物分析方法就可轻松完成整个分析过程，从而简化了现场的仪器操作复杂度，提高了工作效率。

图 8.3　Mars-400Plus 便携式气质联用仪

四、Griffin 450 车载式气相色谱质谱联用仪

Griffin 450（图 8.4）移动式气相色谱质谱联用仪是一款车载式 GC-MS，能够在污染事故现场进行分析测试。该产品有如下主要特点：

（1）进样系统有 2 个进样口，一个是针注射口，另一个是通用进样口（smart 接口）。针注射口可以分流和不分流进液体样，该进样口除直接进样外，还可连接固相微萃取装置（SPME）、自动进样器和顶空进样器；通用进样口可直接连接气体采样管，可连续监测，也可连接 Griffin X-Sorber 气体采样器。

（2）采用低热质气相色谱技术（LTM-GC），将智能型热敏元件固化在专业色谱柱外围，利用低热质材料快速吸收和释放热量的技术特点，实现色谱柱的快速加热和降温，最高柱温可达到 425℃，可程序升温，可实现半挥发性样品和高沸点有机化合物的快速分离。

（3）双灯丝结构，使其有较长的使用寿命。

（4）采用圆柱形离子阱（CIT）质量分析器，可进行 MS/MS 分析。

（5）真空度要求不高，压力为 10^{-5}～10^{-4} torr（1 torr = 133.322 Pa），仪器启动后真空系统很快即可达到所需真空度。

（6）内部悬挂减震系统，可适应野外复杂环境使用。

（7）运行耗材低，仪器内置泵为非耗材型。

图 8.4 Griffin 450 车载式气质联用仪

第三节 典型仪器设备的使用及注意事项

一、HAPSITE 便携式气相色谱质谱联用仪的使用操作

1. HAPSITE 便携式气相色谱质谱联用仪（GC-MS）介绍

HAPSITE 便携式 GC-MS 主要应用于污染事故现场空气和水体中挥发性和半挥发性有机物定性和定量测定。

（1）主要仪器

HAPSITE 便携式气相色谱仪，HP-1 色谱柱（30 m×0.32 mm×1.0 μm 或 15 m×0.25 mm × 1.0 μm）。

空气监测：Probe 气体采集探头（HAPSITE 辅件）。

水质监测：顶空进样器（HAPSITE 辅件），40 ml 顶空瓶（ϕ 29 mm 外径×81 mm，内衬聚四氟乙烯膜的硅橡胶垫）。

（2）标准物质和内标物质

内标物质：HAPSITE 内置 2 种内标物质（内标气瓶），其中 1 号内标为 1,3,5-三氟甲基苯（TRIS），2 号内标为溴五氟苯（BPFB）；

空气：参考标气 EPA TO15 标气，原标气共 64 种目标化合物，底气为高纯氮气，每种成分的浓度为 1 ppm。

水体：挥发性有机污染物的测定经常使用的内标物质有氟苯、1,2-二氯苯-d4 以及 4-溴氟苯等，根据实验需要选择内标物质。参考标准溶液是 Restek 8260B MegaMix® 标准，以及 INFICON HSS 内部标准混合物（IPN 071-478），成分为氯苯-d5、氟苯、1,4-二氯苯-d4、溴五氟苯。

（3）其他试剂和耗材

空气监测：苏码罐或气袋（TEDLAR BAG）、动态气体稀释仪。

水质监测：40 ml 顶空小瓶、微量注射器、甲醇等。

2．空气中有机物的应急监测分析

（1）样品的采集

样品采样方式：

采用 HAPSITE 便携式 GC-MS 配置的手持探头可自动采集大气样品，或由苏码罐/气袋（TEDLAR BAG）采样，再将苏码罐/气袋（TEDLAR BAG）连接至仪器。

标气由动态气体稀释仪在线配制，然后连接至仪器；或苏码罐/气袋（TEDLAR BAG）配制标气，再将苏码罐/气袋（TEDLAR BAG）连接至仪器。

样品浓缩：

用 TRI-BED 浓缩器浓缩样品，采样时间 1 min 或体积 100 ml。

（2）仪器分析条件

色谱条件：ER 最新色谱柱为 15 m×0.25 mm×1.0 μm。

60°C（保持 2.5 min）至 100℃于 10℃/min，至 180℃于 26℃/min（保持 26 s）。

30 m×0.32 mm×1.0um 色谱条件：

50℃维持 7 min，以 5℃/min 升温到 110℃，再以 15℃/min 升温到 180℃，并维持 80 s。载气为高纯氮气。

质谱条件：质谱扫描范围（41～300）u，离子源能量 70 eV。

（3）标准曲线建立

1）校准曲线的配制

用动态稀释仪或静态稀释法，配制 5 个不同浓度（1，5，10，20，50 ppb）的标准气体连接至仪器或存于苏码罐/气袋（TEDLAR BAG）中。

2）开机准备仪器

开机前的准备工作包括以下几步：

①连接采样探头 Probe；

②连接电源；

③装好内标气瓶和电池；

④装好载气瓶或打开外接高纯氮气源（压力调节至 0.5 MPa）；

⑤打开电源开关，开机预热。

调谐完成后可编辑分析方法。在用仪器自带缺省的方法，这些方法一般能够满足分析测试的需求。测试人员可在缺省的方法下，根据测试样品的实际情况和目标化合物进行适当的修改。

（4）分析标样

1）将配制好的标气或苏码罐/气袋（TEDLAR BAG）连接至 HAPSITE Probe 接口，打开开关阀。

2）选择仪器自带的缺省的方法，启动主机前面板的“RUN”按钮，GC/MS 进入分析流程。

3）待采样完毕后，关闭开关阀。

（5）编辑校准曲线

样品测试完成后应对测试的数据进行处理，首先要校准曲线的制作过程。以下按照 5

点曲线为例，显示校准曲线的制作过程。

首先，点击“Calibrate”图标，调入要制作曲线的方法，如 AAA 方法。然后在 data files 里选择一个校准曲线中间点的数据文件。例如，选择 AAA 005 文件（校准曲线的浓度最高点的测试文件）。在“Build/Edit Template”下运行这个数据文件，建立分析模板。确认空白行内无目标化合物后，可将空白行一并删除，再将非目标化合物所在行删除。确认每一个目标物的位置，并对其名称进行核实，尤其是同分异构体化合物，如对二甲苯和间二甲苯在 SPB-1 柱上不能分开，可合并处理。找出内标物“TRIS”和“BPFB”，标注其为内标。最后赋予每一个目标物的浓度。

然后，到“Calibrate Library”里，调出所有校准曲线浓度点的数据文件。在“Conc/Factor”赋予每个文件一个浓度系数。注意校准曲线的最终浓度是模板浓度和浓度系数的乘积。

确定校准数据库的浓度单位，勾选所有数据文件，运行文件。这样就能看到已经建立好的校准曲线。保存库文件及方法文件后，将方法文件修改为定性和定量方法。至此，AAA 方法已经成为一个带有校准曲线的定量方法。

（6）标准物质分离情况

64 种标准物质总离子流图如图 8.5 所示，组分名称及保留时间见表 8.1。

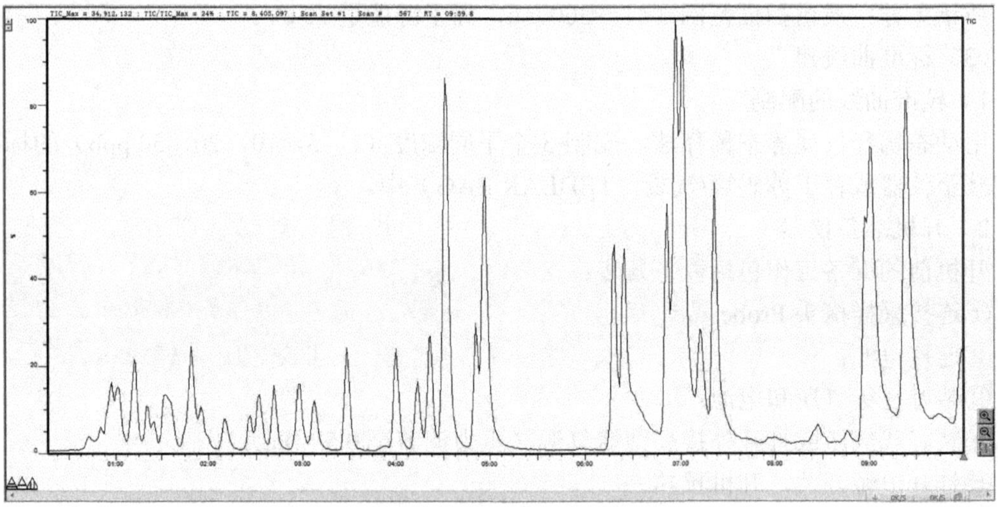

图 8.5 64 种 VOC 分离情况

表 8.1 64 种 VOC 名称及保留时间

序号	英文名称	中文名称	Q 离子	保留时间
1	Propylene	丙烯	41	0:40
2	Dichlorodifluoromethane（Freon 12）	二氟二氯甲烷	85	0:41
3	Chloromethane	一氯甲烷	50	0:41
4	1,2-Dichlorotetrafluoroethane（Freon 114）	1,1,2,2-四氟-1,2-二氯乙烷	85	0:41
5	Vinyl Chloride	氯乙烯	62	0:44
6	1,3-Butadiene	丁二烯	54	0:43
7	Bromomethane	一溴甲烷	94	0:45

序号	英文名称	中文名称	Q 离子	保留时间
8	Chloroethane	氯乙烷	64	0:47
9	Vinyl Bromide	乙烯基溴	106	0:48
10	Acetone	丙酮	43	0:49
11	2-Propanol	异丙醇	45	0:51
12	Trichlorofluoromethane（Freon 11）	一氟三氯甲烷	101	0:50
13	1,1-Dichloroethene	1,1-二氯乙烯	61	0:54
14	Methylene chloride	二氯甲烷	49	0:55
15	1,1,2-trichloro-1,2,2-trifluoroethane（Freon 113）	1,1,2-三氯-1,2,2-三氟乙烷	101	0:56
16	Carbon Disulfide	二硫化碳	76	0:57
17	*trans*-1,2-Dichloroethene	反式-1,2-二氯乙烯	61	1:00
18	1,1-Dichloroethane	亚乙基二氯	63	1:02
19	Methyl-tert-butylether（MTBE）	2-甲氧基-甲基丙烷	73	1:02
20	Vinyl acetate	乙酸乙烯酯	43	1:02
21	2-Butanone（MEK）	2-丁酮	72	1:05
22	*cis*-1,2-Dichloroethene	顺式-1,2-二氯乙烯	61	1:09
23	Ethyl acetate	乙酸乙酯	43	1:09
24	Hexane	正己烷	57	1:10
25	Chloroform	氯仿	83	1:12
26	Tetrahydrofuran	四氢呋喃	72	1:18
27	1,2-Dichloroethane	1,2-二氯乙烷	62	1:21
28	1,1,1-Trichloroethane	1,1,1-三氯乙烷	97	1:25
29	Benzene	苯	78	1:31
30	Carbon tetrachloride	四氯化碳	117	1:33
31	Cyclohexane	环已烷	56	1:36
32	1,2-Dichloropropane	1,2-二氯丙烷	63	1:44
33	Bromodichloromethane	一溴二氯甲烷	83	1:48
34	2,2,4-Trimethylpentane	2,2,4-三甲基戊烷	57	1:55
35	1,4-Dioxane	1,4-二噁烷	88	1:51
36	Trichloroethene	三氯乙烯	130	1:49
37	Heptane	正庚烷	43	1:49
38	*cis*-1,3-Dichloropropene	顺式-1,3-二氯-1-丙烯	75	2:09
39	4-Methyl-2-Pentanone（MIBK）	4-甲基-2-戊酮	43	2:11
40	*trans*-1,3-Dichloropropene	反式-1,3-二氯-1-丙烯	75	2:26
41	1,1,2-Trichloroethane	1,1,2-三氯乙烷	97	2:32
42	Toluene	甲苯	91	2:41
43	2-Hexanone（MBK）	2-已酮	43	2:53
44	Dibromochloromethane	二溴一氯甲烷	129	2:58
45	Ethylene dibromide	1,2-二溴乙烷	107	3:07
46	Tetrachloroethylene	四氯乙烯	166	3:28
47	Chlorobenzene	氯苯	112	4:00
48	Ethylbenzene	乙苯	91	4:22
49	*m*-Xylene	间二甲苯	91	4:31

序号	英文名称	中文名称	Q 离子	保留时间
50	*p*-Xylene	对二甲苯	91	4:31
51	Bromoform	三溴甲烷	173	4:31
52	Styrene	苯乙烯	104	4:50
53	*o*-Xylene	邻二甲苯	91	4:56
54	1,1,2,2-Tetrachloroethane	对称四氯乙烷	83	4:56
55	4-Ethyltoluene	4-乙基甲苯	105	6:18
56	1,3,5-Trimethylbenzene	1,3,5-三甲基苯	105	6:24
57	1,2,4-Trimethylbenzene	1,2,4-三甲基苯	105	6:51
58	Benzyl chloride	氯代甲苯	91	6:57
59	1,3-Dichlorobenzene	1,3-二氯苯	146	6:56
60	1,4-Dichlorobenzene	对二氯苯	146	7:01
61	1,2-Dichlorobenzene	邻二氯苯	146	7:21
62	1,2,4-Trichlorobenzene	1,2,4-三氯苯	180	8:57
63	Naphthalene	萘	128	9:01
64	Hexachloro-1,3-butadiene	1,1,2,3,4,4-六氯-1,3-丁二烯	225	9:28

（7）结果计算

制作完校准曲线后，用带曲线的方法对测试样品进行定量分析。用带校准曲线的方法来分析数据包括两种情况：一是用带校准曲线的方法分析未知样品；二是用带校准曲线的方法分析以前的数据文件。

如用带校准曲线的方法分析未知样品，就需要使用内含校准曲线的方法来测试样品。首先，从“Method Editor”中选择带有校准曲线的方法，在“Method Editor-Search”对话框中点击“Search”选项会出现“Search Mode”选择“定性定量”。然后使用该方法来测试样品，从“Data Review”中找到使用该方法分析样品的结果，打开分析样品的数据文件后，从工具栏中“Data Review”选项中选择“View Search Results”，就直接可以查看该样品定性和定量结果。

如所分析物没有建立过相应校准曲线，则可以利用仪器经验公式，当采样体积为 100 ml 时，用“目标化合物峰高 TIC 值/BPFB 峰高 TIC 值×10 ppb×100 ml/实际采样体积”来估算浓度。

根据建立的校准方法生成的定量离子峰面积进行计算的，计算公式如下所示。公式中，C_{is}、A_{is} 分别为内标浓度（μg/L）和其定量离子峰面积；C_x、A_x 分别为样品浓度（μg/L）和其定量离子峰面积；D 为稀释倍数；$\overline{\text{RF}}$ 为工作曲线各浓度点的平均响应因子。

画面为字幕显示。

计算公式：

$$C_x = \frac{C_{\text{is}} \times A_x \times D}{\overline{\text{RF}} \times A_{\text{is}}} \qquad (8\text{-}1)$$

（8）质量控制和质量保证

HAPSITE 每工作 8 h 或重新开机后会执行自动调谐，以保证仪器正常工作。每次样品采集前，在 HAPSITE 上运行一次空白样品（清洁空气）以提供环境的本底数据，同时提供仪器的工作信息以保证实际样品采集和分析过程中仪器内部的工作压强、载气和内部标准气体的流量稳定。

使用的内部标准气体，在样品采集分析过程中，将自动以一定的比例与分析样品混合，内标物三氟三甲基苯和溴五氟苯提供已知的保留时间和稳定的 TIC 计数，用以保证仪器在实际样品分析过程运行良好。同时，内标法定量，可以降低仪器误差，提高定量准确度。

3．水中挥发性有机物应急监测分析

（1）样品的前处理

取 20 ml 水样置于顶空瓶，并加入与标准曲线中相同体积的内标化合物，盖好瓶盖，摇匀并倒置，待分析。

（2）仪器分析条件

色谱柱：HP-1MS，15 m×0.25 mm×1.0 μm

温度设置：60℃（保持 2 min，30 s）以 10℃/min 速度上升至 100℃，以 26℃/min 的速度上升至 180℃，保持 26 s。

质谱条件：质谱扫描范围（41～300）u，离子源能量 70 eV。

（3）标准曲线建立

校准曲线的配制：

空白样品：

准确移取 20.00 ml 试剂水放入 40 ml 顶空瓶中，再加入内标使用液 1.00 ml，加盖密封，轻轻摇匀，备用。

校准曲线浓度：

用微量针分别取 1 μl，2 μl，3 μl，4 μl，5 μl 的 100 ppm 标准物质，至不同的装有 20 ml 水的 40 ml 顶空瓶中，配制 20 ml 浓度分别为 5 μg/L、10 μg/L、15 μg/L、20 μg/L、25 μg/L。

内标物质：每瓶中加入 1 μl 内标化合物，INFICON HSS 内部标准混合物（IPN 071-478）。

（4）开机准备仪器

开机前的准备工作包括以下几步：

1）连接电源，确保主机、顶空装置电源线接入；

2）连接好主机和顶空装置之间的传输线；

3）装好载气瓶或打开外接高纯氮气源（压力调节至 0.5 MPa）；

4）装好内标气瓶和电池；

5）打开主机、顶空装置电源开关；

6）检查顶空装置内吹扫针已插入净吹（空的）顶空小瓶中。

调谐完成后可编辑分析方法。在用仪器自带缺省的方法，这些方法一般能够满足分析测试的需求。测试人员可在缺省的方法下，根据测试样品的实际情况和目标化合物进行适当的修改。

（5）分析标样

在各项温度模块达到预设值后，我们可将测试样品放入顶空装置预热。具体操作为：将已装样的分析小瓶放上导针黑盖，然后放入顶空进样系统的加热孔中，进行样品预热。

便携 GC/MS 的顶空装置需人工控制，预热时间控制是否精密，直接影响校准曲线的线性关系和测定结果的准确度。因此，建议最好用定时器控制，以保证所有样品预热时间尽量保持一致。预热时间的长短视测定目标化合物而定，但加热时间过长，有可能导致曲线线性关系不佳。在对挥发性有机物分析时，一般情况下在相关条件实验的基础之上选择 15 min 的加热时间。

另外，选择好加热时间的起点，可节省实验时间。加热时间起点的选择可根据分析方法时间的长短和样品预热时间进行计算，选择最优的加热起始点。

测试样品的预热平衡时间达到设定值后，快速掀开顶空进样系统加热器上盖，拉住吹扫针旋转柄提升到顶，将吹扫针旋转对准待测样品分析小瓶，小心将吹扫针导引下插进入分析小瓶中，下插到底。

启动主机前面板的“RUN”按钮，GC/MS 进入分析流程。

分析流程结束后，主机屏幕提示将吹扫针转移插入吹净顶空小瓶中，掀开顶空进样系统加热器上盖，将吹扫针从样品分析小瓶转移到吹净顶空小瓶中，启动“SEL”按钮，进入自吹净流程。

自吹净流程结束后，主机提示按“RUN”按钮，开始下一次分析流程。

（6）编辑校准曲线

样品测试完成后应对测试的数据进行处理，这包括以下几个步骤。首先是校准曲线的制作过程。以下按照 5 点曲线为例，显示校准曲线的制作过程。

首先，点击“Calibrate”图标，调入我们要制作曲线的方法，如 AAA 方法。然后在“data files”里选择一个校准曲线中间点的数据文件。例如，选择 AAA 005 文件，这是我们校准曲线的浓度最高点的测试文件。在“Build/Edit Template”下运行这个数据文件。这步操作的目的就是建立分析模板。确认空白行内无目标化合物后，可将空白行一并删除，再将非目标化合物所在行删除。但这里须注意的是，溴仿由于检测灵敏度较低，需根据其特征离子仔细辨认。确认每一个目标物的位置，并对其名称进行核实，尤其是同分异构体化合物。如对二甲苯和间二甲苯在 SPB-1 柱上不能分开，可合并处理。找出内标物 4-溴氟苯，标注其为内标。最后赋予每一个目标物的浓度。

然后，到“Calibrate Library”里，调出所有校准曲线浓度点的数据文件。在“Conc/Factor”赋予每个文件一个浓度系数。注意校准曲线的最终浓度是模板浓度和浓度系数的乘积。

确定校准数据库的浓度单位，勾选所有数据文件，运行文件。这样就能看到已经建立好的校准曲线。保存库文件及方法文件后，将方法文件修改为定性和定量方法。至此，我们的 AAA 方法已经成为一个带有校准曲线的定量方法。

（7）标准物质分离情况

标准物质总离子流图如图 8.6 所示，组分名称及保留时间见表 8.2。

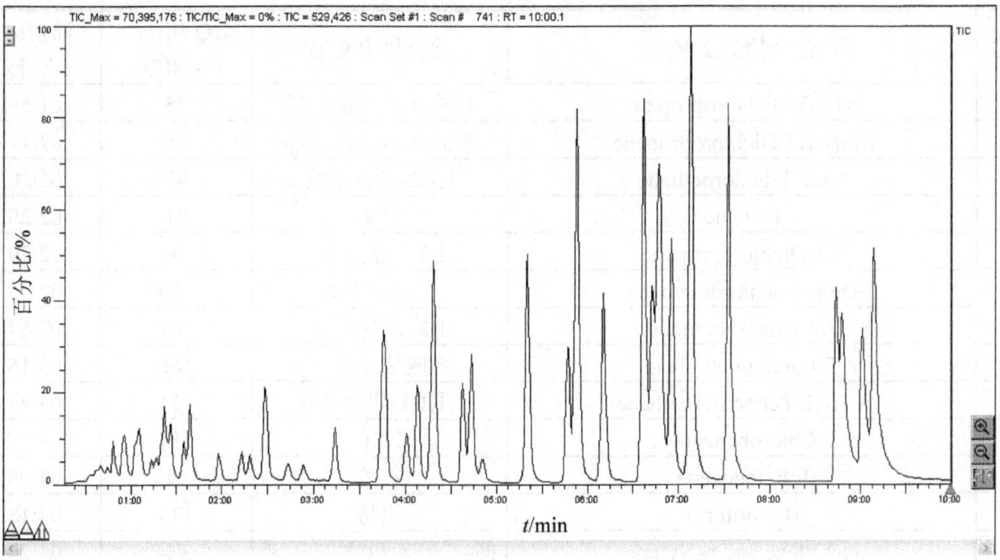

图 8.6　水中 58 种 VOC 分离情况

表 8.2　58 种标准物质分离效果

编号	化合物英文名	化合物中文名	Q 离子（AMU）	滞留时间（分:秒）
1	Vinyl Chloride	氯化乙烯	62	00:38.3
2	Bromomethane	溴甲烷	94	00:40.9
3	Chloroethane	氯乙烷	64	00:41.3
4	Trichloromonofluoromethane	三氯氟甲烷	101	00:45.5
5	1,1-Dichloroethene	1,1-二氯乙烯	61	00:49.1
6	Methylene Chloride	二氯甲烷	84	00:49.6
7	*trans*-1,2-Dichloroethene	反式-1,2-二氯乙烯	96	00:55.7
8	1,1-Dichloroethane	1,1-二氯乙烷	63	00:57.3
9	MTBE	甲基叔丁基醚	73	00:57.8
10	*cis*-1,2-Dichloroethene	顺式-1,2-二氯乙烯	96	01:03.9
11	Bromochloromethane	溴氯甲烷	130	01:05.6
12	Trichloromethane（Chloroform）	三氯甲烷（氯仿）	85	01:06.6
13	2,2-Dichloropropane	2,2-二氯丙烷	77	01:07.4
14	1,2-Dichloroethane	1,2-二氯乙烷	62	01:14.5
15	1,1,1-Trichloroethane	1,1,1-三氯乙烷	97	01:18.0
16	1,1-Dichloropropene	1,1-二氯丙烯	75	01:23.7
17	Benzene	苯	78	01:23.9
18	Carbon Tetrachloride	四氯化碳	117	01:26.2
19	Dibromomethane	二溴甲烷	93	01:36.1
20	1,2-Dichloropropane	1,2-二氯丙烷	63	01:36.8
21	Bromodichloromethane	溴二氯甲烷	83	01:40.0
22	Trichloroethylene	三氯乙烯	95	01:40.7

编号	化合物英文名	化合物中文名	Q 离子（AMU）	滞留时间（分:秒）
23	*cis*-1,3-Dichloropropene	顺式-1,3-二氯丙烯	75	01:59.8
24	*trans*-1,3-Dichloropropene	反式-1,3-二氯丙烯	75	02:14.6
25	1,1,2-Trichloroethane	1,1,2-三氯乙烷	97	02:20.2
26	Toluene	甲苯	91	02:29.8
27	1,3-Dichloropropane	1,3-二氯丙烷	76	02:30.9
28	Dibromochloromethane	二溴氯甲烷	129	02:45.0
29	1,2-Dibromoethane	1,2-二溴乙烷	107	02:54.7
30	Tetrachloroethylene	四氯乙烯	166	03:15.2
31	1,1,1,2-Tetrachloroethane	1,1,1,2-四氯乙烷	131	03:47.5
32	Chlorobenzene	氯苯	112	03:47.8
33	Ethylbenzene	乙苯	91	04:09.4
34	Bromoform	溴仿	173	04:18.7
35	*m*-Xylene and *p*-Xylene	间-二甲苯和对-二甲苯	91	04:20.2
36	Styrene	苯乙烯	104	04:39.3
37	1,1,2,2-Tetrachloroethane	1,1,2,2-四氯乙烷	83	04:45.0
38	*o*-Xylene	邻-二甲苯	91	04:45.0
39	1,2,3-Trichloropropane	1,2,3-三氯丙烷	75	04:52.4
40	Bromobenzene	溴苯	77	05:21.7
41	Isopropylbenzene	异丙基苯	105	05:21.7
42	2-Chlorotoluene	2-氯甲苯	91	05:48.7
43	4-Chlorotoluene	4-氯甲苯	126	05:54.6
44	*n*-Propylbenzene	正-丙基苯	120	05:54.8
45	1,3,5-Trimethylbenzene	1,3,5-三甲基苯	105	06:12.1
46	*tert*-Butyl benzene	特-丁基苯	119	06:39.1
47	1,2,4-Trimethylbenzene	1,2,4-三甲基苯	120	06:39.4
48	1,3-Dichlorobenzene	1,3-二氯苯	146	06:43.5
49	1,4-Dichlorobenzene	1,4-二氯苯	146	06:49.4
50	*sec*-Butylbenzene	仲-丁基苯	105	06:55.9
51	*p*-Isopropyltoluene	对-异丙基苯	119	07:07.7
52	1,2-Dichlorobenzene	1,2-二氯苯	146	07:10.1
53	*n*-Butylbenzene	正-丁基苯	91	07:32.8
54	1,2-Dibromo-3-chloropropane	1,2-二溴-3-氯丙烷	157	07:36.7
55	1,2,4-Trimethylbenzene	1,2,4-三甲基苯	180	08:45.0
56	Naphthalene	萘	128	08:48.6
57	1,2,3-Trimethylbenzene	1,2,3-三甲基苯	180	09:02.0
58	Hexachlorobutadiene	六氯丁二烯	225	09:10.2

（8）结果计算

采用式（8-1）制作完校准曲线后，可以用带曲线的方法对测试样品进行定量分析。用带校准曲线的方法来分析数据包括两种情况：一是用带校准曲线的方法分析未知样品；二是用带校准曲线的方法分析以前的数据文件。

如用带校准曲线的方法分析未知样品，就需要使用内含校准曲线的方法来测试样品。首先，从 Method Editor 中选择带有校准曲线的方法，在 Method Editor-Search 对话框中点击 Search 选项会出现 Search Mode 选择定性定量。然后使用该方法来测试样品，从 Data Review 中找到使用该方法分析样品的结果，打开分析样品的数据文件后，从工具栏中 Data Review 选项中选择 View Search Results，就直接可以查看该样品定性和定量结果。

如所分析物没有建立过相应校准曲线，则可以利用仪器经验公式，峰高 TIC 值为 100 万时 1 ppb 来估算浓度。

这里需要了解一下定量结果的计算过程。根据建立的校准方法生成的定量离子峰面积进行计算的，计算公式如屏幕所示。

4．水中半挥发性有机物应急监测分析

（1）方法概述

固相微萃取（SPME）采样系统是高灵敏度（ppb）采样设备与 HAPSITE® ER 便携式 GC/MS 配合用于现场测试挥发性有机化合物（VOCs）和半挥发性有机化合物（SVOCs）。当与 ER 联合使用时，SPME 采样系统执行快速的定性分析。SPME 采样成套件包含三种纤维，用于纤维手柄和连接至 ER 通用接口的 SPME 采样系统。每种 SPME 纤维涂覆特定的聚合物，对不同性质化合物物理吸附性不一样，能使目标化合物的富集最佳化，纤维可按新的应用要求互换。纤维固定在轻的手柄上，在样品收集过程中从有保护的针状壳体中暴露出来。采样后，将纤维插入和暴露于 SPME 采样系统，在 SPME 热解析室中，将从纤维中解析的分析物送至 HAPSITE 进行分析。

（2）主要仪器及试剂

1）仪器：HAPSITE 便携式气质联用仪，SPME 固相微萃取装置。

2）其他试剂和耗材：40 ml 顶空小瓶、5 μl 微量注射器、甲醇。

（3）样品前处理

20 ml 水样添加至 40 ml 顶空样瓶中。然后将样瓶盖好，将小瓶里的水密封好。选择合适的纤维头，连接至 SPME 纤维手柄上。采样前，先在 SPME 采样系统中将该纤维头用该类型的缺省处理方法进行 Condition 老化处理。然后将纤维手柄的针头插入并穿过样瓶的 PTFE 薄膜，纤维头暴露和浸在水样品中 10 min。待富集完，接着将 SPME 纤维收回，离开样瓶，采样结果，待分析。

（4）仪器分析条件

柱：HP-1MS，15 m×0.25 mm（内径）×1.0 μm。

柱温程序：60 ℃保持 2.0 min，以 16℃/min 升至 120℃，再以 24℃/min 升至 200℃，保持 5 min 55 s。

质谱条件：质谱扫描范围（41～300）u，离子源能量 70 eV。

（5）标准曲线建立

由于 SPME 准确定量受到较多因素的影响，水温、水中盐浓度、搅拌速率、提取时间、纤维头使用次数等都对定量结果有较大影响，因此，由于现场实验设备和条件有限，时间也紧迫，做到准确定量十分困难，所以这里暂只介绍定性分析过程。如需要准确定量分析，建立校准曲线过程基本同顶空方法。

（6）开机准备仪器

开机前的准备工作包括以下几步：

1）连接好主机电源；

2）连接好主机和 SPME 采样系统；

3）装好载气瓶或打开外接高纯氮气源（压力调节至 0.5 MPa）；

4）装好内标气瓶和电池；

5）打开主机电源开关。

调谐完成后可编辑分析方法。在用仪器自带缺省的方法，这些方法一般能够满足分析测试的需求。测试人员可在缺省的方法下，根据测试样品的实际情况和目标化合物进行适当的修改。

（7）分析样品

在仪器面板上运行 SPME 分析方法，当仪器提示插入纤维头时，将采完样的纤维手柄插入 SPME 采样系统的热脱附衬管，并推出纤维头，再按面板上的确定键。纤维头在热脱附衬管里脱附进样，当进样完成后，面板提示拔出纤维头，此时先收回纤维头，再拔出采样手柄，同时按面板确认键，完成热脱附进样。

SPME 纤维头经热脱附后，有两种分析方法，一种是直接进质谱检测器定性分析。还有一种方法是样品先进入色谱柱，之后进行分离再进质谱检测器定性分析。

（8）编辑校准曲线

同顶空分析方法（第八章第三节中第 3 部分）。

（9）标准物质分析情况

标准物质总离子流图如图 8.7 所示，组分名称及保留时间见表 8.3。

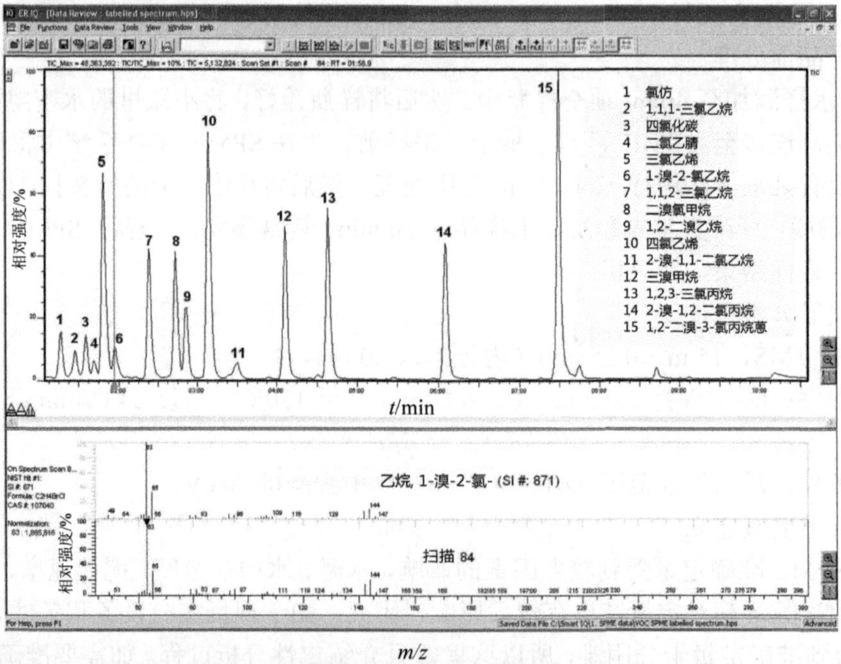

图 8.7 氯化溶剂和消毒副产品的总离子色谱图（TIC）

色谱柱：Rtx-1MS（15 m×25 mm×1.0 μm）

柱温程序：60℃保持 1.0 min，以 6℃/min 升至 80℃，以 12℃/min 上升至 120℃，再以 20℃/min 上升至 180℃。

表 8-3 研究中的氯化溶剂和消毒副产品

序号	分析物名称	CAS 数	滞留时间	序号	分析物名称	CAS 数	滞留时间
1	氯仿	67-66-3	01:16.6	9	1,2-二溴乙烷	106-93-4	02:51.7
2	1,1,1-三氯乙烷	71-55-6	01:26.9	10	四氯乙烯	127-18-4	03:08.3
3	四氯化碳	56-23-5	01:35.2	11	2-溴-1,1-二氯乙烷	918-00-3	03:28.9
4	二氯乙腈	3018-12-0	01:41.1	12	溴仿	75-25-2	04:06.1
5	三氯乙烯	79-01-6	01:48.6	13	1,2,3-三氯丙烷	96-18-4	04:38.1
6	1-溴-2-氯乙烷	107-04-0	01:56.9	14	2-溴-1,2-二氯丙烷	17759-88-5	06:04.7
7	1,1,2-三氯乙烷	79-00-5	02:22.7	15	1,2-二溴-3-氯丙烷	96-12-8	07:29.4
8	二溴氯甲烷	124-48-1	02:43.3				

（10）结果计算

同顶空分析方法（第八章第三节中第三部分）。

二、TRIDION 便携式气相色谱质谱联用仪的使用操作

1．仪器、标样、试剂及附件

TRIDION™-9 便携式 GC-MS，采用 CALION™标准混合样品进行主机的调试及校准。

气体标样：符合 EPA TO15 的标准气体混合物；标样也可以通过 tedlar™气袋配置。

液体（土壤）标样：采用符合 EPA 8260 标准的内标样。

试剂及附件：Tedlar™ 气体采集袋，气密针筒用于准备标样，10 μl 移液器，甲醇，40 ml 试剂瓶。

2．样品采集

通过固相微萃取（SPME）对环境样品进行快速采样及样品检测。

TRIDION™-9 便携式 GC-MS 采用高速高分辨率气相色谱柱，在 3 min 内即可实现对大部分常见化合物的分离，其分离效果相当于甚至优于常规 GC-MS 仪器 15～30 m 气相色谱柱的分离能力。在环境应急监测实际工作中，污染物的种类及污染范围通常都无法事先获知，所以如果在不同的样品采集点同时部署 SPME 采样手柄进行采样就可以极大地提高采集到有效样品的几率并帮助分析人员快速地界定出污染的范围。固相微萃取（SPME）采样手柄的采样方式十分简单，对于挥发性有机物可以直接采用顶空吸附的方式，而对于半挥发性有机物就可以采用液体直接浸没的方式。主机系统具备 2 级谱库，最基本的谱库包括大约 100 种最常见的美国国家环境保护局（EPA）环境污染物，通过保留时间及质谱图双重定性，保证最快速的样品匹配速度。同时机载有 1 000 种常见 EPA 环境污染物谱库，可以进行 2 级的化合物定性。

SPME 采样时间计算：

采样时间计算（气体样品采用顶空，液体样品采用直接浸没的方式）。

浓度范围：大于 100 ppm = 1～2 s

10～100 ppm = 10～30 s

1～10 ppm = 30 s～1 min

100 ppb to 1 ppm = 5～10 min

10～100 ppb = 10～20 min

1～1 ppb = 30～60 min

3．样品分析

（1）设备升温控制程序

色谱柱（MXT-5，5 m×0.1 mm，d_f=0.4 μm）默认温度控制：初始温度设置为 50℃并保持 10 s，然后以每秒 2℃的升温速率升至 270℃完成一个完整的升温过程，总共 1 分 30 s 的时间。

（2）开机

在环境应急监测现场一般采用内置电池及内置载气来完成现场样品的监测分析。开机过程十分简单，只需要按住开机键，然后选择目标化合物方法，如果有必要可以运行系统空白以确保设备内没有其他的残留物质干扰，整个过程一般不到 12 min 的时间就可以进行样品检测分析了。在开机的同时可以使用独立的固相微萃取（SPME）采样手柄同步完成样品的采集工作。

（3）质量控制与保证

为了保证设备工作的准确性，尤其是在放置一段时间未用后，推荐先运行设备校准。TRIDION™-9 的校准过程完全自动化，设备会校准保留时间、峰型、灵敏度、化合物代码、基线、质量校对、质谱图质量、分辨率及背景噪声等指标。为了保持分析的准确性及稳定度，建议连续运行 4～8 h 后重新进行系统校准。每次校准的时间为 6 min 左右。

（4）样品分析时间

使用固相微萃取（SPME）采样手柄采集样品后，通过进样口直接进样。一般的化合物只需要 3 min 左右的分析周期，加上降温时间，6 min 左右就可以分析下一个样品。

三、Mars-400 Plus 便携式气相色谱质谱联用仪的使用操作

1．空气中有机物的应急监测分析

对于 VOCs 的采样，便携式气质联用仪通常采用固体吸附剂的主动采样法，利用采样泵使一定体积的空气样品通过固体吸附剂，将空气中的 VOCs 吸附在固体吸附剂上，从而起到富集的作用。经过浓缩的 VOCs 样品组分通过热脱附被解吸后，进入色谱分离模块完成样品的分离。分离后的样品依次进入质谱系统进行质谱分析，通过样品所得到的质谱谱图与标准质谱图进行对比和分析，得到样品化合物的定性结果。并且通过标准曲线法得到标准物质的定量结果和非标准物质的半定量参考结果。

（1）主要仪器及试剂

1）仪器

Mars-400 Plus 便携式气相色谱质谱联用仪，DB-5MS 快速气相色谱柱（5 m×

0.1 mm ×0.4 μm）；

手持气体采样探头（Mars-400 Plus 附件）；

动态气体稀释仪。

2）试剂和耗材

苏码罐或气袋（Tedlar bag）；

全氟三丁胺（PFTBA）（封装于仪器标气进样装置中）；

EPA TO-14A 标准气体，含 39 种挥发性有机物，底气为高纯氮气，每种成分浓度为 1 ppm；

氦气，纯度＞99.999 %，用作载气；

氮气，纯度＞99.999 %，稀释气体，用于配制不同浓度的标准气体。

（2）样品的采集

标准气体采集：通过气体动态稀释仪在线配制不同浓度的标准气体，然后直接连接至仪器。第二种方法是将手持采样探头连接到仪器上，通过苏码罐或气袋配制标气，再将苏码罐或气袋连接至仪器。

未知气体采集：将手持采样探头连接到仪器上，通过手持探头直接对向目标气体，直接采样分析。或者采用苏码罐或气袋采集目标气体，再连接至仪器进行分析。

样品浓缩：采用复合填料吸附管，采样流速约为 150 ml/min。

（3）样品的分析

1）仪器分析条件

表 8.4　色谱质谱条件

升温程序	45℃（4 min）以 30℃/min 升至 70℃，60℃ /min 升至 220℃（1 min）
柱流量	0.2 ml/min（恒流）
分流比	200∶1
进样口温度	150℃
十通阀温度	50℃
气质接口温度	150℃
传输线温度	150℃
吸附管类型	复合填料
解析温度	300℃
预解析时间	0.1 min
解析时间	0.5 min
正向吹扫时间	4 min
离子阱温度	50℃
离子源	70 eV EI 源
扫描范围	41～300 u（full scan）

2）标准曲线的建立

① 标准曲线气体的配制

使用动态稀释仪或者静态稀释法，配制 5 个不同浓度的标准气体（1、5、10、20 和 50 ppb），连接至仪器，或者存于苏码罐或气袋中。

② 仪器开机与预热

开机预热可以分为以下几个步骤：

a. 仪器连接气源与电源，可以使用实验室电源和实验室管路气体（出口压力在 0.4～0.5 MPa），也可以使用仪器附件箱的电池和小气瓶；

b. 打开仪器电源开关，仪器自控开启工作站；

c. 仪器开机自检，并自动运行开机空白；

d. 选择合适方法，仪器内置缺省空气分析方法，可选择“气体样品-ppb 量级”分析方法，并激活方法。

仪器的调谐应在仪器稳定工作后进行，如果分析过程中发现质谱轴偏移，可以进入“仪器维护”，运行仪器自动调谐。仪器内部存有气体样品分析方法，可以满足分析测试的需求。如果测试人员在缺省的方法下，可以根据测试样品的试剂情况和目标化合物适当调节方法参数。

3）标准样品分析

标准样品分析的步骤可以分为以下几步：

①选择“气体样品-ppb 量级”分析方法，并激活方法；

②将动态稀释仪连接至仪器上。或者通过配制好标准气体的苏码罐或气袋连接至手持探头上，打开苏码罐或气袋的阀门；

③点击“运行方法”仪器自动进行吸附热解吸采样、预解吸、解吸和气质联用分析；

④待采样完毕后，移走标气管路或者关闭苏玛罐或气袋的阀门；

⑤实验按照浓度从低到高的顺序依次通入仪器进行分析；

⑥样品分析完毕后，记录实验数据和对应的标准气体浓度。

4）标准曲线的制作与编辑

样品分析完成后，接下来就是对标准样品数据进行分析处理，建立标准曲线。以 5 点浓度曲线为例，说明标准曲线的制作过程。

将笔记本与仪器相连接，打开笔记本软件，将标准物质的分析数据复制到笔记本上。5 个浓度，每个浓度 3 组数据，一共 15 组数据。

点击笔记本软件的“数据分析”，进入数据分析界面，点击“新建方法”。以此参考数据文件（如：50 ppb 的标准气体数据）作为模板建立化合物列表，并设置定量分析参数。

设置寻峰参数后，点击“下一步”，显示“新建化合物列表”框，点击“NIST 搜索”对已积分的化合物进行谱库检索。点击“选择”列中的“勾选”项，可删除杂质峰。

根据建立化合物列表时设置的级别数（5 级），将“数据路径窗口”中的数据拖到“浓度级别窗口”相应的浓度目录下，统一将浓度下的 3 组数据拖至同一目录下，完成建立定量曲线所需数据的导入（图 8.8）。

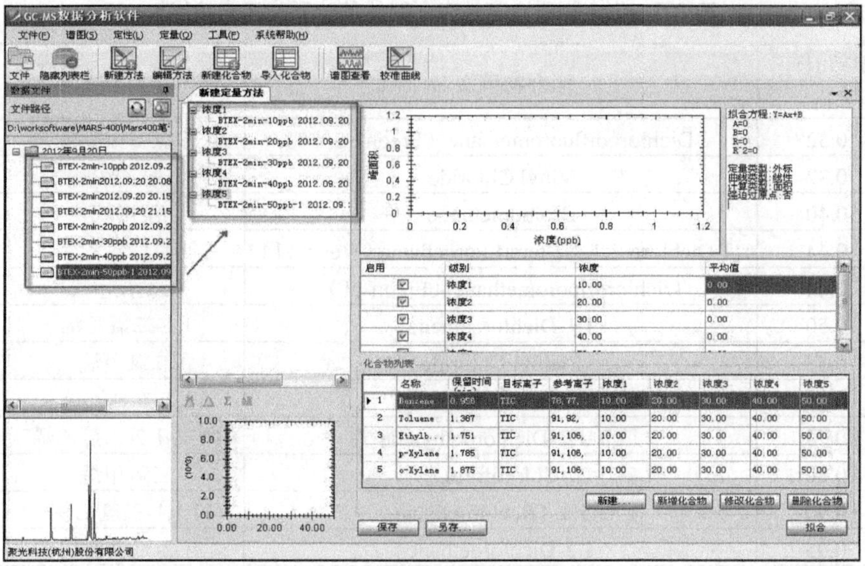

图 8.8　标准曲线编辑界面

设置初始的“定量积分参数”，选择“自动积分”，完成对不同浓度样品色谱峰的积分。点击“拟合”，完成对标准曲线的制作。

将标准曲线文件通过网线传至仪器内部。打开气体样品-ppb 量级方法，选择“TIC 定量”，将标准曲线文件路径导入方法中，点击“确定”。此时，分析方法就从定性方法转变为定性定量方法。

5）标准物质分离情况

图 8.9 是 EPA TO-14A 标准气体的总离子流图，表 8.5 为 EPA TO-14A 的标准物质和色谱保留时间。

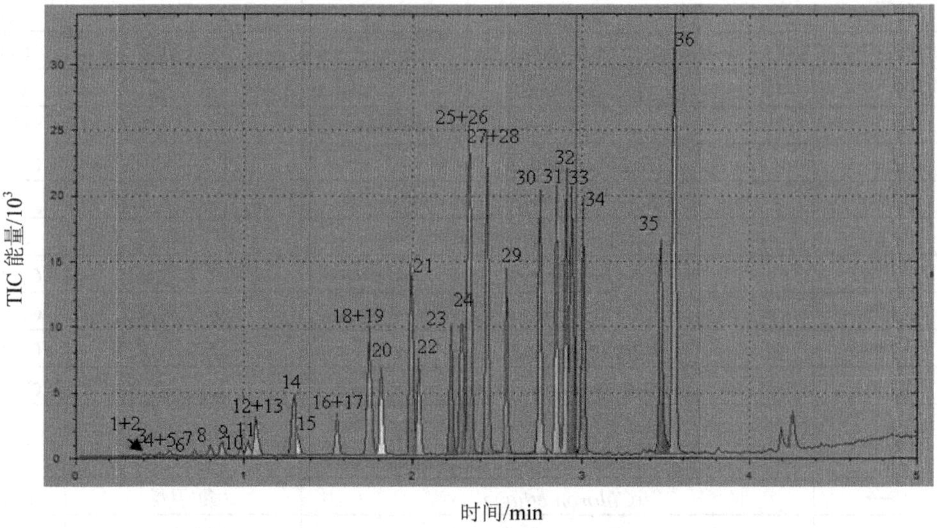

图 8.9　EPA TO-14A 标准气体总离子流图和分离情况

表 8.5 化合物质谱定性表（斜体的物质表示未检出）

序号	保留时间（min）	化合物英文名	化合物中文名	分子式
1	0.32	Dichlorodifluoromethane（Freon-12）	二氯二氟甲烷	$C_2Cl_2F_2$
2	0.32	Vinyl Chloride	氯乙烯	C_2H_3Cl
3	0.40	Bromomethane	溴甲烷	CH_3Br
4	0.44	1,2-Dichloro-1,1,2,2-tetrafluoroethane（Freon-114）	四氟二氯乙烷	$C_2Cl_2F_4$
5	0.44	Trichlorofluoromethane（Freon 11）	三氯氟甲烷	CCl_3F
6	0.50	1,1-Dichloroethene	1,1-二氯乙烯	$C_2H_2Cl_2$
7	0.53	Methyl Chloride	二氯甲烷	CH_2Cl_2
8	0.64	1,1-Dichloroethane	1,1-二氯乙烷	$C_2H_4Cl_2$
9	0.73	*cis*-1,2-Dichloroethylene	顺式-1,2-二氯乙烯	$C_2H_2Cl_2$
10	0.80	Chloroform	三氯甲烷	$CHCl_3$
11	0.90	1,1,1-Trichloroethane	1,1,1-三氯乙烷	$C_2H_3Cl_3$
12	0.95	1,2-Dichloroethane	1,2-二氯乙烷	$C_2H_4Cl_2$
13	0.99	Benzene	苯	C_6H_6
14	0.99	Carbon tetrachloride	四氯化碳	CCl_4
15	1.20	Trichloroethylene	三氯乙烯	C_2HCl_3
16	1.20	1,2-Dichloropropane	1,2-二氯丙烷	$C_3H_6Cl_2$
17	1.44	*cis*-1,3-Dichloropropene	顺式-1,3-二氯丙烯	$C_3H_4Cl_2$
18	1.63	Toluene	甲苯	C_7H_8
19	1.63	*trans*-1,3-Dichloropropene	反式-1,3 二氯丙烯	$C_3H_4Cl_2$
20	1.69	1,1,2-Trichloroethane	1,1,2-三氯乙烷	$C_2H_3Cl_3$
21	1.86	Tetrachloroethylene	四氯乙烯	C_2Cl_4
22	1.91	1,2-Dibromoethane	1,2-二溴乙烷	$C_2H_4Br_2$
23	2.09	Chlorobenzene	氯苯	C_6H_5Cl
24	2.15	Ethylbenzene	乙苯	C_8H_{10}
25	2.19	*m*-Xylene	间二甲苯	C_8H_{10}
26	2.19	*p*-Xylene	对二甲苯	C_8H_{10}
27	2.29	Styrene	苯乙烯	C_8H_8
28	2.29	*o*-Xylene	邻二甲苯	C_8H_{10}
29	2.41	1,1,2,2-Tetrachloroethane	1,1,2,2-四氯乙烷	$C_2H_2Cl_4$
30	2.60	1,3,5-Trimethylbenzene	1,3,5-三甲基苯	C_9H_{12}
31	2.69	1,2,4-Trimethylbenzene	1,2,4-三甲基苯	C_9H_{12}
32	2.76	1,3-Dichlorobenzene	1,3-二氯苯	$C_6H_4Cl_2$
33	2.78	1,4-Dichlorobenzene	1,4-二氯苯	$C_6H_4Cl_2$
34	2.85	1,2-Dichlorobenzene	1,2-二氯苯	$C_6H_4Cl_2$
35	3.31	1,2,4-Trichlorobenzene	1,2,4-三氯苯	$C_6H_3Cl_3$
36	3.39	Hexachlorobutadiene 1,1,2,3,4,4-Hexachloro-1,3-butadiene）	六氯丁二烯	C_4Cl_6
37	—	*Chloromethane*	氯甲烷	CH_3Cl
38	—	*Chloroethane*	氯乙烷	C_2H_5Cl
39	—	*Trichlorofluoromethane（Freon 11）*	三氯三氟乙烷	$C_2F_3Cl_3$

（4）结果计算

标准曲线制作完毕后，可以使用标准曲线对测试样品进行定量分析。用标准曲线对数据进行分析包括两种情况：一是该目标化合物已经建立校准曲线，可以直接通过该校准曲线分析物质，从而得到准确的定量结果；二是该分析物没有建立过标准曲线或者该分析物为未知样品，此时可以通过标准质谱图与该物质进行匹配，得到该物质的定性结果，然后，通过校准曲线得到该物质的半定量结果。无论是哪种情况，都必须用带有标准曲线的方法来分析该样品，来获得分析的数据。

第一种情况，化合物本身具有标准曲线，通过带有标准曲线的方法分析目标化合物。可以通过仪器工作站软件打开数据，选择“色谱菜单”，编辑合适的积分参数，选择“色谱峰识别”，完成谱图积分。接着打开“加载定量曲线”，加载合适的标准曲线，选择总离子（TIC）定量曲线或特征离子（MC）定量曲线。最后选择“定性定量计算”。在分析结果栏中得到该物质的定性定量结果。除了通过仪器工作站处理数据外，也可以通过笔记本软件对数据进行分析处理，打开笔记本软件，打开数据，在软件下方的定量方法中，选择合适的定量曲线（可以选择 TIC 曲线或者 MC 曲线）。然后选择“浓度计算”，同样可以得到该数据的定性定量结果。

第二种情况，化合物本身没有标准曲线。通过该分析方法对未知化合物进行分析，得到分析数据。和第一种情况的操作一样，打开数据，选择合适的标准曲线，积分并选择“定性定量计算”。仪器就会自动通过质谱库进行质谱定性，得到该物质的定性结果。同时，仪器会在标准曲线列表中，自动寻找保留时间与目标化合物最接近的物质，然后将该化合物的标准曲线提取出来。由于在非极性色谱柱中，化合物的出峰顺序是依照沸点从低到高排列的，性质相近，尤其是同系物，其保留时间相近，响应因子相似。因此，将未知物的色谱峰面积或峰高带入保留时间最近的物质的标准曲线，仪器自动得到该物质的半定量结果。除了通过工作站得到未知物的半定量结果外，可以通过笔记本软件进行分析，使用方法类似。

（5）质量控制和质量保证

1）目标物定性

①仪器长时间使用超过 3 天，应进行自动调谐，以保证仪器的质谱的准确度；

②仪器长时间不使用的情况下，应该每隔 7 天开机一次，开启真空，进入仪器维护功能，依次运行吸附管维护、色谱柱维护、自动调谐、离子阱烘烤等功能，保证仪器能正常运行。

2）校准

①当采用最小二乘法绘制线性校准曲线时，将校准曲线最低点的响应值代入曲线计算，目标物的计算结果应在实际值的 70%～130%之间；

②每批样品分析之前或者分析之后 24 h 之内，需进行仪器的性能的检查，测定标准样品和空白试验样品；

③每批样品分析时应带一个校准曲线中间浓度的校准点，中间浓度校核点测定值与校准曲线响应点浓度的相对误差应不超过 30%；

④现场样品分析之前，采用气袋充满高纯氮气，分析空白样品。现场空白样品中单个

目标物的检出量应小于样品中相应检出量的10%。

（6）干扰及消除

1）样品分析之间需进行空白样品分析，如果出现残留的VOCs对测定的干扰较大，应进入仪器维护功能，点击吸附管清洁、吸附管维护、色谱柱清洁等功能；

2）温度和风速会对样品测试产生影响。采样时，环境温度应小于40℃，风速大于5.6 m/s时，探头应与风向垂直，并在上风向放置掩体。

2．水中有机物的应急监测分析

顶空/吹扫进样装置与便携式GC-MS联用可用于现场水中挥发性有机物的应急监测。将样品置于40 ml顶空瓶中并于样品池加热平衡后，利用氮气作为吹扫气体将挥发性有机物从水中携带至水体上方的空气中，最后通过仪器内置的隔膜采样泵将目标物质送至主机进行分析。

（1）主要仪器及试剂

1）仪器

Mars-400 Plus便携式气相色谱质谱联用仪，DB-5MS快速气相色谱柱（5 m×0.1 mm ×0.4 μm）；

顶空/吹扫进样系统；

2）试剂和耗材

2 ml棕色玻璃样品瓶；

40 ml 顶空瓶（29 mm外径×81 mm长，内衬聚四氟乙烯膜的硅橡胶垫）；

5 ml和50 ml容量瓶；

20 ml移液管；

微量移液器。

25种VOCs混合标样（100 μg/ml）；

内标：氟苯（2 000 μg/ml）；

超纯水；

甲醇（色谱纯）。

（2）样品的前处理

取20 ml水样置于顶空瓶，并加入与标准曲线中相同体积的内标化合物，盖好瓶盖，摇匀并倒置，待分析。

（3）样品的分析

1）仪器开机与预热

①仪器连接气源与电源，可以使用实验室电源和实验室管路气体（出口压力在0.4～0.5 MPa），也可以使用仪器附件箱的电池和小气瓶；

②打开仪器电源开关，仪器自控开启工作站；

③仪器开机自检，并自动运行开机空白；

④将顶空/吹扫进样系统和主机放置在同一个水平面，并用样品传输管线进行连接。打开顶空/吹扫进样系统电源；

⑤选择合适方法，仪器内置缺省顶空进样和吹扫进样分析方法，可选择“吹扫进样”

分析方法，并激活方法。

仪器的调谐应在仪器稳定工作后进行，如果分析过程中发现质谱轴偏移，可以进入“仪器维护”，运行仪器自动调谐。仪器内部存有气体样品分析方法，可以满足分析测试的需求。如果测试人员在缺省的方法下，可以根据测试样品的试剂情况和目标化合物适当调节方法参数。

2）仪器分析条件

样品前处理条件见表 8.6。

表 8.6　样品前处理条件

样品池温度	50℃
样品管线温度	60℃
传输管线温度	60℃
吹扫时间	0.5 min
吹扫流速	150 ml/min

色谱质谱条件见表 8.7。

表 8.7　GC-MS 条件

升温程序	50℃（1 min）以 30℃/min 升至 70℃，60℃ /min 升至 200℃（0.5 min）
柱流量	0.2 ml/min（恒流）
分流比	200：1
进样口温度	150℃
十通阀温度	50℃
气质接口温度	150℃
传输线温度	150℃
吸附管类型	复合填料
解析温度	300℃
预解析时间	0.1 min
解析时间	0.5 min
正向吹扫时间	5.2 min
离子阱温度	50℃
离子源	70 eV EI 源
扫描范围	45～300 u（full scan）

3）标准系列的配制

①标准样品工作液和内标工作液的配制

取 1.0 ml 氟苯（2 000 μg/ml）于 50 ml 容量瓶中，并用甲醇稀释得到 40 μg/ml 的氟苯溶液作为工作液，4℃下保存备用。

取 100 μl VOCs 标准样品（100 μg/ml）用甲醇稀释至 5 ml 得到 2 μg/ml 的标准样品工作液。

②校准曲线溶液的配制

取 20 ml 水样置于顶空瓶，并加 10 μl 内标工作液，盖好瓶盖并倒置，待用。

用微量移液器分别取 20、30、40、50 和 60 μl 的标准样品工作液，至上述 20 ml 水样中，配制浓度分别为 10、15、20、25 和 30 μg/L 的标准样品溶液。

4）标准样品分析

标准样品分析的步骤可以分为以下几步：

①在待分析样品的样品瓶上放置导针垫片，然后放入顶空/吹扫进样系统样品池的加热孔中，进行样品预热。便携 GC-MS 的顶空/吹扫进样系统需人工操作，预热时间控制是否精密，直接影响校准曲线的线性关系和测定结果的准确度。因此，建议最好用定时器控制，以保证所有样品预热时间尽量保持一致。预热时间的长短视测定目标化合物而定，但加热时间过长，有可能导致曲线线性关系不佳。在对挥发性有机物分析时，一般情况下在相关条件实验的基础之上选择 10 min 的加热时间。另外，选择好加热时间的起点，可节省实验时间。加热时间起点的选择可根据分析方法时间的长短和样品预热时间进行计算，选择最优的加热起始点；

②选择吹扫进样分析方法，并激活方法；

③测试样品的预热平衡时间达到设定值后，快速开启顶空/吹扫进样系统样品池盖板，拉住吹扫针旋转柄提升到顶，将吹扫针旋转对准待测样品分析小瓶，小心将吹扫针导引下插进入分析小瓶中，下插到底；

④点击“运行方法”仪器自动进行吹扫-捕集、预解吸、解吸和气质联用分析；

⑤分析流程结束后，开启顶空/吹扫进样系统样品池盖板，将吹扫针从样品分析小瓶转移到干净顶空瓶中；

⑥运行自吹清洁方法，将顶空/进样系统、吸附管和色谱柱进行清洁。

（4）标准曲线的制作与编辑

样品测试完成后应对测试的数据进行处理，首先是校准曲线的制作过程。以下按照 5 点曲线为例，显示校准曲线的制作过程。

1）将笔记本与仪器相连接，打开笔记本软件，将标准物质的分析数据复制到笔记本上；

2）点击笔记本软件的“数据分析”，进入数据分析界面，点击“新建方法”。以此参考数据文件（如浓度为 30 μg/L 溶液的数据）作为模板建立化合物列表；

3）设置寻峰参数后，点击“下一步”，显示“新建化合物列表”框，点击“NIST 搜索”对已积分的化合物进行谱库检索。点击“选择”列中的“勾选”项，可删除杂质峰；

4）确定目标化合物列表后，点击“下一步”，进入“定量参数设置栏”。将定量方法选择为“内标法”，输入内标浓度，并设置其他定量参数。点击“下一步”，勾选氟苯为内标；

5）根据建立化合物列表时设置的级别数（5 级），将“数据路径窗口”中的数据拖到“浓度级别窗口”相应的浓度目录下，统一浓度下的 3 组数据拖至同一目录下，完成建立定量曲线所需数据的导入。

（5）标准物质分离情况

图 8.10 是 25 种 VOCs 标准样品的总离子流图，表 8.8 为 25 种 VOCs 的标准物质和色谱保留时间。

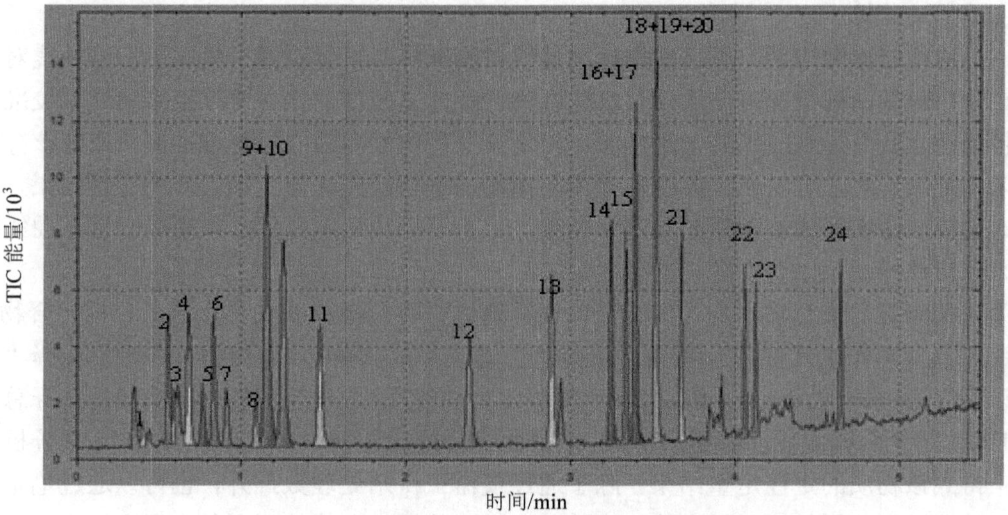

图 8.10　25 种 VOCs 标准样品总离子流图和分离情况

表 8.8　化合物质谱定性表

序号	保留时间/min	化合物英文名	化合物中文名	分子式
1	0.42	Chloroethylene	氯乙烯	C_2H_3Cl
2	0.59	1,1-Dichloroethylene	1,1-二氯乙烯	$C_2H_2Cl_2$
3	0.62	Dichoromethane	二氯甲烷	CH_2Cl_2
4	0.89	*trans*-1,2- Dichloroethylene	反式-1,2-二氯乙烯	$C_2H_2Cl_2$
5	0.81	2-Chloro-1,3-butadiene	2-氯-1,3-丁二烯	C_4H_5Cl
6	0.72	*cis*-1,2- Dichloroethylene	顺式-1,2-二氯乙烯	$C_2H_2Cl_2$
7	0.97	Trichloromethane	氯仿	$CHCl_3$
8	1.16	1,2-Dichloroethane	1,2-二氯乙烷	$C_2H_4Cl_2$
9	1.22	Benzene	苯	C_6H_6
10	1.23	Carbon tetrachloride	四氯化碳	CCl_4
11	1.50	Trichloroehtylene	三氯乙烯	C_2HCl_3
12	1.66	3-Chloro-1,2-epoxypropane	环氧氯丙烷	C_3H_5ClO
13	2.04	Toluene	甲苯	C_7H_8
14	2.33	Tetrachloroethylene	四氯乙烯	C_2Cl_4
15	2.58	Chlorobenzene	氯苯	C_6H_5Cl
16	2.64	Ethylbenzene	乙苯	C_8H_{10}
17	2.69	*m*-Xylene	间二甲苯	C_8H_{10}
18	2.69	*p*-Xylene	对二甲苯	C_8H_{10}
19	2.79	Stryene	苯乙烯	C_8H_8
20	2.80	*o*-Xylene	邻二甲苯	C_8H_{10}
21	2.82	Bromoform	溴仿	$CHBr_3$
22	2.93	Isopropylbenzene	异丙苯	C_9H_{12}
23	3.30	1,4-Dichlorobenzene	对二氯苯	$C_6H_4Cl_2$
24	3.36	1,2-Dichlorobenzene	邻二氯苯	$C_6H_4Cl_2$
25	3.91	Hexachloro-1,3-butadiene	六氯丁二烯	C_4Cl_6

（6）结果计算

标准曲线制作完毕后，可以使用标准曲线对测试样品进行定量分析。用标准曲线对数据进行分析包括两种情况：一是该目标化合物已经建立校准曲线，可以直接通过该校准曲线分析物质，从而得到准确的定量结果；二是该分析物没有建立过标准曲线，或者该分析物为未知样品，此时可以通过标准质谱图与该物质进行匹配，得到该物质的定性结果，然后，通过校准曲线得到该物质的半定量结果。无论是哪种情况，都必须用带有标准曲线的方法来分析该样品，以获得分析的数据。

第一种情况，化合物本身具有标准曲线，通过带有标准曲线的方法分析目标化合物。可以通过仪器工作站软件打开数据，选择“色谱菜单”，编辑合适的积分参数，选择“色谱峰识别”，完成谱图积分。接着打开“加载定量曲线”，加载合适的标准曲线，选择总离子（TIC）定量曲线或特征离子（MC）定量曲线。最后选择“定性定量计算”。在分析结果栏中得到该物质的定性定量结果。除了通过仪器工作站处理数据外，也可以通过笔记本软件对数据进行分析处理，打开笔记本软件，打开数据，在软件下方的定量方法中，选择合适的定量曲线（可以选择 TIC 曲线或者 MC 曲线）。然后选择“浓度计算”，同样可以得到该数据的定性定量结果。

第二种情况，化合物本身没有标准曲线。通过该分析方法对未知化合物进行分析，得到分析数据。和第一种情况的操作一样，打开数据，选择合适的标准曲线，积分并选择“定性定量计算”。仪器就会自动通过质谱库进行质谱定性，得到该物质的定性结果。同时，仪器会在标准曲线列表中，自动寻找保留时间与目标化合物最接近的物质，然后将该化合物的标准曲线提取出来。由于在非极性色谱柱中，化合物的出峰顺序是依照沸点从低到高排列的，性质相近，尤其是同系物，其保留时间相近，响应因子相似。因此，将未知物的色谱峰面积或峰高代入保留时间最近的物质的标准曲线，仪器自动得到该物质的半定量结果。除了通过工作站得到未知物的半定量结果外，可以通过笔记本软件进行分析，使用方法类似。

（7）质量控制和质量保证

1）目标物定性

①仪器长时间使用超过 3 天，应进行自动调谐，以保证仪器的质谱的准确度；

②仪器长时间不使用的情况下，每隔 7 天须开机一次，开启真空，进入仪器维护功能，依次运行吸附管维护、色谱柱维护、自动调谐、离子阱烘烤等功能，保证仪器能正常运行。

2）校准

①当采用最小二乘法绘制线性校准曲线时，将校准曲线最低点的响应值代入曲线计算，目标物的计算结果应在实际值的 70%～130%之间；

②每批样品分析之前或者分析之后 24 h 之内，需进行仪器的性能的检查，测定标准样品和空白试验样品；

③每批样品分析时应带一个校准曲线中间浓度的校准点，中间浓度校核点测定值与校准曲线响应点浓度的相对误差应不超过 30%。

（8）干扰及消除

1）样品分析之间需进行空白样品分析，如果出现残留的 VOCs 对测定的干扰较大，应进入仪器维护功能，点击吸附管清洁、吸附管维护、色谱柱清洁等功能；

2）温度较低的室外环境，需适当地调整传输管线的温度，防止目标物质冷凝在管路中；

3）氟苯配制完后需妥善保存，防止挥发后浓度降低，影响定量结果。

3．水中半挥发性有机物应急监测分析

Mars-400 Plus 仪器使用 SPME 进样装置可在现场对挥发性有机化合物（VOCs）和半挥发性有机化合物（SVOCs）进行检测。SPME 进样装置包含进样手柄与萃取纤维两部分，进样手柄中可安装不同涂层的纤维来对不同性质的样品进行检测。SPME 萃取纤维主要有（PDMS，PDMS/DVB，PA）三种，分别主要应对非极性、中等极性与弱极性样品的测试。SPME 进样方式主要操作方式如下：首先将 SPME 纤维头暴露在样品中进行吸附，然后通过热解吸的方式使纤维头上吸附的样品解吸下来，最后进入色谱柱被分离检测。

（1）主要仪器及试剂

1）仪器：

Mars-400 Plus 便携式气相色谱质谱联用仪，DB-5MS 快速气相色谱柱（5 m×0.1 mm ×0.4 μm）；

分析天平，精度为 0.1 mg；

pH 计。

2）其他试剂和耗材：

①试剂

8 种酚类化合物（浓度在 500～2 500 μg/ml）；

16 种多环芳香烃化合物（各物质浓度为 200 mg/L）；

17 种有机氯农药化合物（各物质浓度为 2 mg/ml）；

甲醇（色谱纯）；

二氯甲烷（分析纯）；

盐酸（分析纯）。

②耗材

SPME 萃取手柄和 SPME 萃取纤维；

2 ml 棕色玻璃样品瓶；

40 ml 顶空瓶（29 mm 外径×81 mm 长，内衬聚四氟乙烯膜的硅橡胶垫）；

5 μL 微量注射器。

（2）样品的前处理

取 20 ml 水样加入到 40 ml 的顶空瓶中，并用带聚四氟乙烯的瓶盖封闭。选择合适的纤维头，安装至 SPME 进样手柄上。采样前，先将纤维插入进样口中运行测试方法进行纤维老化；然后将萃取针管刺进顶空瓶隔垫，推出萃取纤维，使其浸入溶液中，萃取 10 min 后收回萃取纤维，将萃取针管抽出样品瓶；最后将萃取针管迅速插入 Mars-400 Plus 的通用分流/不分流进样口中，推出萃取头，热解吸 3 min 后缩回萃取纤维并拔出。

（3）样品的分析

1）仪器开机与预热

开机前的准备工作包括以下几步：

（a）仪器连接气源与电源，可以使用实验室电源和实验室管路气体（出口压力在 0.4～0.5 MPa 之间），也可以使用仪器附件箱的电池和小气瓶；

（b）打开仪器电源开关，仪器自控开启工作站；

（c）仪器开机自检，并自动运行开机空白。

选择仪器自带的缺省“SPME-SVOC”分析方法，这些方法一般能够满足分析测试的需求。测试人员可依据缺省方法，根据测试的目标化合物样品的实际情况对方法进行修改。

2）仪器分析条件

色谱质谱条件，见表 8.9。

表 8.9 GC-MS 条件

升温程序	50℃ 保持 3 min，以 25℃/min 至 200℃，再以 40℃/min 至 280℃，保持 5 min
柱流量	0.2 ml/min（恒流）
分流比	20∶1
进样口温度	250℃
十通阀温度	60℃
气质接口温度	260℃
传输线温度	280℃
溶剂延迟时间	3 min
离子阱温度	100℃
离子源	70 eV EI 源
扫描范围	41～500 u（full scan）

3）标准系列的配制

以水中酚类物质的检测为例，说明校准曲线的制作。

标准储备液：标准品中各组分浓度不等，其中 5 种浓度为 500 μg/ml（包括苯酚），2 种组分浓度为 1 500 μg/ml，4 种组分浓度为 2 500 μg/ml，为简化表述，以苯酚浓度来代表该标准品浓度。将浓度为 500 μg/ml（以苯酚代表）的标准品用甲醇配制成浓度为 50 μg/ml 的标准储备液，转移到 2 ml 样品瓶中储存，备用，溶液需储存在−4℃。配制标准品储备液时，使用玻璃用具，请勿使用塑制品，防止标准品污染。

标准使用液：将标准储备液用蒸馏水配制成浓度为 15，10，5，2，1，0.5 和 0.1 μg/ml 的标准系列溶液。将该溶液利用 6 mol/L 盐酸调节至 pH 为 2。

4）分析样品

选择“SPME-SVOC”分析方法，并激活。将萃取针管插入仪器的进样口中，并推出 SPME 纤维，然后立刻点击仪器屏幕上的“运行方法”按键，仪器开始自动运行，等待仪器屏幕上溶剂延迟进度条走完后立刻将萃取纤维缩回并拔出。

按照以上步骤，将样品按浓度由低到高逐一进行分析。

（4）标准曲线的制作与编辑

样品测试完成后应对测试的数据进行处理，这包括如下几个步骤。

1）将笔记本与仪器相连接，打开笔记本软件，将标准物质的分析数据复制到笔记本上。

2）点击笔记本软件的“数据分析”，进入数据分析界面，点击“新建方法”。以此参考数据文件（如浓度为 30 μg/L 溶液的数据）作为模板建立化合物列表。

3）设置寻峰参数后，点击“下一步”，显示“新建化合物列表”框，点击“NIST 搜索”对已积分的化合物进行谱库检索。点击“选择”列中的“勾选”项，可删除杂质峰。

4）根据建立化合物列表时设置的级别数（5 级），将“数据路径窗口”中的数据拖到“浓度级别窗口”相应的浓度目录下，统一浓度下的 3 组数据拖至同一目录下，完成建立定量曲线所需数据的导入。

（5）标准物质分离情况

1）酚类化合物分离情况

图 8.11 是 8 种酚类化合物标准样品的总离子流图，表 8.10 为标准物质和色谱保留时间。

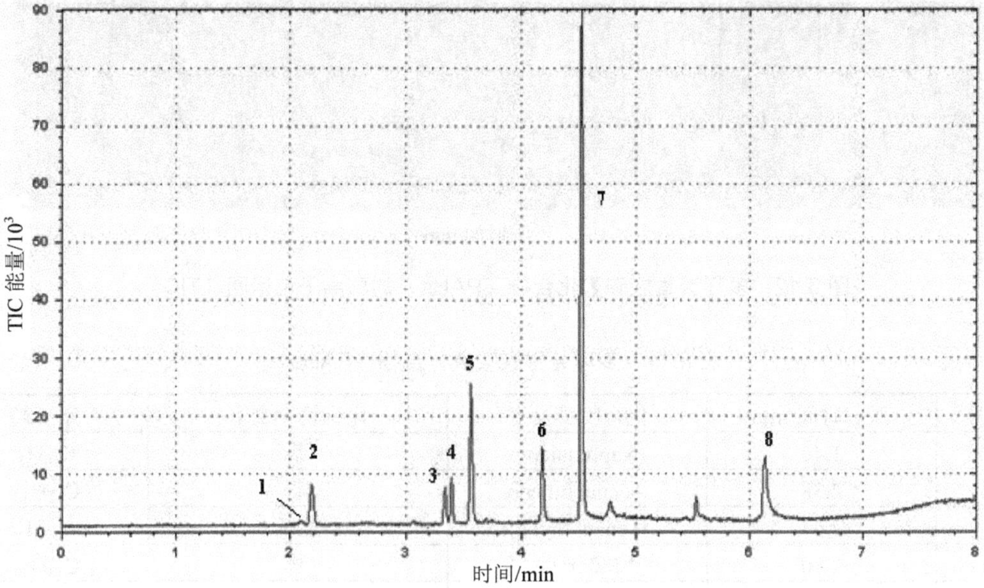

图 8.11 酚类化合物总离子色谱图（TIC）

表 8.10 8 种酚类物质

序号	保留时间/min	化合物英文名	化合物中文名	分子式
1	2.09	Phenol	苯酚	C_6H_6O
2	2.19	2-Chlorophenol	2-氯苯酚	C_6H_5ClO
3	3.35	2-Nitrophenol	2-硝基苯酚	$C_6H_5NO_3$
4	3.41	2,4-Dimethylphenol	2,4-二甲基苯酚	$C_8H_{10}O$
5	3.57	2,4-Dichlorophenol	2,4-二氯苯酚	$C_6H_4Cl_2O$
6	4.19	4-Chloro-3-methylphenol	4-氯-3-甲基苯酚	C_7H_7ClO
7	4.53	2,4,6-Trichlorophenol	2,4,6- 三氯苯酚	$C_6H_3Cl_3O$
8	6.15	Pentachlorophenol	五氯苯酚	C_6HCl_5O

2）多环芳香烃分离情况

图 8.12 是 16 种多环芳香族碳氢化合物标准样品的总离子流图，表 8.11 为标准物质和色谱保留时间。

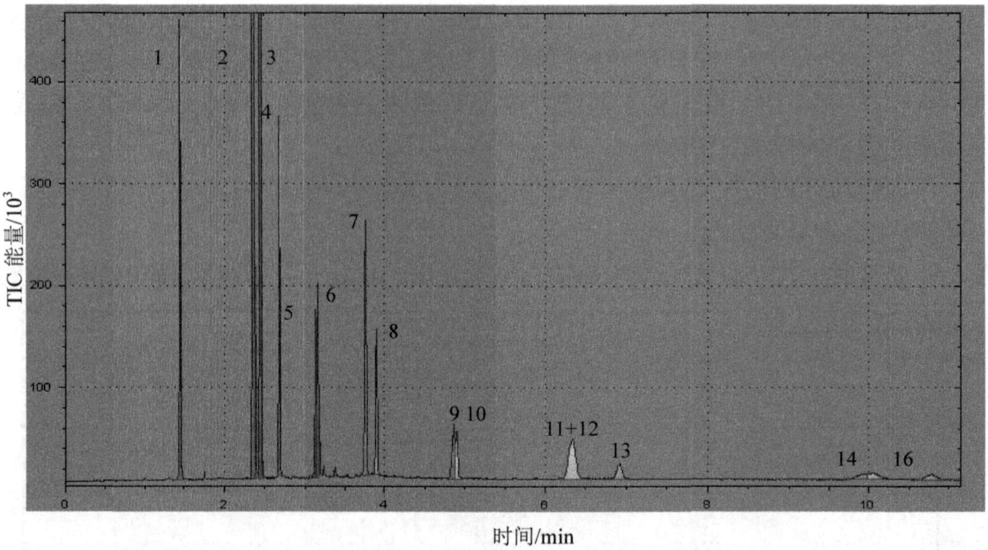

图 8.12 多环芳香族碳氢化合物（PAHs）的总离子色谱图（TIC）

表 8.11 多环芳香族碳氢化合物（PAHs）

序号	保留时间/min	化合物英文名	化合物中文名	分子式
1	1.46	Naphthalene	萘	$C_{10}H_8$
2	2.38	Acenaphthene	苊	$C_{12}H_{10}$
3	2.47	Acenaphthylene	苊烯	$C_{12}H_8$
4	2.70	Fluorene	芴	$C_{13}H_{10}$
5	3.14	Phenanthrene	菲	$C_{14}H_{10}$
6	3.17	Anthracene	蒽	$C_{14}H_{10}$
7	3.77	Fluoranthene	荧蒽	$C_{16}H_{10}$
8	3.91	Pyrene	芘	$C_{16}H_{10}$
9	4.87	1,2-Benzanthracene	苯并[*a*]蒽	$C_{18}H_{12}$
10	4.91	Chrysene	䓛	$C_{18}H_{12}$
11	6.35	Benzo[b]fluorathene	苯并[*b*]荧蒽	$C_{20}H_{12}$
12	6.35	Benzo[k]fluoranthene	苯并[*k*]荧蒽	$C_{20}H_{12}$
13	6.93	Benzo[a]pyrene	苯并[*a*]芘	$C_{20}H_{12}$
14	9.92	Indeno[1,2,3-c,d]pyrene	茚并[1,2,3-*c*,*d*]芘	$C_{22}H_{12}$
15	10.05	Dibenz[a,h]anthracene	二苯并[*a*,*h*]蒽	$C_{22}H_{14}$
16	10.80	Benzo[g,h,i]peryene	苯并[*g*,*h*,*i*]苝	$C_{22}H_{12}$

3）有机氯农药分离情况

图 8.13 是 17 种有机氯化合物标准样品的总离子流图，表 8.12 为标准物质和色谱保留时间。

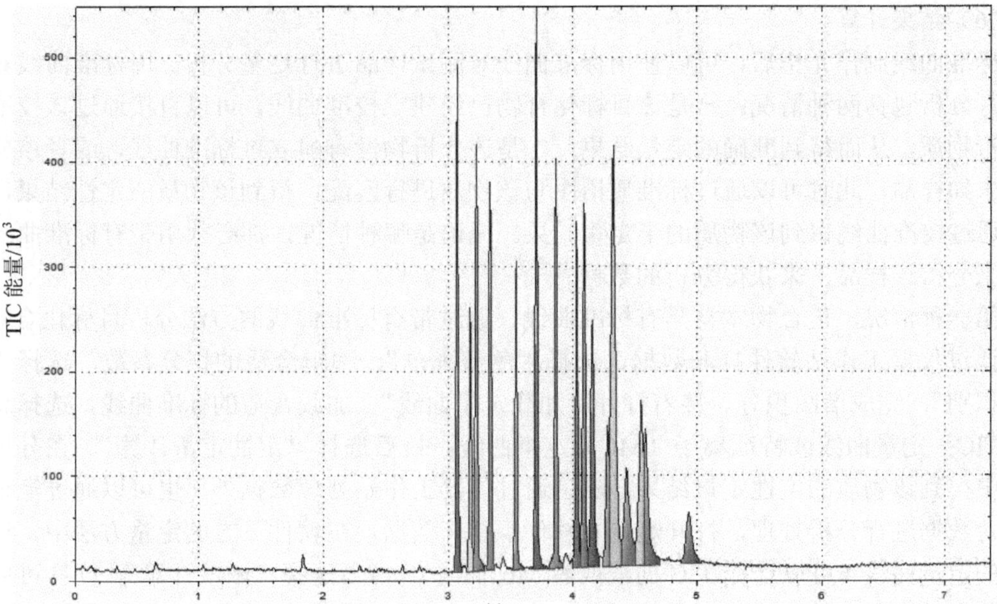

图 8.13 17 种有机氯农药的总离子色谱图（TIC）

表 8.12 17 种有机氯农药

序号	保留时间/min	化合物英文名	化合物中文名	分子式
1	3.08	α-1,2,3,4,5,6-Hexachlorocyclohexane	α-六六六	$C_6H_6Cl_6$
2	3.18	β-1,2,3,4,5,6-Hexachlorocyclohexane	β-六六六	$C_6H_6Cl_6$
3	3.23	γ-1,2,3,4,5,6-Hexachlorocyclohexane	γ-六六六	$C_6H_6Cl_6$
4	3.34	δ-1,2,3,4,5,6-Hexachlorocyclohexane	δ-六六六	$C_6H_6Cl_6$
5	3.55	Heptachlor	七氯	$C_{10}H_5Cl_7$
6	3.71	Aldrin	艾氏剂	$C_{12}H_8Cl_6$
7	3.86	Heptachlor exo-epoxide	环氧七氯	$C_{10}H_5Cl_7O$
8	4.04	Endosulfan II	硫丹 II	$C_9H_6Cl_6O_3S$
9	4.10	*p′,p*-DDE	*p′,p*-滴滴伊	$C_{14}H_8Cl_4$
10	4.17	Dieldrin	狄氏剂	$C_{12}H_8Cl_6O$
11	4.29	Endrin	异狄氏剂	$C_{12}H_8Cl_6O$
12	4.34	*p′,p*-DDD	*p′,p*-滴滴滴	$C_{14}H_{10}Cl_4$
13	4.34	Endosulfan I	硫丹 I	$C_9H_6Cl_6O_3S$
14	4.44	Endrin Aldehyde	异狄氏醛	$C_{12}H_8Cl_6O$
15	4.56	*p′,p*-DDT	*p′,p*-滴滴涕	$C_{14}H_9Cl_5$
16	4.60	Endosulfancyclicsulfate	硫丹硫酸酯	$C_9H_6Cl_6O_4S$
17	4.94	Methoxychlor	甲氧滴滴涕	$C_{16}H_{15}Cl_3O_2$

（6）结果计算

标准曲线制作完毕后，可以使用标准曲线对测试样品进行定量分析。用标准曲线对数据进行分析包括两种情况：一是该目标化合物已经建立校准曲线，可以直接通过该校准曲线分析物质，从而得到准确的定量结果；二是该分析物没有建立过标准曲线，或者该分析物为未知样品，此时可以通过标准质谱图与该物质进行匹配，得到该物质的定性结果，然后，通过校准曲线得到该物质的半定量结果。无论是哪种情况，都必须用带有标准曲线的方法来分析该样品，来获得分析的数据。

第一种情况，化合物本身具有标准曲线，通过带有标准曲线的方法分析目标化合物。可以通过仪器工作站软件打开数据，选择“色谱菜单”，编辑合适的积分参数，选择“色谱峰识别”，完成谱图积分。接着打开“加载定量曲线”，加载合适的标准曲线，选择总离子（TIC）定量曲线或特征离子（MC）定量曲线。最后选择“定性定量计算”。在分析结果栏中得到该物质的定性定量结果。除了通过仪器工作站处理数据外，也可以通过笔记本软件对数据进行分析处理，打开笔记本软件，打开数据，在软件下方的定量方法中，选择合适的定量曲线（可以选择 TIC 曲线或者 MC 曲线）。然后选择“浓度计算”，同样可以得到该数据的定性定量结果。

第二种情况，化合物本身没有标准曲线。通过该分析方法对未知化合物进行分析，得到分析数据。和第一种情况的操作一样，打开数据，选择合适的标准曲线，积分并选择“定性定量计算”。仪器就会自动通过质谱库进行质谱定性，得到该物质的定性结果。同时，仪器会在标准曲线列表中，自动寻找保留时间与目标化合物最接近的物质，然后将该化合物的标准曲线提取出来。由于在非极性色谱柱中，化合物的出峰顺序是依照沸点从低到高排列的，性质相近，尤其是同系物，其保留时间相近，响应因子相似。因此，将未知物的色谱峰面积或峰高代入保留时间最近的物质的标准曲线，仪器自动得到该物质的半定量结果。除了通过工作站得到未知物的半定量结果外，可以通过笔记本软件进行分析，使用方法类似。

（7）质量控制和质量保证

1）目标物定性

①仪器长时间使用超过 3 天，应进行自动调谐，以保证仪器的质谱的准确度；

②仪器长时间不使用的情况下，应该每隔 7 天开机一次，开启真空，进入仪器维护功能，依次运行吸附管维护、色谱柱维护、自动调谐、离子阱烘烤等功能，保证仪器能正常运行。

2）校准

①当采用最小二乘法绘制线性校准曲线时，将校准曲线最低点的响应值代入曲线计算，目标物的计算结果应在实际值的 70%～130%之间；

②每批样品分析之前或者分析后 24 h 之内，须进行仪器的性能的检查，测定标准样品和空白试验样品；

③每批样品分析时应带一个校准曲线中间浓度的校准点，中间浓度校核点测定值与校准曲线响应点浓度的相对误差应不超过 30%；

④样品分析前应分析空白样品。空白样品中单个目标物的检出量应小于样品中相应检

出量的 10%。

（8）干扰及消除

1）样品分析之间需进行空白样品分析，如果出现干扰物质对测定的干扰较大，应进入仪器维护功能，点击吸附管清洁、吸附管维护、色谱柱清洁等功能；同时检查试剂和玻璃瓶等是否污染。

2）对 SPME 进行空白分析，如果 SPME 萃取柱上存在干扰物质，影响分析，则需要对 SPME 萃取纤维进行老化。如果老化后仍存在干扰，则需要更换 SPME 萃取纤维或者选择其他类型的萃取纤维。

3）高、低浓度的样品交替分析时会产生残留性污染。为避免此类污染，在进行低浓度测试前，需进行空白分析。

四、Griffin 450 车载式气相色谱质谱

1．空气中恶臭类有机物应急监测分析

（1）主要仪器设备

Griffin 450 气相色谱-质谱联用系统，分流/不分流进样口。

色谱柱型号：DB-5MS　30 m×0.25 mm×0.25μm。

其他配件、载气标准物质：TENAX 和活性炭混合吸附管（Griffin450 标配）；TEDLAR 气袋（1 L、3 L）；高纯氮气 99.999 %；无油气泵 200 ml/min；标准气体。

表 8.13　标准气体混标（大连大特气体有限公司）

序号	中文名称	英文名称	浓度/ppm	平衡气体
1	甲硫醇	Methanethiol	1.01	N_2
2	甲硫醚	Dimethyl Sulfide	1.28	
3	乙硫醇	Ethanethiol	1.09	
4	二硫化碳	Carbon Disulfide	1.06	
5	二甲二硫	Dislfide dimethyl	1.00	

图 8.14　气袋密闭连接方法（直插型）

（2）样品采集

分别选择 3 个清洁 3 L 气袋，标样钢瓶气充入一个气袋中，氮气充入一个气袋中。使用无油气泵从此气袋中转移 1 L 和 2 L 气体分别进入另两个气袋，其他填充气分别使用气泵填充氮气，气袋中标准样品的浓度为：0.33 ppm、0.67 ppm、1 ppm。

（3）仪器分析条件

仪器分析条件见表 8.14。

表 8.14 仪器分析条件

序号	样品名称	色谱条件	质谱条件
1	甲硫醇 Methanethiol 甲硫醚 Dimethyl Sulfide 乙硫醇 Ethanethiol 二硫化碳 Carbon disulfide	进样方式：Sampleloop（定量环） 分流：20% 溶剂延迟：1 min 柱温：40℃（3 min），10℃/min 升至 100℃ 注：每次完成方法后需要使用氮气清洁系统 分析时间：7 min	离子化模式：EI 70 e V 扫描方式：full 扫描范围：40～200 u 离子阱温度：150℃
2	二甲二硫 Dislfide dimethyl	进样方式：PRECON（预浓缩进样） 捕集温度：40℃ 捕集时间：0.2、0.3、0.4、0.5、0.6 min 解析温度：200℃ 解析时间：0.5 min 溶剂延迟：1 min 分流：20% 柱温：40℃（2 min），10℃/min 升至 100℃ 分析时间：7 min	离子化模式：EI 70 e V 扫描方式：full 扫描范围：40～200 u 离子阱温度：150℃

（4）定性分析

本方法中测定的各化合物的定性是根据保留时间和扣除背景后的样品质谱图与参考质谱图（NIST）或 GRIFFIN LIBRARY（GRIFFIN 谱库）中的谱图比较完成的。参考质谱图中的特征离子被定义为全部碎片离子或可选若干个特征离子（表 8.15）。

表 8.15 定性分析结果

序号	中文名称	英文名称	CAS NO.	定量离子	特征离子
1	甲硫醇	Methanethiol	74-93-1	47	48、45
2	甲硫醚	Dimethyl Sulfide	75-18-3	62	47、45
3	乙硫醇	Ethanethiol	75-08-1	62	47
4	二硫化碳	Carbon Disulfide	75-15-0	76	44、32
5	二甲二硫	Disulfide Dimethyl	624-92-0	94	79、45

（5）结果计算

定量方法为外标法，标准曲线为三点或五点校正，在全扫描检测方式下，以标准浓度中目标化合物的峰面积与目标化合物吸附质量作图，得到该目标化合物的定量校准曲线。

校准曲线的线性回归系数至少为 0.99。实际样品在与标准样品相同的分析条件下测定，根据实际样品中目标物的峰面积，由定量校准曲线得到该化合物的质量，除以采样体积得到实际样品浓度。实际样品中化合物的浓度计算公式如下：

样品中的浓度（mg/L）=测定质量（mg）/实际采样体积（L）

表 8.16 标准气体定量离子

序号	中文名称	保留时间/min	R^2	RSD/%	方法检测最低浓度/(mg/L)	定量离子	备注
1	甲硫醇	1.29	0.990 6	8.13	0.33	47	
2	甲硫醚	1.43	0.990 3	7.82	0.67	62	合峰
3	乙硫醇						
4	二硫化碳	1.48	0.991 3	5.60	0.33	76	
5	二甲二硫	2.95	0.990 9	3.18	0.33	94	

（6）干扰及消除

气袋清洁：TEDLAR 气袋中存在苯酚（phenol）杂质干扰，必须使用高纯氮气清洁气袋至少 10 次，保证苯酚峰小于 10 M（M 为峰面积单位），气袋在存放过程中，干扰杂质会随存放时间再次被释放出来，所以每次使用前都要清洁。

Tenax 吸附管清洁：设定清洗程序，需 200℃清洁 10 min。

每个样品测试结束后，需要使用气袋中清洁氮气进行系统清洁。

2．水中挥发性有机物应急监测分析方法

（1）方法概述

采用静态顶空法对《地表水环境质量标准》（GB 3838—2002）中 25 种挥发性有机物进行定性定量分析，分析结果显示，水中 25 种挥发性有机物检出限低于 5 ppb，25 种物质检出情况见表 8.17。

表 8.17 25 种挥发性有机物

序号	英文名称	CAS#	中文名称
1	Trichloromethane	67-66-3	三氯甲烷
2	Carbon tetrachloride	56-23-5	四氯化碳
3	Bromoform	629-04-9	溴仿
4	Dichloromethane	1975-9-2	二氯甲烷
5	*trans*-1,2-Dichloroethene	156-60-5	反式-1,2-二氯乙烯
6	*cis*-1,2-Dichloroethene	156-59-2	顺式-1,2-二氯乙烯
7	3-Chloro-1,2-epoxypropane	106-89-8	环氧氯丙烷
8	Chloroethylene（Vinyl Chloride）	1975-1-4	氯乙烯
9	1,1-Dichloroethylene	75-35-4	1,1- 二氯乙烯
10	1,2-Dichloroethane	107-06-2	1,2- 二氯乙烷
11	Trichloro ethylene	1979-1-6	三氯乙烯
12	Tetrachloroethylene	127-18-4	四氯乙烯

序号	英文名称	CAS#	中文名称
13	2-Chloro-1,3-butadiene	126-99-8	2-氯-1,3-丁二烯
14	Hexachloro-1,3-butadiene	87-68-3	六氯丁二烯
15	Phenylethylene	100-42-5	苯乙烯
16	Benzene	71-43-2	苯
17	Toluene	108-88-3	甲苯
18	*p*-Xylene	106-42-3	对二甲苯
19	*m*-Xylene	108-38-3	间二甲苯
20	*o*-Xylene	95-47-6	邻二甲苯
21	Isopropylbenzene	98-82-8	异丙苯
22	Chlorobenzene	108-90-7	氯苯
23	1,2-Dichlorobenzen	95-50-1	1,2-二氯苯
24	1,4-Dichlorobenzen	106-46-7	1,4-二氯苯
25	Ethylbenzene	100-41-4	乙苯

（2）主要仪器设备与应用范围

1）气相色谱-质谱联用系统（Griffin 450），带分流/不分流进样口，色谱柱型号：DB-5MS 30 m×0.25 mm×0.25μm，扫描范围：40～200 u，用以电子轰击离子化模式（EI 源）获得的 70 eV（参考值）电子能量，可正常通过自动调谐，调谐物全氟三丁胺（FC-43）。

其他配件：手动静态顶空，1 ml 气密性顶空针，蒸馏水，10 ml 移液管、吸耳球，10 μl 微量进样器，20 ml 旋盖顶空瓶及旋盖。

2）试剂：标准样品：25 种挥发性有机物见表 8.17，甲醇溶剂，100 μg/ml。

（3）样品的前处理

1）静态顶空 75℃恒温，调整平衡时间 30 min，取样时间 3 s。

2）5 个顶空瓶中加入 10 ml 蒸馏水，标记为 #1，#2，#3，#4，#5，在#2，#3，#4，#5 中分别加入标准样品 1 μl，2 μl，2 μl，3 μl，其中#1 为空白，#4 为校准标定样。旋紧旋盖，放入顶空恒温 30 min。

（4）样品的分析

1）仪器分析条件：进样分流比为 25∶1。

升温曲线：40℃（保持 3 min；前 0.25 min 分流 25%，后 2.75 min 分流 22%）；以 6℃/min 升至 80℃保持 0.5 min，分流 22%；40℃/min 升至 160℃保持 2 min，分流 22%。

质谱条件：全扫描 45～300 u。

2）首先按升温程序直接运行方法，检查基线稳定性；而后按#1，#2，#3，#5，#4 顺序依次进样；完成#1，#2，#3，#5 后，在方法中建立标准曲线，使用此方法标定#4 样品。

3）标准曲线

（5）结果计算

定量方法为外标法，标准曲线为三点校正，在全扫描检测方式下，以标准浓度中目标化合物的峰面积与目标化合物吸附质量数作图，得到该目标化合物的定量校准曲线。校准曲线的线性回归系数至少为 0.99。实际样品在与标准样品相同的分析条件下测定，根据实际样品中目标物的峰面积，由定量校准曲线得到该化合物的浓度。25 种 VOC 测试结果见表 8.18。

表 8.18 25 种 VOC 测试结果

序号	英文名称	CAS#	中文名称	定量离子	R^2	保留时间/min
1	Chloroethylene	1975-1-4	氯乙烯	62	0.999 9	1.34
2	1,1-Dichloroethylene	75-35-4	1,1-二氯乙烯	61	0.999 9	1.54
3	Dichloromethane（Methylene Choride）	1975-9-2	二氯甲烷	（48）49	0.999 9	1.59
4	*trans*-1,2-Dichloroethene	156-60-5	反式-1,2-二氯乙烯	1	0.999 9	1.71
5	2-Chloro-1,3-butadiene（choroprene）	126-99-8	2-氯-1,3-丁二烯	53	0.999 2	1.82
6	*cis*-1,2-Dichloroethene	156-59-2	顺式-1,2-二氯乙烯	61	0.996 1	1.9
7	Trichloromethane（chloroform）	67-66-3	三氯甲烷	83	0.999 9	2.03
8	1,2-Dichloroethane	107-06-2	1,2- 二氯乙烷	62	0.995 6	2.28
9	Benzene	71-43-2	苯	78	0.992 8	2.33
10	Carbon tetrachloride	56-23-5	四氯化碳	117	0.992 2	2.35
11	Trichloro ethylene	1979-1-6	三氯乙烯	130	0.996 6	2.81
12	3-Chloro-1,2-epoxypropane	106-89-8	环氧氯丙烷	57	—	—
13	Toluene	108-88-3	甲苯	91	0.999 5	4.07
14	Tetrachloroethylene	127-18-4	四氯乙烯	166	0.998 3	5.01
15	Chlorobenzene	108-90-7	氯苯	112	0.996 2	6.19
16	Ethylbenzene	100-41-4	乙苯	91	0.996 8	6.65
17	*p*-Xylene	106-42-3	对二甲苯	91	0.991 6	6.94
18	*m*-Xylene	108-38-3	间二甲苯	91	0.991 5	6.99
19	Phenylethylene（styrene）	100-42-5	苯乙烯	104	0.991 2	7.63
20	*o*-Xylene	95-47-6	邻二甲苯	91	0.990 9	7.65
21	Bromoform	629-04-9	溴仿	173	—	—
22	Isopropylbenzene	98-82-8	异丙苯	105	0.994 3	8.67
23	1,4-Dichlorobenzene	106-46-7	1,4-二氯苯	146	0.999 9	11.3
24	1,2-Dichlorobenzen	95-50-1	1,2-二氯苯	146	0.999 4	11.59
25	Hexachloro-1,3-butadiene	87-68-3	六氯丁二烯	225	0.985 8	13.89

3．水中半挥发性有机物应急监测分析

（1）方法概述

本方法根据 EPA8270 采用直接进样法对水中多种半挥发性有机物进行定性分析。

（2）主要仪器及试剂

1）仪器

GRIFFIN450 车载式 GC-MS 联用仪；DB-5MS 色谱柱（30 m×0.32 mm×1 μm）；载气：高纯度氦气（99.999 %）；流速：1.0 ml/min；压力：13.5 psi。

2）试剂

SVOC 24 种混标（500 mg/L）；OPP 7（有机磷农药 7 种，2 000 mg/L）；OCP 17（有机氯农药 17 种，2 000 mg/L）。正己烷（进口农残级），纯水。

定性分析采用全扫描方式，扫描范围 50～425 u，定量分析时采用单离子扫描方式，分析物目标及定量离子质量数见表 8.19 至表 8.21。

表 8.19 苯胺类、氯苯类、硝基苯类、酞酸酯类等 SVOC 24 种名称及定量离子

序号	中文名称	英文名称（NIST 谱库名称）	定量离子
1	苯胺	Aniline（Aminobenzene）	93
2	硝基苯	Nitrobenzene	77
3	1,3,5-三氯苯	1,3,5-Trichlorobenzene	182
4	2,4-二氯苯酚	2,4-Dichlorophenol	162
5	1,2,4-三氯苯	1,2,4-Trichlorobenzene	182
6	1,2,3-三氯苯	1,2,3-Trichlorobenzene	182
7	对硝基氯苯	1-Chloro-3-nitrobenzene	75
8	间硝基氯苯	1-Chloro-4-nitrobenzene	75
9	邻硝基氯苯	1-Chloro-2-nitrobenzene	75
10	1,2,3,5-四氯苯	1,2,3,5-Tetrachlorobenzene	216
11	1,2,4,5-四氯苯	1,2,4,5-Tetrachlorobenzene	216
12	2,4,6-三氯苯酚	l,2,4,6-Trichloropheno	198
13	1,2,3,4-四氯苯	1,2,3,4-Tetrachlorobenzene	216
14	对二硝基苯	1,4-Dinitrobenzene	75
15	间二硝基苯	1,3-Dinitrobenzene	76
16	邻二硝基苯	1,2-Dinitrobenzene	63
17	2,4-二硝基甲苯	1-Methyl-2,4-dinitrobenzene	165
18	2,4-二硝基氯苯	1-Chloro-2,4-dinitrobenzene	75
19	1,3,5-三硝基甲苯	2-Methyl-1,3,5-trinitrobenzene	210
20	六氯苯	Hexachlorobenzene	284
21	五氯苯酚	Pentachlorophenol	266
22	邻苯二甲酸二丁酯	Dibutyl phthalate	149
23	邻苯二甲酸二（2-乙基己基酯）	Bis（2-ethylhexyl）phthalate	149
24	苯并[*a*]芘	Benzo[*a*]pyrene	252

表 8.20　OPP 7（Organic phosphorus pesticide 有机磷农药 7 种）名称及定量离子

序号	中文名称	英文名称（NIST 谱库名称）	定量离子
1	敌敌畏	Dichlorvos	109
2	内吸磷-O	Demeton-O	88
3	内吸磷-S	Demeton-S	88
4	乐果	Dimethoate	87
5	甲基对硫磷	Methyl parathion	109
6	马拉硫磷	Malathion	173
7	对硫磷	Parathion	291

表 8.21　OCP 17（Organic chlorine pesticide 有机氯农药 17 种）名称及定量离子

序号	中文名称	英文名称（NIST 谱库名称）	定量离子
1	α-六六六	α-BHC	183
2	β-六六六	β-BHC	183
3	γ-六六六（林丹）	γ-BHC	183
4	δ-六六六	δ-BHC	183
5	七氯	Heptachlor	101
6	艾氏剂	Aldrin	66
7	环氧七氯	Heptachlor	82
8	硫丹 I	Endosulfan Ⅰ	196
9	4,4′-DDE	*p,p′*-DDE	246
10	狄试剂	Dieldrin	79
11	异狄试剂	Endrin	82
12	硫丹 II	Endosulfan Ⅱ	196
13	4,4′-DDD	*p,p′*-DDD	235
14	乙醛异狄试剂	Endrin Aldehyde	68
15	硫酸硫丹酯	Endosulfan sulfate	272
16	4,4′-DDT	*p,p′*-DDT	235
17	甲氧 DDT	[2,2-Dichloro-1,1-bis（4-methoxyphenyl）ethane]	227

（3）样品的前处理

量取 500 ml 水样倒入 1 L 的分液漏斗中，加入 60 ml 正己烷，振荡萃取 5 min，将有机相转移到 250 ml 细口瓶中；再分别调节水样 pH＜2 和 pH＞10，重复上述萃取过程两次。

合并三次所得正己烷萃取液。向正己烷相中加入少量无水硫酸钠，放置 30 min 干燥后，氮吹浓缩定容到 1 ml，进行 GC-MS 分析。

（4）分析测定

1）标准曲线的制备

①将 SVOC24 种混标用正己烷稀释为 1、2.5、5、10、20 μg/L 的系列标准溶液，上机分析。

②将有机磷农药 7 种混标用正己烷稀释为 1、2、5、8、10 μg/L 的系列标准溶液，上机分析。

③将有机氯农药 17 种混标用正己烷稀释为 1、2、5、8、10 μg/L 的系列标准溶液，上机分析。

2）仪器分析条件

表 8.22 各类物质的仪器分析条件

序号	样品名称	色谱条件	质谱条件
1	苯胺类，氯苯类，硝基苯类，酞酸酯类等 SVOC24 种	进样方式：直接进样 进样口温度：200℃ 溶剂延迟：5 min 进样量：1 μL 柱温：60℃（保持 3 min——其中前 2 min 不分流，后 1 min 20%分流）以 10℃/min 升至 130℃，再以 15℃/min 升至 200℃，再以 40℃/min 升至 275℃ 分析时间：26 min	离子化模式：EI 70 eV 扫描方式：Full scan 扫描范围：50～425 u 离子阱温度：150℃
2	有机磷农药 7 种	进样方式：直接进样 进样口温度：200℃ 溶剂延迟：4 min 进样量：1 μL 柱温：70℃（保持 2 min 不分流）以 50℃/min 升至 220℃（保持 1 min），再以 15℃/min 升至 250℃（保持 1 min） 分析时间：10 min	离子化模式：EI 70 eV 扫描方式：Full scan 扫描范围：50～425 u 离子阱温度：150℃
3	有机氯农药 17 种	进样方式：直接进样 进样口温度：200℃ 溶剂延迟：4 min 进样量：1 μL 柱温：100℃（保持 2 min 不分流）以 50℃/min 升至 220℃（保持 1 min），再以 15℃/min 升至 240℃（保持 4 min），再以 50℃/min 升至 260℃（保持 2 min） 分析时间：13 min	离子化模式：EI 70 eV 扫描方式：Full scan 扫描范围：50～425 u 离子阱温度：150℃

（5）标准物质分离结果

图 8.15 为 SVOC 24 种混标溶液的总离子流图，峰形尖锐，在 26 min 内各组分在 DB-5MS 柱上都得到了很好的分离。

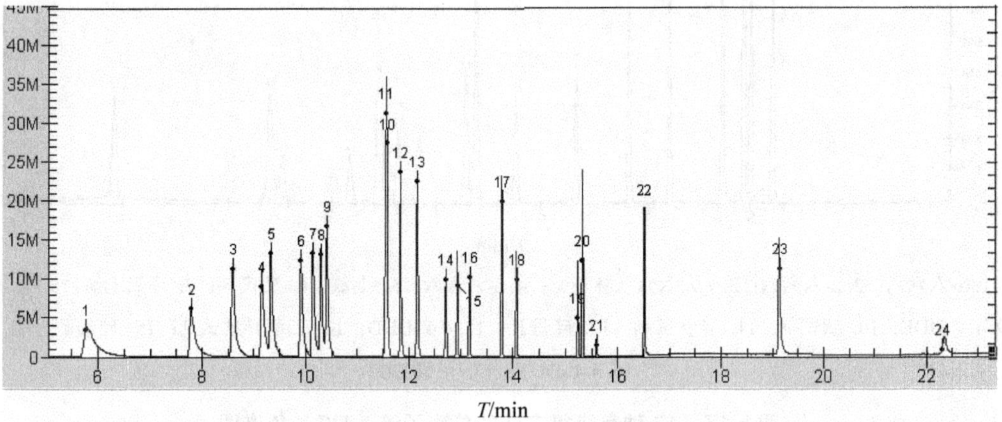

1. 苯胺；2. 硝基苯；3. 1,3,5-三氯苯；4. 2,4-二氯酚；5. 1,2,4-三氯苯；6. 1,2,3-三氯苯；7. 对硝基氯苯；8. 间硝基氯苯；9. 邻硝基氯苯；10.1,2,3,5-四氯苯　11. 1,2,4,5-四氯苯；12. 2,4,6-三氯酚；13. 1,2,3,4-四氯苯；14. 对二硝基苯；15. 间二硝基苯；16. 邻二硝基苯；17. 2,4-二硝基甲苯；18. 2,4-二硝基氯苯；19. 1,3,5-三硝基甲苯；20. 六氯苯；21. 五氯苯酚；22. 邻苯二甲酸二丁酯；23. 邻苯二甲酸二（2-乙基己基）酯；24. 苯并[a]芘

图 8.15　24 种 SVOC 的总离子流（TIC）色谱图

图 8.16 为 7 种有机磷农药混标溶液的总离子流图，峰形尖锐，在 10 min 内各组分在 DB-5MS 柱上都得到了很好的分离。

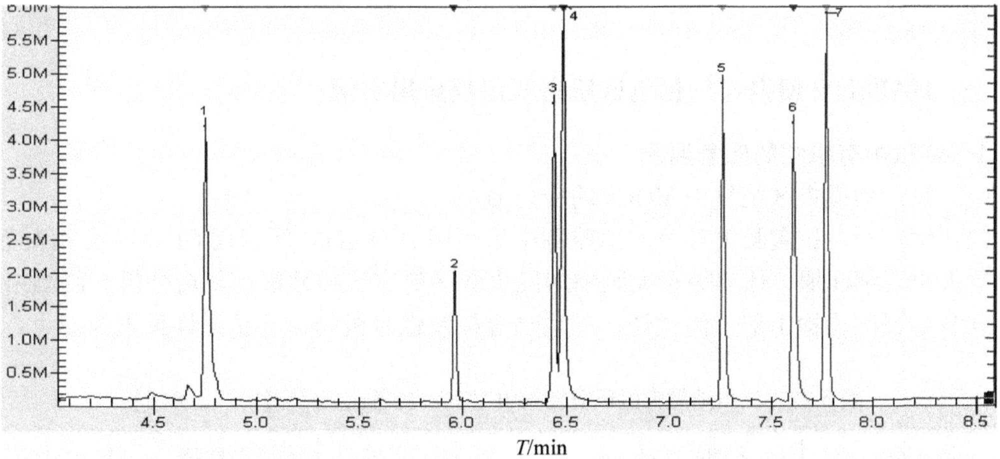

1. 敌敌畏；2.内吸磷-O；3.内吸磷-S；4.乐果；5.甲基对硫磷；6.马拉硫磷；7. 对硫磷

图 8.16　7 种有机磷农药的总离子流（TIC）色谱图

图 8.17 为 17 种有机氯农药混标溶液的总离子流图，峰形尖锐，在 13 min 内各组分在 DB-5MS 柱上都得到了很好的分离。

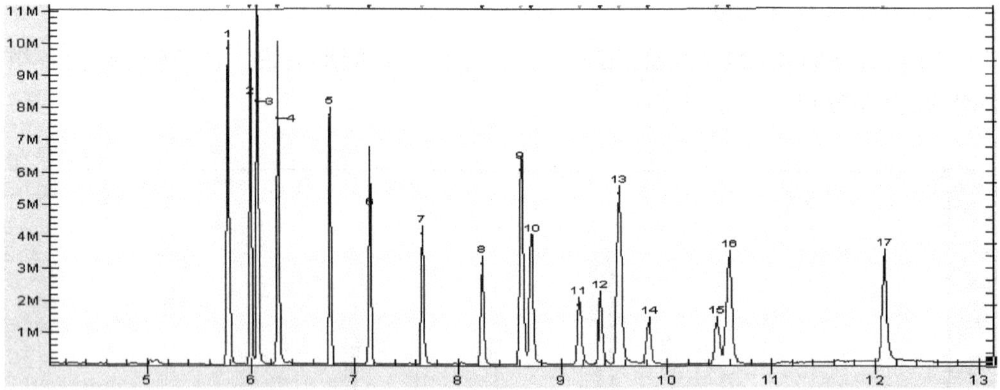

T/min

1. α-六六六；2. β-六六六；3. γ-六六六（林丹）；4. δ-六六六；5. 七氯；6. 艾氏剂；7. 环氧七氯；8. 硫丹Ⅰ；9. 4,4'-DDE；10. 狄试剂；11. 异狄试剂；12. 硫丹Ⅱ；13. 4,4′-DDD；14. 乙醛异狄试剂；15. 硫酸硫丹酯；16. 4,4′-DDT；17. 甲氧 DDT

图 8.17　17 种有机氯农药的总离子流（TIC）色谱图

（6）结果计算

定量方法为外标法，标准曲线为 5 点校正，在全扫描检测方式下，以标准浓度中目标化合物的峰面积与目标化合物吸附质量数作图，得到该目标化合物的定量校准曲线。校准曲线的线性回归系数至少为 0.99。实际样品在与标准样品相同的分析条件下测定，根据实际样品中目标物的峰面积，由定量校准曲线得到该化合物的浓度。

第四节　便携式气相色谱质谱联用仪的应用实例

一、HAPSITE 便携式气相色谱质谱联用仪应用实例

1．空气中有机物的应急监测

（1）汶川地震灾区空气中 VOCs 的应急监测

汶川地震后，抗震救灾环境应急监测小组利用 HAPSITE 便携式 GC-MS 分别对彭州、崇州、大邑、都江堰、什邡等重灾区中居民生活区的空气样品进行现场分析。监测结果表明：在各居民区均检出部分卤代烃、苯系物等挥发性有机物，其结果详见表 8.23。

表 8.23　汶川地震灾区环境空气中 VOCs 应急监测结果[10^{-9}（*v*/*v*）]

化合物	彭州	崇州	大邑	都江堰	什邡
苯	1.11	0.65	0.60	0.28	1.12
甲苯	0.89	0.40	0.75	0.36	1.33
四氯乙烯	未检出	0.41	未检出	未检出	0.18
乙苯	0.22	未检出	0.15	未检出	0.31
间,对-二甲苯	0.12	0.08	未检出	未检出	0.27

（2）"好运北京"车辆管制前后大气环境 VOCs 的现场监测

为积极配合政府在奥运会期间积累的空气质量保障经验，某监测站于 2007 年 8 月 15—20 日"好运北京"车辆限行前后，在奥运主会场附近设监测点，利用便携式 GC-MS 对空气中挥发性有机污染物进行了连续现场监测。统计交通限行前后 6 天的连续监测数据，挥发性有机污染物的浓度变化见图 8.18。可见与交通限行前相比，限行后挥发性有机物的浓度呈明显下降的趋势，说明车流量对空气中挥发性有机污染的浓度有很大影响，实施交通管制可有效降低挥发性有机污染物的浓度，减轻空气污染。

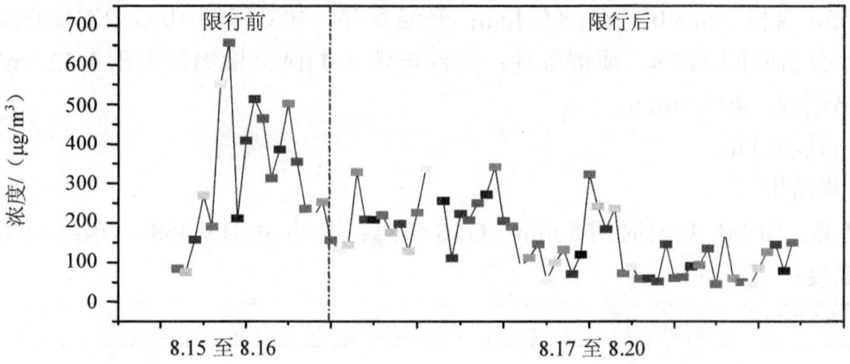

图 8.18　交通限行前后挥发性有机物连续监测结果

2．水中有机物的应急监测

（1）汶川地震灾区水体中 VOCs 的应急监测

汶川地震后，抗震救灾环境应急监测小组立即赶赴四川地震灾区开展饮用水安全的相关监测，利用 HAPSITE 便携式 GC-MS 分别对紫坪铺水库及部分地区的地下水进行了现场监测。检测结果表明：紫坪铺水库和川西化工厂、久业化工厂地下水中检出少量的苯系物和卤代烃，但均符合《地表水环境质量标准》（GB 3838—2002）III类标准。

（2）洋河水库应急监测

洋河水库是河北省秦皇岛市主要水源地之一。2007 年 7 月初，水质突然出现异味。通过利用 HAPSITE 便携式 GC-MS 对洋河水库样品的现场分析，水体中只含有少量的苯、甲苯、四氯乙烯、乙苯和邻二甲苯，但其含量未超过《地表水环境质量标准》（GB 3838—2002）III类标准，排除了由挥发性有机物所造成的异味的可能。

二、TRIDION 便携式气相色谱质谱联用仪应用实例

在甘肃兰州市西固区某处一定区域范围内利用固相微萃取提取、富集样品的技术，多点采集了低空大气样品，采用 TRIDION-9 便携气质，现场实时定性检测了这些样品中的有机物。

（1）实验设备

TRIDION-9 便携气质联用主机；安装 65μm PDMS/DVB 固相微萃取吸附头的进样手柄；4 L 氦气钢瓶，以及钢瓶和便携气质连接头；220V 外接电源线，电源由环境应急监测车提供；GPS 定位仪。

（2）检测方法

1）采集样品方式

带有 65μm 的 PDMS/DVB 吸附头的固相微萃取进样手柄，直接吸附街面低空大气中有机物，SPME 吸附头的吸附涂层长约 1 cm。分别在一定区域的四个精确位置进行采集样品，吸附时间分别为 5 min，5 min，10 min，10 min。

2）气相色谱-质谱条件

载气为高纯氦气；气相进样口温度，270℃；不分流进样 5 s，分流比 10∶1；色谱柱型号 MXT-5，规格 5 m×0.1 mm×0.4um；升温程序：50℃保持 10 s，2℃/s 升温至 270℃，保持 10 s，分析时间 127 s。质谱条件：灯丝电流 1.0 μA；检测器电压 1 525 mV，全扫描检测，扫描范围：40～500 u。

（3）结果和讨论

1）检测结果

1 号样品：SPME 吸附时间 5 min；GPS 信息：北纬 36.109 358°，东经 103.654 360°；大气环境温度：零下 5℃

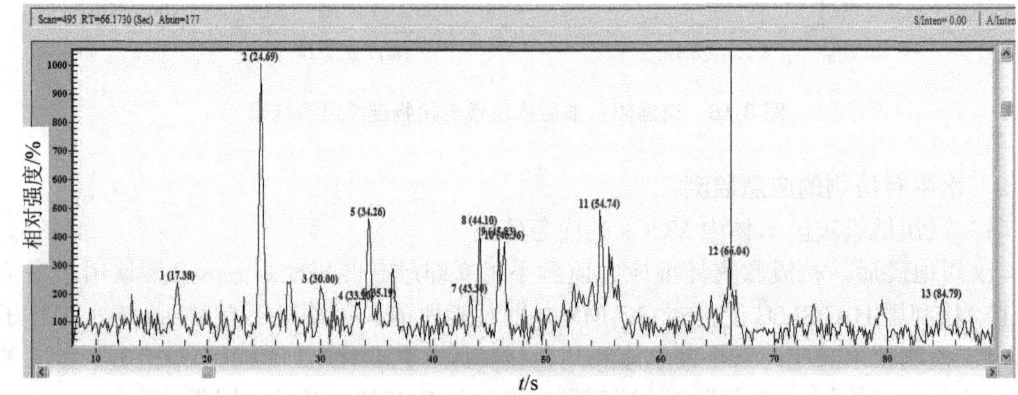

图 8.19 1 号样品总离子流图

表 8.24 1 号样品检测结果

序号	保留时间/s	样品名称
1	17.38	2-甲氧基-2-甲基丙烷
2	24.69	苯
3	30.03	环己酮
4	33.19	2-乙基己醇
5	34.26	甲苯
6	35.19	十一醇
7	43.30	氯辛烷
8	44.10	对二甲苯
9	45.83	2-丁基辛醇
10	46.36	非尔氨酯
11	54.74	2,2-二甲基-3-羟基丙醛
12	66.04	7-甲氧基-3,7-二甲基辛醛
13	84.78	7-氨基-4-甲基对苯二酚

2 号样品：SPME 吸附时间 5 min；GPS 信息：北纬 36.110 850°，东经 103.652 599°；大气环境温度：零下 5℃

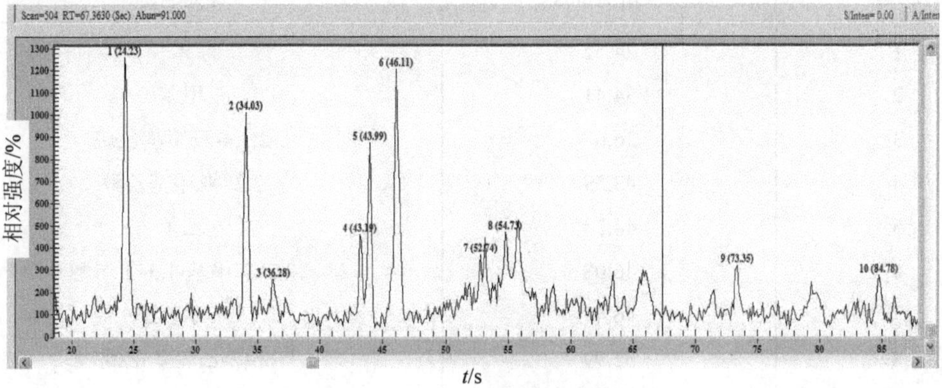

t/s

图 8.20　2 号样品总离子流图

表 8.25　2 号样品检测结果

序号	保留时间/s	样品名称
1	24.23	苯
2	34.03	1,3,5-环庚三烯
3	36.28	2,4,6,8-四甲基-十一碳烯
4	43.19	乙苯
5	43.99	1,3-二甲基苯
6	46.11	苯乙烯
7	52.74	苯甲酰胺
8	54.74	2,2-二甲基-3-羟基丙醛
9	73.35	巴比妥酸
10	84.78	7-氨基-4-甲基对苯二酚

3 号样品：SPME 吸附时间 10 min；GPS 信息：北纬 36.110 353°，东经 103.653 213°；大气环境温度：零下 5℃

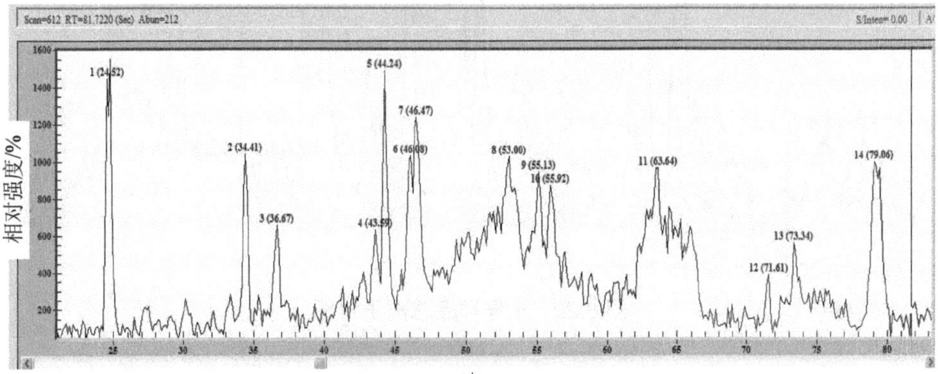

t/s

图 8.21　3 号样品总离子流图

表 8.26　3 号样品检测结果

序号	保留时间/s	样品名称
1	24.52	苯
2	34.41	甲苯
3	36.67	2,3,4-三甲基己烷
4	43.59	2,2′-亚硝基乙醇
5	44.24	乙苯
6	46.08	2,2-二甲基-1,3-丁二醇
7	46.47	非尔氨酯
8	52.99	2-(2-乙氧基)乙醇
9	55.12	2-羟甲基-2-甲基丙二醇
10	55.92	碳酸四甲酯
11	63.64	2,4-二甲基戊醇
12	71.61	2,2-二甲基乙醇
13	73.34	甲基嘧啶
14	79.06	2-甲氧基-2-甲基丙烷

4 号样品：SPME 吸附时间 10 min；GPS 信息：北纬 36.110 721°，东经 103.656 142°；大气环境温度：零下 5℃

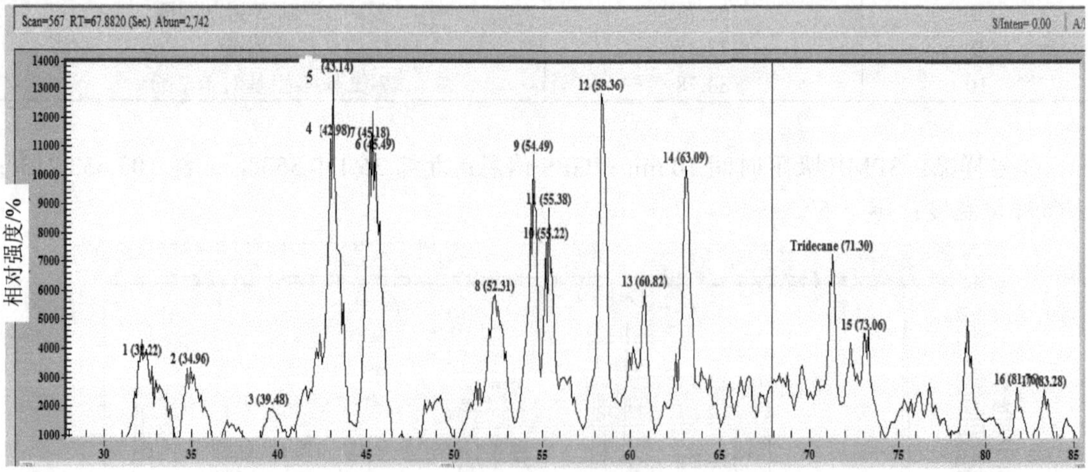

图 8.22　4 号样品总离子流图

表 8.27 4 号样品检测结果

序号	保留时间/s	样品名称
1	32.22	甲苯
2	34.96	癸烷
3	39.48	十六醇
4	42.98	乙苯
5	43.14	邻二甲苯
6	45.49	苯乙烯
7	45.18	十三烷
8	52.31	1-乙基-2-甲基苯
9	55.22	1-乙基-3-甲基苯
10	55.38	1-乙基-4-甲基苯
11	58.36	柠檬烯
12	60.82	1,2-二甲基苯
13	63.09	//
14	73.06	萘
15	81.76	1-甲基萘
16	83.28	2-甲基萘

注：“//”为未确认化合物。

2）总结与讨论

经过固相微萃取/便携气质检测发现：此区域低空大气环境中存在大量的苯系物、醇，以及少量的酮、酯类化合物。

三、Mars-400 Plus 便携式气相色谱质谱联用仪应用实例

1．空气中有机物的应急监测

（1）某展览会场馆空气的现场检测

2011 年 10 月 13 日在某展览会上，利用 Mars-400 型便携式 GC-MS 对展览会场馆空气进行了现场检测。

结合会场的设计、人员流动等因素，在 11 个会场中布置了 6 个检测位点（图 8.23），按照以上测试方法，分别采集会场空气样本，通过 Mars-400 进行定性定量分析。各采样点的空气成分 GC-MS 总离子流图见图 8.24。采用 NIST08 质谱库搜索自动定性，标准曲线自动定量，得到场馆室内空气的定性定量结果（表 8.28）。

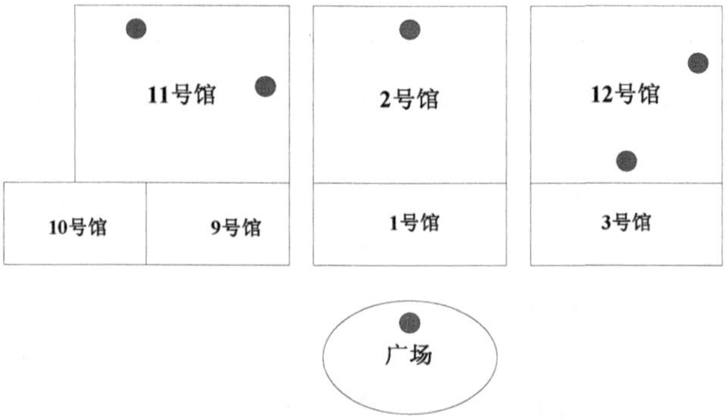

图 8.23 室内空气快速分析的采样点布置

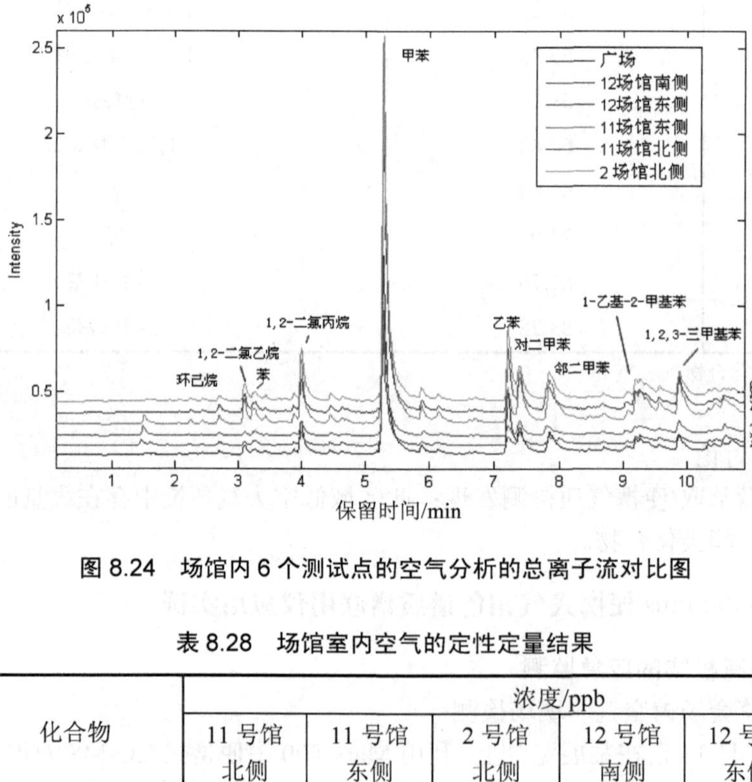

图 8.24 场馆内 6 个测试点的空气分析的总离子流对比图

表 8.28 场馆室内空气的定性定量结果

保留时间/min	化合物	浓度/ppb					
		11 号馆北侧	11 号馆东侧	2 号馆北侧	12 号馆南侧	12 号馆东侧	广场
2.96	环己烷	5.41	6.62	4.42	3.06	2.13	2.67
3.39	1,2-二氯乙烷	12.43	15.95	12.18	2.35	2.47	6.02
3.57	苯	10.35	15.14	9.20	4.55	4.58	5.10
3.73	1,2-二氯乙烯	3.28	NA	4.78	NA	NA	2.86
4.22	正庚烷	5.23	6.49	5.60	3.13	2.33	3.38
4.34	1,2-二氯丙烷	34.70	64.79	57.90	14.49	14.72	36.35
4.84	环己酮	5.26	5.92	6.37	2.59	2.04	3.88
5.01	1-辛醇	NA	2.76	2.93	NA	NA	NA
5.02	1-庚烯	NA	NA	NA	2.94	NA	NA

保留时间/min	化合物	浓度/ppb					
		11 号馆北侧	11 号馆东侧	2 号馆北侧	12 号馆南侧	12 号馆东侧	广场
5.10	1,3-二氯丙烯	2.12	2.40	1.78	NA	NA	NA
5.72	甲苯	79.04	107.96	89.05	33.46	35.31	60.22
6.34	辛烷	4.46	3.70	4.17	NA	1.65	3.36
6.37	壬烷	NA	NA	NA	1.36	NA	NA
7.79	乙苯	15.34	8.05	18.40	2.03	2.17	16.36
8.00	对二甲苯	4.37	6.69	4.59	1.64	1.86	3.66
8.49	邻二甲苯	4.77	8.37	4.37	1.09	1.99	3.74
9.75	丙基苯	NA	1.48	0.98	NA	NA	0.89
9.80	氯苯	1.11	NA	NA	0.41	0.51	NA
9.94	1-乙基-2 甲基-苯	1.96	3.12	2.21	0.86	0.83	1.37
10.02	1,3,5-三甲基苯	5.54	8.05	5.16	2.60	2.53	3.31
10.33	1-乙基-4-甲基苯	1.59	2.96	NA	2.06	NA	NA
10.67	1,2,3-三甲基苯	7.09	9.23	5.54	2.40	0.96	3.14
11.13	1,3-二氯苯	0.49	0.73	0.68	NA	0.26	0.58
11.22	1,2,4-三甲基苯	0.94	NA	0.83	NA	NA	0.83
11.50	1,2-二氯苯	0.71	NA	NA	NA	NA	1.88
11.53	1-乙基-3-甲基-苯	NA	1.13	NA	NA	NA	NA

注：“NA”表示该物质在场馆中无检出。

从检测结果中发现，场馆内空气含有大量挥发性有机化合物，成分主要为挥发性脂肪烃、挥发性芳香烃化合物、挥发性卤代物等，其中甲苯的含量最高，浓度范围在 30～110 ppb 之间。

（2）全国城市环境空气 VOCs 监测

2012 年 10 月至 11 月 Mars-400 Plus 便携式 GC-MS 参与了某些城市环境空气中 VOCs 含量监测项目，监测车外观以及车内设施如图 8.25 所示。工作人员利用仪器对某省的 13 个重要城市空气中 VOCs 含量进行监测，每个城市平均选择 10～15 个点位，并且连续监测 3～5 天。

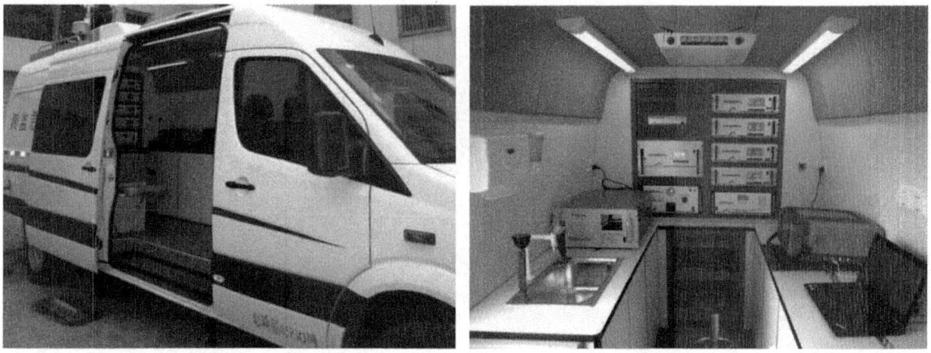

图 8.25　监测车内的 Mars 400Plus 便携式 GC-MS

经过监测得到的 VOCs 包括苯、甲苯、乙苯、间二甲苯、对二甲苯、邻二甲苯、苯乙烯、苯甲醛等，浓度在 0.5～100 ppb 之间。图 8.26 显示了某市一天中 14 个点位空气中 VOCs 含量的统计结果。通过数据对比和分析，同一城市不同位点，以及不同城市之间所监测的空气 VOCs 种类和含量存在较大的差异。

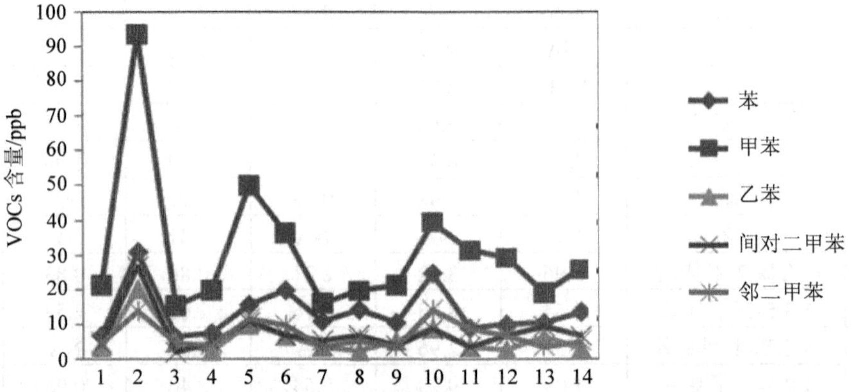

图 8.26 某市 14 个点位空气中 VOCs 含量统计结果

2. 水中有机物的应急监测

黑龙潭水库应急监测

黑龙潭水库是四川省眉州市主要集中式生活饮用水水源地之一。2011 年 8 月初，水质突然出现异味。通过便携式 GC-MS 对黑龙潭水库样品的现场分析，水体中只含有少量的苯、甲苯、乙苯、邻二甲苯和 1-乙基-3-甲基苯。但其含量未超过《地表水环境质量标准》（GB 3838—2002）Ⅲ类标准，排除是由挥发性有机物所造成的异味。

第九章 生物应急监测技术

生物监测就是指利用生物个体、种群或群落对环境中污染物质的反应，即在各种污染环境下所发出的各种信息，来快速地阐明和判断环境污染状况的一种手段，从生物学角度为环境质量的监测和评价提供依据。生物监测是环境监测的重要组成部分。目前，环境监测系统通常根据生物专业领域，将生物监测分为微生物监测、生物群落监测、生物毒性测试、生态毒理试验及生物残毒测试等。

由于突发环境事件主要是化学污染事故、微生物泄漏、藻类爆发及自然灾害等引起的水质突变等的应急事件，因此可应用于突发环境事件应急监测的生物监测技术方法，应当具备以下主要特点：①对于突发环境事件，该方法能快速初筛出对生物体的危害；②该方法能评价污染物的综合毒性，并间接反映污染物对人体健康或环境安全的危害；③该方法能够综合评价环境的污染状况。尽管理化监测易标准化，能够准确检出目标污染物的含量，但无法全面评价环境的质量状况，而生物监测更具有直观、客观、综合和历史可溯源性的特点，可反映污染物的综合毒性效应，可评估污染物对人体健康或生态环境产生的潜在危害。

因此，在突发环境事件应急监测中，可将生物监测与理化监测相互弥补，综合评价环境质量、判断污染状况，为环境管理提供科学依据。利用生物监测建立水环境安全预警系统是目前国内外环境科学的一个研究热点。

第一节 生物综合毒性检测技术

现有的生物综合毒性检测技术都采用让受试生物暴露在需要评价的环境或样品中，观察受试生物的生理反应，从而做出对受试生物的毒性判断，并间接反映污染物对人体健康或环境安全的危害的方法。该类检测技术可以采用各种不同受试生物进行毒性检测，如发光菌、水蚤、藻类、鱼类、小鼠等，其中发光菌毒性检测技术能快速、全面地用于突发环境事件应急监测，并被广泛应用于水环境的快速毒性检测，因此该技术相对其他生物毒性检测更符合应急监测的要求。

一、发光细菌的概述

发光细菌（*lnminescent bacteris*，*luminousbacteria*）属革兰氏阴性、兼性厌氧菌，大小约（0.4～1.0）μm×（1.0～2.5）μm。无孢子、荚膜，有端生鞭毛一根或数根，最适温度为 20～30℃，最适 pH 为 6～9，浓度 3%的 NaCl 和 0.3%的甘油对发光反应很有利。这类细菌在正常的生理条件下能够发射可见荧光，这种可见荧光波长在 450～490 nm 之间，在黑暗处肉眼可见。

发光细菌在全球海洋环境中均有分布，可以从海水、沉积物、悬浮颗粒中分离得到，发光菌形态虽多种多样，但生理特性却非常相似。一般对明胶不产生液化，分解蛋白质后不形成毒物，它们可以通过腐生寄生、寄生、共生等方法存在于海洋动物体内。目前已经命名的发光细菌共有 18 种 4 属，除弧菌属（*Vibrio*）中的霍乱弧菌（*Vibrio cholerae*）和青海弧菌（*V. qinhaiensis*）为淡水发光菌，发光杆菌属（*Photorbacterium*）为陆生发光细菌外，其余皆为海洋发光细菌。这些细菌一般好低温，最适温度约为 18℃，温度超过 37℃则不发光。主要发光细菌的分类见表 9.1。

表 9.1 发光细菌的分类

属名	DNA 的 G+C/%	栖息地	发光细菌名称
弧菌属	45～48	海洋	哈维式弧菌 美丽弧菌 I 型 费氏弧菌 火神弧菌
发光杆菌属	39～44	非海洋 海洋	霍氏弧菌易北变种 明亮发光杆菌 鱼发光杆菌
异短杆菌属	43～44	非海洋	曼达帕姆发光杆菌 发光异短杆菌

目前国内常用的 3 种发光细菌分别为：明亮发光杆菌、费氏弧菌、青海弧菌。其中，明亮发光杆菌主要在《水质 急性毒性的测定 发光细菌法》（GB/T 15441—1995）和《水和废水监测分析方法》（第四版）中所使用；费氏弧菌在欧盟的标准中《水质测定 水样对于发光细菌的抑制效应测定 发光细菌实验》（ISO 11348-3—2007）所使用；青海弧菌在《水和废水监测分析方法》（第四版）中有所介绍。该检测方法在“汶川地震”应急监测中有了较大规模的应用，其快速、便捷、综合评价等优点得到了充分发挥，受到了环保、卫生、疾控等部门的高度重视，我国环境保护部门也将其列入应急监测项目，并正在编制行业标准过程中。《发光细菌与环境毒性检测》一书已出版，内容主要介绍了发光细菌的发现及应用领域等信息，着重介绍了青海弧菌的使用发展过程。

美国、国际标准化组织（ISO）和中国等均颁布了发光菌用于评估水质毒性的相关标准。原理都是把样品和细菌混合在一起，经过短时间（一般为 5～30 min）的反应，测定细菌的发光强度，通过抑光率评估样品的生物毒性。国际标准化组织（ISO）颁布了《水质 水样对弧菌类光发射抑制影响的测定（发光细菌试验）》（ISO 11348-3—2007），该标准分为 3 个部分，使用的细菌包括新制备细菌、液体干细菌和冻干细菌。美国已把 ISO 11348-3—2007 作为测定水和土壤毒性的标准方法；美国材料与实验协会（ASTM）1996 年颁布了《固相样品发光菌毒性测试方法》（ASTM-D-5660—96），通过了使用海洋发光细菌对遭化学污染的水和土壤进行毒性试验的微生物评估标准方法；同时加拿大批准将 ISO 11348-3—2007 作为石油钻井过程中排水和固体废物毒性监测的标准方法；美国《水和废水检测标准分析方法》（第 21 版）也规定了发光菌用于急性毒性评估的方法，使用的细菌为费氏弧菌。

明亮发光杆菌：发光杆菌属（*Photobacterium*），弧菌科。革兰氏阴性，极生鞭毛，能发光的杆状细菌。大小为（1.0～2.5）μm×（0.4～1.0）μm。菌体单个存在或偶尔成对，在不利的生长条件下发生多形态。无荚膜。在含有 2%～3%浓度的氯化钠的有机培养基上才生长良好。兼性厌氧；最适温度为 20～30℃；最适 NaCl 浓度为 3.0%，没有 NaCl 不生长；pH 6～9 生长，在适宜条件下通常发光，但长期人工培养可能丧失发光性。模式种为明亮发光杆菌（*P. phosphoreum*）。

费氏弧菌：弧菌属（*Vibrio*）朊细菌门、γ-朊细菌组、发酵杆菌纲、弧菌目、弧菌科细菌中的一属。广泛分布于淡水、淡海水、海水和海产品中。革兰氏阴性菌，细胞呈弯杆状，大小为（0.5～0.8）μm×（1.4～2.6）μm；在一定条件下会出现衰退型；多数种类在液体培养基中长出 1 条有鞘的极生鞭毛进行运动，偶尔也有 3 条极生鞭毛者；有的种如费氏弧菌（*V. fischeri*）和火神弧菌（*V. logei*）有时长出 1 丛（2～8 条以上）极生鞭毛。除霍乱弧菌（*V. cholerae*）等少数种类外，弧菌的生长均需一定浓度的 NaCl；各种弧菌都可生长在 20℃下，多数为 30～35℃，有些为 40℃，少数可在 4℃下生长。至今已记载的弧菌已有 46 种（2000 年）。模式种为费氏弧菌（*V. fischeri*）。

青海弧菌：近年来，我国学者利用自己从高原湖泊中分离出的一株淡水型青海弧菌（*Vibrio qinghaiensis*）作试验菌，并且成功地制成了冻干菌粉产品，经活化后，可随时测定水质的污染情况。

二、发光菌的发光生化模式

通常，在所有的生物发光细菌系统中，分子态的氧是直接或间接地参与其生物化学反应的。发光机理的研究表明，不同种类的发光细菌的发光机理是相同的，是由特异性的荧光酶（LE）、还原性的黄素（$FMNH_2$）、八碳以上长链脂肪醛（RCHO）、氧分子（O_2）所参与的复杂反应。

其反应方程式为：

$FMNH_2+LE \rightarrow FMNH_2{\cdot}LE+O_2 \rightarrow LE{\cdot}FMNH_2{\cdot}O_2+RCHO \rightarrow LE{\cdot}FMNH_2{\cdot}O_2{\cdot}RCHO \rightarrow LE+FMN+H_2O+RCOOH+$光

概括地说就是，细菌生物发光反应是由分子氧作用，胞内荧光酶催化，将还原态的黄素单核苷酸（$FMNH_2$）及长链脂肪醛氧化为 FMN 及长链脂肪酸，同时释放出最大发光强度在波长为 450～490 nm 处的蓝绿光。发光现象其实质是酶促氧化反应。在这个反应模式中共有 3 种酶参与，分别为 FMN 还原酶、荧光素酶和脂肪酸还原酶。在这些特殊的氧化反应过程中能够产生 115 k/mol 的自由能，这些足够的自由能能够使最后的产物处于激发态，从而能够产生波长 490 nm 的光子，大约折合能量为 59 k/mol。发光细菌生长初期发光很弱，对数生长中期发光强度达到高峰，稳定期时发光强度下降。

发光细菌在正常的生理条件下能发出波长在 450～490 nm 的蓝绿色可见光，在一定的试验条件下发光强度是恒定的。与外来受试物接触后，由于毒物具有抑制发光的作用，发光细菌的发光强度即有所改变，变化的程度与受试物的浓度在一定范围内呈相关关系，同时与该物质的毒性大小有关。外来受试物主要通过下面两个途径抑制细菌发光：①直接抑制参与发光反应的酶类活性；②抑制细胞内与发光反应有关的代谢过程。凡能够干扰或破坏发光细菌呼吸、生长、新陈代谢等生理过程的任何有毒物质都可以根据发光强度的变化来测定。发光细菌的发光生化反应模式如图 9.1 所示。

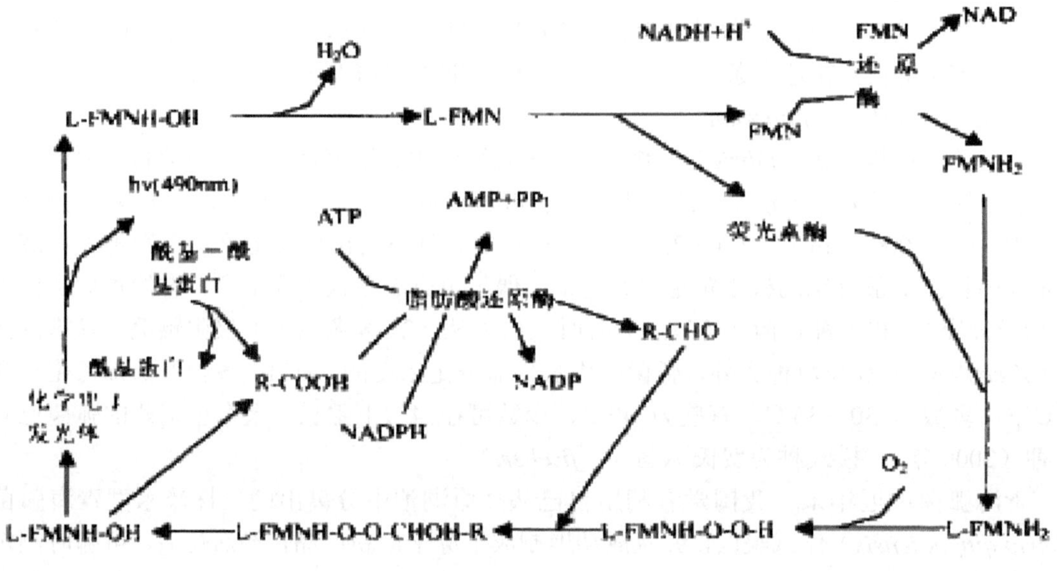

图 9.1 发光细菌的发光生化反应模式图

三、发光菌检测技术基本原理

发光细菌含有荧光素、荧光酶、ATP 等发光要素，在有氧条件下通过细胞内生化反应会产生微弱荧光。当细胞活性升高，处于积极分裂状态时，其 ATP 含量高，发光强度增强。发光细菌在毒物作用下，细胞活性下降，ATP 含量水平下降，导致发光细菌发光强度降低。实验显示，毒物浓度与菌体发光强度呈线性负相关关系，因而，可以根据发光细菌发光强度判断毒物毒性大小，用发光度表征毒物所在环境的急性毒性。

发光细菌检测技术是利用灵敏的光电测量系统测定毒物对发光细菌发光强度的影响，判断毒物毒性的大小。基于发光细菌相对发光度与水样毒性组分总浓度呈显著负相关（$p \leqslant 0.05$），因而可通过生物发光光度计测定水样的相对发光度，以此表示其急性水平。水质急性毒性水平可按选用适当的参比物浓度（以 mg/L 为单位）来表征，或选用 EC_{50} 值（半数有效浓度，以样品液百分浓度为单位）来表征。目前常用的参比毒物包括：氯化汞、硫酸锌、硫酸铜及苯酚等。

四、该技术的优缺点

传统的生物综合毒性监测以水蚤、藻类或鱼类等作为受试对象，虽然能反映毒物对生物的直接影响，但是这些方法的最大缺点是实验周期长，实验比较繁琐。针对传统生物毒性检测方法的不足，发光细菌法作为一种具有快速、灵敏和廉价等优点的直接生物测试方法，在环境应急监测中发挥了重要的作用。

1. 主要优点

发光细菌法具有灵敏度高、相关性好、反应速度快、成本低廉、自动化程度高、操作简便、测量结果直观等诸多优点。它不仅能测定单因子指标，还能快速准确测出环境的综合毒性指标，具有理化法无可比拟的优势。

2. 缺点与存在问题

以生物体为受试物进行毒性测试均存在结果重现性不高的缺点，发光细菌毒性测试方法也不例外，但制成发光菌冻干粉后，可使结果重现性有明显提高，可控制在10%以内。另外，由于细菌对外界影响有较强的敏感性，抗干扰能力差，因此环境影响或样品的色度可能会对检测结果造成干扰。最后，如何用统一的评价标准进行健康分级还是一个有待研究的问题，因为目前分级评价标准有多种，分级的级别从三级至五级均有。

五、主要仪器设备与应用范围

1. 发光细菌毒性测试在环境监测中的应用

在应急监测中，如果是未知样本，针对特定化学成分进行理化监测，从而开展毒性辨认的成功率仅为20%。特定化学成分理化监测虽然比较敏感而精确，但是由于技术范围所限，在针对特定化学成分分析的过程中，没有预料到的毒性物质总是检测不到，这就使常规实验方法只能检测部分毒性物质。除此之外，即使样品的化学成分已经很清楚，也无法确定其毒性。特别是在混合样本中，不同的化学物质相互促进或相互抑制，使毒性增强或降低。所以，针对特定化学有毒成分的检验一般适用于已知毒性的样品的化学成分分析。

自1672年，R.Boyle观察到发光细菌菌所发出的光，易被化学物质抑制后，许多科学家相继对细菌的发光效应进行了大量研究。20世纪70年代至80年代初，国外科学家首次从海鱼体表分离和筛选出对人体无害而对环境敏感的发光细菌，并用于水体生物毒性检测，成为一种简单、快速的生物毒性检测手段。80年代初我国引进了这项技术，并先后分离出海水型和淡水型（青海弧菌）发光细菌，用以检测环境污染物的急性生物毒性。

在我国，利用发光细菌毒性试验检测环境污染物急性毒性备受重视。目前，该检测技术已经广泛应用于化学品、污水、沉积物和土壤等的毒性测试，能够在短时间内反映水质的综合毒性状况，判断水体是否适于作为饮用水水源。

除此之外，利用发光细菌制作生物传感器，成为国内外传感器研究和发展的热点，发光菌在线监测技术也已经在国内的部分地区示范应用。

2. 主要仪器设备

20世纪80年代初美国推出生物毒性测试仪，它具有应用范围广，灵敏度高，相关性好，反应速度快等优点，发光细菌毒性测试（Luminescent bacteria toxicity test）技术在世界范围内迅速推广。

（1）BHP9515型便携式生物毒性测试仪

如图9.2所示，提供了ISO测试模式、基本测试模式、RLU测试模式（可进行ATP检测）等三种测试模式。

（2）BHP9511型台式生物综合毒性仪

如图9.3所示，在“汶川大地震”空区饮用水监测中有过应用；此外，华东师范大学使用该仪器承担了保障 2010 年世博会饮用水安全检测项目。

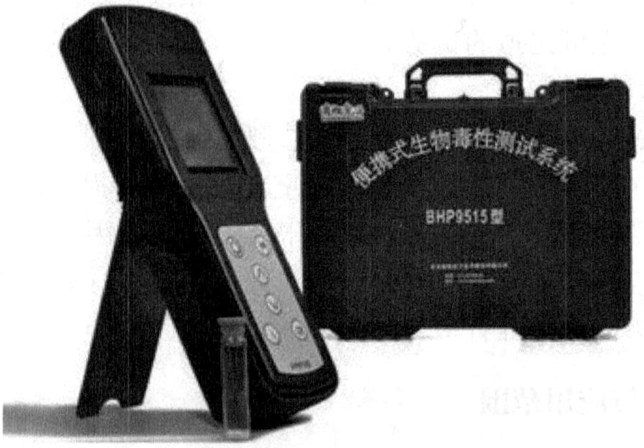

图 9.2 BHP9515 型便携式生物毒性测试仪

图 9.3 BHP9511 型水质毒性快速检测仪

（3）SDI-MWDeltatox 便携式发光细菌毒性检测仪

是一种急性毒性检测系统，如图 9.4 所示。

SDI-MWDeltatox 是便携仪器，并具有急性毒性检测和 ATP 检测两项功能，能快速检测两类污染饮用水可能性最大的物质——病原体和化学毒性物。此产品最大的优点是快速和使用简便。使用 SDI-MWDeltatox 便携式综合毒性检测仪，在出现突发饮用水污染事件时，能快速评估水体的化学污染和生物污染。

SDI Microtox Model 500 实验室式水质快速毒性检测仪：是一款实验室使用的温控毒性检测仪，如图 9.5 所示。带有自校准光度计，并能与电脑相连，其 MicrotoxOmni™软件能方便地采集、分析和存储数据。该毒性检测系统集急性毒性检测、综合毒性 EC_{50} 检测和慢性毒性检测三项检测功能。

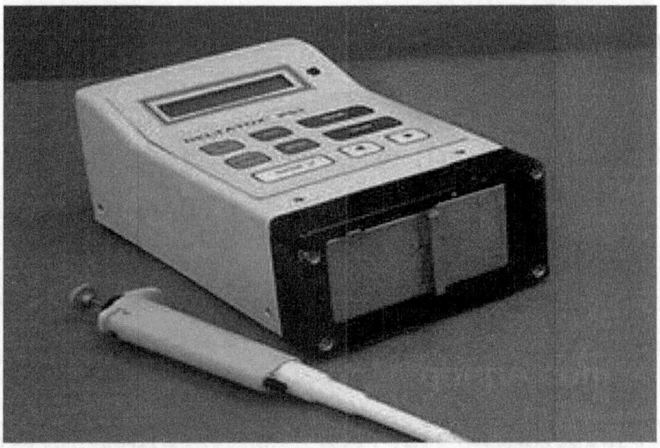

图 9.4　Deltatox 便携式发光细菌毒性检测仪

图 9.5　Microtox Model 500 实验室式水质快速毒性检测仪

（4）LUMIStox300 型生物毒性测试仪

图 9.6 是基于毒性物质对发光细菌发光度的抑制作用而设计的，通过测定发光细菌发光度的变化，评价被测环境样品中由重金属和其他有机污染物所造成的急性生物毒性。该仪器可进行急性、慢性毒性测试。

图 9.6　LUMIStox300 型生物毒性测试仪

六、操作方法及注意事项

1．样品的采集

按照《水质　采样技术指导》（HJ 494—2009）的规定采集 200 ml 左右水样于采样瓶中，如果样品中含有余氯时，需事先在灭菌瓶内加入 0.3 ml 10%硫代硫酸钠溶液。

2．样品的保存

采集好的样品应在 6 h 内进行毒性检验，如果不能及时送检，应保存在 0～4℃中，最多不超过 24 h；由于特殊原因超过 24 h，可考虑现场检验。

3．发光菌悬液的准备

目前各种用于检测的发光细菌均已制成冻干粉，因此在检测前仅需复苏即可使用，通常操作步骤为：发光菌冻干粉—添加适量复苏液—冻干粉剂完全溶解—调整菌液浓度—数分钟后恢复发光—用于检测。

4．样品预处理

对样品一般无需做特别处理，如水样中含有余氯时，需加入硫代硫酸钠溶液予以去除；如水样 pH＜5 或 pH＞9 时，需调至 7.0 左右；固态样品需溶于水或用其浸出液，必要时调 pH 至 7.0 左右。对含有固体悬浮物的水样须过滤或离心去除，以免干扰测定。

5．测定分析

比较国内外所制订的发光细菌毒性测定标准，测定流程大体相同，所不同的是冻干菌粉用的复苏液、缓冲液不同，以及菌悬液和样品规定作用时间不同。检测基本操作流程为：样品预处理—样品调节 Na^+浓度（淡水菌除外）—取 1 ml 样品注入各测量管（对照不加样品，只加入缓冲液）—在各测量管中加入复苏菌液—控制反应时间—按设定时间依次测定各测量管的发光强度—计算相对发光强度—评估样品毒性大小。

6．数据处理与评价

通过上述操作步骤的测定，可以得到对照测量管和各种不同浓度的样品管的发光强度，套用下列公式可计算出相对发光强度和发光抑制率。

相对发光强度（%）=样品管光强/对照管光强×100%

发光抑制率（%）=1−相对发光强度

样品生物毒性大小判别一般有三种方法：

（1）标准毒物相对发光强度进行比对

我国 1995 年发布的国标中就规定用 $HgCl_2$ 作为标准毒物，在检测样品同时，也检测不同系列浓度的 $HgCl_2$ 相对发光强度，制作标准曲线，以样品的相对发光强度在标准曲线上查得对应的 $HgCl_2$ 毒性。用 $HgCl_2$ 作为标准毒物的优点是，它在医学毒理学研究中被作为典型的细胞毒性物质，常用于毒性试验的阳性对照物。欧盟的标准中规定用重铬酸钾为标准毒物。

（2）以 EC_{50} 值评定样品的生物毒性水平

EC_{50} 在毒理学应用非常广泛，EC_{50} 值即半致死剂量，就是能抑制 50%的细菌发光强度时，该样品的浓度值，通常采用 mg/L 表示，EC_{50} 值越小，毒性越大。这样在客观上对各种不同的样品或毒物的毒性大小可给出一个统一的比较和判断。

（3）以样品的相对发光强度来评判

用样品的相对发光强度来评估毒性大小相对上述两种评价方法，更容易，更适合环境应急监测使用，它是在大量的实验和应用数据的基础上，按照标准毒物的比对而制定的，见表 9.2 至表 9.4。但到目前为止，这种评价方法还未统一，标准的分级等级也有不同。

表 9.2　明亮发光杆菌急性毒性的分级标准

毒性等级	相对发光强度/%	毒性评价
Ⅰ	＞70	低毒
Ⅱ	50～70	中毒
Ⅲ	30～50	重毒
Ⅳ	30～0	高毒
Ⅴ	0	剧毒

表 9.3　费氏弧菌急性毒性的分级标准

毒性等级	相对发光强度/%	毒性评价
Ⅰ	60～100	低毒或无毒
Ⅱ	25～60	中毒
Ⅲ	0～25	高毒

表 9.4　青海弧菌急性毒性的分级标准

毒性等级	相对发光强度/%	毒性评价
Ⅰ	＜25	强毒
Ⅱ	25～75	毒
Ⅲ	75～100	微毒
Ⅳ	＞100	无毒

发光菌毒性监测操作流程如图 9.7 所示。

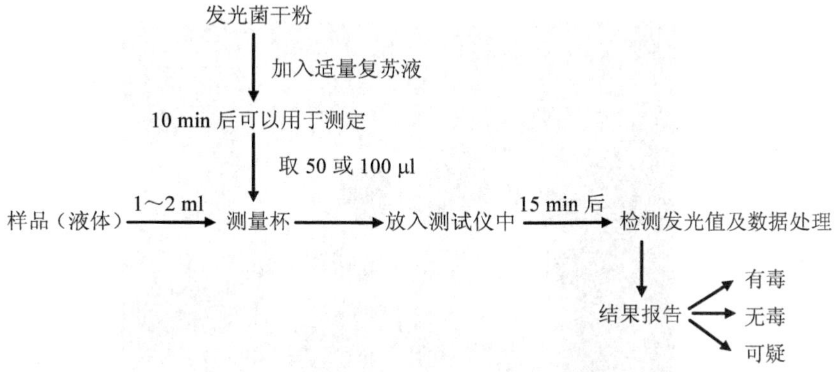

图 9.7　发光菌毒性监测操作流程

7．质量保证与质量控制

菌液的质量是整个检测的重要基础，因此要严格按照要求存放发光冻干粉，对每批次的冻干粉要进行标准毒物的检验，按照 GB/T 15441—1995 标准，建立标准毒物 $HgCl_2$ 浓度和其相对发光强度的标准曲线，查相关系数显著水平 P 值，若 $P \leqslant 0.01$，并且 EC_{50} $HgCl_2=0.10 \pm 0.02$ mg/L，则菌粉检验合格。在检测操作过程中，应在 10～30℃操作，尽量防止温度的波动；菌液和样品的反应时间要保持一致；测定平行样发光强度值不能超过 10%。

七、典型应用实例

1．汶川地震灾区饮用水监测

2008 年 5 月 12 日，四川汶川地区发生了里氏 8.0 级特大地震，此次地震对灾区居民的饮水安全问题带来了严重威胁，为了保障灾区居民的饮水安全，必须对饮用水源进行监测。地震灾区的水质应急监测不同于常规水质监测，也不同于其他突发性污染事故的应急监测。由于地震的毁灭性破坏，无法得知进入水体的污染类型、污染范围和污染物浓度。在监测目标物未知的水体中，利用常规物理化学分析方法，很难确定监测的项目参数，只能选取具有代表性的水质参数进行监测；同时，灾区水源地每天供应当地居民的用水必须当天采集样品进行监测分析，这就要求监测必须准确、简单、快速，不可能按照常规饮用水水质标准，对所有的水质检测参数进行测定。此外，需要一种能够综合反映水质污染状况的检测技术来判断饮用水源是否安全。

为解决上述问题。长江流域水环境监测中心应用了发光细菌综合毒性检测技术。在利用移动监测车监测常规理化指标的同时，使用 Deletox（便携）或 Microtox（台式）检测系统，检测了汶川地震灾区 12 个市县的 200 多个城镇、乡镇集中供水水源地及灾区群众临时安置供水点的饮用水源样品的综合毒性（图 9.8）。在一个月的饮用水源地巡回检测中，共检测水样 1 000 多个，获取监测数据上万个。结果显示，大部分水源水质较好，出水对生物体的急性综合毒性为低毒。测定结果与 pH、氰化物、挥发酚、六价铬、砷、汞、硝酸盐氮等理化指标的监测结果有可比性，水体的综合毒性指标正常。证明发光细菌法生物毒性检测技术不仅显示出了操作简单、方便快捷的特点，而且能够反映水体的综合毒性效应。

图 9.8　汶川地震灾区实验现场

2. 大沽排污河及永定新河水样监测

雷炳莉曾报道应用发光菌生物毒性监测技术，测定天津大沽排污河和永定新河水样的综合毒性，进行毒性分级和河流水质综合毒性评价。同时，比较了亲水-疏水平衡柱富集前后水样的毒性变化，分析有机污染物对发光菌的毒性贡献情况，为进一步的河流污染物监测分析和生态风险评价提供基础资料，并为河流水质评价、水质污染应急性生物毒性测试提供基础数据和基本方法。测定分析结果显示，大沽排污河和永定新河水样均对发光菌显示出了一定的毒性效应，其毒性级别从低毒到剧毒，呈现较大差异，并且大沽排污河的毒性总体上高于永定新河，且二者均表现为富集前水样的毒性大于富集后水样的毒性。通过比较 HLB 柱富集前后水样对发光菌相对抑光率的变化，得出富集前水样对发光菌产生毒性的有机物类型主要是在水中具有一定溶解度的极性或中性有机污染物。但由于多种有机污染物和无机污染物都能对发光菌产生毒性效应，因此，对发光菌产生毒性效应的具体物质需要结合化学分析作进一步的鉴别评价。

3. 发光细菌可充当水域污染“指示剂”

2006 年，美国海洋生物学家维德尔获得麦克阿瑟基金会提供的一笔资金，用于实施印第安河潟湖的污染监测计划。经过检测，她发现了潟湖内的一些“污染热区”，污染程度危急多达 4 200 种动植物种群的生存。研究显示，虽然并不像海豚和海牛一样是当地的偶像级动物，但东部牡蛎等动物对潟湖生态系统的健康同样重要。当地的房地产和商业开发导致水质不断下降，栖息地也呈减少趋势，印第安河潟湖的污染问题已经到了不可忽视的地步。她试图利用自己的专业——生物发光技术，让污染状况可视化，并让人们意识到哪些小小的改变能够改善潟湖环境。

在实验室，维德尔将印第安河潟湖的沉积物样本与一种名为“费氏弧菌”的发光细菌混合在一起，而后利用光度计测量费氏弧菌在有毒化学物质影响下所发光线变暗的程度和速度，进而快速确定有毒物质的浓度。与测量水中的化学物质相比，测量沉积物中的污染物水平能够进一步了解印第安河潟湖的健康状况。通过观察沉积物中的有毒化学物质杀死细菌过程中导致光线变暗的程度和速度，维德尔能够快速确定有毒物质的浓度。她指出，与测量水中的化学物质相比，测量沉积物中的污染物水平能够进一步了解印第安河潟湖的健康状况。“水中的污染物是暂时的，沉积物中的污染物则是永久性的。”

维德尔经研究发现，印第安河潟湖中磷和氮等重金属和肥料浓度较高，这些物质可刺激藻类生长，甚至达到失控程度。疯狂生长的藻类大肆消耗潟湖中的氧，导致其他生物窒息。研究过程中，维德尔设计了传感器并安装在潟湖周围，用于实时获取有关水流和流向的数据。通过将这些数据与有关沉积物毒性的发现结合在一起，她能够追踪污染源头。这种方式要比更传统的取样交付实验室分析成本更低，同时更为快速。

第二节　粪大肠菌群快速监测技术

当水体受到人畜粪便、生活污水或某些工业废水污染时，水中的微生物的数量可大量增加。地表水中的微生物学监测，特别是肠道细菌的监测，在环境质量评价、环境卫生监督等方面具有重要的意义。但是直接检验水中各种病原微生物，方法比较复杂，难度很大，而且检验结果为阴性也不能保证绝对安全。所以在实际工作中经常以检查水体中的细菌总数、总大肠菌群和粪大肠菌群等指示菌，来间接判断水体污染状况和环境卫生学质量，此方法已成为我国水环境质量标准和排放标准的重要监测和评价指标之一。

世界卫生组织发布的《饮用水水质准则》指出，最大的微生物风险来源于饮用被人或动物（包括鸟类）粪便污染的水，粪便是病原微生物、病毒、原生动物和蠕虫的主要来源。调查研究表明，粪大肠菌群存在于温血动物粪便，粪大肠菌群唯一来源就是粪便，粪大肠菌群数值高低表明了粪便污染的程度，同时也反映了对人体健康的危害大小。因此，开展指示菌——粪大肠菌群的检测是一种有效掌握污染情况的好方法。

地震等自然灾害过后，水体存在被大量微生物（尤其肠道病原菌）所污染的威胁，若被人饮用则会爆发严重疾病如菌血症、脑膜炎、急性肠道等疾病。加强饮用水水质应急监测同时，也不能轻视水中病原微生物的种类和数量。在水污染事件中，针对微生物类型的水污染事故，开展指示菌——粪大肠菌群监测是一种有效掌握污染情况的好方法。但是传统多管发酵法，工作量大、操作繁琐、周期长。测定粪大肠菌的快速监测方法——酶底物法多被用来进行地表水微生物污染事故应急监测。

一、粪大肠菌群概述

粪大肠菌群是大肠菌群的一种，又名耐热大肠菌群，其生长于人和温血动物肠道中的一组肠道细菌，随粪便排出体外，约占粪便干重的1/3以上，故称为粪大肠菌群。受粪便污染的水、食品、化妆品和土壤等物质均含有大量的这类菌群。若检出粪大肠菌群即表明已被粪便污染。传统检测方法是采用多管发酵法或者滤膜法。但这两种方法检测时间相对较长（48 h 左右），且需进行验证试验，试验步骤较为繁琐，所以多管发酵法或者滤膜法不能对水质状况做出快速评价。因此，采用快速简便的检测方法十分必要。

二、酶底物法的基本原理

粪大肠菌群酶底物法是利用专利技术固定底物技术酶底物法®（DST®）同时检测总大肠菌群或粪大肠菌群和大肠埃希氏菌。其中两种指示剂 ONPG（Ortho-nitrophenyl-β-D-galactopyranoside）和 MUG（4-methyl-umbelliferyl-β-D-glucuronide）可以被大肠菌群的β-半乳糖苷酶和大肠埃希氏菌的 β-葡萄糖醛酸酶分解代谢。

固定底物技术酶底物法（DST-酶底物法）采用大肠菌群细菌能产生β-半乳糖苷酶分解ONPG使培养液呈黄色，以及大肠埃希氏菌产生β-葡萄糖醛酸酶分解MUG使培养液在波长366 nm紫外光下产生荧光的原理，来判断水样中是否含有大肠菌群及大肠埃希氏菌。

固定底物技术酶底物法可以较好地弥补传统方法的不足。根据《生活饮用水标准检验方法》（GB/T 5750.12—2006）中推荐的固定底物酶底物法，可购买到市售化试剂。用于检测100 ml 水样，只需手工操作1 min，无需无菌实验室，即可在24 h内定量检测出水中粪大肠菌群数。此方法极大地减少了工作量，避免了使用多管法的逐级稀释带来的操作误差，也避免了使用滤膜法时肉眼读数的人为误差。

三、酶底物法的优缺点

使用酶底物法的特点在于方便、快捷、准确，手工操作步骤简单，出具结果时间不超过 24 h，每个样品实际手工操作的时间小于 1 min。其他特点为：①只需简单 5 步即可检测，操作简单、快捷；②无需在无菌室内使用；③数据准确，满足国家标准的要求；④使用于各种水样。

和传统的多管发酵法相比，固定底物酶底物法步骤少，操作简单，检测时间较短（24 h），无需确认实验，不需要专门的无菌间，在条件较差的地方也能应用。该方法使用的试剂可提供选择性杂菌抑制，能有效避免传统方法产生的假阳性反应，非常适合应急监测需求，更主要的是检测准确度高。操作人员无需专门培训，一个样品的处理操作时间小于 1 min，方法易于推广。粪大肠菌群检测酶底物法和多管发酵法的优缺点比较见表 9.5。

表 9.5 粪大肠菌群检测酶底物法和多管发酵法的优缺点比较

检测方法	步骤	前处理及操作时间	确认试验	检测时间/h	操作环境条件	检出限/（个/100 ml）
多管发酵法	繁琐	1.5 h	需要	48	无菌间	2
酶底物法	简易	1 min	不需要	24	无需要	1

四、主要仪器设备与应用范围

目前酶底物法在全球广泛地被使用在检测水中大肠杆菌群以及大肠杆菌。在美国，90%以上的实验室使用酶底物检测技术。在我国环境监测系统，酶底物技术日益普及，已有百余家监测站应用此技术，遍布全国各地。2006 年《生活饮用水标准检验方法》（GB/T 5750.12—2006）中总大肠菌群的标准方法即包括了酶底物法。

大肠杆菌（酶底物法）所需试验器具如图 9.9 所示。

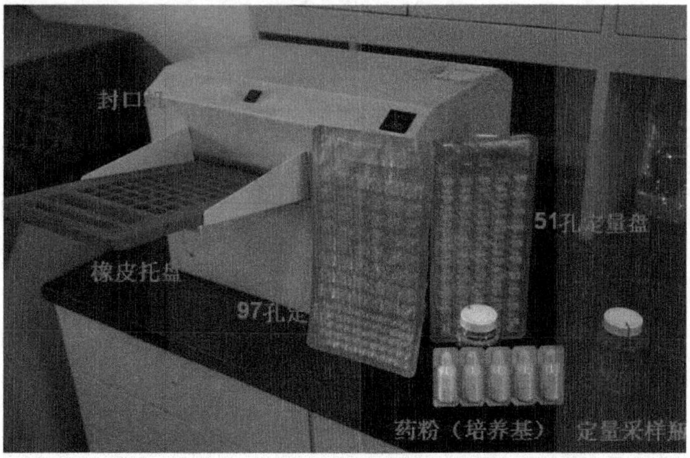

图 9.9 大肠杆菌（酶底物法）所需试验器具

五、操作方法及注意事项

1. 样品采集和保存

按照《水质采样技术指导》(HJ 494—2009)的规定采集 500 ml 左右水样于灭菌采样瓶中，如果样品中含有余氯时，需事先在灭菌瓶内加入 0.3 ml 10%硫代硫酸钠溶液；如样品中铜、锌等重金属含量较高时，应事先在灭菌瓶内加入 1 ml 15%的乙二胺四乙酸二钠($EDTA\text{-}Na_2$)溶液。

采集好的水样应尽快运往实验室进行检验，如果不能及时送检，应保存在 0～4℃中，最多不超过 6 h；由于特殊原因超过 6 h，可考虑现场检验。

2. 水样稀释

直接量取 100 ml 水样，若水样污染严重，可对水样进行稀释。取 10 ml 水样加入到 90 ml 无菌纯水，必要时可加大稀释度，但需按 10 的 *n* 次方倍稀释（如 10 倍、100 倍、1 000 倍等）。

3. 加样

量取 100 ml 水样，直接加入 2.7±0.5 g MMO-MUG 培养基粉末，混摇均匀使之完全溶解后。全部倒入无菌定量盘内，以手抚平定量盘背面以赶除孔穴内气泡，然后用程控定量封口机封口。放入(44.5±1)℃的培养箱中培养 24 h。

4. 结果判读

将水样培养 24 h 后进行结果判读，如出现黄色反应就可确认为阳性反应。根据有阳性反应的孔穴数组合，对照 MPN 表得出结果。

大肠杆菌（酶底物法）的操作流程见图 9.10。

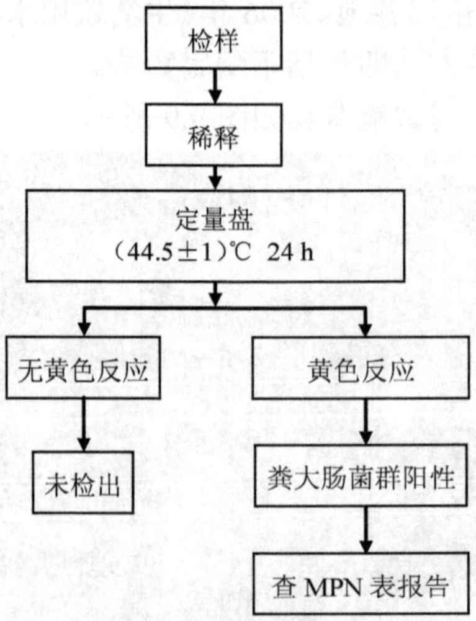

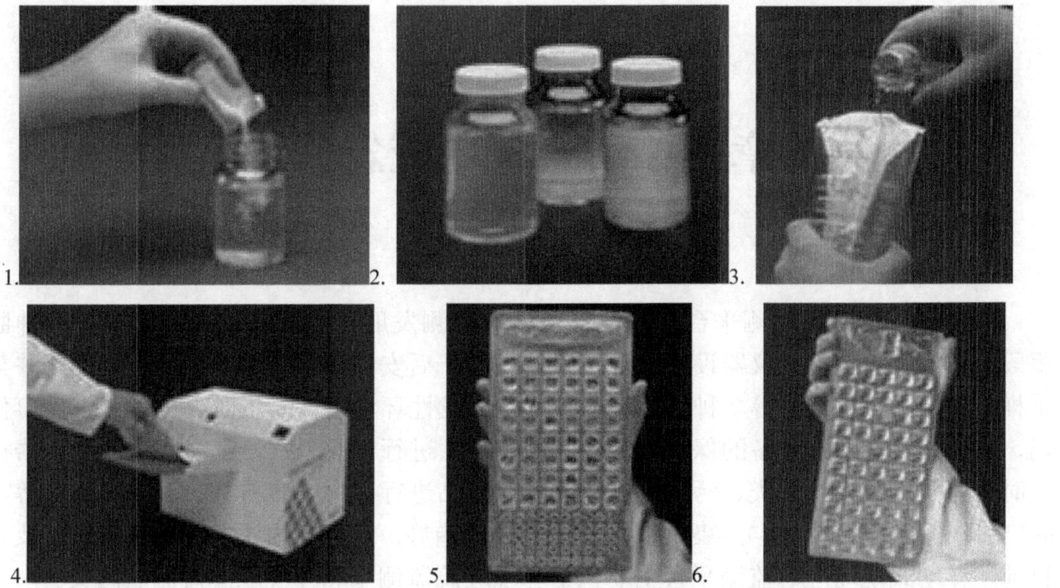

1. 将培养基加入采样瓶中；2. 定性培养结果（无色 ＝ 阴性　黄色 ＝ 总大肠菌群或粪大肠菌群阳性　黄色且显荧光 ＝ 大肠埃希氏菌阳性）；3. 将样品加入定量盘中；4. 定量盘封口；5. 定量盘（97 孔盘）培养结果；6. 定量盘（51 孔盘）培养结果（定量盘结果读取：黄色孔数 ＝ 总大肠菌群或粪大肠菌群阳性；黄色且显荧光孔数 ＝ 大肠埃希氏菌阳性）

图 9.10　大肠杆菌（酶底物法）的操作流程

六、质量保证与质量控制

对每批次的商售培养基和实验室自配培养基，在使用前应进行标准阳性菌株和阴性菌株的质量鉴定，鉴定培养基的生长情况，同时用质控标样来控制样品测定全过程。

实验过程中，应增加全程空白试验，对所用试剂、器皿和操作过程进行无菌性检验；每次实验进行的 10%的平行双样分析，检验精密度。

七、典型应用实例

2003 年在抗击“非典”中，中国疾控中心和上海疾控中心首次应用了酶底物法；2008 年汶川地震中，该方法也在饮用水源应急监测中发挥了重要作用；2008 年北京奥运会期间，其被称为水质安全保障的主要技术之一。

第十章　移动式现场应急监测平台

移动式现场应急监测平台是适应环境应急监测发展需求而迅速发展起来的一种监测手段，它把各种便携式仪器设备通过技术集成创新后安装到可移动的交通工具上，并集成采样、分析、数据传输等多种功能于一体，在突发性环境事件发生时，可迅速进入事件现场，监测人员在防护装备的保护下立即开展工作，进行样品采集，应用快速监测仪器在第一时间查明污染物的种类、污染程度，并能对样品进行保存，储备第一手现场资料等，同时结合车载气象系统确定污染范围以及污染扩散趋势，准确地为决策部门提供技术支撑。目前，移动式现场应急监测平台主要包括环境应急监测车和环境应急监测船两类。

第一节　环境应急监测车

一、概述

环境应急监测车相当于一个组合式流动实验室（图 10.1），其主要类型有大气环境应急监测车、水质环境应急监测车等，可通称为环境应急监测车，是由具有良好越野性能、安全性能，对车体做出了专业改装的中型或大型汽车。同时车内配备独立的实验室工作保障系统，具备现场快速样品分析能力及数据处理系统和双路通讯传输系统，是综合 GPS、GPRS 和 GIS 技术的快速、机动、灵活的流动实验室系统，其装备和配置应基本满足突发环境事件应急监测的需求（图 10.2）。

环境应急监测车是环境应急监测工作的组成部分，在不同时期，根据环境应急监测的内容和经济发展状况，环境应急监测车经历了一定的发展过程。从单一的交通运输工具，逐渐发展成为功能较齐全、仪器设备配置较完整、初步能够满足环境应急监测要求的现代化流动的现场指挥部、实验室和专家响应系统。环境应急监测车的发展状况见表 10.1。

大气环境应急监测车可以在室外环境条件下连续监测大气中的主要污染物，如 SO_2、NO_x、CO、O_3、碳氢化合物、VOC、H_2S、NH_3 及悬浮颗粒物等，同时配备气相五参数传感器。零气校准系统包括零气发生器和多点校准仪，另配有车载式可伸缩采样头和伸缩式气象杆和发电系统、空调系统等。所有信号通过数据采集并存储，并且通过无线数据传输系统将数据传输给有关部门。水质环境应急监测车，适用于在野外条件下对河流、湖泊、人工水系等各种水质环境进行监测。车内基本配置车载发电机，内置车载式冰箱，专业实验台，仪器的减震储藏设备，实验用水供应系统，各式采样器、个人防护系统及无线数据传输设备等，可进行现场水质采样、现场存储、现场分析等。

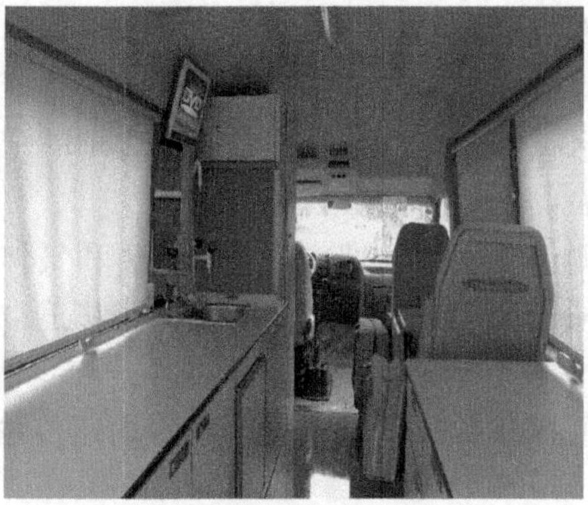

图 10.1　监测车内部

图 10.2　环境应急监测车

表 10.1　不同年代环境应急监测车及仪器设备

时间	环境应急监测车及仪器设备	功能
20 世纪 70 年代末至 80 年代中期	双驱车、水、气简易采样器、综合气象仪、温度计、pH 试纸等	运输、采样、单项测定
20 世纪 80 年代中后期至 90 年代中期	在上述仪器设备基础上增加便携式 pH 计和 DO 测定仪等	运输、采样、少量水质参数现场测定
20 世纪 90 年代中后期至 21 世纪初期	在上述仪器设备基础上增加等比例水质采样器、便携式水质多功能分析仪、单或多参数气体分析仪、水和气体速测管、简易防护面具和防护服等	运输、采样、多项水质和空气参数现场半定量测定，个人简易防护
21 世纪初期至现在	四驱车、水、气简易采样器、温度计、水和气体速测管、pH 计、等比例水质采样器、溶解氧测定仪、便携式水质多功能分析仪、单或多参数气体分析仪、自动气象测试系统、车载（便携式）气相色谱、红外或傅立叶变换红外分析仪、环境应急监测和处置专家系统、自备电源、带呼吸器防护服等	运输、采样、水质、空气、气象多项参数现场定性、半定量、定量测定，个人安全防护

在《国家突发环境事件应急预案》中要求：建立环境安全预警系统，建立重点污染源排污状况实时监控信息系统、区域环境安全评价科学预警系统；建立环境应急资料库；建立突发环境事件应急处置数据库系统、生态安全数据库系统、突发事件专家决策支持系统、环境恢复周期检测反馈评估系统；建立应急指挥技术平台系统；要根据需要，结合实际情况，建立有关类别环境事件专业协调指挥中心及通讯技术保障系统。因此，环境应急监测车必须向数字化发展，实现软硬件的有机结合。

1．环境应急监测车的基本功能

随着我国经济的高速发展，突发性环境污染事故越来越多，环境应急监测车在处置突发性环境污染事件中，充分显示它的灵活、机动和快速、高效的特性，体现了环境应急监测车在应对处置突发环境事件中的特殊功能和作用。

环境应急监测车一般应具备以下基本功能：

（1）能够为多种应急监测设备提供支撑平台，所涉及的监测技术能力覆盖面足够广，能覆盖本地区可预见的主要污染事故监测和完成管理需求的特定监测；

（2）可靠的生命保障系统，如车辆机动性能、个人防护性能、应急急救性能，以及对各种恶劣条件适应能力；

（3）独立的实验室保障系统，如通风、用水、供气、双路供电等以及合理的空间布局和良好的实验操作平台，防腐蚀密封性良好的表面材料等后勤保障能力；

（4）现场样品快速分析能力，配备相关检测仪器（如便携式固体、液体和气体应急检测仪器、化学污染物应急检测箱、便携式色谱-质谱联用仪等）以及检测器能够正常工作的基本条件、气象系统等；

（5）有较完善的信息传输和通讯功能，如便携式数据处理系统、双路通讯传输系统、GPS 定位系统等。

2．环境应急监测车的种类

环境应急监测车现已逐渐发展成为功能齐全、仪器设备配置完整，能够满足环境应急监测要求的现代化流动的现场指挥部、实验室和专家系统。

（1）按车型类型来划分

1）小型专项作业车

采用皮卡、SUV 或者越野车等进行改装集成。

2）中型专项作业车

采用江铃全顺、南京依维柯短轴、奔驰 524 短轴和奔驰 316 等进行改装集成。

3）大型专项作业车

采用丰田考斯特，南京依维柯长轴、奔驰 816D、奔驰 524 长轴、轻型卡车等进行改装集成。

4）重型专项作业车

采用大型客车、大型货车以及半拖挂式载重车辆来设计改装集成。

（2）按用途来分

1）水体类环境应急监测车。类似于一个可移动的水质分析实验室，有的集成了水体自动监测的各种项目。

2）气体类环境应急监测车。主要集成气象仪，各种气体污染物的自动采样和监测仪器。

3）辐射类环境应急监测车。主要包含辐射以及放射性环境应急监测的自动或手动设备。

4）综合类环境应急监测车。包含水、气、噪声、辐射等两种功能以上的应急监测车。

5）环境应急指挥车。主要集成了小型会议室、视频会议系统、通讯指挥系统等设备。

6）其他类环境应急车。比如放射性废物收集车、危险废物收集车、噪声路边自动监测车等。

（3）按照行动能力来划分

可划分为自行式和拖挂式应急监测车两种。

3．环境应急监测车的配置

（1）主要配置

环境应急监测车的设备配置和改装应满足突发环境事件应急监测的需求，便于安装，容易固定，具有较好的抗震性能，较小的使用功率即可满足要求。环境应急监测车仪器设备的配置通常包含以下几个部分，在设计的时候可根据需求进行选择。

1）突发环境事件应急监测仪器设备

现场及应急技术装备现代化传输数据较之传递样品，其成本明显降低，故增配便携式现场快速分析仪十分必要。应配置水和气体检测管（直接检测管和吸附检测管）、便携式离子计、单项或多项目气体检测器、单项或多项目水质检测器、便携式紫外-可见分光光度计、便携式气相色谱仪、袖珍式爆炸和有毒有害气体检测器、便携式离子色谱仪、反射式分光光度计、便携式阳极扫描伏安计、多普勒流量仪、等比例水质采样器、便携式傅立叶变换红外光谱仪、车载式GC-MS仪、免疫分析仪等。有条件的可配置开放通道傅立叶变换红外光谱仪（O-PFTIR），实现直接对污染源和大气中污染物的无损、无干扰、无影响的野外现场和流动测定。

2）车辆中央控制系统

能够控制配置的水电设备等，控制开关应包含：插座、充电机、空调开关、水泵开关、照明开关；空调和仪器用电分路，音视频及通讯控制，气象杆升降等。

3）车辆配电系统

根据需要选择UPS供电、发电机供电与市电供电三种模式，全车配备稳压系统；合理分配仪器、泵、车载照明灯之间的功率比。一般来说，全车设备的使用功率应不高于发电机额定功率的90%为稳定可靠。

4）空气调节系统

根据需要选择空调系统（车配空调、附加空调、实验室通风装置），其供电既可接入市电，也可由车载发电机供电。

5）车辆水路系统

配有净水箱、污水箱、外接输入水口、水盆、实验室专用水龙头、水箱自动加热系统（气温在0℃以下地区需考虑此系统防止水箱结冰）、排水系统、液位控制系统、试管冲刷器、紧急冲眼器、专用水管等。

6）通讯系统

应用有线、无线通讯系统、车载电话、无线传真或卫星通讯系统，网络设备（交换机、无线Access Point、路由器等）、数据传输通讯终端、单兵现场图传及会议系统，及时将污染事故现场的测定结果等信息（视频、声音、图片、文字等）快速传至各级指挥中心，确保事故现场与专家组、指挥中心联系通畅无阻。

7）气象系统

配备气压、温度、湿度、风向、风速等气象测试仪器和数据采集软件，自动采集有关数据，与污染扩散模型连接，为污染物扩散预测和指挥决策提供依据。

8）防护器材

个人防护主要包括防护口罩、防毒面具、正压式空气呼吸器、各种轻重型防护服等。防护口罩可分为口鼻罩和滤毒盒、非织造材料口罩两种。防护面具由面罩、过滤罐、导气管、防护面具袋以及功能部件组成，按固定方式分为头盔式、头带式和网罩式三种。呼吸器（储气式、储氧式和生氧式）是隔绝式防护面具，使人员呼吸器官、眼睛和面部完全与外界受污染空气隔离。防护服通常与防护面具、防护手套、防护靴配套使用，分为透气式、半透气式、隔绝式和选择透气式四大类。应根据所处的环境、面临的危险程度选择配备相应的防护设备。

9）辅助系统

辅助系统包含内部和外部照明系统、车顶同步旋转探照灯、警示系统、电动绞盘、遮阳篷、车载冰箱、卫星定位系统、平衡支撑系统、防雷接地系统、载气供应系统。另外还包括实验台或会议桌、车载计算机或服务器、车顶平台、外部标识等。

（2）仪器和设备配置应遵循的基本原则

1）车载式分析仪器不同于一般的便携式分析仪器，体积相对较大并固定于车内，仪器的各项性能指标也优于便携式分析仪器；

2）简便快速、易掌握，在任何时间、任何地点均能使用；

3）经过实践验证的实用方法，具有易实施性和可操作性；

4）尽量结合我国的现状与水平，力求做到在国内应用的普适性；

5）分析监测结果的直观性；

6）投入的最小化（方法具有较好的性价比）；

7）对于不得不采用实验室方法分析的项目，应选择现有最简单快速的分析方法。

（3）环境应急监测车需配置的各类数据库

根据目前国家对环境应急监测的要求，环境应急监测车逐步加强突发环境事件应急指挥系统、污染物扩散模拟系统、危险化学品应急处置专家系统、应急监测仪器和设备、现场视频无线传输和通讯系统、气象系统、监测车辅助系统、个体防护器材等方面的研发和建设。

1）突发环境事件应急指挥系统

突发环境事件现场指挥的主要任务是接受和传达上级指示、命令，及时准确地掌握和报告现场情况，根据上级指示和现场实际情况，适时提出人员调整和行动的建议，指挥现场分队的行动，应急指挥系统应建设如下数据库。

预案数据库：对应各种环境应急事件的解决预案，不同的等级、不同的预案措施、不同的上报级别等。

应急指挥实例数据库：对应各种环境应急事件，类似事件的影响范围、损失范围、解决方案，提供可比性数据，帮助决策。

专家库：对应各种环境应急事件提供相关的行业专家的资料，帮助决策和管理。

资源库：对应各种环境应急事件，提供各种可以支配和调度的资源，实现统一、高效的服务和救援。

系统会商数据库：各种环境应急指挥事件中，通过电子政务视频、电话等会商的数据信息库。

系统决策和反馈信息数据库：汇总中心的决策数据信息库，指令传达数据信息库、执行单元反馈信息库。快速上报现场监测结果和情况的信息传输系统，并及时按反馈回来的指挥信息开展下一步工作。

2）污染物扩散模拟系统

借助 GIS、GPS 和电子地图，结合气象和水文参数、危险化学品的理化特性，模拟进行大气和水环境中污染物扩散预测，快速锁定重点防护区域和流域，为人员疏散、撤离以及下风向和下游相邻地区采取相应紧急措施提供决策帮助。

3）危险化学品应急处置专家系统

建立动态危险化学品应急处置专家系统。建立危险品库和传输污染源信息，收录涵盖国家发布的 1 300 多种有毒、有害危险品物质，应能快速查询每种危险品理化和毒理特性、对环境的影响、现场应急监测方法、实验室监测方法、环境标准、应急处理处置方法等重要信息。

二、环境应急监测车的改装

车载实验室由一般通用车辆改装，车体改装包括：①车身改装，实验区与驾驶舱隔离，内衬 ABS 墙面，车顶及侧壁刚性加强，车顶开天窗，加铺耐磨防腐防滑防静电地板，安装车体专用隔热层、车顶空调（3 kW）等。②车内配置实验检测设备，气象五参数检测仪、经减震保护的现场快速检测仪固定安放专用柜和空间、实验室专用水槽和水龙头、试剂冲刷手枪、紧急冲眼器、清水箱、污水箱、清水注入口、污水排放口、专用水管轴、整体耐酸碱理化实验台、专用车载冰箱等。③中央控制系统改装，电源监控系统、水位控制系统、温湿度和烟度报警系统、车载专用分析检测照明和应急照明系统、数据采集平台、数据管理和报告平台、应急通讯平台等。④加装车载配电系统，车载式发电机、线轴、重型发电机专用伸缩托盘、专用工业连接器、蓄电池。⑤车载现场防爆通讯联络系统、对讲机、卫星定位仪。⑥车体外部警示牌、闪光警示灯、外部标示。⑦其他（急救药品箱、纸巾分送器、车载式野外帐篷等）。

1．总体结构设计

环境应急监测车总体设计须遵循以下设计理念：选用适合的底盘车型以有效地控制整备质量与整车质心，车身结构安全可靠性和密封防水性好，功能集成性佳，上装部件牢固与抗震性好，同时应考虑车辆通过性与环境适应性、使用方便性与维修便利性。

（1）底盘选型

为保证车辆出动具有机动灵活、安全可靠和高效便捷，客车的动力性、制动性、通过性、承载能力等技术特性是第一要素。环境应急监测车应根据车辆功能需求、改装方案、空间需求及其总质量等进行底盘选型。车辆左右两侧质量分配合理，前后轴载荷分配合理，不得超过车轴规定载荷。车型的选择要考虑可靠性以及维修的便利性。满足监测工作需求的空间（正压区域）长度在 3 m 左右，后部储物区空间不少于 1.3 m，驾驶室满足乘坐 3～5 人的要求。基于客车底盘为平台改装的车辆，对改装部件自质量进行合理分配与控制后，改装完后车辆的整备质量和总质量一般不会超过相应国家公告的车辆整备质量和总质量。本车上装部件自质量较大，可减重部分主要是车身改制加强部分和正压系统，设计及生产过程中要对这两部分严格控制。

（2）车身加强与改制

车身进行改制时，严格遵循“改制与加强相结合”的设计原则。车顶换气扇及分体空体室外机布置在后部储物区，以免破坏正压系统。车顶换气扇和升降杆在对应车顶安装位置开孔，周边做加强骨架与预埋钢板加强。侧围发电机和分体驻车空调室外机安装处，开舱制作上翻式舱门，舱门制作通风隔栅。在安装车顶检修平台、工程警示灯、车顶升降照明灯处，倒栽不锈钢螺栓，在其底部做传递梁，与车顶横梁焊接为一体。内部设备柜体、隔断墙体对应车身的固定位置焊接预埋板，以便与车体更有效地固定。车辆顶盖开采样管、过线管、倒栽不锈钢螺栓等孔，后部区域地板上开排气孔，在接触面与外露缝隙间进行密封处理，保证车辆的防水防尘性能。

（3）车身尺寸以及通过性能

改装车辆的时候要结合本地的道路情况选择适当的长宽高，在不超过国家规定的前提下要选定合适的尺寸，尽量选在全省内大部分路上不会因尺寸问题而无法通过的车型。从小型到重型专项作业车上，各个车型的选择上可以根据需要考虑四驱车型或者全驱车型，可大大提高在恶劣道路上的通过能力。

（4）各系统供电模式

各个用电部分最好采用独立供电模式，采用稳定可靠的控制方式（比如机械切换方式，避免所使用的电子或逻辑控制方式上出现问题现场无法解决）。必要时可以设计同时使用发电机和外接市电的电路系统，各个系统电源接入可在发电机和外接市电两种供电模式上进行选择，保证了各系统的供电互不干扰，也可避免单独使用发电机致使其长时间大负荷运行。

（5）发电机的安装

发电机的安装应保证静音、防震及散热，还要尽量使得发电排出的废气对一些测试（如有机实验）不会造成干扰。在可能的情况下，还需考虑发电机防雨安装，加大油箱设计。发电机的燃油种类尽量与底盘车型的燃油种类一致。

（6）气路的安装

如果集成气路系统，需要考虑车厢在行驶过程中可能会发生轻微的扭动变形，气路将不可避免地会跟随车厢扭动。

（7）实验区内材料选择

实验区内部材料的选择尽量使用轻量化、耐酸碱的材料。

（8）总体集成

没有任何应急车能集成所有的设备及功能，在设计上需优先考虑要实现的目标，再根据需要集成各个系统，在有限的改装空间内做到合理化设计。

总之，应急监测车应根据环境监测工作的特点和不同地区的不同情况，全面综合考虑资源配置，进行严密论证后再进行设计改装，才能科学、有效地推进环境监测代化工作的开展，为突发环境污染事件的处置提供有力的技术支撑。

2．驾驶区设计

驾驶区需要改装或安装的设备主要有黄色爆闪工程警示灯，内置扬声器、监视器和控制器（GPS 导航+倒车监视+舱体监视+DVD）等。

3．实验区设计

（1）内饰

实验区内饰的选择尽量使用轻量化并耐酸碱的材料。如可采用整体式无缝接玻璃钢内饰，易清洗、防腐蚀。车辆内衬保温、降噪处理，隔热材料采用环保材料玻纤保温棉，符合实验室要求。

（2）地板

地板要求抗菌、耐磨、耐酸、耐碱，地板以下增加汽车 PVC 底涂材料，增强隔声和隔热效果。

（3）设备柜与实验工作台

在车内，根据监测设备的安装要求和工作的便利性，而设计定做了设备柜。其中减震设备柜的下方，设计安装专业车载减震器，并使设备柜与周边墙体缝隙均匀。设备柜内部可放置便携设备和实验用具。设备柜上方平铺安装实验工作台面。工作台面为耐酸碱、防腐蚀、易擦洗理化板，台面上方安装专利产品——便携设备固定地锁，地锁包含地轨及张紧固定带。

（4）供配电系统设计

为满足车辆在各种工况下的工作要求，车辆配备功率匹配的车载静音发电机、UPS 电源系统、稳压电源、市电接口。一般情况下，小功率检测设备及车载摄像系统，采用车内的蓄电池通过 UPS 供电，持续供电时间≥2 h；工程警示灯、倒车监视与 GPS 导航系统，由底盘车电瓶供电。在外接市电的情况下，通过车内所配的电缆线盘，将市电引入车内，可对检测设备、驻车空调、外部照明镝灯供电，同时还可给车内的蓄电池充电，以备无交流电电源输入时使用；多数大功率检测设备的用电是经过稳压电源稳压后接入。现场需要长时间用电而无外接市电时，则采用车载发电机给检测设备、车顶镝灯及驻车空调进行供电。

（5）实验水系统

实验水系统安装在水系统柜内，净水桶、污水箱、蒸馏水桶应布置在水系统柜下方柜体内，实验水槽、实验水龙头、紧急洗眼器、试管冲刷枪安装在实验台面上。水系统台面上方靠侧围处设计有挡水沿，外侧下方设计有返水沿。

（6）实验分析用气路设计

实验区为实验仪器配备主要为氦气、氮气等，气源存放在正压舱外部的小高压钢瓶内，通过不锈钢管路输送到正压舱内，出口位置在对应监测设备处。

（7）车载冰箱

具有冷藏和冷冻功能，结构紧凑，完全安装于工作台面下方。用于样品或试剂的冷藏、保存与运输。

（8）空气调节系统

车辆空调系统分为 2 部分：行车空调系统和驻车空调系统。行车空调为底盘自带空调，由驾驶区控制；监测分析区内非正压状态时，可开启本空调。驻车空调可采用 1.5 P 分体壁挂空调，室内机安装在正压舱侧壁上，室外机布置在后部的储物区，排水管在末端制作为“U”形，满足正压状态监测区的工作温度。储物区车顶部安装双向换气扇，保证储物区内空气的更新，为工作人员在监测现场提供一个舒适的作业环境。正压舱后围墙壁上的功能通风口在非正压使用状态时，与储物区相通；而在正压状态时，此口安装有预留的堵板，用胶木螺栓进行拧紧，可保证正压舱的密闭。

4．储物区设计

（1）发电机及蓄电池

配备车载超静音发电机，电启动方式。底部安装有高强度抽拉托盘，在拉出和闭合状态可自锁。车身制作密闭发电机舱，外部为上翻式舱门。

（2）带有插座的电缆

（3）气瓶

实验用气源一般选用 8 L 或 4 L 高压钢瓶，常用氮气和氦气。

5．其他配套系统

（1）视频现场监控系统

车顶配备升降照明摄像一体机，摄像机可以 360°旋转。正压区内配置视频服务器、工控机、显示器、摄像机，监控车顶和现场状况，摄像记录保存在硬盘刻录机内。

（2）工程警示灯

长排工程警灯横装在车顶前上方，侧频闪灯根据需要配备。工程警示灯在车辆点火启动后可以开启，对环境进行警示，便于开展工作。使用单位需要具备使用资质才能在国家规定的车辆上进行安装。

（3）照明系统

实验室区（即正压区）、驾驶区、储物区均配备 12 V 照明灯和 220 V 照明灯。12 V 照明灯由仪表台处控制；正压区和储物区的 220 V 双管日光灯，各自有开关单独控制。按区域特点配置灯具，灯光充足、柔和，符合各区域照明要求。车顶外部安装倒伏式照明灯，灯头可 360°旋转；灯头为聚光灯束，射程远；也可选用泛光灯，射程近，照明范围大。

（4）车顶检修平台

为方便车顶外部设备的安装与检修，车顶配备有铝合金平台，表面铺设防滑花纹铝板。为加强对车顶工作人员的安全保护，平台周边设计有一圈护栏。车身后围还装备有登车梯，便于工作人员上下车顶。

（5）电动平衡支撑

车辆底部设计为 4 点支撑机构，驻车时对底盘进行辅助支撑，并可自动对车辆地板找平，保证车辆地板的水平度和底盘的稳定性，使监测数据和结果更准确。

（6）防雷接地系统

整车设置接地装置，为避免干扰，分为电源接地、设备接地、信号接地、车体接地，汇总成统一的对外地线。配备接地钎，电阻要求$\leqslant 5\Omega$，驻车时插入地下，与大地接触良好。车内安装电源防雷器，为防止感应雷电波从电源线缆引入口进入车内，在电源入口处安装电源防雷器和滤波器；气动升降杆顶端还配置有避雷针。符合国家防雷接地标准规范，保证系统设备及车辆安全。

三、应急监测车的使用与维护

1．准备工作

在车辆出发之前对如下内容进行检查。

（1）车体固定支脚，是否完全收回，并处于收紧状态；

（2）车顶照明灯，是否收回，并固定妥当；

（3）气象仪升降杆，是否收回，并固定妥当；

（4）外接市电电缆，是否已拔下；

（5）车载仪器，是否已固定妥当；

（6）接地钢钎，是否已收回；

（7）在净水箱装上自来水。不要装得太满，以免颠出；

（8）排空污水箱；

（9）检查监测车燃油、蓄电池的电量、刹车系统；

（10）检查 UPS 电源、电池容量；

（11）检查便携发电机的燃油、机油液位；

（12）检查实验台柜门是否已关妥；

（13）检查冰箱是否掉电，如确有样品要保存，在启动发动机后启用直流供电；

（14）检查换气扇是否关盖。

2. 操作流程

（1）启动发电机

1）拉出发电机，抬到下风向 10 m 外；

2）检查燃油液位（红色指示油量，全白为缺油）；

3）检查发电机各插头是否牢固；

4）接上监测车的电缆接口，“大功率”和“仪器”要按标识分别接上；

5）拉开风门；

6）油路器开关置于“ON”处；

7）引擎开关（ENGINE SW.）置于“ON”处；

8）断路开关（CIRCUIT BREAKR）置于“OFF”处；

9）用手拉动启动绳，当感觉到反作用力时，快速拉启动绳；

10）发动机启动后，松开启动绳，启动绳自动收回；

11）视情况关闭风门以节省燃油；

12）在平稳运行 3 min 后，将断路开关（CIRCUIT BREAKR）置于“ON”处，启动发电机，输出电力。

（2）启用 UPS 电源

1）卸掉负载（可关掉两个漏电保护），UPS 必须空载启动；

2）明确发电机或市电已接入；

3）按住【开机及消音】键约 1 s，直到自检开始（左上角“负载/电池容量指示”自下而上逐个亮起）；

4）如果没有市电或发电机接入，会进入电池供电模式，发出蜂鸣声。

（3）使用车载仪器设备

在使用车载各仪器设备时，需要首先了解个仪器设备的使用功率和电压。一般的监测车的电路系统如图 10.3 所示。

（4）关闭 UPS 电源

1）卸掉负载（可关掉面板上两个漏电保护）；

2）按住【关机】键约 3 s，UPS 停止输出。这时大功率旁路仍在工作，即车顶空调、气象仪气泵仍可使用。

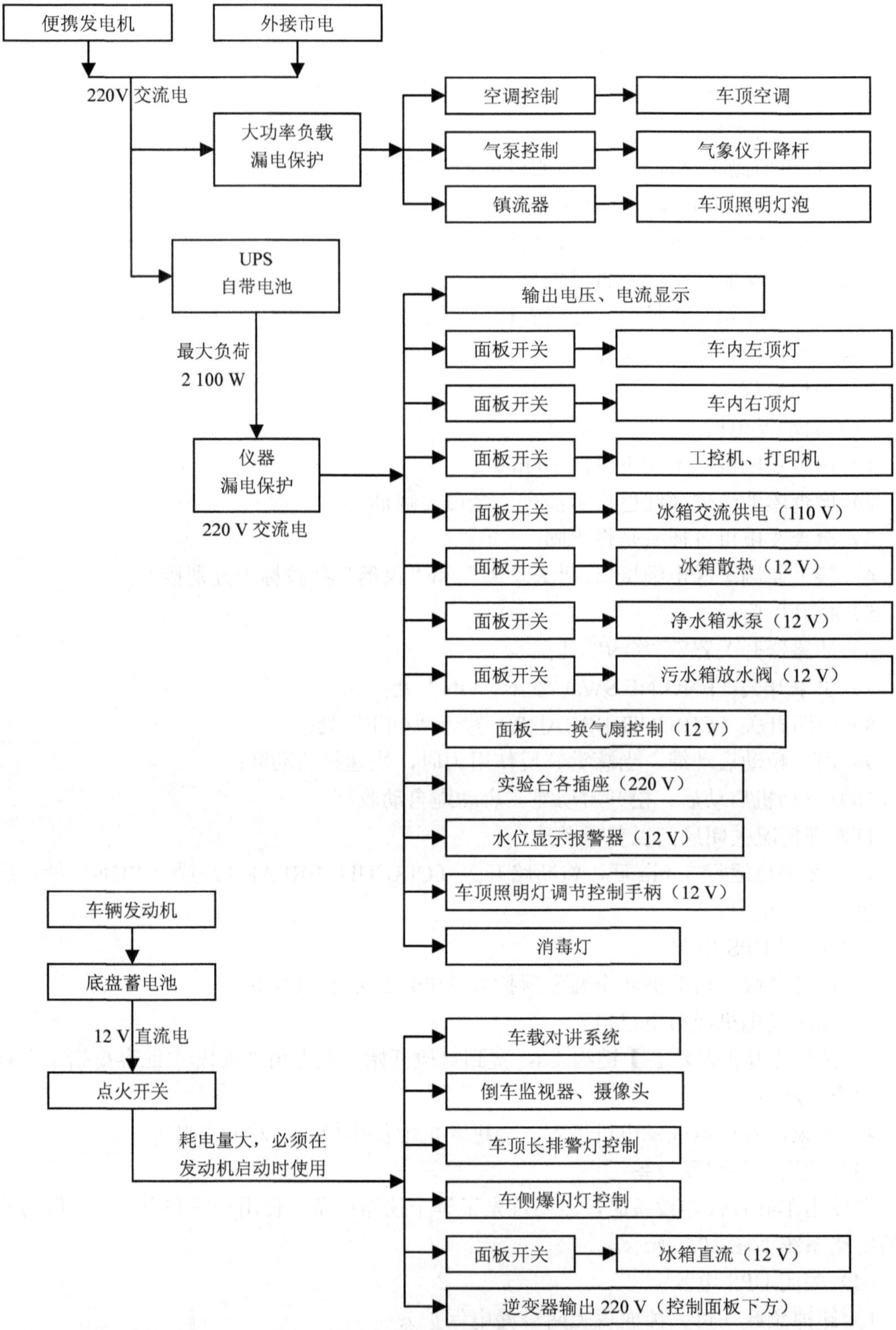

图 10.3 车载电路关系图

（5）关闭发电机

1）将发电机引擎开关（ENGINE SW.）置于“OFF”位置，停机；

2）将断路开关和油路器开关置于“OFF”位置；

3）等发电机冷却至室温后，抬回发电机到固定区域。

3. 维护及注意事项

（1）日常维护工作

1）监测任务结束后（或长时间不使用监测车），排空净水箱和污水箱，以免藻类繁殖；

2）每月一次，接入市电，向 UPS 电池充电；

3）每 3 个月 UPS 电池要放电一次。具体方法：拔掉市电，使用电池模式，接入负载，4 s 一次蜂鸣提示。当电池容量降到预警电位时，变为每秒钟一次蜂鸣。可降低负载，直至完全无电压。重新充电 12 h。

（2）注意事项

1）没有外接市电或发电机时，不允许长期使用 UPS 电池向仪器设备供电；

2）确保 UPS 电源等散热口没有被杂物堵塞，以免影响散热；

3）UPS 电池使用寿命一般为 3～5 年，需要保持电池表面清洁，经常检查电池情况，及时更换；

4）行车过程中，车载电脑及相关仪器设备不开机使用，以免震动对其造成的损伤。

第二节 环境应急监测船

环境应急监测船是环境监测部门在水体环境中采样、分析的平台。船的设计与应急监测车具有相似性，本节着重介绍与应急监测车设计的不同之处。对于单纯用于采样的橡皮艇、冲锋舟等，不做详细的叙述。

一、环境应急监测船分类

船舶的分类比较复杂，按建造材质可分为木船、铁船、水泥船、玻璃钢船、铝合金船等。按航行区域分可分为海洋船舶、内河船舶和港湾船舶、极地船舶等。按用途分可分为运输船（商船）、工程船（起重船、挖泥船）、渔船、特殊用途船（又称工作船，如消防船、救护船、科考监测船等）。环境应急监测船属于工作船，用于采样以及环境监测。

二、环境应急监测船的功能配置

1. 环境应急监测船简介

环境应急监测船由船体、船载流动实验室、小型会议室、便携式应急监测仪器和应急防护设施等组成，集流动监测、水上实验、快速预警等功能于一体，形成了机动监测辖区内流域水质状况的能力。环境应急监测船的投运，极大提升了水源地及敏感水域的应急预警能力，能在最短时间内为应急处置工作的开展提供数据依据和决策参考。与已建成的固定监控点相比，环境应急监测船具备高度的机动能力，可更好地履行站岗、放哨、拉警报的“移动哨兵”职责。

2．环境应急监测船应具备的基本功能

（1）可实现流域内大型水域的连续监测。

（2）监测技术能覆盖本地区流域内可预见的主要污染事故监测和完成管理需求的特定监测。

（3）响应启动时间快，能在最短时间内提供监测结果，至少包括污染性质、程度及可能的扩展等定性监测结果。

（4）有较完善的信息传输和通讯功能。

3．环境应急监测船的配置

环境应急监测船的主要仪器设备及数据库配置与应急监测车类似，但在如下几方面略有不同。

（1）必要设备

如船舶专用电台、导航仪、雷达设备、水深探测仪等。

（2）采样设备

应急监测船根据需要可集成各种采样设备，如深水采样器、分层采样器、底泥采样器等。

（3）测流设备等水文测量设备

多普勒流速流量剖面仪如 Rivercat 等测定流量以及剖面图的设备。

（4）水上救生装备、防护装备及其他必要的辅助设备及装备。

三、环境应急监测船建造的注意事项

船舶建造与车辆改装不同，环境应急监测车是基于底盘来进行设计改装，而船舶是根据实际用途进行设计建造，同时应急监测船的设计应满足中国船级社（CSS）相关规范，如《内河小型船舶建造规范》《钢制内河船舶建造规范》《内河高速船入级与建造规范》《钢制内河船入级与建造规范》《钢制海船入级与建造规范》和《国内航行海船建造规范》等。有如下几点需要注意。

（1）船舶内实验台减震设计

一旦船舶开始航行后，只能基于船体设计以及实验台减震来避免振动对仪器设备的影响，同时仪器设备的选型要尽量满足在船上使用。

（2）逆变电源部分设计

船用逆变电源要选择 220 V/50 Hz 标准正弦波的电源，很多造船厂提供的逆变电源不能满足部分精密仪器用电的需求；推荐安装船舶专用 UPS 电源。

（3）发电机部分设计

为仪器设备单独供电的发电机需要安装在机舱内，需要选择水冷的发电机，普通风冷的发电机在机舱内会因散热不良导致发电机无法正常使用。

（4）设备的防潮防腐

所有船用电器以及其他设备的防潮性能均需高于一般电气设备，在海洋船舶上的设备还需考虑其耐腐蚀性；如未能安装专用的防潮防腐设备，建议不超过 4 年将电气设备进行更换。

四、环境应急监测船实例简介

目前全国监测系统中投入使用环境应急监测船的并不太多。2009 年 4 月由江苏省环保厅打造的全国监测系统首条大吨位应急监测船“苏环监测 1 号”正式交付无锡使用。

“苏环监测 1 号”是一艘水环境监测船，总投资约 680 万元，全长 33 m，设计航速 23.5 km/h，续航能力 30 h，排水量 98 t，载客 34 人。船上建有流动分析实验室、小型会议室，配置了便携式气质联机、重金属测定仪、流动注射分析仪等 10 台（套）仪器设备，监测项目基本覆盖《地表水环境质量标准》（GB 3838—2002）中全部 109 项监测指标，其中可定性定量监测 54 种有机物。环境应急监测船的配置提高了水体及周边水域流动监测与快速应急监测相结合的能力、保证巡查监测工作快速有效地进行，实现水体上机动监测能力零突破。“苏环监测 1 号”水环境监测船外观、实验区及会议室见图 10.4 至图 10.6，船载仪器设备见表 10.2。

图 10.4　“苏环监测 1 号”水环境监测船外观

图 10.5　“苏环监测 1 号”水环境监测船实验区

图 10.6　“苏环监测 1 号”水环境监测船会议室

表 10.2 "苏环监测 1 号"船载仪器一览

序号	仪器名称	测试项目	测试样品时间/min
1	便携式 GC-MS	苯系物等 50 多种挥发性、半挥发性有机物	15～30
2	便携式生物综合毒性分析仪	生物综合毒性	20～30
3	便携式重金属测定仪	锌、镉、铜、砷、汞、铅、锌等十多种离子态重金属	30～40
4	便携式水质多参数测定仪	pH、溶解氧、电导率、叶绿素 a、蓝绿藻和氨氮	1～5
5	流动注射分析仪	阴离子洗涤剂、硫化物、总氮、氰化物、挥发酚、总磷六项	30～60
6	便携式 BOD 测定仪	BOD	50～60
7	水质多参数分析仪	总磷、总氮、氨氮、COD_{Cr}、氰化物、硫化物、总酚等 15 项指标	10～120
8	电极法氟化物测定仪	氟化物	1
9	余氯、总氯快速测定仪	余氯、总氯	5

第十一章　安全防护装备

根据《突发环境事件应急监测技术规范》（HJ 589—2010）中关于采样和现场监测的安全防护要求，进入突发环境事件的应急监测人员，必须注意自身的安全防护，对事故现场不熟悉、不能确认现场安全或不按规定佩戴必需的防护设备（如防护服、防毒呼吸器等），未经现场指挥/警戒人员许可，不应进入事故现场进行采样监测。

各单位应该根据当地的具体情况，配备必要的现场人员安全防护设备。常用的有：

（1）防护服、防护手套、胶靴等防酸碱、防有机物渗透的各类防护用品；

（2）各类防毒面具、防毒呼吸器（带氧气呼吸器）及常用的解毒药品；

（3）防爆应急灯、醒目安全帽、带明显标志的小背心（色彩鲜艳且有荧光反物质）、救生衣、防护安全带（绳）、呼救器等。

另根据环发[2010]146 号文“关于印发《全国环保部门环境应急能力建设标准》的通知”中附件《全国环保部门环境应急能力建设标准》的应急防护装备的要求，必须要配备的设备和数量见表 11.1。

表 11.1　应急防护装备配备要求

序号	指标内容	省级建设标准			地市级建设标准			县级建设标准		
		一级	二级	三级	一级	二级	三级	一级	二级	三级
1	气体致密型化学防护服	6套	4套	2套	4套	2套	2套	2套	自定	自定
2	液体致密型化学防护服或粉尘致密型化学防护服	16套	10套	4套	10套	5套	3套	4套	3套	2套
3	应急现场工作服	2套/人	2套/人	1套/人	2套/人	1套/人	1套/人	2套/人	1套/人	1套/人
4	易燃易爆气体报警装置	6套	4套	2套	4套	2套	2套	2套	2套	2套
5	有毒有害气体检测报警装置	6套	4套	2套	4套	2套	2套	2套	2套	2套
6	辐射报警装置	6套	4套	2套	4套	2套	2套	2套	2套	2套
7	医用急救箱	1套/人	1套/人	1套/2人	1套/人	1套/2人	至少2套	1套/人	1套/2人	至少2套
8	应急供电、照明设备	3套	2套	1套	2套	1套	自定	1套	自定	自定
9	睡袋	10套	6套	4套	8套	4套	自定	4套	自定	自定
10	帐篷	5套	3套	2套	4套	2套	自定	2套	自定	自定
11	防寒保暖、给氧等生命保障装备	1套/辆高性能越野车				自定	自定	自定	自定	自定

第一节 防护服

防护服是指防御物理、化学和生物等外界因素伤害人体的工作服。防护服的选择、使用和维护参照《防护服装 化学防护服的选择、使用和维护》（GB/T 24536—2009）。

一、防护服的分类

1. 按照结构形式

按照结构形式可分为连体式和分身（体）式，密封头罩式和非密封头罩式衣裤式和斗篷式多种类型。连体式化学防护服上衣和裤子连为一体。通常都带有头罩，有的还带有手套和靴套（或靴子）。分身式化学防护服上衣和裤子为分体结构，上衣通常都带有头罩。密封头罩式化学防护服头罩为整体气密结构，可将人员头部及呼吸面具同时罩于其中，人员视觉由封闭头罩面部的宽大眼窗来保障。非密封头罩式化学防护服头罩面部有开口，与呼吸面具、防护眼镜等配合。一般情况下，连体式和密封头罩式化学防护服比分身式、非密封头罩式化学防护服的密闭性能更好、防护等级更高，斗篷式不具备密闭性。

2. 按防护毒物状态类别

按防护毒物状态类别可分为气体致密型、液体致密型和粉尘致密型 3 种。

气体致密型化学防护服是为防气态危险化学品伤害人体的防化服，也用于液态化学品和固态粉尘的防护，通常被视为防护能力最强的化学防护服。该防化服多为全身包裹密封式的连体式服装，具体可分为全封闭呼吸装置内置、非密封头罩呼吸装置外置及与正压式供气系统连接使用 3 种。防护服的制作材料、接缝、拉链等接合部位都有严格的气体密封性要求，对可经皮肤吸收，包括致癌或剧毒性的气体化学物质和高蒸气压的化学雾滴有很好的隔绝作用。从使用次数考虑，有可重复使用和有限次使用两类。

液体致密型化学防护服是防液态化学品伤害人体的防化服，有连体式和分身式两种不同形式。从防护功能看，液体致密型化学防护服包括：①防液态化学品渗透的防化服，用于因接触高浓度的非挥发性剧毒液体泼溅、浸入而进行的防护；②防化学液体穿透的防化服，用于防御无压状态下非挥发性的雾状危险化学品伤害人体；③对于高压状态下的雾状危险化学品应做气体致密防护。

粉尘致密型化学防护服是用来防止化学粉尘和矿物纤维穿透的防化服，一般采用连体式结构，仅适用于对空气中飘浮的粉尘和矿物纤维的防护。

3. 按人体与外界气体环境接触可能性大小

可分为气密型、密闭型和开放型 3 种。

气密型化学防护服主要特征是具备保持气密、内表面正压的能力，同时有防止化学物质渗透到服装内部的性能。一般为连体、密封头罩、手套和靴套（或靴子）一体的全封闭式结构，具体又分为需内置正压式空气呼吸器的内置式全封闭化学防护服和通过软管从外部向服装内部送气的送气式气密化学防护服两种。

密闭型化学防护服是防护全身或身体一部分的防护服装。其袖口、裤口、领口等服装末端有开口。但开口部分被密闭，可以防止外界污染空气进入服装内部，服装材料也具有防化学物质渗透的性能，服装内部的气密性虽然没有充分的表面正压，但能确保皮肤不直接暴露或接触化学物质。

开放型化学防护服是防护全身或身体一部分的防护服装。典型的如防毒斗篷。其袖口、领口等服装末端有开口，但对于这些开口处无密封要求，整个服装不具备防污染空气的能力。服装材料具有一定的防化学物质渗透的性能，主要用于对液态、固态化学物质的防护。

4．按防护原理

可分为隔绝式和透气式两种类型。

隔绝式化学防护服一般采用不具透气性能的橡胶等材料制造，通过使人员皮肤与外界环境隔绝达到防护目的，防护的可靠性高，但穿着时人员的身体负荷大，一般有较严格的穿着时限或需要采取某些降温措施，尤其是在环境温度较高的条件下。

透气式化学防护服一般采用具有透气性的有孔材料制造，在保证外界污染物不进入的情况下，具有一定的排汗、透气、散热功能，可提供服装的穿着舒适性，一般可穿着较长时间。也有某些服装只在腋下等局部采用透气材料，常称其为半透气式化学防护服。材料的透气性和抗化学渗透性、穿透性通常相互制约，难以兼顾，钴渗透式化学防护服的防护能力（尤其是耐压透性能）一般较隔绝式低，使用条件受到一定的限制。

5．其他分类方法

按使用次数可分为一次性使用、有限次使用和重复使用 3 种，一次性使用的比较简单，使用后即处理，不再使用；有限次使用的防护服在受污染后不推荐再使用；可重复使用的防化服使用后严格按照厂商提供的说明进行清洗，并进行检测合格后再使用。

按照防护能力，又可分为重型防化服和轻型防化服，其中重型防化服防毒种类多，可达 200 多种，且防护时间长。

美国标准是将防护服按照防护等级分为 A、B、C、D 共 4 级，A 级为气体密闭型防护服，B 级为液体防溅型防护服，C 级为增强型防护服，D 级为一般型防护服。

欧洲标准分为 A、B、C、D、E、F 共 6 类，依次为气密型防护服、非气密型防护服、液体致密型防护服、喷雾致密型防护服、粉尘致密型防护服和有限喷液致密型防护服。

二、防护服选择

防护服的选择需要根据防护服的制造材料、结构形式、环境因素、作业状态以及人为因素等选择，具体选择流程见图 11.1。

三、防护服的使用

1．使用原则

（1）任何化学防护服的防护功能都是有限的，应让使用者了解其所使用的化学防护服的局限性。

（2）使用任何一种化学防护服都应仔细阅读产品的使用说明，并严格按要求使用。

（3）用人单位有责任向员工提供合适的化学防护服，并指导其使用。

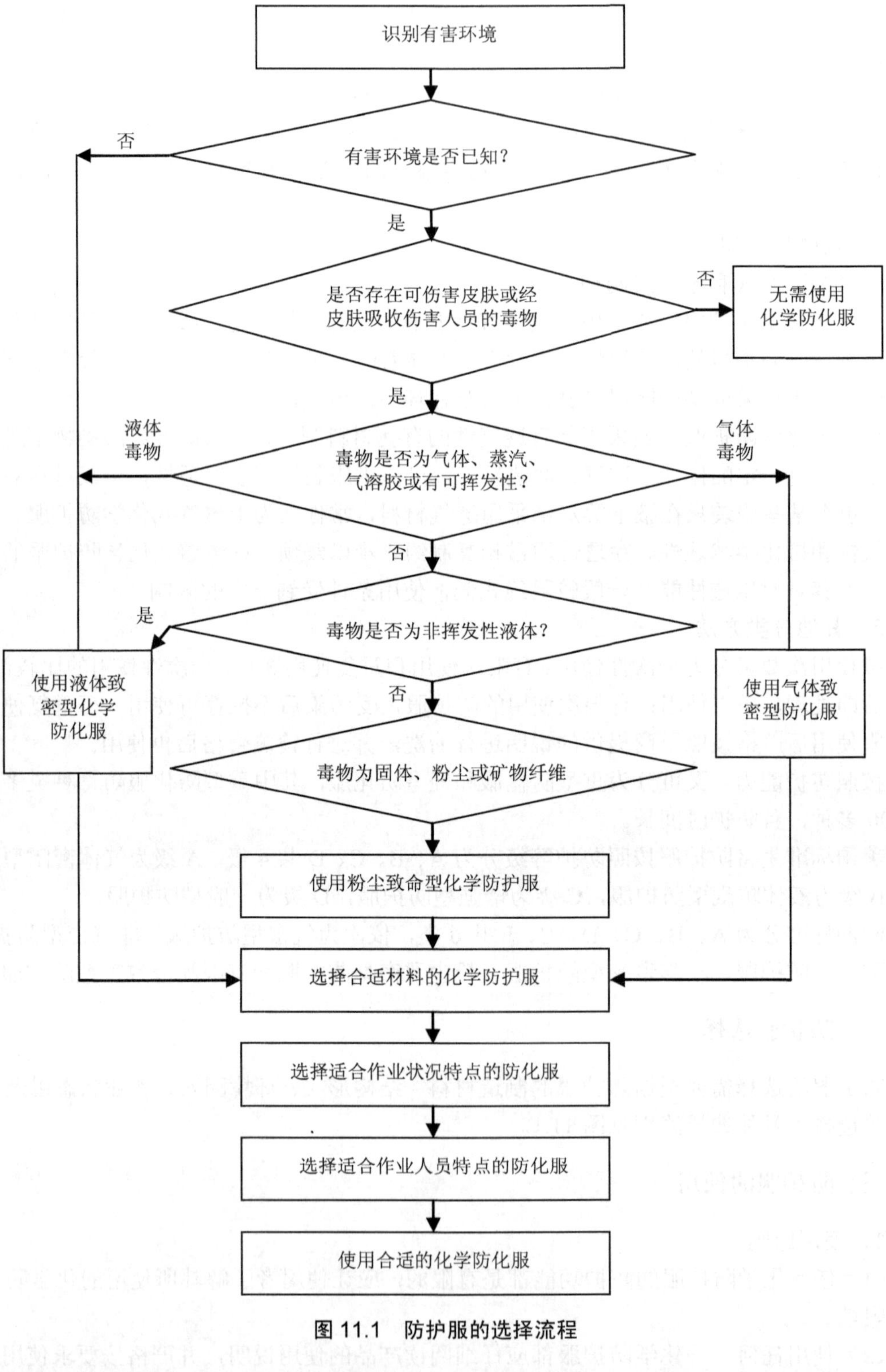

图 11.1 防护服的选择流程

（4）穿着化学防护服前，应进行外观缺陷检查，如服装上有裂痕、严重的磨损、烧焦、老化、穿孔等明显的损坏，不允许使用。

（5）在使用化学防护服前，使用者和其他相关人员应接受适当的培训，并确保其他必要的支持系统（如净化设备、使用与维护记录体系和配置）准备就位。

（6）进入有害环境前，应先穿好化学防护服；在有害环境作业的人员，应始终穿着化学防护服。

（7）化学防护服被危险化学品污染后，应在指定区域脱下服装。若危险化学品接触到皮肤，应进行简单的急救处理：

1）剧毒品　立即脱去衣服，用大量水冲洗，至少 15 min。就医。

2）有毒品　脱去衣服，用大量水冲洗，至少 15 min。就医。

3）有害品　脱去污染的衣服，用肥皂水和清水冲洗皮肤。

4）腐蚀品　立即用大量水冲洗，至少 15 min。若有灼伤，就医。

（8）若化学防护服在某种作业场所中迅速失效，应重新评价所选化学防护服的适用性。

（9）应对所有使用化学防护服的人员进行定期体检。

2．安全使用

（1）应该实施程序化的制度确保准确地发放化学防护服；

（2）污垢以及残留的化学品会影响可重复使用的化学防护服的防护性能，正确消洗污染物能延长其使用的寿命或次数；

（3）污染后的化学防护服应按一定的顺序脱下，必要时可寻求帮助者，以最大程度减小二次污染的可能性。以下的内容可有效地阻止污染的扩散：

1）对其外层消毒时，事先除去手套和鞋类；

2）除去化学防护服时使内面外翻；

3）脱去受污染的服装，若污染物可能危害呼吸系统，应考虑使用呼吸防护装备。

（4）脱下受污染的化学防护服时，同样应考虑帮助者的安全防护措施；

（5）污染衣脱下后应置于指定的地方，最好放在密闭容器内；

（6）不应在食品和饮料的消费区域、吸烟区和化妆区等地方穿着化学防护服；

（7）穿上化学防护服后要注意个人卫生，不应吸烟、吃东西、喝饮料、使用化妆品或者去厕所。

四、防护服的维护

1．被污染的服装处理

（1）可重复使用的化学防护服被危险化学品污染后应及时处理，参考生产商的指导有效地进行消洗，但应注意许多化学品会渗进化学防护服并影响它的防护效力。

（2）有限次使用的化学防护服被化学品污染后应废弃。

（3）任何被废弃或污染过的化学防护服都应被安全处理。可由使用方按照污染物的处理要求自行处理或由使用方委托专业废弃物处理机构进行处理。

2．清洗

（1）清洗是清洗外层的污垢，服装内层的清洗只是出于卫生的考虑；

（2）有限次使用的化学防护服如果没被危险化学品污染，并有明确标识可清洗的，清洗后才能再次使用。

（3）任何清洗剂要按照生产商的建议使用，清洗人员应熟知制造商的产品清洗建议和污染物的性质。

3. 修复

化学防护服清洗完毕应进行详细的检查，如果发现损坏，应根据说明书修复指导进行修复，或者寄回厂里进行修复，重新检测合格后，修复过的化学防护服方可安全使用。

4. 使用记录

按照化学防护服的类型记录使用情况，使用记录的内容包括：

（1）该服装的标志（类型和规格）；

（2）生产/出厂时间；

（3）检查和测试的记录；

（4）可重复使用的化学防护服的使用记录，包括使用日期、使用情况、使用者的名字；

（5）清洗/除污相关记录；

（6）修复记录；

（7）弃用日期和原因。

第二节 呼吸防护

呼吸防护用品指防御缺氧空气和空气污染物进入呼吸道的防护用品，呼吸防护品的选择、使用和维护参照《呼吸防护用品的选择、使用和维护》（GB/T 18664—2002）。

一、自吸过滤式呼吸防护用品

这类防护用品是以佩戴者自身呼吸为动力，将空气中有害物质予以过滤净化，只能在不缺氧的劳动环境（即环境空气中氧的含量不低于 18%）和低浓度毒污染环境下使用，一般不能用于罐、槽等密闭狭小容器中作业人员的防护。此类呼吸防护用品又可分为机械过滤式和化学过滤式两种。

1. 机械过滤式（防毒口罩）

主要用于防御各种粉尘和烟等质点较大的固体有害物质的过滤式防尘呼吸器，通常称为防尘口罩。这种口罩有复式和简易式两种。

（1）复式防尘口罩：由主体（口鼻罩）、滤尘（多孔性滤料）盒、呼气阀和系带等部件组成。对它的技术要求为阻尘效率高、呼吸阻力小；呼气阀气密性好，防止含尘空气经呼气阀吸入；另外，佩戴方便、易清洗，与颜面接触无压痛和刺激作用，部件和滤料无毒、无异味等。

（2）简易式防尘口罩：其特点是结构简单，不用滤尘盒，大部分不设呼气阀，依靠夹具、支架或直接将滤料做成口鼻罩。

2. 化学过滤式（防毒面具）

主要用于防御各种有害气体、蒸气、气溶胶等有害物，通常称为防毒口罩或防毒面具，可分为直接式与导管式两种。前者为滤毒罐（盒）直接与面罩相连；后者为滤毒罐（盒）通过导气管与面罩相连。防毒面具的面罩分为全面罩和半面罩。全面罩有头罩式和头戴式两种，应能遮住眼、鼻和口；半面罩应能遮住鼻和口。

防毒口罩（面具）主要技术要求是：

（1）滤毒性能好，但防护时间随毒物的性质、浓度及滤料不同而异。我国现产的滤毒罐，各种型号标有不同色标，并标有适用范围和滤料的有效期；

（2）面罩的呼气阀气密性要好；

（3）呼吸阻力应小；

（4）实际有害空间应小、尽量不妨碍视野、重量轻。

二、送风隔离式呼吸防护用品

这类防护用品能使戴用者的呼吸器官与污染环境隔离，由呼吸器自身供气（空气或氧气）或从清洁环境中引入空气来维持人体的正常呼吸。按其供气方式又可分为自带式与外界输入式两种。

1．自带式

其结构包括面罩、短导气管、供气调节阀和供气罐。供气罐应耐压，固定于工人背部或前胸，其呼吸通路与外界隔绝。有两种供气形式：

（1）罐内盛压缩氧气（空气）供吸入，呼出的二氧化碳由呼吸通路中的滤料（钠石灰等）除去，再循环吸入；

（2）罐中盛过氧化物（如过氧化钠、过氧化钾）及少量铜盐作触媒，借呼出的水蒸气及二氧化碳发生化学反应，产生氧气供吸入。此类防护器可维持 30～120 min，主要用于意外事故时或密不通风且有害物质浓度极高而又缺氧的工作环境。

2．外界输入式

它与自带式的主要区别在于供气源由作业场所外输入口罩（面具或头盔）内。由口罩（面具或头盔）、长导气管、减压阀、净化装置及调节阀等组成。

我国呼吸防护用品的生产，从 20 世纪 80 年代开始基本形成规模，生产厂家已达到近百家，产品种类也比较齐全。在我国，由于接触粉尘和有毒有害气体作业的人数巨大，个体呼吸防护用品的消费市场十分可观。为保护人身健康，国家制订了一系列配套的产品技术标准，规范产品性能和评价方法，使呼吸防护用品的生产和使用受到国家的监督。

第三节 眼面部防护

当存在对眼睛造成损伤或通过眼睛对人体产生损害的风险时，实验人员应使用眼护具。根据不同类型的损害来源，包括机械性的伤害（比如冲击、液体喷溅、异物进入眼睛）或辐射损害等，应参照 GB/T 3609.1—2008、GB/T 3609.2—2009 和 GB 14866—2006 等标准的规定，选用不同的眼护具。当存在液体喷溅对眼睛造成损伤或通过眼睛对人体产生损害的风险时，应佩戴专业化的眼护具（如封闭型眼罩或护目镜）。

在任何情况下，佩戴隐形眼镜或其他光化学眼镜都不能代替眼护具。

注：当灰尘、有害液体或蒸汽进入眼中时，隐形眼镜反而会加剧对眼睛的伤害。光学眼镜（区别于专门的眼睛防护镜）一般情况下也不足以低挡飞入的物体或微粒，有时甚至

会引起更大的伤害。

对于既需矫正视力又需眼部防护的人员，规定的眼护具能提供低的冲击防护。眼睛外围型防护装备、眼罩或面罩（如适用）可佩戴在普通光学眼镜或隐形眼镜外。

下述情况宜适用面部防护装备（如面罩）：

（1）玻璃器皿放气、充气或加压；

（2）倾倒腐蚀性物质；

（3）使用超低温液体；

（4）进行燃烧操作；

（5）存在爆炸或内爆的风险；

（6）使用可能对皮肤造成直接损失的化学品；

（7）使用通过诸如皮肤、眼睛或鼻子等任何渠道迅速被人体吸收的化学品。

第四节 其他

其他个人防护装备还有安全帽、防护手套、防护鞋、便携式气体报警仪、听力护具、护肤用品类、防坠落护具（安全带、安全绳等）、救生衣、救生圈以及医用救护包等。

一、安全帽

防止物体打击伤害，防止高处坠落伤害头部，防止机械性损伤，防止污染毛发伤害。它可以保护人的头部不受伤害或降低头部受到伤害的程度。

安全帽的佩戴要符合标准，使用要符合规定。如果佩戴和使用不正确，就起不到充分的防护作用。

二、防护手套

对手的安全防护主要靠手套。使用防护手套时，应根据污染物的类型和实际需要，选择适当材料制作的、操作方便的手套，方能起到保护作用。

三、防护鞋类

防护鞋的种类比较多，如安全鞋、防静电胶底鞋、胶面防砸安全鞋、绝缘皮鞋、低压绝缘胶鞋、耐酸碱皮鞋、耐酸碱胶靴、耐酸碱塑料膜压靴、高温防护鞋、防刺穿鞋、焊接防护鞋等。应根据作业场所和内容的不同选择使用。防护鞋的功能主要针对工作环境和条件而设定，一般都具有防滑、防刺穿、防挤压的功能，另外就是具有特定功能，比如防导电、防腐蚀等。

四、便携式气体报警仪

气体的主要危害有3种：

（1）可燃性，火灾或爆炸的危险，如甲烷、丁烷、丙烷、氢气；

（2）毒性，中毒的危险，如一氧化碳、二氧化碳、氯气；

（3）窒息性，窒息的危险，如缺氧。

这些气体由于性质和危害不同，检测和报警手段也不同。报警仪将传感器、测量电路、显示器、报警器、充电电池、抽气泵等组装在一个壳体内，成为一体式仪器，小巧轻便，便于携带，泵吸式采样，可随时随地进行检测。

1．分类

便携式气体报警仪主要分为可燃气体检测报警仪和有毒有害气体检测报警仪。

（1）可燃气体报警仪

1）催化燃烧式可燃气体检测报警仪——检测各种可燃气体或蒸气。

2）红外式可燃气体检测报警仪——检测各种可燃气体（根据滤光技术而定）。

3）半导体式可燃气体检测报警仪——检测多种可燃气体。

4）热导式可燃气体检测报警仪——检测其热导与空气差别较大的氢气等。

（2）有毒有害气体报警仪

1）电化学式有毒气体检测报警仪——检测 CO、H_2S、NO、NO_2、Cl_2、HCN、NH_3、PH_3 及多种有毒有机化合物。

2）光电离式有毒气体检测报警仪——检测离子化电位小于 11.7 eV 的有机和无机化合物。

3）红外式有毒气体检测报警仪——检测 CO、CO_2 等。

4）半导体式有毒气体检测报警仪——检测 CO 等。

2．一般操作过程

每种气体报警装置都要严格按照操作说明书操作，所有报警仪器要严格按照说明书佩戴使用。一般而言包括如下几个步骤：开机、自检、校正、测量（报警）。以德尔格手持式多气体分析仪为例，简要说明操作过程：

（1）开机

在洁净环境下，按住【ON/OFF】键 2～3 s，即可开机。

（2）加电自检

开机后检测仪进行加电自检，检测仪检查传感器电路电池音频可视闪光报警设置，如果通过自检，显示测试通过，否则显示测试失败，并提示故障原因或代码。

（3）测量

一旦测试通过，检测仪即进入持续监控状态气流经过面板栅格到达传感器，传感器对测量的气体浓度做出反应，扩散型只监控瞬间环绕检测仪的气体，泵吸式可通过采样管进行较远的测量。

（4）气体报警

检测仪瞬时报警分为两级，第 1 级为低可燃、低毒性、氧过量报警，第 2 级为高可燃、高毒性、欠氧报警。可以在设置模式下设置第 1 级报警点、第 2 级报警点、15 min 短期暴露水平报警点（STEL）、8 h 统计权重平均值报警点（TWA）。在非闭锁状态下，如果浓度读数达到报警点，检测仪随即进入报警状态。当读数恢复到正常水平，音频可视和振动报警随即停止。如果读数超过传感器范围，满量程值闪动。

（5）校正

零校正必须在洁净的大气中进行，每天或报警后进行零校正，标准气体校正至少每半年进行一次。

3．维护

（1）仪器的校正

检测仪器通常采用相对测量的方法，因此都需要及时的校正，校正可以确保仪器的准确性，如果用已知浓度的气体确认仪器灵敏度下降，仪器就要重新校正，因此各类仪器使用之前，需对仪器用标气进行响应检测，以保证仪器的测量精度气体检测仪器的校正可分两步进行，首先将仪器用不含待测气体的新鲜空气校零，然后将仪器通入已知浓度的标准气体进行校正。

（2）电池的维护

电池决定了仪器的体积和重量，也决定了仪器的使用时间。便携式仪器既可以使用碱性电池，也可以使用充电电池。碱性电池的特点是可应急使用，充电电池的优点是费用低，常用充电电池有镍镉电池和锂离子电池等。

镍镉电池不会由于深度放电而损坏，但会产生记忆效应，这种记忆更多地来自于过度充电造成的加热损坏，记忆效应可以用几次循环充放电的方式消除。

锂离子电池不存在记忆效应，但是充、放电不当会严重影响电池性能，过度充放电会造成永久性损坏，特别是不要进行超过 12 h 的超长充电。

4．注意事项

（1）警报设置

对于仪器操作者来讲，选择一个合适的警报设定是十分重要的。警报要设定在有毒气体浓度的危险性不足以使人失去自救能力的范围之下，因为需要足够的时间和能力撤退到安全地带或佩戴个人防护装备。

（2）传感器的中毒和抑制

传感器使用的环境会对传感器造成很大的影响尤其是某些物质可能会对传感器造成中毒或降低其性能，如含铅化合物、含硫化合物、含磷化合物可造成可燃气体传感器中毒。

（3）传感器的寿命

各类气体传感器都具有一定的使用年限，即寿命一般来讲，在便携式仪器中，可燃气体传感器的寿命较长，一般可以使用三年左右；光离子化检测仪的寿命为四年；电化学传感器的寿命相对短一些，一般在一年到两年；氧气传感器的寿命最短，大概在一年。电化学传感器的寿命取决于其中电解液的干涸，所以如果长时间不用，将其密封放在较低温度的环境中可以延长一定的使用寿命。

（4）浓度测量范围

各类有毒有害气体检测仪都有其固定的检测范围，只有在其测定范围内完成测量，才能保证仪器准确地进行测定，而长时间超出测定范围进行测量，就可能对传感器造成永久性的破坏。如可燃气体检测仪，不慎在超过 100%LEL 的环境中使用，有可能烧毁传感器。有毒气体检测仪也存在类似情况，如常见的一氧化碳传感器量程为 0～500 ppm，硫化氢传感器量程为 0～100 ppm，二氧化硫传感器量程为 0～250 ppm，长时间工作在较高浓度下使用会造成传感器损坏。

第十二章　突发环境事件应急监测典型案例

类型：生产安全事故引发的突发环境事件

案例1　"11·13"中石油吉化双苯厂爆炸引起松花江重大水污染应急监测案例

摘要：2005年11月13日，位于松花江哈尔滨江段上游的中石油吉化公司双苯厂发生爆炸，大量含有苯和硝基苯的污水流入松花江，在松花江上形成了百余米的污染带，对松花江造成严重的污染。哈尔滨市松花江水源地受到严重威胁，11月23日至27日关闭取水口，致使全市停水4日。闻讯后，哈尔滨市环境监测中心站立即启动应急预案，实施了松花江有机污染应急加密监测。准确地监测分析了污染带浓度变化和持续时间，及时向上级部门和人民群众提供监测信息，为保证哈尔滨市人民饮水安全，保证哈依煤气气化厂正常生产，为市政府做出暂停和恢复城市供水决策提供了有力的科学依据。

关键词：苯　硝基苯　爆炸　水体

一、应急监测的启动

1．应急接报

11月18日，哈尔滨市环保局接到黑龙江省环保局转来的吉林省环保局《关于我省吉化公司双苯厂爆炸事件环保防控有关情况的函》，立即启动污染应急预案，哈尔滨市环境监测中心站召开了站班子成员和中层班子干部参加的应急监测专项站务会议，站长传达了上级部门的指示，通报吉化双苯厂爆炸引起松花江水质污染的情况，部署了应急监测的具体任务，组织全站人员全力以赴地开展松花江水污染应急监测工作。

2．现场情况

在应急监测工作中，共布设了苏家屯、木兰摆渡和达连河3个固定监测断面，88号兆、太平镇、朱顺屯、公路大桥、东江桥、呼兰河口下、大顶子山、巴彦港和通河镇9个监视性监测断面。每个监测断面设左、中、右3个监测点，共采集样品667个。

3．污染物特性

人类硝基苯急性中毒主要表现为高铁血红蛋白血症，具体表现为血液中高铁血红蛋白含量显著升高，降低了血红蛋白对氧的运输作用，并发生溶血现象，对人体造成损害。

二、应急监测方案

1．人员分工

（1）现场调查

11 月 13 日，得知吉化双苯厂发生爆炸的信息后，我站立即部署应急监测的准备工作。一方面广泛收集地理、水文等相关资料，从理论上推算污染带到达的时间，同时与上游监测部门取得联系，及时获取了下岱吉和肇源等监测断面的污染信息，预测污染带到达哈尔滨市的水质污染程度，制定了周密的监测方案，进行了详细的人员分工和监测断面布设等准备工作。另一方面做好采样设备、相关药品、分析仪器和分析方法等方面的准备工作，开展了针对性监测分析，对部分江段的水样进行了分析测试工作。

（2）现场监测

11 月 18 日我市确定距松花江哈尔滨水源地 16 km 的苏家屯断面为监视性预警断面，自 19 日开始每 2 h 监测 1 次，21 日 8 时至 23 日 13 时为每小时监测 1 次，23 日 13 时开始每半小时监测 1 次。24 日 0 时后转为每小时监测 1 次，12 月 5 日水质稳定达标后转为每天监测 1 次，12 月 10 日转为每周监测 1 次。

（3）站内分析

松花江水质监测项目主要为硝基苯和苯，对朱顺屯断面水面下 3 m 处水质进行了 50 个项目的分析，并对松花江哈尔滨段的水生生物、底质、冰层和沿江地下水进行了监测，共取得监测数据 1 500 多个。

（4）材料报告

应急监测工作中，共编制水源地水质应急监测快报 400 多期，发送信息快报 58 期，配合信息中心发布手机群呼 1 万多条，发布水质监测情况通报 6 期。

（5）后勤保障与通信

在松花江哈尔滨水污染监测工作中，哈尔滨市监测系统共出动 244 人，折合 4 866 人次。其中我站出动监测人员 69 人，按工作日计折合 2 282 人次。出动监测采样车辆 8 台，折合 2 800 余台次。监测信息、资料通过电话、传真、网络、电子邮件和手机短信等形式，及时报送国家、省、市上级部门，上报给市委、市政府等 24 个单位，通报供排水集团、卫生局等 9 个部门，并通过新闻发布会和广播、电视台等媒体向社会公布。及时、准确地为政府决策提供监测信息，为社会公众提供污染动态。

2．监测布点

（1）地表水采样布点

水样：每个监测断面按左、中、右设三条垂线，左、右垂线表面至水下 0.5 m 处设 1 个点，中线设 2 个点。

冰样：每个监测断面按左、中、右各设置一个点，在采集水样时，按垂直方法采集冰柱，从冰面到水面，要保证冰样采集到水层界面。每个点位采集平行双样，每个样品量不少于 2 kg。

污染带前锋到达哈尔滨市前，在布设监测断面上，我们在松花江哈尔滨市水源地上游分别布设了距水源地 73 km 的 88 号兆，32 km 的太平镇和 16 km 的苏家屯 3 个监测断面。

其中，88号兆和太平镇断面为监视性断面，苏家屯断面为固定断面。并在市内的朱顺屯、公路大桥、东江桥、呼兰河口下和大顶子山等处设立监视性监测断面，随机监测污染带在哈尔滨江段的迁移变化。污染带通过哈尔滨市后，设立巴彦港、木兰摆渡、通河镇和达连河监测断面，其中木兰摆渡和达连河断面为固定监测断面，其他为监视性监测断面。整个监测工作中，固定监测断面3个，监视性监测断面9个。监测垂线为水面下0.5 m，每个监测断面分左、中、右3个监测点。

（2）底泥采样布点

采样点位为水质采样垂线的正下方。当正下方无法采样时，可略作移动，移动的情况应在采样记录表上详细注明。

3．监测因子的确定

在应急监测工作中，确定硝基苯为监测因子。

4．监测方法的选择

（1）前处理

冰样：冰样采集后在0～4℃自然融化。

底泥：前处理方法参照《固体废弃物试验分析评价手册》美国EPA方法3540，方法3550（P165～169），即索氏提取或超声波萃取法。

（2）监测方法

采用吹脱捕集气相色谱法《水和废水监测分析方法（第四版）》。

5．监测仪器

在松花江哈尔滨水污染监测工作中，出动监测采样车辆8台，运用了色质联机2台，傅立叶红外气体分析仪1台，应急监测车1辆。承担分析工作的主要仪器为GCMS-QP5050A型气质联用仪。

三、水质监测结果与评价

1．监测因子与方法

监测因子为苯、硝基苯。监测方法为吹脱捕集气相色谱法《水和废水监测分析方法（第四版）》。

2．监测结果与评价

苏家屯断面位于松花江哈尔滨水源地上游16 km处，对其进行监测可以推算出污染带到达水源地的时间，使水源地有充足的时间采取反应措施。通过对苏家屯断面的应急加密监测发现，该断面硝基苯于2005年11月23日19时30分定性检出，硝基苯浓度从11月24日3时开始超标（标准为0.017 mg/L），随后浓度急剧上升，至11月25日0时浓度达到最大，为0.580 5 mg/L，超标33.15倍，其后硝基苯浓度平稳下降，至11月26日20时降为不超标。硝基苯浓度超标历时65 h，其间变化趋势明显，下降过程较上升过程缓慢，持续时间较长，很好地反映了污染带的迁移变化过程。苯从11月24日3时开始检出，至11月26日14时降为未检出，11月24日23时样品苯浓度最大，为0.010 3 mg/L，超标0.03倍（标准为0.01 mg/L），其余样品均未超标。

四、松花江水生生物监测结果与评价

1. 松花江水生生物群落监测结果与分析

为了解硝基苯污染对松花江中水生生物群落的影响，在污染带到来前和污染带通过后对松花江苏家屯断面的原生动物、藻类群落进行了多次监测。监测结果显示，污染带流经期间水中原生动物和藻类优势种群没有明显的变化。分析其原因，在硝基苯污染带流经苏家屯断面时，松花江水温较低，正处于江水结冰期，江水中的原生动物和藻类大多处于休眠状态，因而水中原生动物、藻类的种类和数量都较低，对高浓度硝基苯污染带的应激反应表现不明显。

2. 硝基苯污染对松花江鱼类的影响监测

为了解硝基苯污染对松花江中野生鱼类的影响，分别于 2005 年 12 月 1 日和 12 月 15 日，即高浓度硝基苯污染带通过哈尔滨市后第 5 天和第 20 天，在苏家屯段面采集了松花江野生鱼类。尤为重要的是，在当地一鱼贩家中，采集到该鱼贩收集的于污染带到达前在松花江苏家屯断面捕获的松花江野生鱼类，作为对照。我们选择中下层鱼类鲤鱼作为实验品种，抽取其血液，做了高铁血红蛋白含量指标的检测。

三组数据分别配对进行 t 检验，结果表明，12 月 1 日污染后鲤鱼体内高铁血红蛋白含量与污染前鲤鱼体内高铁血红蛋白含量的差异达到显著水平，12 月 15 日污染后鲤鱼体内高铁血红蛋白含量与 12 月 1 日污染后鲤鱼体内高铁血红蛋白含量的差异达到显著水平，12 月 15 日污染后鲤鱼体内高铁血红蛋白含量与污染前鲤鱼体内高铁血红蛋白含量的差异不显著。也就是说，鲤鱼体内的高铁血红蛋白含量在高浓度硝基苯污染带过境 5 天后与污染前相比显著升高，随后由于鲤鱼自身的新陈代谢作用，其体内的高铁血红蛋白含量在污染带过境 20 天后与污染带过境 5 天时相比显著降低，已经恢复到污染前的水平。

五、底泥监测结果与评价

1. 监测因子与方法

监测因子为苯、硝基苯。监测方法为吹脱捕集气相色谱法《水和废水监测分析方法（第四版）》。

2. 监测结果与评价

在硝基苯污染带到达之前，在苏家屯断面采集了底质样品 3 个，苯和硝基苯均未检出。硝基苯污染带经过该断面后，先后共采集了底质样品 9 个，其中 1 个样品硝基苯定性检出，其他 8 个样品硝基苯均未检出；苯未检出。分析其原因如下：一是松花江底质以沙质为主，江水流速很快，在主江道上水中的悬浮物根本无法沉积。水中的沉积物只能在个别的滞水区和缓冲区沉积。而这样的区域在整个松花江中所占的面积很小，这也导致了我们采集底泥非常困难。二是污染事故发生后，上游的丰满水库加大了放流量，使江水前后落差达 1.5 m 左右，加大了对个别的滞水区和缓冲区沉积底泥的冲刷力度，导致沉积的部分底泥随水流走。三是高浓度硝基苯污染带过境只有两天多时间，沉入底泥的硝基苯非常有限。

六、总结与思考

（1）科学设立预警监测断面

在此次应急监测工作中，我们在松花江哈尔滨水源地上游 16 km 的苏家屯和依兰县达连河镇布设了预警监测断面，准确地监测了污染带的通过情况，为哈尔滨市关闭和重新开启水源地取水口提供了准确、充分的反应时间，为保证哈依煤气气化厂正常生产，确保哈尔滨市的煤气供应提供了详尽的科学数据。

（2）科学选择监测项目与频次

应急监测工作应有前瞻性，所选择的监测项目、频次既要为公共管理服务，又要为后续的环境影响评估和生态环境恢复积累基础数据资料。此次应急监测工作，不仅监测了松花江水中苯和硝基苯的浓度，而且监测了松花江中水生生物指标、底质和冰层中的污染物浓度、沿江水井中的污染物浓度，为政府决策提供了及时准确的监测数据，同时为后续的松花江水污染环境影响评估和生态环境恢复积累了大量翔实可靠的基础数据资料。

（3）加强监测数据的质量控制

应急监测工作要求反应快速敏捷，及时准确地提供监测数据。监测数据的准确尤为重要，否则就会前功尽弃。在此次应急监测工作中，一直按照质量体系有条不紊地进行，从采样—样品交接—样品分析—数据上报—数据存档全过程加强质控工作，有力地保证了监测结果的科学性和准确性。

类型：生产安全事故引发的突发环境事件

案例 2　“11·24”重庆垫江县英特化工有限公司爆炸苯系物泄漏事故应急监测处置案例

摘要：×年×月×日 11 时，重庆市垫江县英特化工有限公司一甲基乙烷反应釜因在生产过程中投加双氧水时速度过快，引发爆炸，造成 1 死 4 伤。反应釜中约 6 t 含苯物料爆炸燃烧，不仅造成严重的大气污染，导致附近师生和居民 6 000 余人紧急疏散，而且由于灭火过程中，4.1 t 未燃烧的苯系物随消防水进入桂溪河（该河经曹家河汇入龙溪河的上游高滩河，并最终汇入长寿区的饮用水源地长寿湖），造成了严重的水体苯系物污染。事发后，重庆市环境保护局、市环境监测中心、垫江县环境监测站三级联动，迅速启动了环境突发事件应急处置预案，及时组织现场采样监测，了解事故现场污染情况，科学制定监测布点方案，及时向上级部门提供了第一线的准确监测数据，为污染源的控制与处置提供了决策依据。国家环保总局、中国环境监测总站、四川省环境监测中心派出专家赶赴现场进行指导。至第二日，爆炸现场周围环境空气中苯系物浓度达到评价标准，受灾害影响的居民陆续返回家园、师生返校上课。5 天后，环境空气及地表水各监测点位苯系物浓度均达到评价标准。本次苯系物泄漏污染事故未对高滩河和其下游的长寿湖饮用水水源地造成影响，无人畜中毒伤亡事件发生，环境污染警报解除。

关键词：苯系物　爆炸　水体　大气

一、应急监测启动

1．应急接报

×年×月×日 11 时 30 分，接到垫江县环保局关于英特化工发生爆炸的情况报告后，市环保局立即向市政府作了报告，随即启动了环境突发事件应急处置预案。市环保局作出指示，根据指示精神和市环境监察总队的安排部署，市环境监测中心在中午 12 时正式接到行动指令后立即向垫江县了解了爆炸基本情况，相应启动了环境应急监测的响应程序，一方面迅速成立了事故专项处置领导小组，由监测中心站长亲自任组长，下设现场指挥、动态分析、应急监测、后勤保障四个小组，并调集相关人员充分做好仪器设备、车辆调度、后勤物资等准备工作。另一方面，为及时获取爆炸事故现场污染状况的第一手资料，领导小组立即指导垫江县环境监测站制定了爆炸点周围大气采样布点方案（8 个点）和受爆炸影响可能造成苯系物污染的桂溪河水质监测布点方案（4 个点），并要求其立即按布点方案采样送市环境监测中心分析；同时督促事故厂方采取有效措施堵住污染源头，对受污染的固体废物进行封存，防止新污染源产生，并协调当地政府部门对受污染的桂溪河进行巡视宣传，防止居民使用河水及食用受污染水产品。

当日 17 点，重庆市垫江县环境监测站首批送达样品监测结果表明，英特化工厂爆炸对其周围 200 m 范围内的空气造成严重污染，其中苯最高超标 3.7 倍（0.39～3.7 倍）、甲苯最高超标 2.43 倍（0.048 ～2.43 倍）、二甲苯最高超标 29.5 倍（3.01～29.5 倍）（当时参照的是《苏联居民区大气中有害物质的最大允许浓度》：苯 1.5 mg/m^3、甲苯 0.6 mg/m^3、二甲苯 0.2 mg/m^3；此标准严于我国《居住区环境标准》（TJ 36－79））。同时，距事故现场桂溪河下游 1 500 m 的地表水中苯超标（《地表水环境质量标准》（GB 3838—2002）的饮用水标准限值）148 倍，甲苯、二甲苯未超标。

领导小组随即根据首批监测数据作出决策：立即组织市环境监测中心人员连夜赶赴事故现场，并调整监测方案进行监测。

2．现场情况

×月×日晚，重庆市环境监测中心应急监测人员到达现场，此时英特化工有限公司已停产，附近居民也已安全疏散。现场空气中仍弥漫着强烈的苯系物特有的芳香气味（在厂大门处，VOC 浓度高达 78 ppm），当晚为偏南风，风力较小，不利于苯系物扩散。因消防灭火，冲洗水造成大量未燃烧的苯系物流入桂溪河，但污染源头和泄漏口已堵住。

3．污染物特性

苯在常温下是一种比水轻、无色透明、易燃的液体，具有强烈的芳香味。它对人体的危害途径有吸入、食入、经皮吸收三种。高浓度苯对中枢神经系统有麻醉作用，引起急性中毒；长期接触苯对造血系统有损害，引起慢性中毒。

急性中毒时，轻者有头痛、头晕、恶心、呕吐、轻度兴奋、步态蹒跚等酒醉状态；严重者发生昏迷、抽搐、血压下降，以致呼吸和循环衰竭。

慢性中毒时，会表现有神经衰弱综合征，造血系统发生改变，如白细胞、血小板减少，重者出现再生障碍性贫血，少数病例在慢性中毒后可发生白血病（以急性粒细胞性为多见）。皮肤损害有脱脂、干燥、皲裂、皮炎。可致女性月经量增多与经期延长。

苯微溶于水，水面会出现漂浮液体并有刺激性气味，会造成鱼类及其他水生生物死亡，水中的苯可迅速挥发至大气，最后被光解。苯为易燃、易爆有机物，其蒸气与空气可形成爆炸性混合物，遇明火、高热极易燃烧爆炸，与氧化剂能发生强烈反应。易产生和聚集静电，有燃烧爆炸危险。其蒸气比空气重，能在较低处扩散到相当远的地方，遇明火会引着回燃。燃烧（分解）产物为一氧化碳、二氧化碳。

二甲苯常温下是一种比水轻、无色透明易燃液体，有类似甲苯的芳香气味。二甲苯对人体的危害途径有吸入、食入、经皮吸收三种。短期内吸入较高浓度可出现眼及上呼吸道明显的刺激症状、眼结膜及咽充血、头晕、恶心、呕吐、胸闷、四肢无力、意识模糊、步态蹒跚。重者可有躁动、抽搐或昏迷，有的有癔病样发作。长期接触有神经衰弱综合征，女工有月经异常；皮肤干燥、皲裂、皮炎。二甲苯易挥发，发生事故现场会弥漫着二甲苯的特殊芳香味，倾泄入水中的二甲苯可漂浮在水面上或呈油状物分布在水面，可造成鱼类和水生生物的死亡。二甲苯为易燃、易爆有机物，其蒸气与空气可形成爆炸性混合物，遇明火、高热能引起燃烧爆炸，与氧化剂能发生强烈反应。流速过快，容易产生和积聚静电。其蒸气比空气重，能在较低处扩散至相当远的地方，遇明火会引着回燃。燃烧（分解）产物：一氧化碳、二氧化碳。

二、应急监测方案

1．人员分工

×月×日晚，市监测中心、市环境监察总队和垫江县环保局三方在垫江召开了污染应急处置工作组会议，就本次事故的大气、水环境污染状况进行了讨论，确立了大气监测点位和水质监测控制断面、明确了采样要求和人员分工。

重庆市环境监测中心先期到达的15名监测人员作为本次事故应急监测组的主要成员，共分为六个组，实行两班倒，保证24 h不间断采样，其中一组至五组负责相关断面水样的采集；第六组负责事故现场周边环境敏感点空气污染状况监测。从第二日起，市环境监测中心又陆续增调了 20 余名监测人员赶赴现场保证监测工作顺利进行。同时，后勤保障组24 h待命，负责将采集水样及时运送回市环境监测中心化学仪器分析室分析，分析人员接到样品后，立即着手分析，协同作战，几个步骤同时进行，在最短的时间内出具分析数据；动态分析组结合分析数据和现场污染处置状况，及时编写监测报告和快报，第一时间向上级领导部门汇报最新的监测数据和污染情况。

2．监测布点及方案

（1）第一套监测方案（×月×日晚至次日上午）：①在事故现场周边居民区、学校等环境敏感点设立9个空气监测点，并进行现场分析（详见附后的应急监测布点示意图1）。②根据河流分布和流向，从爆炸点上游对照断面至垫江县高洞桥出境断面的龙溪河流域（桂溪河—曹家河—高滩河）约75 km长的河段，设立9个监测控制断面，每1 h采集一个样品，采样后直接送市环境监测中心分析①（详见附后的应急监测布点示意图1及图2）。25日00:00各监测点位人员开始实施采样监测。在实施过程中，由于情况的不断变化，监

① 考虑到没有水中苯系物的现场分析仪器。

测方案也根据情况随时调整，点位设置随着污染物的移动不断变化，重要点位的采样频次调整为每半小时一次。

（2）第二套监测方案（第二日下午至第三日 8 时）：①大气监测点减少：只在事故现场周边的 2 个学校设立空气监测点，并进行现场分析。②根据河流分布和流向，继续保持对 9 个水质断面的监测，每 1 h 采集一个样品。

（3）第三套监测方案（第三日 8 时至第四日 8 时）：①因各监测点位的环境空气质量达到相关标准，停止空气监测。②为全面评价设立的 7 道阻隔带的阻隔效果、摸清污染带的分布和推进情况，继续保持对 9 个水质断面的监测，同时增加 7 道阻隔带的阻隔带草坝上、下游和特殊地带的监测点位。

（4）第四套监测方案（第四日 8 时以后）：为加大污染带动向的监控，采用推进法进行监控，暂撤销 7～9 号点的监测，重点监测 4、5、6 号断面。14:00 又对 4、5 号断面进行每半小时采集样品的加密监测，第五日 0:00 对 4、5、6 号断面同时进行每半小时采集样品的加密监测。12:00 又恢复 7 号断面每半小时采集样品的加密监测。截至第六日，在 5、6、7 号断面连续未监测出污染物超标，为了彻底了解高滩河水质恢复情况，决定进行拉网式排查，第七日凌晨，研究制定出拉网式水质排查工作方案。7 时至 12 时，对距事发地下游 24.4 km 的高滩河三河口至高洞镇全长约 52.3 km 的河道内每 200 m 左右进行连续采样。

（5）在解除环境污染警报后，为对事故影响区进行后评估监测，采集了阻隔污染物的遗留物（即稻草）和土壤样本进行了分析。

3．监测因子的确定

根据此次事故的具体情况，确定监测因子为此次爆炸事故的特征污染物：苯、甲苯、二甲苯。

4．监测方法的选择

空气中苯系物监测分别采用气相色谱法、PGM-7600RAE 现场测定仪法和傅立叶红外现场分析；水质及稻草样品中的苯系物监测采用《水质　苯系物的测定　气相色谱法》（GB 11890—89）及便携式气相色谱现场分析。

5．监测仪器

针对大气污染使用 PGM-7600 光离子化有机气体和蒸汽检测仪、DX-4010 傅立叶变换红外气体分析仪和 LH-1500 交直流两用大气采样器。应急监测车（气车）外围布点，测量气象五参数等指标。水样、植物样等样品送实验室使用气相色谱仪进行深度分析。工作人员主要佩戴防毒面具，身着防护靴、戴防护手套等防护设备。

三、应急监测实施

1．现场调查

大气采样监测人员主要佩戴防毒面具，地表水采样人员主要身着防护靴、戴防护手套对污染源环境影响进行调查。及时了解污染物的分布状况。

2．现场监测

（1）大气监测

工作人员采取 3 种方式进行现场周围环境空气苯系物浓度的监测：①手持 PGM-7600

光离子化有机气体和蒸汽检测仪对事发地周围 200 m 内环境空气中的 VOC 浓度进行巡回式检测（可初步判断各点苯系物浓度的高低及扩散趋势）；②在按既定方案布设好的事发地周围 200 m 内各大气监测点处，用 LH-1500 交直流两用大气采样器及无吸附的采气袋采集现场环境空气，送实验室及放置在现场的 DX-4010 傅立叶变换红外气体分析仪，分析苯系物浓度；③用 DX-4010 傅立叶变换红外气体分析仪对重点点位环境空气中的苯系物作连续分析。

（2）地表水监测

工作人员采取 2 种方式进行地表水苯系物的采样监测：①用采样瓶采集样品后送回市环境监测中心分析；②用采样瓶采集样品后送至现场临时实验室用美国 SENTEX 公司便携式气相色谱仪进行分析（在此特别感谢四川省环境监测中心增援设备及专家）。

四、监测结果及评价

1．第一批监测数据结果及污染评估

××××年×月×日 19 点，重庆市垫江县环境监测站首批送达样品监测结果显示，英特化工厂爆炸对其周围 200 m 范围内的空气造成严重的污染，其中苯最高超标 3.7 倍（0.39～3.7 倍）、甲苯最高超标 2.43 倍（0.048 ～2.43 倍）、二甲苯最高超标 29.5 倍（3.01～29.5 倍）（苏联参考标准）。同时，距事故现场桂溪河下游 1 500 m 的地表水中苯超标（《地表水环境质量标准》（GB 3838—2002）的饮用水标准限值）148 倍，甲苯、二甲苯未超标，造成了严重的河水苯系物污染，应立即实施污染事故的应急监测及处置。

2．第二批监测数据结果及污染评估

第二日 1 时至 6 时 9 个地表水控制断面监测数据显示：事故发生 14 h 后，距离事故地点 1.5 km 的 2 号监测断面的水体中苯超标 58.3 倍，15 h 后苯超标 44.4 倍，18 h 后苯超标 28.7 倍。另外，从 3 号断面到 9 号断面的水体中苯超标介于 0.1～0.4 倍。动态分析组对此作出水质污染评估：在第二日 1 时至 6 时，水体中大部分苯输送还没有超过 3 号断面；随着时间推移，水体中苯浓度衰减很快；3 号断面以后水体中低水平的苯含量可能是该公司事故前排放的苯在环境中累积。根据污染物还未进入主河道、推进速度慢等特性，现场指挥组立即采取了相应的措施，设立了 7 道阻隔带；并确立将污染控制在垫江县境内的目标。

第二日市环境监测中心对爆炸现场周围的大气环境敏感点进行采样和分析结果显示：各监测点位苯达标，局部地区甲苯、二甲苯尚未完全消除。至第二日下午，爆炸现场周围的大气环境全面恢复。根据监测数据，现场指挥组决定除继续对事故发生地附近 2 所学校进行空气污染监测外，集中力量进行水质污染的防范工作。

3．第三批监测数据结果及污染评估

第二日下午至第三日凌晨 4 时，对 9 个水质断面的监测和 2 个学校的空气质量的监测结果显示：事发约 41 h 后事故点周围的环境空气质量已完全达到标准；事故排放的污水基本被截留在 3 号断面附近，暂时不会影响下游饮用水水源地水质。根据监测数据，鉴于环境空气已恢复，因此停止了空气质量监测，从第三日 8 时开始，全面监测评价设立了 7 道阻隔带的阻隔效果、摸清污染带的分布和推进情况。

4. 第四批监测数据结果及污染评估

第三日 8 时至第四日 8 时，对 9 个水质断面进行监测并增加的 7 道阻隔带的阻隔带草坝上、下游和特殊地带点位的监测，结果显示：污染带正缓慢地向 4 号断面推进，上游 2 号断面水质正在恢复，污染带压缩在 3 号断面至 4 号断面约 6 km 范围内，并且浓度进一步下降。根据监测数据，现场指挥组决定采用推进法进行监控，暂撤销 7～9 号点的监测，重点监测 4、5、6 号断面。

5. 第五批监测数据结果及污染评估

第四日 8 时至第五日，通过对 4、5、6、7 号断面的加密监测数据显示：在 5、6、7 号断面连续未监测出污染物超标，决定进行拉网式排查。第五日 7 时至 12 时，对距事发地下游 24.4 km 的高滩河三河口至高洞镇全长约 52.3 km 的河道内每 200 m 左右进行连续采样监测，数据显示：所有监测断面各时段的苯、甲苯和二甲苯均未检出。经事故处理组专家论证，苯系物泄漏污染事故未对高滩河和其下游的长寿湖饮用水水源地造成影响。第五日 19 时，重庆市解除了环境污染警报。

6. 此次污染事故后评估

解除环境污染警报后，对事故影响区进行了后评估监测，选取周边受灾相对较重的区域采集了阻隔污染物的遗留物（即稻草）样本进行了分析，苯、甲苯和二甲苯均未检出，证明事故影响区内的空气和水体已恢复正常。

五、总结和思考

通过对“11·24”垫江县英特化工有限公司爆炸苯系物泄漏事故全过程的回顾，总结出如下的结论：

（1）本次事故对地表水影响较大，对环境空气有一定影响。

（2）主要经验有四点：一是争取领导重视是事故得到及时妥善处置的关键，二是争取各方协调配合是事故得到妥善处置的保障，三是制定应急措施得当是事故得到妥善处置的保证，四是规范和畅通信息渠道是保证秩序井然的前提。

（3）主要不足：

一是需进一步完善应急监测设备的配备，提高应急监测能力。全市对环境突发事件的应急处理能力总体较弱，尤其区县（自治县、市）的应急处理能力更弱。此次事故发生后，由于区级环境监测部门缺乏相应设备，不能开展苯系物监测，而邻近区县也不具备这类污染物的监测能力，另外由于资金不足等原因，市环境监测中心缺乏在现场进行快速应急监测的仪器，现有的现场应急监测设备分析种类较为单一，配置功能还不够全面，不能完全满足突发性污染事故现场分析样品及时获得数据结果的要求，给及时分析现场采集样品带来了困难，导致所有水样都必须送往市环境监测中心进行分析，加上样品实验分析时间，个别断面的现场取样与出监测结果的时间相差近 6 h，对决策和及时采取应急措施造成困难。为确保万无一失，只有通过加长监控河段，增加监测断面的方式弥补环境监测能力薄弱的不足，从而大大增加了处置成本，降低了处置效率。同时，市环境监测中心的监测仪器几天连续不间断运行，也存在发生故障的巨大风险。因此，应积极争取各级党政的重视和支持，加大对应急监测工作的投入，尽快完善配备快速应急监测仪器，加强人员培训，提高应急监测能力。

二是要进一步加大应急监测工作宣传力度，确保环境污染事故及时接报。英特化工因生产安全原因发生爆炸，引发环境污染事故，消防部门在灭火过程中由于没有环保部门的介入，对可能引发的环境污染未予充分重视，采取高压冲水的方式进行灭火，同时又未对灭火造成的废水采取必要的拦截措施导致大量的苯系物进入环境造成水污染。苯系物燃烧完全后是无害的，但进入环境却很难清除和降解，吉化公司爆炸的消防灭火工作中存在类似的问题。如果此次爆炸采用干粉灭火效果将更好，甚至在有效控制下让物料在反应釜中全部燃烧，反而不会对环境造成严重的污染。

三是要进一步加强应急监测机构建设，确保应急监测人员和技术储备。重庆市环境监测中心专门成立了应急监测室，该科室除承担应急监测外，还要承担大量污染源监督性监测、噪声夜间巡查等任务，对针对性地开展应急监测技术研究和人员应急监测培训、调配造成了一定的影响。

四是要进一步完善应急监测处置工作制度，确保应急监测工作有章可循。市环保局提出了突发性污染事故应急预案制度的启动、维护、更新及其信息传达的相关要求，市环境监测中心应急监测室形成了内部人员职责分工和操作流程，但尚未形成一套涉及市环保局、市环境监测中心、区县环境监测部门三级联动处置环境污染事故的工作制度，对应急监测处置工作及时接报、有序推进、科学决策和妥善处置产生了一定的影响。

附：

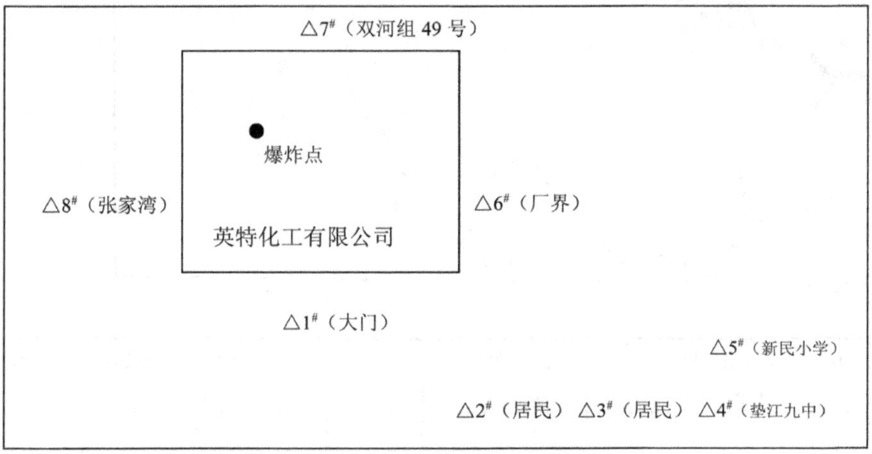

图 1　“11・24”事故应急监测布点示意图

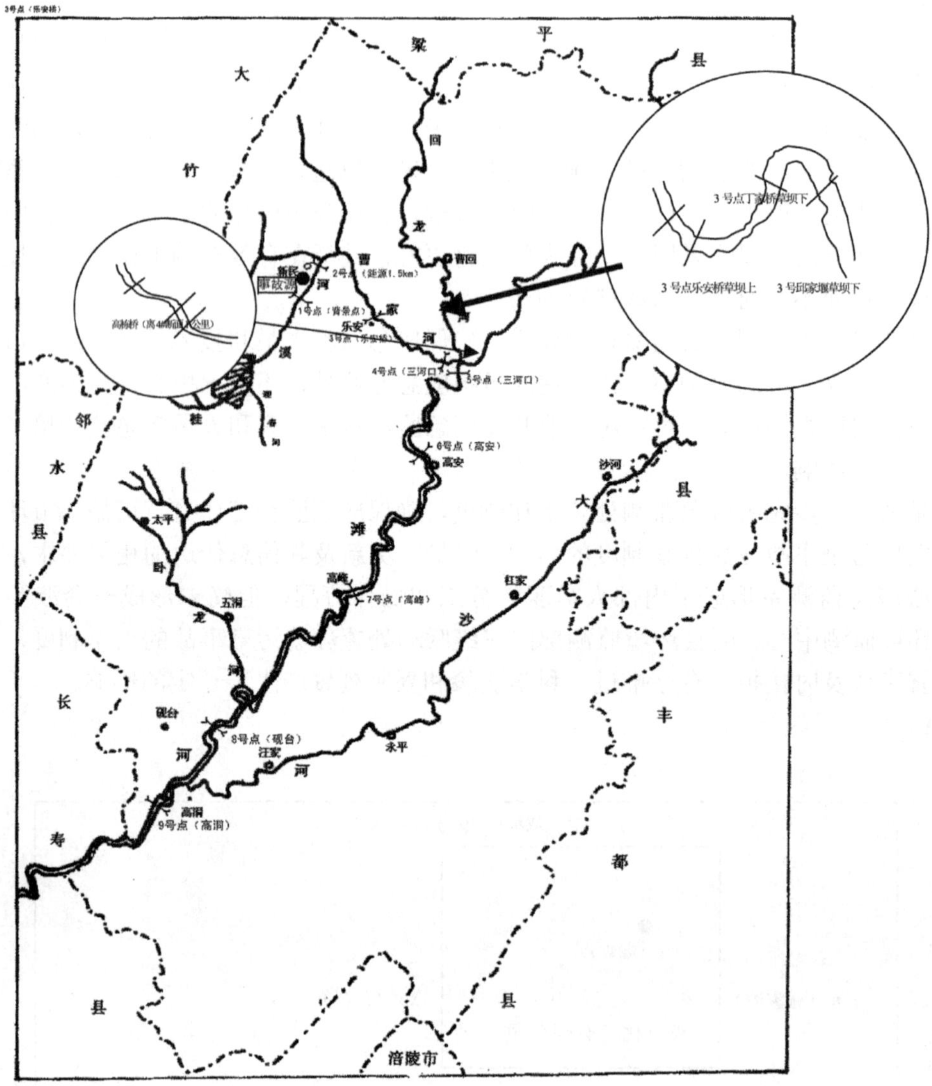

点位	和上一段面的距离/km	距爆炸点距离/km	点位	和上一段面的距离/km	距爆炸点距离/km
2	1.5	1.5	6	12	26.5
3	7	8.5	7	15	41.5
4	5	13.5	8	22	63.5
5	1	14.5	9	8	71.5

图2　“11·24”事故水环境监测采样布点示意图

类型：生产安全事故引发的突发环境事件

案例 3　“4·15”上海市××区水源保护区××化工厂化学品泄漏事故应急监测

摘要：4 月 15 日上午，地处××区水源保护区的上海××化工有限公司一装卸酸性液体的罐车输送导管断裂，发生酸性化学品泄漏事故。区环境监测站应急指挥长接到区环保局应急指令后半小时赶到现场。现场有大面积黄色烟雾，地面有积水，空气中弥漫着强烈刺鼻的酸味，消防队员正在用高压水枪向槽罐车和周边地面喷洒，雨水阀已经关闭，但雨水道入厂区南面的东黄菇塘阀门关闭不及时，导致大约 100 kg 的酸性液体已通过下水道流入东黄菇塘，由于发现及时措施得当，未出现人员伤亡。监测人员根据现场调查情况、当时气象条件以及东黄菇塘水文和周边水域环境制定监测方案，进行大气、水和土壤的布点监测。通过现场快速检测分析、实验室分析、自动站监测数据以及模型模拟确认污染物影响范围和影响程度，直接为管理部门提供决策的技术支持。当日连续跟踪结果显示，至当日下午 18 时本次事故对周边环境造成影响已消除，应急监测终止。

关键词：酸性化学品　泄漏　水体　大气

一、应急监测启动

1．应急接报

2010 年 4 月 15 日上午 8 时许，××区环境监测站应急指挥长接到区环保局领导紧急电话，位于××区水源保护区内霜竹公路××号的上海××化工有限公司发生事故，并有毒气外泄。接到报警后，指挥长立即启动《××区环境污染事故应急监测预案》，领导组、现场组、分析组、后勤组根据预案要求迅速进入应急监测状态，现场组 6 名同志携带应急监测设备在领导组成员的带领下火速赶往事故现场。上午 8 点 30 分，监测人员达到事故现场，仅用时 30 min。

2．现场情况

现场有大面积黄色烟雾，地面有积水，空气中弥漫着强烈刺鼻的酸味，消防队员正在用高压水枪向槽罐车和周边地面喷洒，雨水阀已经关闭，但雨水道入厂区南面的东黄菇塘阀门关闭不及时，导致大约 100 kg 的酸性液体已通过下水道流入东黄菇塘，东黄菇塘水流方向为往东，流速约为 0.1 m/s，与之交汇的蒲华塘水流方向为向南流动，两河交汇处沿蒲华塘下游 300 m 以内均为××区饮用水水源保护区，上游 800 m 处为华亭取水口，交汇处距厂区雨水道出口约 2 km。事发时风向为北风，风速为 1～2 m/s，厂区西面 500 m 左右为居民区。

经傅立叶红外气体分析仪和德尔格 PacIII气体监测仪的初步监测，以事故发生地为中心（北纬 31°29′34″，东经 121°16′28″），半径 50 m 范围内空气中氮氧化物和氯化氢含量均超标上千倍；又测得东黄菇塘雨水道出口处附近地表水 pH 为 5～6，呈弱酸性。同时根据现场初步调查，确定本次事故的主要污染物为硝酸和盐酸。

此次事故因及时发现，并立即采取应急措施，现场未造成人员伤亡，直接经济损失小于50万元，事故危害主要集中在厂区内，经组织救援能予以控制，并无进一步发展趋势，故此次事故级别初定为一般环境事件。

3．污染物特性

硝酸（HNO_3），分子量63。具有强氧化性，与易燃物（如苯）和有机物（如糖、纤维素等）接触会发生剧烈反应，甚至引起燃烧，与碱金属能发生剧烈反应，具有强腐蚀性。其蒸气有刺激作用，引起黏膜和上呼吸道的刺激症状。如流泪、咽喉刺激感、呛咳、并伴有头痛、头晕、胸闷等。长期接触可以引起牙齿酸蚀症，皮肤接触引起灼伤。水体中氮的浓度为0.3 mg/L时会明显促进和加速浮游植物（主要是藻类）的增殖生长。它一方面消耗水中大量溶解氧，使水生生物呼吸困难，造成鱼类和其他水生生物因缺氧而死亡，水质变得黑臭；另一方面，浮游植物毒素积蓄到临界浓度，也会对人体产生危害。在硅、磷及微量元素的联合作用下，水体的"富营养化"现象更甚，可发生"水华"或"赤潮"现象。对人畜饮水、水产养殖、食品生产等方面会带来严重问题。

氯化氢（HCl），分子量36.5。对眼和呼吸道黏膜有强烈的刺激作用，急性中毒：出现头痛、头昏、恶心、眼痛、咳嗽、痰中带血、声音嘶哑、呼吸困难、胸闷、胸痛等，重者发生肺炎、肺水肿、肺不张，眼角膜可见溃疡或混浊，皮肤直接接触可出现大量粟粒样红色小丘疹而呈潮红痛热。慢性影响：长期较高浓度接触，可引起慢性支气管炎、胃肠功能障碍及牙齿酸蚀症。无水氯化氢无腐蚀性，但遇水时有强腐蚀性，能与一些活性金属粉末发生反应，放出氢气，遇氰化物能产生剧毒的氰化氢气体。

氮氧化物，能够破坏呼吸系统，可引起支气管炎和肺气肿。氮氧化物浓度较大时对人体的毒性很大，它可与血液中的血红蛋白结合生成亚硝酸基血红蛋白或高铁血红蛋白，从而降低血液输氧能力，引起组织缺氧，甚至损害中枢神经系统。氮氧化物还可直接侵入呼吸道深部的细支气管和肺泡，诱发哮喘病。

二、应急监测方案

1．人员分工

（1）领导小组

负责对污染事故应急监测工作进行全面指挥和保障工作；负责协调应急监测各小组的应急监测工作；负责及时向上级部门汇报污染事故应急监测工作情况。

（2）现场组

负责污染事故的现场环境调查、现场监测工作；根据现场调查、监测结果，确定污染物种类、浓度及污染范围。并将相关信息及时反馈给领导小组，将采集污染物样品及时送交分析组。

（3）分析组

负责实验室样品分析工作，确定污染物种类、浓度；及时上报分析数据，为领导小组提供处置建议。

（4）后勤组

负责对应急监测中的物资、仪器设备、车辆、人员等进行协调及后勤保障工作。

2．软件模拟

事故发生以后，××站立即启用《××区突发性危险品泄漏事故应急预案决策支持系统》，对事故进行软件模拟，为下一步的监测布点提供指导性建议。根据现场的风向风速及温度等气象参数，以及泄漏物的种类、泄漏类型、泄漏量和水体流速流向等要素，经软件模拟事故，快速确定了大气中污染物（见图 1）和水体中污染物（见图 2）的大致扩散范围（均以 1 h 计）。

高浓度区　　低浓度区

图 1　××区突发性危险品泄漏事故应急预案决策支持系统模拟

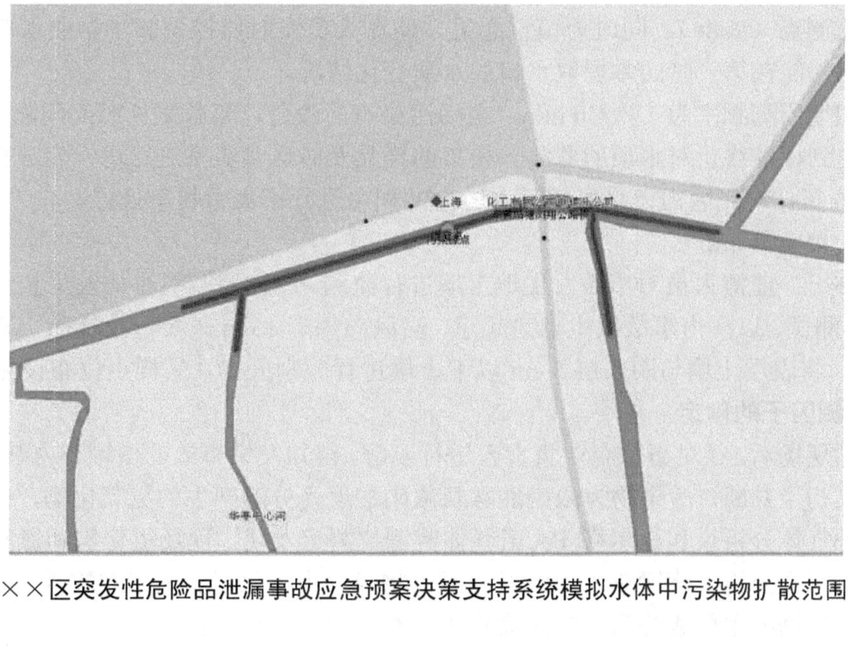

图 2　××区突发性危险品泄漏事故应急预案决策支持系统模拟水体中污染物扩散范围示意图

模拟得出气体扩散范围，中、高浓度区域范围大致为下风向 100 m，低浓度区域范围大致为下风向 300 m，沿风向方向横向扩散范围大致为 50 m。

模拟得出水体中污染物的扩散范围为沿水流方向大致为 360 m。

3．监测布点

（1）大气监测布点

监测点的布设方法遵循全面监测、突出重点的原则，同时结合《××区突发性危险品泄漏事故应急预案决策支持系统》模拟确定的污染物扩散范围，最终确定大气布点方案，以污染源为中心，设置一个监测点（○1#），上风向 100 m 处设置一个监测点（○2#），下风向中浓度污染区域 100 m 处设置一个监测点（○3#），下风向低浓度区域 200 m 处设置一个监测点（○4#），下风向 300 m 处设置一个监测点（○5#），厂区西侧 500 m 居民区敏感点设置一个监测点（○6#）。使用傅立叶红外气体分析仪和德尔格 PacIII气体监测仪进行现场监测，同时采集现场大气样本送实验室分析。

监测初期监测频率为 1 次/30 min，随着污染物的不断扩散，根据监测结果和现场情况延长采样时间间隔，直到环境空气达到标准终止对大气质量的监测。

（2）地表水监测布点

硝酸与盐酸都为强酸，现场调查发现有部分酸性积水已通过厂区雨水道流入南侧的东黄菇塘，鉴于当天东黄菇塘的水流方向为往东，同时结合《××区突发性危险品泄漏事故应急预案决策支持系统》模拟确定的污染物扩散范围，最终确定地表水布点方案，东黄菇塘雨水道出口处设置一个监测点（☆1#），雨水道西侧 50 m 处设置一个监测点（☆2#），雨水道东侧 50 m 处设置一个监测点（☆3#），雨水道东侧 200 m 处设置一个监测点（☆4#），雨水道东侧 500 m 处设置一个监测点（☆5#），东黄菇塘和蒲华塘交汇处设置一个监测点（☆6#），交汇点北侧 800 m 华亭取水口处设置一个监测点（☆7#），交汇点南侧 300 m 处设置一个监测点（☆8#）。同时为慎重起见，监测人员实时监控调阅华亭取水口水质自动站数据，确保能在第一时间掌握取水口的水质变化情况。

监测初期监测频率为 1 次/30 min，之后污染有所改善，延长采样时间间隔为 1～3 h，水体水质达到标准终止对水质的监测。采集的样品及时送实验室进行进一步分析。

4 月 16 日，对厂区内已堵塞的下水道内的积水进行了集中收集处置。

（3）土壤监测布点

4 月 15 日，监测人员对事故发生地土壤进行监测。本次监测对事故发生企业及厂外土壤进行 pH 测试，以厂内事故发生点为起点，沿风向每隔 15 m 采集一个样品一直延伸到厂门外 45 m，将表层土壤与距表层 5 cm 以下土壤进行分别采样。采样点位布设见图 3。

4．监测因子的确定

在赶到现场后，经对事故企业负责人进行了解，得知发生事故的槽罐车内装有浓硝酸，故监测人员初步判断，污染物为浓硝酸雾及浓硝酸遇光分解产生的氮氧化物，但通过使用傅立叶红外气体分析仪和德尔格 PacIII气体监测仪测定发现，现场氯化氢和氮氧化物浓度严重超标，综合分析，槽罐车内为混酸，污染物成分为氯化氢、浓硝酸酸雾、氮氧化物。在判断出污染物的主要成分后，对污染物进行有针对性的重点监测。

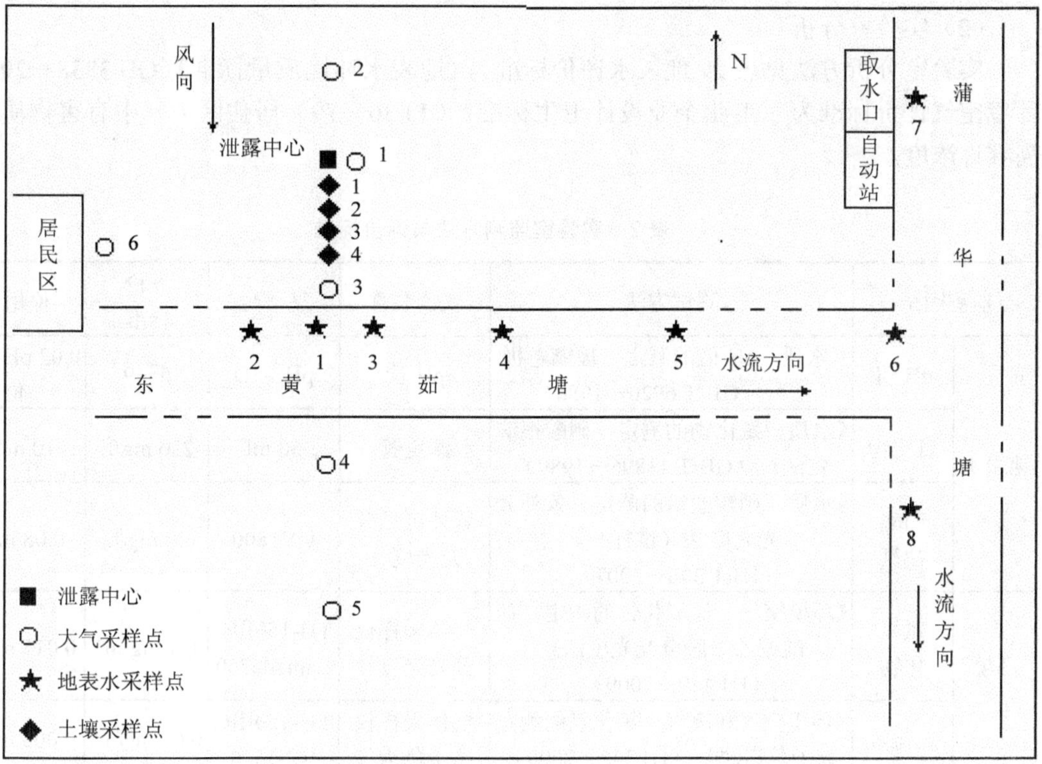

图 3　采样布点示意

5. 监测方法与评价标准

（1）现场监测

由于傅立叶红外气体分析仪在监测氯化氢气体时水组分对其的干扰较大，因此对于氮氧化物采用傅立叶红外气体分析仪进行监测，而氯化氢采用德尔格 PacIII气体监测仪进行监测，pH 采用便携式 pH 计法。

评价标准采用原《工业企业设计卫生标准》（TJ 36—79）居住区大气中有害物质的最高容许浓度为：氯化氢一次最高容许浓度为 0.05 mg/m^3；日平均为 0.015 mg/m^3；氮氧化物一次最高容许浓度为 0.15 mg/m^3。

表 1　现场监测仪器与评价标准

监测因子		仪器名称	型号	评价标准	检出限
地表水	pH 值	便携式 pH 分析仪	SG2	6～9	—
环境空气	氮氧化物	傅立叶红外气体分析仪	DX4020	0.15 mg/m^3	0.1 mg/m^3
	氯化氢	便携式多种气体检测仪	PacIII	0.05 mg/m^3	1.5 mg/m^3

由表 1 可知，用 PacIII仪器检测氯化氢气体时将碰到检出限大于标准值的问题，这时候需要通过实验室分析相配合。

（2）实验室分析

实验室分析方法见表 2，地表水评价标准为《地表水环境质量标准》（GB 3838—2002），环境空气评价标准为《工业企业设计卫生标准》（TJ 36—79）居住区大气中有害物质的最高容许浓度。

表 2　实验室监测方法与评价标准

监测因子		测试方法	仪器名称	型　号	评价标准	检出限
地表水	pH 值	《水质　pH 值的测定　玻璃电极法》（GB/T 6920—1986）	pH 计	pHS-3D	6～9	0.02 pH 值单位
	氯化物	《水质　氯化物的测定　硝酸银滴定法》（GB/T 11896—1989）	滴定管	50 ml	250 mg/L	10 mg/L
	硝酸盐氮	《水质　硝酸盐氮的测定　紫外分光光度法（试行）》（HJ/T 346—2007）	紫外可见分光光度计	UV1800	10 mg/L	0.08 mg/L
环境空气	氮氧化物	《环境空气　氮氧化物的测定　盐酸萘乙二胺分光光度法》（HJ 479—2009）	气体采样仪 分光光度计	TH-150IIIC Lambda750	0.1 mg/m^3	0.015 mg/m^3
	氯化氢	《环境空气和废气　氯化氢的测定　离子色谱法》（HJ 549—2009）	气体采样仪 离子色谱仪	TH-150IIIC ICS1600	0.05 mg/m^3	0.003 mg/m^3
土壤	pH 值	玻璃电极法	pH 计	pHs-3D	—	—

（3）地表水自动监测

监测人员实时监控调阅华亭取水口水质自动站数据，确保能在第一时间掌握取水口的水质变化情况。华亭取水口水质自动站监测仪器见表 3，评价标准为《地表水环境质量标准》。

表 3　地表水自动监测仪器与评价标准

监测因子	仪器名称	型号	评价标准
pH 值	多参数分析仪	SC1000	6～9
硝酸盐氮	多参数分析仪	SC1000	10 mg/m^3

三、现场监测结果与评价

1．监测因子

现场监测因子为：大气中的氯化氢、氮氧化物、硝酸（遇光分解成氮氧化物）、气象参数等指标。

2．监测结果

监测人员于 4 月 15 日 8 时 30 分赶到现场，根据现场情况对空气中的有毒物质进行了连续监测。测定了污染物的成分与污染范围，确定了安全距离为上风向 100 m 及下风向

300 m 处，为事故现场提供安全防护参考。

从监测结果来看，截至当天下午 17:05，各监测点污染物浓度已大幅下降，对环境基本无影响。

四、实验室监测结果与评价

1. 监测因子

实验室监测因子为：大气中氯化氢、氮氧化物，地表水 pH 值、氯化氢、硝酸盐氮，土壤 pH 值。

2. 监测结果及评价

（1）大气监测结果及评价

结果表明：截至当天下午 16 时，大气中污染物已达到标准值，结合现场数据，于当天晚上 18 时左右大气污染警报解除。

（2）水质监测结果及评价

结果表明：由于东黄菇塘当天水流流速较小，所以酸液仅对东黄菇塘雨水道附近地表水各指标稍有偏高（标准范围内），蒲华塘的华亭取水口和饮用水水源保护区的水质均未受到影响。于当天晚上 19 时左右，地表水污染警报解除。

（3）土壤监测结果及评价

经监测，除厂区内污染源中心点表层土壤呈酸性外，其余点位表层及 5 cm 以下土壤并未受到影响，于 4 月 15 日中午使用氧化钙对厂区内土壤进行覆盖中和后，下午对该点位土壤测定，pH 为 6.85，故判断此次事故对土壤并未造成严重损害。

五、自动监测结果与评价

1. 监测因子

监测人员调阅事故当天华亭取水口水质自动站数据，监测因子为：pH 值、硝酸盐氮。

2. 监测结果及评价

数据表明：事故当天华亭取水口 pH 值、硝酸盐氮两项指标均处于正常水平，说明本次事故对取水口水质无影响。

六、总结与思考

通过此次泄漏事故的应急监测，总结出以下几点：

本次泄漏对周围环境空气、环境水体的危害影响较小。

现场监测时会碰到应急检测仪器检出限大于相关标准值的问题，此时应结合实验室分析的数据来判断事故情况。

通过这次突发性环境污染事故应急监测，《××区环境污染事故应急监测预案》和《××区突发性危险品泄漏事故应急预案决策支持系统》得到了进一步实施和完善，应急物资储备点快速调动了物资，防止了污染物的进一步扩散，开展突发性污染事故应急监测能力得到了进一步的加强，应急监测人员的技术业务和应变能力得到了增强。

类型：生产安全事故引发的突发环境事件

案例 4 “2·24”重庆市方鑫精细化工有限公司乙炔爆炸事故应急监测

摘要：××××年××月××日，重庆市方鑫精细化工有限公司发生乙炔爆炸事故。重庆市环境监测中心在市政府的指导下，会同市安监、消防、国资委、卫生、江北区政府等单位协同作战，科学地成功处置此事件。截至 2 月 24 日上午，共获取 100 余个监测数据，已报送环境监测快报 4 期，为准确、及时处置与控制污染事故发挥了积极作用。由于行动迅速，处置及时、措施有力、方法得当，污染已得到有效拦截与处置，本次重庆市方鑫精细化工有限公司乙炔爆炸事件未影响到周边环境空气质量和下游地区饮用水水源地环境安全，未对长江水质造成影响。

关键词：乙炔 爆炸 污染 水体

一、应急监测启动

1. 应急接报

××××年××月××日 5:55，重庆市环境监测中心接到 12369 指挥中心通知，位于江北区寸滩西南合成制药二分厂附近某化工厂发生爆炸事故。市环境监测中心接报后，立即启动应急监测，应急监测人员快速准备好所需监测仪器后于 6:35 出发，6:55 到达现场。

2. 现场情况

经现场调查，发生爆炸的是重庆市方鑫精细化工有限公司乙炔车间，并引燃了旁边液氨储罐，对周边环境空气产生污染。该公司位于长江江边，用于扑灭明火的消防水及汇入长江的地表水有可能对长江水质产生影响。

3. 污染物特性

乙炔在室温下是一种无色、极易燃的气体。纯乙炔是无臭的，但工业用乙炔由于含有硫化氢、磷化氢等杂质，而有一股大蒜的气味。

乙炔为无色无味的易燃、有毒气体。而电石制的乙炔因混有硫化氢（H_2S）、磷化氢（PH_3）、砷化氢（AsH_3），而带有特殊的臭味。熔点（118.656 kPa）−84℃，沸点−80.8℃，相对密度 0.620 8（−82/4℃），折射率 1.000 51，折光率 1.000 5（0℃），闪点（开杯）−17.78℃，自燃点 305℃。在空气中爆炸极限 2.3%～72.3%（VOL）。在液态和固态下或在气态和一定压力下有猛烈爆炸的危险，受热、震动、电火花等因素都可以引发爆炸。

急性毒性：纯乙炔属微毒类，具有弱麻醉和阻止细胞氧化的作用。高浓度时排挤空气中的氧，引起单纯性窒息作用。乙炔中常混有磷化氢、硫化氢等气体，故常伴有此类毒物的毒作用。人接触 100 mg/m^3 能耐受 30～60 min，20%引起明显缺氧，30%时共济失调，35%下 5 min 引起意识丧失，暴露在含 10%乙炔的空气中 5 h，有轻度中毒反应。

亚急性和慢性毒性：动物长期吸入非致死性浓度该品，出现血红蛋白、网织细胞、淋巴细胞增加和中性粒细胞减少。尸检有支气管炎、肺炎、肺水肿、肝充血和脂肪浸润。

二、监测方案

1. 人员分工

事故发生后，重庆市环境监测中心的 8 名监测人员作为本次事故应急监测组的主要人员，分为四组。第一组负责使用直读仪器实时监测污染核心区和影响区的大气中污染物浓度；第二组负责对方鑫精细化工厂雨水排口及其汇入长江上下游断面的地表水进行采样；第三组负责将采集水样及时送回市环境监测中心分析室分析；第四组根据现场污染处置情况及对数据的分析，及时编写监测报告和快报，第一时间向上级领导部门汇报最新的监测数据和污染情况。

2. 监测布点及方案

（1）环境空气的监测：当日上午 7:00—8:00，在事故发生地共设 3 个大气监测点，监测频次为 30 min 每次。根据现场情况的变化，8:30 开始增加 1 个大空气监测点，并进行现场分析（详见应急监测布点示意图）。

（2）消防废水和地表水的监测：当日上午 7:40 开始对方鑫精细化工雨水排口及汇入长江上下游断面的地表水质量进行监控。

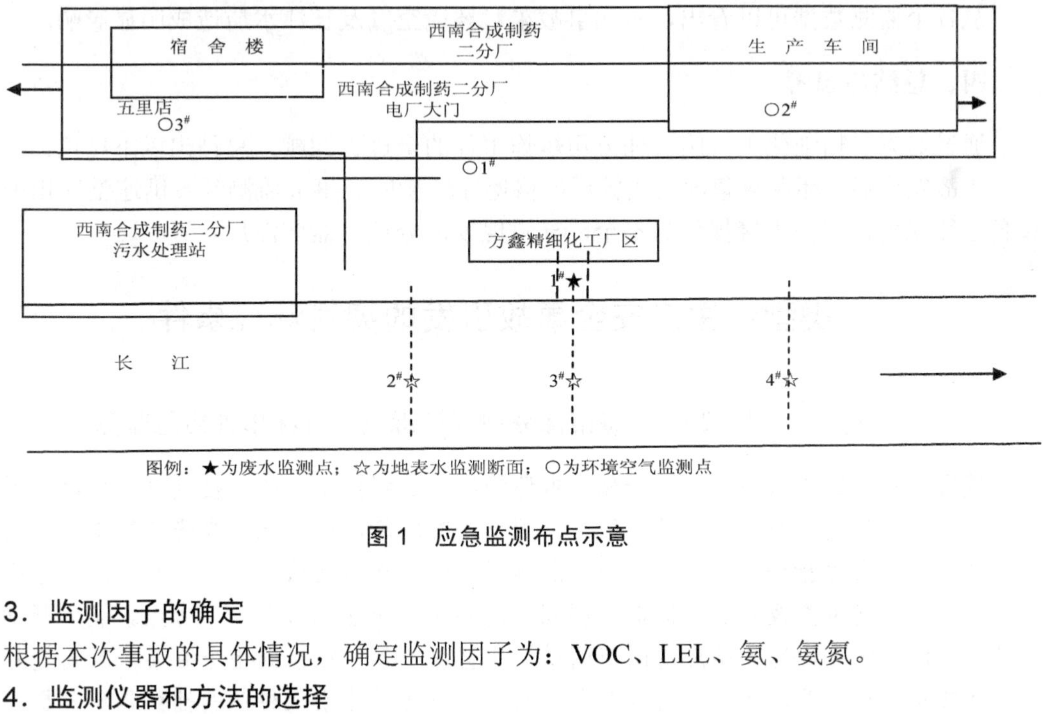

图 1 应急监测布点示意

3. 监测因子的确定

根据本次事故的具体情况，确定监测因子为：VOC、LEL、氨、氨氮。

4. 监测仪器和方法的选择

VOC、LEL 采用 PGM-54 复合式气体检测仪，氨采用 PGM-54D 复合式气体检测仪进行现场分析；氨氮采用 HACH 标准试剂水杨酸法和纳氏试剂法在便携式分光光度计 DR 2800 上在现场分析。

三、应急监测步骤、结果及评估

1．现场监测

（1）大气中污染物的监测采用 PGM-54 复合式气体检测仪和 PGM-54D 复合式气体检测仪按照监测频次在各监测点位进行巡回式监测以判断各点位污染物浓度的高低及扩散趋势。

（2）工作人员用采样瓶对方鑫精细化工雨水排口及汇入长江上下游断面的地表水进行采样并在现场流动实验室分析，并现场判定重庆方鑫精细化工有限公司雨水排口氨氮浓度是否超过《污水综合排放标准》（GB 8978—1996）中规定限值及其废水入长江处及长江上下游断面的氨氮浓度是否超过《地表水环境质量标准》（GB 3838—2002）中Ⅲ类水域标准值。

2．监测结果与评价

（1）监测结果

具体结果表（略）。

（2）监测评价

从各个监测数据可以看出，本次事故未对环境空气及长江水质造成明显影响。

四、总结与思考

通过对方鑫精细化工有限责任公司爆炸事件的全过程回顾，总结出以下结论：

事故发生后，环保应急部门接警后严格遵守环境应急事故监测预案迅速整理相关仪器设备赶往现场，但由于接报信息不全，导致现场部分项目监测滞后。

类型：生产安全事故引发的突发环境事件

案例 5 “3・20”上海市部分城区投诉空气异味事件应急监测

摘要：3 月 20 日下午 13:00 开始，市环保局应急指挥中心陆续接到群众投诉电话，反映浦东潍坊、杨浦、黄浦、卢湾、徐汇、闵行、莘庄等区域空气中有恶臭气味。监测中心接市环保局应急办指令后，迅速启动应急预案。由于涉及区域广泛，在市级应急监测队伍启动并展开现场巡查及监测的同时，根据应急预案“市区两级联动”方案，调动杨浦区、黄浦区、闵行区环境监测站应急队伍联动摸排监测。各区在接到指令后第一时间赶赴所在行政区投诉区域，开展异味摸排和应急监测。经过对异味空气样品的捕获采集分析，个别点位空气检出硫化氢等恶臭物质，根据自动站当日下午时段监测数据显示和企业在线情况调查，按照当日气象扩散条件初步判断锁定上风向某企业。通过市区环保局、监察总队、支队联合现场摸排，确定为该企业硫黄装置安全阀故障，导致硫化氢非正常排放。随着该装置的排放关停，城区空气异味消除。应急监测随即终止。

关键词：硫化氢 故障 环境空气

一、应急监测启动

1．应急接报

3 月 20 日下午 13:00 开始，市环保局应急指挥中心陆续接到群众投诉电话，反映浦东潍坊、杨浦、黄浦、卢湾、徐汇、闵行、莘庄等区域空气中有恶臭气味。监测中心接市环保局应急办指令后，迅速启动应急预案。由于涉及区域广泛，在市级应急监测队伍启动并展开现场巡查及监测的同时，根据应急预案“市区两级联动”方案，调动杨浦区、黄浦区、闵行区环境监测站应急队伍。各区环境应急监测队伍在接到指令后第一时间赶赴相应区域，开展异味摸排和应急监测。

2．现场情况

市区各级应急监测队伍在居民聚集地及异味明显处连续采样分析并巡查排摸，力图寻找气味来源。各应急监测队伍在现场巡查及排摸中发现，异味扩散存在较大的不确定性，气味来源较难确定，由于异味浓度较低，现场快速分析方法很难捕获进行异味物质的定性监测的浓度，对进一步跟踪监测带来了较大的困难。但根据事件情势及异味臭味特征，初步经验判断可能为恶臭物质。

二、应急监测的思路和展开

1．现场采样实验室分析

17:30 分左右监测中心应急监测组在南丹路区域闻到异味并进行大气 SUMMA 罐采样，经实验室分析，检出硫化氢、二硫化碳、甲硫醚等物质，且浓度超出空气正常本底值，为本次异味事件污染因子进行了初步定性，确定监测因子为《恶臭污染物排放标准》中规定的恶臭污染物。

2．空气自动站连续监测

鉴于事件涉及区域较大，影响范围较广，立即调查异味投诉集中区域内自动站实时在线数据，从各个自动站数据的时间序列和位置分布，试图寻找污染排放源的方位、路径和发展趋势。

从多个自动站的数据分析发现，几个空气质量自动监测站 SO_2 浓度数据异常，具体特征为：SO_2 浓度首先在浦东潍坊和杨浦四漂（3 月 20 日下午 15 时）出现高浓度值，随后杨浦环保局监测点（下午 17 点）出现 SO_2 高浓度，之后徐汇路边站（下午 18 时）和卢湾师专附小（下午 19 时）也出现 SO_2 高浓度值。浦东潍坊在晚上浓度迅速降低，但是杨浦四漂和杨浦环保局晚上 18 时至 20 时又一次出现 SO_2 高浓度值。从当日气象数据发现，当日主导风向为北风偏东北风，这几个出现 SO_2 浓度异常的站点恰好在上海东北方位某点的下风向排开，初步判断 SO_2 高浓度排放源来自上海东北方位的高桥地区。

图 1 及图 2 为空气自动站 SO_2 浓度变化特征及出现 SO_2 高浓度站点的空间分布。图 3 为徐汇区路边站后向轨迹图。

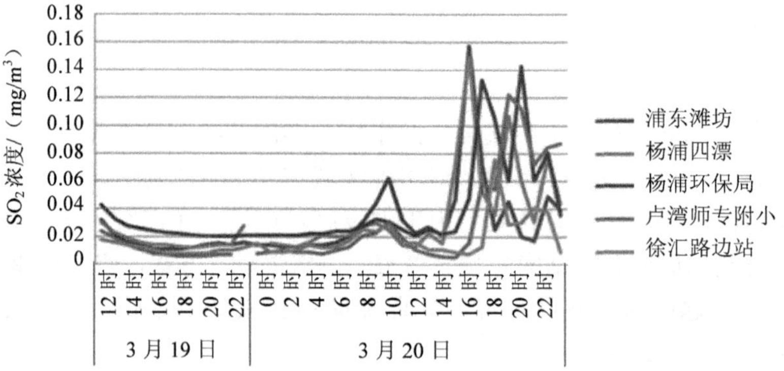

图1 空气自动站监测 SO_2 浓度变化

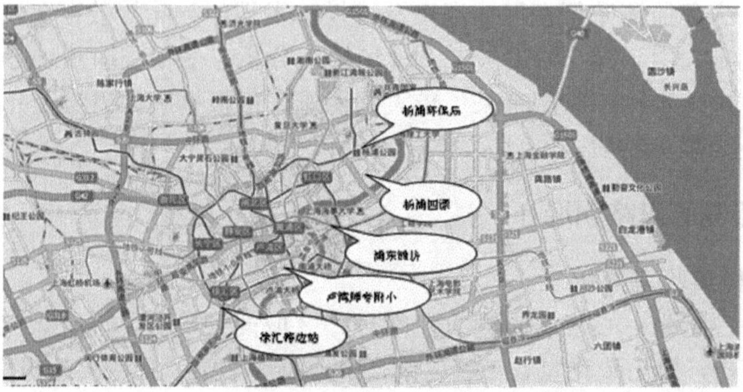

图2 空气自动监测站点的空间分布

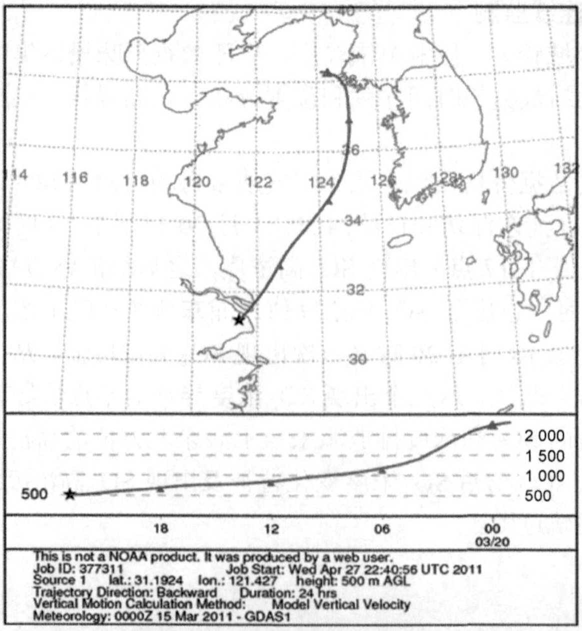

图3 3.20 气象后向轨迹图

3．异常站点数据的进一步跟踪

SO_2浓度高不会引起空气异味，但和异味出现的路径相一致。为此，立即调动SO_2浓度异常空气质量自动监测站毗邻工业企业在线连续监测系统（CEMS）数据，寻找突破。

CEMS 数据表明，某石化企业当日脱硫装置检修，SO_2排放异常。

由此判断，异味很可能来自该地区企业排放。

4．肇事企业的追踪和确认

按照上述监测数据提供的线索，19:00 左右监察总队和市环境应急队员赶到上述地区开展调查和监测，发现在××公司炼油厂附近浓重的异味和在城区出现异味一致，且同时看到炼油厂硫黄装置区的排气筒仍在排放。

在该公司炼油厂厂界附近定性检出 H_2S 气体；进一步在炼油厂厂界附近进行现场采样，并送实验室定量分析，检出硫化氢（H_2S）、甲硫醚、二硫化碳（CS_2）、二甲二硫等含硫恶臭物质，与南丹路所测异味气体成分一致。

至此影响上海城区多个区域异味的排放源确定，××公司炼油厂为异味气体排放源。

5．污染物特性

硫化氢（H_2S）又名氢硫酸。常温时硫化氢是一种无色有臭鸡蛋气味的剧毒气体，应在通风处进行使用必须采取防护措施。易燃，与空气混合能形成爆炸性混合物，遇明火、高热能引起燃烧爆炸。与浓硝酸、发烟硫酸或其他强氧化剂剧烈反应，发生爆炸。气体比空气重，能在较低处扩散到相当远的地方，遇明火会引起回燃。燃烧（分解）产物为氧化硫。硫化氢很少用于工业生产中，一般作为某些化学反应和蛋白质自然分解过程的产物以及某些天然物的成分和杂质，而经常存在于多种生产过程中以及自然界中。通过 吸入侵入，是强烈的神经毒物，对黏膜有强烈刺激作用。

甲硫醚别名二甲硫、二甲硫醚、二甲基硫，无色液体，有不愉快的气味；不溶于水，溶于乙醇、乙醚等多数有机溶剂；用做多数无机物的溶剂、催化剂。其蒸气与空气可形成爆炸性混合物；遇明火、高热极易燃烧爆炸；受高热分解产生有毒的硫化物烟气；与氧化剂能发生强烈反应；与水、水蒸气、酸类反应产生有毒和易燃气体。其蒸气比空气重，能在较低处扩散到相当远的地方，遇明火会引着回燃；燃烧（分解）产物为一氧化碳、二氧化碳、硫化物。蒸气对鼻、喉有刺激性，引起咳嗽和胸部不适；持续或高浓度吸入出现头痛、恶心和呕吐；液体或雾对眼有刺激性，可引起皮炎。

三、应急处置

责成××公司炼油厂迅速采取措施，停止肇事装置不正常排放。之后随大气扩散稀释，城区空气异味逐渐消散。

四、总结与思考

环境突发事件种类繁复，现象各异，在强调常规应急监测技术手段的同时，注重空气质量监测网络、CEMS 等技术手段的综合应用，在出现类似事件时可提供大尺度及方向性的研判依据。本次事件最终的有效处置，除了现场应急监测定性判断，还借助了空气自动站和 CEMS 数据，结合当日气象条件（主导风向：北风偏东北风，平均风速约 5 m/s，受雾霾天气影响，污染物在近地面聚集传输等）等信息的综合分析得到有效解决。

有机含硫恶臭物质人体嗅觉阈值较低，仪器难以检出，一旦扩散造成影响范围巨大，因此在加强涉及此类物质企业监管的同时，应加强对低浓度有机含硫恶臭物质检测技术的研发。

类型：交通事故引发的突发环境事件

案例 6　九寨沟县白水江甲苯-二异氰酸酯翻车污染事故

摘要：2006 年 5 月 13 日晚，一辆货车装载着 84 桶易燃易爆危险化学药品甲苯-二异氰酸酯（简称 TDI）在九寨沟县某乡境内发生侧翻事故，车上 21 桶 TDI 掉于白龙江支流的汤珠河中，司机逃逸，未及时报警；事故翻车地点是白水江的支流，位于甘肃省文县县城的上游，18 km 后该河流进入文县，严重威胁其饮用水水源安全。5 月 14 日 15:00，省站领导接到省厅电话通知后，立即与省监察总队和当地环保局联系了解情况后，得知 21 桶 TDI 已被成功打捞上岸 19 桶，打捞上岸的 19 桶均有不同程度破损，有 TDI 进入水体，余下 2 桶未找到。省站应急监测人员一组直接前往事故现场开展事发地附近河段及出省断面污染情况的调查和应急监测；另外一组前往入境断面开展监测，监视污染水团入境的情况。监测结果表明白水江水系部分江段地表水中甲苯-二异氰酸酯有检出，但不会对饮用水安全造成影响，虽有两桶甲苯-二异氰酸酯下落不明，且事发点到距下游入境断面之间共有三个电站，现场监测电站的水流量为 80 m^3/s，初步估算三个电站的储水量约 20 亿 m^3，且水量会随着丰水期的来临逐渐增大，所以，无论这两桶甲苯-二异氰酸酯已经泄漏或正在泄漏，都不会对电站下游水环境，特别是饮用水安全造成影响。土壤中未检出甲苯-二异氰酸酯，没有造成土壤的污染。

关键词：甲苯-二异氰酸酯　翻车　水体　土壤

一、应急监测启动

1．应急接报

2006 年 5 月 13 日晚，一辆货车装载着 84 桶易燃易爆危险化学药品甲苯-二异氰酸酯（简称 TDI）在九寨沟县某乡境内发生侧翻事故，车上 21 桶 TDI 掉于白龙江支流的汤珠河中，司机逃逸，未及时报警。5 月 14 日 15:00，省站站长接到省厅电话通知后，立即与省监察总队和当地环保局联系了解事故情况，得知 21 桶 TDI 已被成功打捞上岸 19 桶，打捞上岸的 19 桶均有不同程度破损，有 TDI 进入水体，余下 2 桶未找到。

2．现场情况

事故翻车地点地势较为开阔，方圆 200 m 内没有居民，人为活动较少，该河是白水江的支流，位于甘肃省文县县城的上游，18 km 后该河流进入文县，严重威胁其饮用水水源安全，影响八个乡镇约 6 万人的日常生活。白水江在甘肃境内流经 150 km 后，在青川县的姚渡镇再次进入四川。

3．污染物特性

甲苯-二异氰酸酯的沸点为 250℃，在常温下为一种水白色或淡黄色液体，20℃时的饱和蒸气压为 1.4 Pa（饱和蒸气压下气态浓度可达 100 mg/ m^3），属蒸发性不强的化学品；不溶于水，但容易与包含有活泼氢原子的化合物，如胺、水、醇、酸、碱发生反应，并放出大量热，具有强烈的刺激性气味。从毒性指标看，经口服的半致死剂量为 5 800 mg/kg，为低毒化学品；经吸入的半致死浓度为 126 mg/m^3（接触 2 h），从吸入毒性看是高毒性化学品。我国尚无甲苯-二异氰酸酯的相关标准。其水解可生成二氨基甲苯及氮杂节酮、苯并咪唑酮、四氢喹啉等，水解产物中二氨基甲苯的毒性最强，我国目前没有此方面的标准，前苏联水体中二氨基甲苯的最高浓度控制标准为 1.0 mg/L。

二、应急监测方案

1．人员分工

5 月 14 日 15:30，省站站长和分管副站长分别带领一组省站应急监测人员奔赴现场，一组直接前往事故现场，开展事发地附近河段及出省断面污染情况的调查和应急监测；另外一组前往入境断面姚渡镇开展监测，监视污染水团入境的情况；实验室立即展开甲苯-二异氰酸酯分析方法的调试；并同时安排九寨沟县环境监测站对白水江主要影响断面进行采样。

2．监测布点及方案

在汤珠河和白水江上布设了 12 个监测断面（图 1），断面主要布设在事发地的汤珠河的上下游、汤珠河与白水江汇合口的上下游、出川断面水沟坪、文县县城水厂上下游、碧口电站和入川断面姚渡镇；采样后样品送省站实验室对甲苯-二异氰酸酯和包括二氨基甲苯在内的 4 个主要水解产物进行分析。

3．监测因子的确定

根据事故发生现场及污染物的特征，我们认为甲苯-二异氰酸酯泄漏到环境中后，会立即与空气和土壤中的水分发生反应，对当地的空气和土壤造成局部、暂时的污染，其对水体的影响是主要的。由于其极强的水解性质，甲苯-二异氰酸酯对水体的污染将以甲苯-二异氰酸酯单体和其水解产物的形式出现，其中危害最大的污染物不是甲苯-二异氰酸酯本身，而是其水解产物之一的二氨基甲苯。

4．监测方法的选择

采用在现有的针对甲苯-二异氰酸酯的气相色谱法基础上，结合 EPA8270C 方法调试开发的，针对甲苯-二异氰酸酯及其水解产物的，基于选择离子扫描的气相色谱质谱联用法。并对事发现场受污染土壤进行采样分析。

5．监测仪器

实验室分析仪器为 Agilent GC（6890 N）-MS（5973i）。

三、应急监测步骤

1．现场调查

及时了解泄漏 TDI 的打捞情况、该水系干流及相关支流流量的变化情况等。

2．现场监测

现场监测项目主要为河流流量，应急监测人员在采样的同时，使用多普勒流量计进行测流。

四、监测结果及污染评估

从白水江水系 12 个监测断面的 106 个样品监测结果分析，白水江水系部分江段仅受到轻微污染。事故特征污染物在事故发生点到白水江水沟坪电站断面长约 28 km 的水体中有检出，其最高浓度出现水沟坪电站断面，甲苯-二异氰酸酯浓度为 0.25 mg/L，二氨基甲苯浓度为 1.2 μg/L，约为前苏联标准限值的千分之一，未对水生生物和人畜饮水产生危害，不影响饮用水安全。

虽有两桶甲苯-二异氰酸酯下落不明，根据河道情况勘察分析及污染物的化学特性，且事发点到距下游入境断面之间共有三个电站，现场监测电站的水流量为 80 m^3/s，初步估算三个电站的储水量约 20 亿 m^3，且水量会随着丰水期的来临逐渐增大，所以，无论这两桶甲苯-二异氰酸酯已经泄漏或正在泄漏，都不会对电站下游水环境，特别是饮用水安全造成影响。

从土壤的污染情况来看，对泄入土壤的甲苯-二异氰酸酯进行水泥晒盖以促使甲苯-二异氰酸酯分解为无害产物后，进行取样监测发现处置后的土壤中未检出甲苯-二异氰酸酯，没有造成土壤的污染。

五、总结和思考

通过本次污染事故，主要得出以下结论：

（1）准确把握污染特性是做好环境应急监测的前提

在本次环境应急监测中，我们准确把握了甲苯-二异氰酸酯的水解特性，及时、准确地认定了受污染的主要环境对象是水体，确定了应急监测的重点；准确掌握了甲苯-二异氰酸酯及其水解产物的毒理性质，并在此基础上科学地确定了以甲苯-二异氰酸酯及其水解产物为监测指标。

（2）事前的监测技术储备是做好环境应急监测的关键

在本次环境应急监测中，我们之所以能够及时、科学、有效地开展特征污染物甲苯-二异氰酸酯及其水解产物的分析，在于之前我们已经开展过甲苯-二异氰酸酯的分析，拥有甲苯-二异氰酸酯的标准物质，建立了基于气相色谱的分析方法，同时，我们的分析人员具备了研究开发分析方法的能力。

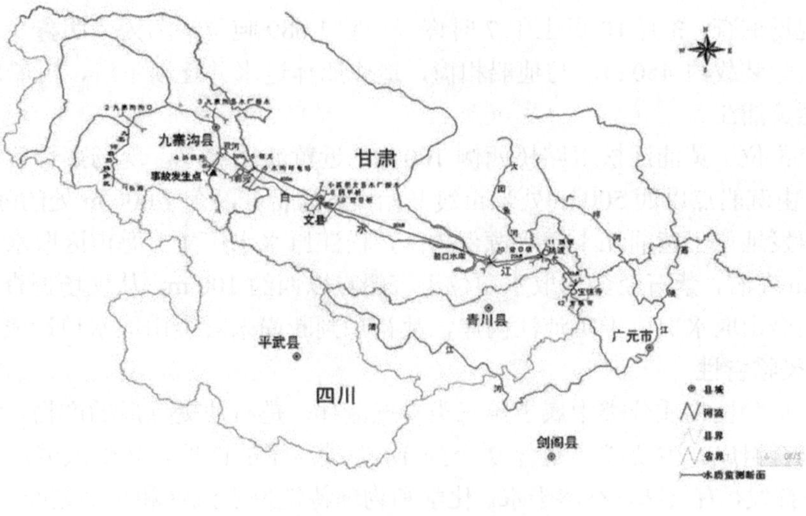

图 1　污染事故监测断面分布图

类型：交通事故引发的突发环境事件

案例 7　“3·10”黄浦江松卫路桥附近沉船柴油泄漏突发环境事件应急监测

摘要：20××年 3 月 10 日 7 时许，一艘 1 680 吨位，名为“明鑫 9 号芜湖港”运黄沙船与他船相撞，造成船体进水并逐渐下沉，沉船后近半吨燃料柴油泄漏至黄浦江。区环保局接报后应急人员迅速赶往现场开展调查和监测。由于该水域为上海市饮用水水源保护区，附近有取水口，首次监测事发地及其上下游水中石油类超过《地表水环境质量标准》（GB 3838—2002）表 1 中Ⅱ类标准，进而连续跟踪监测，至次日清晨，事发河段已恢复到正常水平，本次污染的水环境影响消除，应急监测终止。

关键词：石油类　泄漏　水体

一、应急监测启动

1. 应急接报

20××年 3 月 10 日 16 时 30 分许，××区环境保护局接报，位于车墩镇米市渡东侧发生沉船事故。区环保局接报后引起高度重视，随即启动突发环境事件应急预案，由局长亲自带领监察支队、监测站应急小组成员赶赴事发现场。

监测站接报后，针对突发环境事件类型和事发地特点，携带了垂直式水质采样仪、采油仪、便携式 pH 计、溶解氧仪、便携式化学物质鉴定仪、水质快速测定仪和防化服等必要防护装备出发。

应急监测小组由现场指挥带队，一行 3 人先期赶往现场，并通知另外 2 名水质监测成员待命，随时准备轮换或者增援，并通知实验室相关人员做好分析准备。

2．现场调查

经过现场调查，3 月 10 日上午 7 时许，一艘 1 689 吨位，名为“明鑫 9 号芜湖港”运黄沙船（实际装载约 450 t），与他船相撞，造成船体进水并逐渐下沉，沉船后近半吨燃料柴油泄漏至黄浦江。

沉船点位位于黄浦江松卫路桥西侧 100 m，近黄浦江北岸。现场察看后发现，浮油呈带状分布，由沉船点以西 500 m 处米市渡开始，至沉船点以东 1 000 m 处的陈家浜桥为止。

由于事发地位于黄浦江上游水源保护区，松江原水水厂（上海市区取水口）位于沉船点以东 5 km 左右，紫石泾金山取水口位于沉船点以西约 100 m，从现场调查看，浮油集中于北岸，而金山取水口位于黄浦江南岸，故初步判断尚未对金山取水口造成影响。

3．污染物特性

柴油在危险性物质分类中属于第三类易燃液体，是石油提炼后的产物。它由不同的碳氢化合物混合组成。主要成分是含 9 个到 18 个碳原子的链烷、环烷或芳烃。无色或淡黄色液体，易挥发，有气味，不溶于水。化学和物理特性位于汽油和重油之间，沸点在 170～390℃，密度为 0.82～0.845 kg/L。

石油类污染对水质和水生生物有相当大的危害。漂浮在水面的石油类物质会形成油膜，阻碍空气和水体接触，使水中溶解氧降低，对受污染水质和水中动、植物的生存造成影响。石油黏着到鱼鳃上或黏附在鱼卵上，会使鱼窒息死亡或使孵化过程受到影响。另外，水中的鱼、贝等类生物将石油类物质中的“三致”（致癌、致畸、致突变）物质富集，通过食物链传递给人体。

二、应急监测方案

1．人员分工

水质应急监测小组赶到现场，了解事故概况、周边敏感点位及水系流向、污染物扩散等情况，基本确定污染物种类和监测点位，形成初步监测方案，报应急监测指挥组确认。用采油仪对事发河道地表水进行采样作业。

实验室内部根据现场反馈信息确定实验室必需分析项目，通知分析检测组相关分析人员实验室待命。

质量保证组对应急监测全过程进行质量控制，包括应急监测方法、样品流转、实验数据和结果报告等。

2．监测布点

根据现场沉船事故点位置，浮油分布，潮汐现象，饮用水水源取水口位置等信息，监测应急监测小组确定监测方案，具体点位如下（见图 1）。

☆1 黄浦江松卫公路桥东侧约 1 km 陈家浜桥；

☆2 黄浦江松卫公路桥东侧 150 m；

☆3 黄浦江松卫公路桥下；

☆4 沉船事故点（第一次采样时未能准确确定沉船事故点，故第一次未采样）；

☆5 黄浦江松卫公路桥西侧 200 m（紫石泾金山水厂取水口）；

☆6 黄浦江米市渡东侧 200 m。

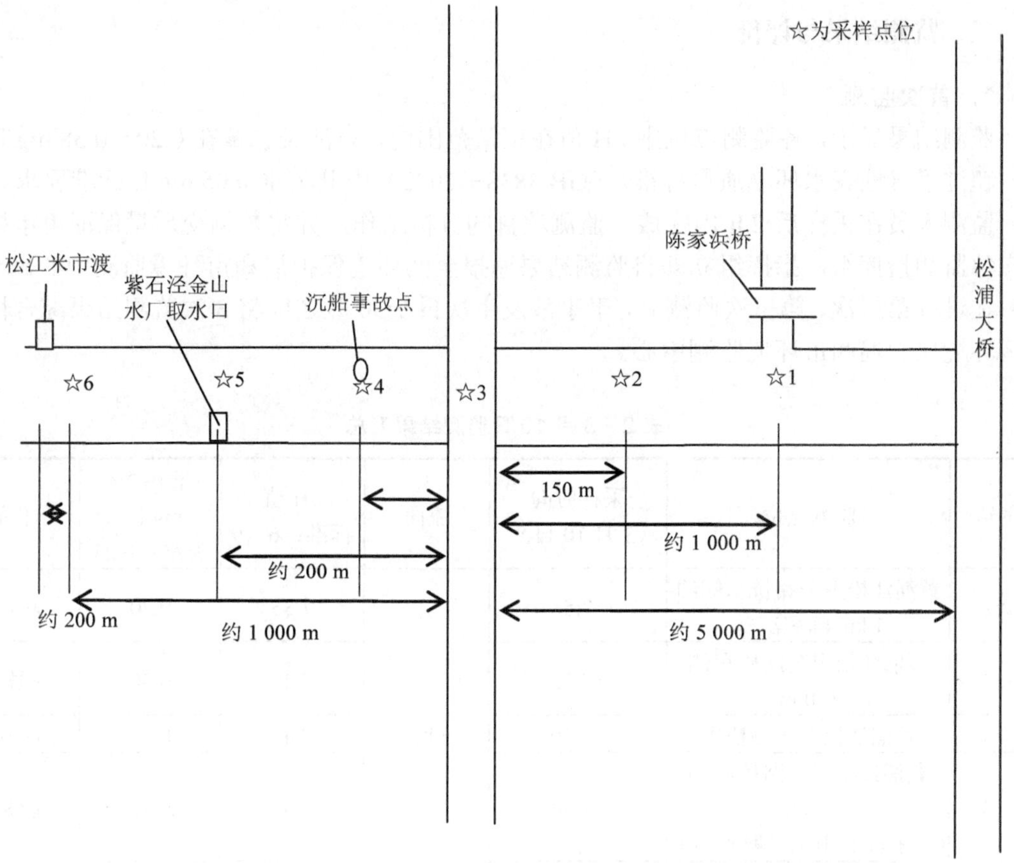

图 1　“3·10”黄浦江松卫路桥附近沉船柴油泄漏环境事故测点位图

3．监测项目

根据现场污染情况，应急监测小组确定污染河道内监测因子为：pH 值和石油类。其中 pH 值为现场测定。

4．监测方法

表 1　监测方法

项目	分析方法	方法来源
pH 值	便携式 pH 计法	《水和废水监测分析方法》（第四版）国家环保局
石油类	水质　石油类和动植物油的测定　红外光度法	GB/T 16488—1996

5．评价标准和依据

《地表水环境质量标准》（GB 3838—2002）表 1 中Ⅱ类标准：pH 值：6～9，石油类：

0.05 mg/L。

三、监测结果与评价

1．首次监测

监测结果显示，各监测点位中 pH 值在正常范围内，石油类含量在 0.20～0.38 mg/L 之间，超过了《地表水环境质量标准》（GB 3838—2002）中Ⅱ类水 0.05 mg/L 标准要求。

监测人员在采样后 2 h 内完成了监测项目的分析工作，并将数据交质量保证组审核后报应急监测指挥组，指挥组立即将监测结果速报至区环境保护局和市环境监测中心。

在进行第二次、第三次监测后，于事故发生次日 9:30 时之前将 3 次监测结果综合快报至区环境保护局和市环境监测中心。

表 2　3 月 10 日监测结果汇总

序号	监测点位	采样时间（3 月 10 日）	流向	pH 值 标准：6～9	石油类/（mg/L） 标准：0.05	评价
☆1	黄浦江松卫公路桥东侧约 1 km 陈家浜桥	17:58	东到西	7.35	0.20	超标
☆2	黄浦江松卫公路桥东侧 150 m	17:26		7.40	0.30	超标
☆3	黄浦江松卫公路桥下	17:30		7.43	0.37	超标
☆5	黄浦江松卫公路桥西侧 200 m（紫石泾金山水厂取水口）	17:34		7.37	0.38	超标
☆6	黄浦江米市渡东侧 200 m	17:45		7.36	0.31	超标

注：由于第一次采样时未能准确确定沉船事故点，故未对☆4 进行采样。

2．跟踪监测

首次监测结果显示，黄浦江沉船事故河段石油类超标近 6 倍，查看历史同期监测数据显示该河道石油类含量小于 0.05 mg/L。因此对该区域内地表水进行跟踪监测。第二次采样时间为当晚 21:08 时，第三次采样为次日清晨 6:16 时。

第二次监测结果显示，除事故点附近（☆3 至☆5）石油类含量超标外，其余点位石油类含量均未检出或低于检出限，pH 值均在正常范围内，地表水中石油类污染较前一次监测有明显改善。

次日清晨第三次监测结果显示，事发河段 pH 值和石油类含量已恢复到正常水平。

3．终止应急监测

3 月 11 日清晨监测数据报区环境保护局和市环境监测中心后，上级指示停止监测，监测站随即将综合报告于 11 日 9:30 前上报至有关部门。

四、总结与思考

针对所处地域特点，加强对饮用水水源地风险源监测，完善应急预案，特别是针对饮用水水源保护区的应急监测预案。要通过定期演练，不断完善应急预案，提升监测能力，提高监测人员素质，熟练操作监测仪器。做到快速反应，迅速监测，及时报告。

类型：交通事故引发的突发环境事件

案例 8　“3·29”京沪高速淮安段液氯泄漏事故应急监测案例

摘要：2005 年 3 月 29 日晚，京沪高速公路淮安段上行线 103K+300 M 处发生一起交通事故，一辆载有约 40 t（超载 25 t）液氯的山东槽罐车因车祸导致储罐液氯大面积泄漏，造成王兴等 3 个乡镇 29 人死亡，约 2 000 亩农作物受灾，环境受到严重污染，京沪高速公路宿迁至宝应段关闭 20 个小时。江苏省、淮安市省市两级监测部门事发后迅速赶往现场组织监测，及时向上级部门提供了第一线的准确监测数据，为污染源的控制与处置提供了决策依据。至 2005 年 4 月 1 日上午，污染源已安全处置，受灾害影响的居民 4 月 3 日已陆续返回家园。

关键词：液氯　泄漏

一、应急监测的启动

1．应急接报

3 月 29 日晚 9:35，淮安市环境监测中心站接到市局领导紧急电话，京沪高速淮阴段发生了车辆交通事故，并有毒气外泄。接到报警后，应急领导小组立即启动站内污染事故应急监测程序，站长在通往事故现场的路上紧急调度，通知办公、后勤、现场和实验室分析、评价报告应急监测相关工作组人员。9:55 站长先期到达现场，从接警至到达事故现场仅用了 20 min。10:05 现场监测人员 5 人携带便携式氯气测定仪和快速检气管及防护设备火速到达事故现场，用时 30 min。实验室分析人员和评价报告人员进行准备实验室分析工作和编写监测快报工作。

2．现场情况

现场的情况遍地有积水和盐酸，空气中弥漫着令人窒息的难闻的氯气味道，周边的环境已被笼罩在一片毒雾之中，消防战士们正在用高压水龙头向事发点和空中喷洒，事发地 50 m 范围内全面戒严。事发时为偏南风，风力较小，不利于氯气扩散，离事故发生点 300 m 内氯气浓度高。

3．污染物特性

氯气是一种比空气重同时又具有腐蚀性淡绿色的剧毒气体。氯气对人的危害途径主要是经呼吸道侵入，轻度中毒有流泪、咽部疼痛、鼻烧灼感等刺激症状，继之有呛咳、胸闷、气短、咳痰、恶心等不适。中度中毒除上述症状加重外，患者尚有头痛、胸痛、阵发性干咳伴胸骨后疼痛及（或）声音嘶哑等症状。严重中毒则会导致剧烈咳嗽，咳大量粉红色泡沫痰，胸部有紧束压迫感，躁动不安，呼吸困难，明显发绀，甚至出现昏迷、休克或出现气胸、纵隔气肿、心肌损害等并发症直至死亡。氯气还会造成双目失明、皮肤灼伤损害，氯气是通过呼吸而侵入人体，危害很大。空气里氯气超过 1 mg/m^3 含量就会引起人体中毒。

氯气分子量 71，比空气重，基本上顺风沿地面扩散。

二、应急监测方案

1. 人员分工

（1）现场调查

工作人员主要身穿防化服、佩戴全面罩呼吸器负责对污染源环境影响进行调查。及时了解污染物的分布状况。

（2）现场监测

工作人员主要携带手持式仪器根据监测方案在测点监测，同时做好个人防护工作。

（3）站内分析

工作人员主要对采集样品进行迅速分析作样。

（4）材料报告

工作人员根据上级领导要求向省、市各级环保局上报监测快报，并随时上报特殊地段的污染浓度。

（5）后勤保障与通信

后期保障与调动人员负责接班与通信联络，保证现场进行不间断采样监测，实验室现场不间断作样，并随时联络各工作小组负责人，统一协调调度。

2. 监测布点

（1）大气监测布点

网点的布设方法按经验法执行，采样点设在整个监测区域的高、中、低三种不同污染物浓度的地方。在受氯气污染敏感点以及 300 m、600 m 和 1 000 m 处用大气综合采样器对氯气使用甲基橙溶液进行吸收采样法，测定网点的 1 h 值。每隔 1 h 测定一次。事故发生点、对照点、其他点位用检气管和便携式气体分析仪进行监测。

在指挥部采取措施处理槽罐中剩余氯气时，监测人员对作业场所实施 24 h 监测，测定监控点的 1 h 值。每隔 1 h 测定一次，共计 24 h。为指挥部抢险提供数据，保障现场处理人员的安全。

在污染事故的事故源处理结束后，对照空气质量标准对环境空气进行监测，以保证受灾群众尽早安全返回家园。在转移居民回家入住前，开始对居民家中空气中进行采样分析，每家每天测定一次，共测定两天，超标的进行处理后再次测定直到满足标准要求。

（2）地表水采样布点

氯气遇水后生成次氯酸和盐酸，再分解为新生态氧。本次氯气泄漏事故的突出污染问题是对周围乡镇村的环境空气的影响，从氯气与水反应及产物的性质和氯气与水接触的可能性、时间以及溶解度来说，水质特别是王兴镇集中式深层地下饮用水受到污染的可能性较小。事故处理时在跃进河上京沪高速穿河桥下打坝围堰设置事故处理池。为慎重起见，监测人员针对本次污染事故从 4 月 30 日起连续 4 d 每天一次对事故处理点跃进河上、下游，集中式饮用水、农户小型压井地下水进行监测；并对事故处理池中的处理液进行了监测。

（3）受灾农作物采样

受灾最严重的是淮安市淮阴区王兴镇的高荡、长兴两个村，事故发生地的东北侧是一片麦田。这个季节的小麦本应是翠绿的，但这片麦田却被熏成了金黄色，有酸腐气味发出。1 km 外植物表观没有变化。29 日晚天气晴好，有微风，还有薄雾，助长了毒气蔓延。监测人员对受灾农作物小麦和油菜等中的氯化氢、pH 的检测，为掌握氯气泄漏事故这种特定情况下氯气对植物的影响及善后处理工作提供了技术支持。

植物样品采集采样器具为小铲、塑料袋、标签、采集登记记录等物品。以离事故源 10 m 远的受灾作物作为 0 号点，向东南扇形延伸按三条线每 100 m 左右采一个作物样，每条辐射状线采 7 个到 8 个样。选择 300 株左右的植物为样本，采集时选择离田埂地边 2 m 范围以内的样品。由于监测目的是了解特定情况下氯气对植物的影响，故采样的部位为植株根部以上的部分，而不是植物全部植株。

（4）土壤采样

“3·29”事故发生后，泄漏的氯气使附近的农田植物一片枯黄，那么受灾农田土壤受到了多大影响，是否还能继续耕种？4 月 1 日对污染区土壤进行监测。由于氯气遇水后生成次氯酸和盐酸，确定土壤监测因子为 pH 值和氯化物。监测人员对受氯气污染的农田中土壤进行取样分析，本次共采集中 41 个土样。

为了准确反映土壤的污染情况，采集具有代表性的土壤样品进行分析测定。以离事故源 10 m 远的受灾作物作为 0 号点，向东南扇形延伸按三条线每 100 m 左右采一个样品及一些远距离样品。选择 0～5 cm 的表层土壤为样品。采集时，选择离田埂地边 2 m 范围以内的样品。由于监测目的是了解特定情况下氯气对土壤的影响，故采样的层深低于一般土壤调查采样深度。布点方法为梅花形布点法。

3．监测因子的确定

在氯气泄漏时，氯气以分子形态存在，但其活性极强，遇到空气中的水蒸气后产生氯化氢。因此，确定前期监测以氯气为主，后期同时监测氯气和氯化氢。

4．监测方法的选择

空气中氯气检测分别采用国家环境保护总局行业标准 HJ/T 30—1999 甲基橙分光光度法；应急检测管法；PEG35ToxiRAECl_2 现场测定仪法；PEG7800RAE 现场测定仪法；氯化氢检测分别采用国家环境保护总局行业推荐方法离子色谱法（《空气和废气监测分析方法》（第四版），国家环保总局，2003）和盖斯曼傅立叶红外现场分析。评价标准：氯气浓度《居住区环境标准》（TJ 36—79）一次性监测值为 0.1 mg/m^3；日均值为 0.05 mg/m^3；氯化氢浓度《居住区环境标准》（TJ 36—79）一次性监测值为 0.05 mg/m^3；日均值为 0.015 mg/m^3。

5．监测仪器

针对大气污染使用 PGM-7840 RAE 多功能测定仪、PEG35ToxiRAE 氯气测定仪、快速检气管和 Gasemet DX4015 傅立叶红外分析仪。应急流动车外围布点，测量气象五参数等指标，在现场应急监测过程中，工作人员身穿防化服、空气呼吸器、头戴防毒面具，水质与土壤现场采集样品送交实验室使用离子色谱仪进行深度分析。

三、大气监测结果与评价

1．监测因子与方法

监测大气中 HCl、Cl_2、气象参数等指标。

监测方法的选择：在赶到现场时，马上使用应急检测管和 PEG35ToxiRAE 测定仪对事故发生地空气中的氯气含量进行测定，确定氯气的污染范围。PEG35ToxiRAE 测定仪有现场直读，响应快速的优点，其响应范围在 0.3～60 mg/m^3，使用该仪器在现场移动监测快速确定氯气污染的安全距离在 1 km。

另外，应急检测管 120 mg/m^3 的测定上限较 PEG35ToxiRAE 测定仪高一倍，且一次性使用不存在 PEG35ToxiRAE 测定仪的传感器在高浓度和复杂情况下记忆和中毒等情况，特别适应于事故污染源和污染中心区域的监测，此情况在本次液氯泄漏事故应急监测中得到充分体现，及时提供了监测数据。3 月 31 日事故源被清理后，空气中的氯气浓度迅速下降，4 月 1 日氯气浓度小于 0.1 mg/m^3。此时氯气浓度使用应急检测管和 PEG35ToxiRAE 测定仪已经无法检出，但仍高于《居住区环境标准》（TJ36—79）氯气浓度日均值 0.05 mg/m^3，进一步采用大气采样实验室甲基橙分光光度化学法（检出范围 0.03～20 mg/m^3）对周围空气和居民家中氯气进行监测。

喷洒碳酸氢钠溶液后为评价空气中氯化氢下降的效果，监测人员综合使用离子色谱法和盖斯曼傅立叶红外分析仪进行监测。其中，Gasemet DX 4015 盖斯曼傅立叶红外分析仪氯化氢测定方法的最低检出浓度为 0.015 mg/m^3，离子色谱最低检出浓度为 0.003 mg/m^3，因此，现场以盖斯曼傅立叶红外分析现场分析为主，重点地区采样后，送交实验室使用离子色谱仪，最终确认大气和居住区氯化氢浓度是否达到环境标准标，保证受灾群众尽早安全返回家园。4 月 3 日指挥部通知受灾群众返回家园。

2．监测结果

监测人员 3 月 29 日 10 时赶到现场，并根据风速、风向，使用应急检测管和 PEG35 ToxiRAE 测定仪对事故发生地空气中的氯气含量进行测定，确定氯气的污染范围，确定氯气污染的安全距离在 1 km，为事故现场排除提供安全防护参考。并于次日用化学法展开对周围空气中氯、氯化氢的检测。用 PEG350Cl_2 测定仪、PEG7800RAE 测定仪和实验室甲基橙分光光度法连续 4 d 分别对事故周围空气中的 Cl_2 进行测定，空气中 Cl_2 的浓度范围为 0.7～34 mg/m^3。在氯气泄漏污染地点下风向，氯气监测浓度值随着距离增加而降低，到 1 km 左右浓度值恢复正常，在污染源清除大约 72 h，空气中氯气浓度接近正常值；而氯化氢的浓度峰值出现在氯气峰值之后大约 24 h，在氯气污染消除以后，氯化氢成为污染空气的另一重要因素。3 月 31 日事故源被清理采取措施后，空气中的氯气浓度迅速下降，4 月 1 日氯气浓度小于 0.1 mg/m^3，4 月 2 日氯气浓度小于 0.05 mg/m^3，空气质量符合标准，离子色谱法和盖斯曼傅立叶红外分析检测发现氯化氢的浓度大于 0.3 mg/m^3，空气中氯化氢含量超标。

3．提供决策依据

由于空气中 HCl 和 Cl_2 超标，为加快疏散人员返乡，市环保局于 4 月 1 日建议指挥部采取措施向空气中、农田作物、环境物品、特别是事故发生地附近的村民居室内喷洒碳酸氢钠溶液，喷洒后监测结果表明空气中氯化氢下降70%左右，证明喷洒效果明显。

4 月 2 日，淮安市环保局建议再次喷洒碳酸氢钠溶液。经过二次到三次碳酸氢钠溶液喷洒，村民居室内降氯化氢浓度降低到 0.015 mg/m^3 以下，在较短的时间内使空气中氯化氢降至符合空气质量标准，保证受灾群众尽早安全返回家园。4 月 3 日指挥部正式通知受灾群众可以安全返乡。

4．为污染源的处置提供监控预警

指挥部处理槽罐中剩余氯气过程中，监测人员在事故处理池上方桥面布设了一个监控点，对作业场所实施 24 小时监测，测定监控点的一小时值。监测结果氯气为 0.8 mg/m^3＜C_{Cl_2}＜33.3 mg/m^3，平均浓度在 2 mg/m^3 左右。3 月 31 日上午 8 时 15 分，氯气储罐泄漏堵口露出水面，氯气储罐泄漏堵口外泄，造成储罐上方空气中氯气含量加大，监测浓度为 33.3 mg/m^3，为环境标准（0.10 mg/m^3）的 333 倍，在离事故地点下风向 20、300 和 600 m 处氯气最高监测值分别为 1.2、0.6 和 0.3 mg/m^3，在进行重力下压和水喷淋措施共同努力下，8 时 45 分，氯气监测浓度值在逐渐降低。由于采取了科学布点方案，Cl_2 污染源处置过程得到及时监控预警，使得事故处理人员能够注意安全防护，并将结果及时向指挥部提供数据，保障现场处理人员的安全。

四、水质监测结果与评价

1．监测因子与方法

监测因子为：pH 值、氯化物、对事故处理池加测碱度。

pH 值使用便携式 pH 计法、氯化物使用 GB 11896—89 硝酸银滴定法、碱度为酸碱指示剂滴定法。

2．监测结果

结果表明：在跃进河上、下游 200 m 范围小河流水质中 pH 值由于事故处理池中的处理碱溶液两次渗漏略有升高，河流中氯化物浓度仍在正常范围内，集中式饮用水、农户小型压井地下水的监测结果与正常值基本一致，氯气泄漏事故污染对水体影响基本可以忽略不计。由于氯气遇水生成次氯酸和盐酸，具有一定的消毒杀菌作用，且自然条件下在水中的溶解度较小。本次氯气污染对地面水、饮用水等基本无影响，为此建议指挥部无需对一般水体采取特殊措施进行处理。但事故处理池中的处理液碱度较高，长期放置对人身安全和土壤环境有一定威胁。建议全部运走至污水处理厂采取措施后排入市区规定的排污河道。指挥部采纳了本项建议，4 月 2 日事故处理池中的处理液全部清运完毕。pH 值测定采用便携式 pH 计法而没有采用 GB 6920—86 玻璃电极法，数据表达更加快捷直观。

五、植物样品监测结果与评价

1．样品的制备

一般样品处理先将样品用清水冲，然后用去离子水洗晾干。干法是将植物叶片烘干粉碎后进行提取。湿法是匀浆，供分析之用。其中的氯化物可采用将植物叶片烘干粉碎后用水浸提或灰化的方法提取。但由于监测人员本次植物监测的目的是掌握氯气泄漏事故这种特定情况下氯气对植物的影响。试验表明洗涤会造成氯化物的溶解损失。加热烘干也会造成氯化氢的挥发损失。我们对样品不清洗烘干直接粉碎，用碳酸钠（1.8 mmol/L）-碳酸氢钠（1.7 mmol/L）淋洗液浸泡过夜。作物的含水量另外进行测定。

2．受损植物分析方法

植物样品中氯的测定无国标监测和评价方法，一般采用硝酸银溶液作标准溶液，铁铵钒溶液作为指示剂，滴定法来测定植物中的氯化物。操作复杂，需试剂较多。同时检出限较高。监测人员采用碳酸钠（1.8 mmol/L）－碳酸氢钠（1.7 mmol/L）淋洗液浸泡定容，离子色谱法直接进行测定。被污染植物 pH 的测定采用玻璃电极法。

3．监测结果和效果评述

经玻璃电极法测定，受灾作物的pH高达1.68，叶片样品清洗液pH值大多数落在4.17～6.81 之间，受灾作物的叶片组织已经完全被破坏烧伤致死，再生的可能性极小。

以离事故源 10～1 000 m 远的受灾主要作物中氯化物的含量进行检测。受灾作物中氯含量的测定结果在 25.8%～2.64%之间（干重），从检测结果可以看出，与正常生长作物中氯的含量在 0.2%～2%相比，受灾作物中的氯含量严重超过正常值范围，离事故源越近，作物中的氯含量越高。在离事故源相同距离的情况下，不同作物的反应也不一样，不论从外观还是从检测结果看，耐抗力强弱顺序依次为竹子＞麦子＞油菜，这可能与不同作物叶组织汁液中含水量和 pH 有关，含水量大的和偏酸的容易受害，反之则抗性强。

全部或部分坏死的植物组织会向大气环境中释放氯化氢，影响空气质量；回迁农民有可能误食受污染较轻的蔬菜造成不良后果；死亡作物在雨后还可能通过雨水对土壤等造成二次污染，建议事故处理指挥部及时采取切实可行的措施（如将坏死植物迅速铲除或喷洒小苏打水溶液），积极有效地消除氯污染带来的一系列问题。应急处理指挥部采用了喷洒小苏打水溶液的方案，促使植物中 pH 值的升高和氯化氢浓度的迅速下降。

针对本次植物监测的目的是掌握氯气泄漏事故这种特定情况下氯气对植物的影响。实验采用不洗涤、不加热烘干尽可能避免了氯化氢的挥发损失。植物样品中的氯化物检测采用离子色谱法，淋洗液浸泡处理和定容，离子色谱法进行测定，样品处理液与淋洗液一致，不仅操作简单，方法快速，而且准确度、精密度也很好。相对标准差＜5%，加标回收率在 88%～98%之间。

六、土壤样品监测结果与评价

1．监测因子与方法

监测 pH、氯化物。

土壤中 pH 值测定采用 GB/T 15555.12—1995 玻璃电极法（10 g 土壤加 100 g 水），氯化物采用 GB 11896—89 硝酸银滴定法。

2．监测结果和效果评述

监测结果表明：样品 pH 值与土壤正常基本一致，pH 值一般在 6.61～7.43 之间，本次氯气泄漏污染事故对土壤的酸碱度影响不大，土壤中氯化物监测浓度值在 271～586 mg/kg，与土壤正常基本一致。土壤的 pH 值在 6～7，适宜农作物生长。由于本地区土壤呈碱性，本次氯气污染是呈酸性的，氯气在土壤中的溶解有限，土壤具有一定的缓冲承受能力，经检测农田土壤的 pH 值在 6.9～8.5，仍处于适合农作物生长的范围。建议指挥部告知农民，本次氯气事故不会影响土壤的性质和对下一季耕种，对土地无需采取任何处理措施，农田就可以耕种。

氯气对土壤的污染短期无法达到土壤深层，了解特定情况下氯气对土壤的影响，选择0～5 cm 的表层土壤为样品，采样的层深低于一般土壤调查采样 0～20 cm 深度，结果令人满意。

七、总结与思考

通过对“3・29”氯气泄漏污染事故应急监测和方法选择全过程的回顾，总结出如下的经验：

（1）本次氯气泄漏污染事故对地表水、地下水和土壤的危害影响很小可以忽略不计，对当地空气环境影响最严重，对农作物和蔬菜影响较严重。

（2）污染因子氯气和氯化氢的监测，及时上报事故处理指挥部，参与和支持了整个事故处理措施的选择和实施，取得了良好的效果。

（3）对本次氯气泄漏污染事故的特点，对大气、水质、植物体和土壤的应急监测的方案制定、因子确定、样品采集、样品前处理、实验室和现场测定没有照搬一般方案和标准方法，而是进行了科学的方法选择和修改，客观真实而且快速地监测出本次氯气泄漏污染事故对水、气、土壤和植物体在不同时间段的污染情况。故在污染事故应急监测中要具体情况具体分析，相关技术人员要在短时间内科学选择确立分析方法，才能取得正确有参考价值的数据。

（4）应急检测管、快速气体测定仪和实验室化学分析等对事故处理均起到不同作用，环境监测站特别是区域性环境监测站必须加大投入，配备本地区有可能发生的污染事故所涉及污染物所需的各种多功能现场快速监测设备的，加强各种监测能力的建设。不能依靠单一设备或方法，才能在发生事故的应急监测中针对污染特点和目标要求开展监测，提供优质技术支持。

（5）省、市环境监测中心环境应急监测体系运作正常，接报后启动应急监测系统，反应迅速，监测技术人员在 30 min 内赶赴现场立即开展应急监测，为指挥部和事故调查组提供优质快速的技术支持和服务。省环境监测中心的技术支持在地方污染事故应急监测中起相当重要的作用。

（6）本地区的移动风险源的应急监测，在应急监测体系中要引起注意并加以体现并充实完善。

“3・29”交通事故引发的重大污染事故使环境监测部门的仪器、装备、程序和队伍都受到了锻炼和考验，同时也暴露出一些问题：

（1）防护装备远远不足，不能够应付大面积、高浓度的毒气污染事故。尤其全身防护服在应急监测中是十分必要的。

（2）污染事故应急监测预案不全面。在污染事故应急监测预案个案中，我们只考虑了市内工业污染源发生事故的预防、监测和处置，忽略了交通运输引发事故的处理办法。

（3）自动化管理设备不到位。因经费不足没有配备电子地图、无线上网及其他技术支持设备。

（4）还需进一步对全站职工进行教育，增强污染事故的防范意识和责任意识，不断提高环境监测能力和水平，提高全员素质，形成一个学好业务、干好工作的良好氛围。

类型：违法排污引发的突发环境事件

案例 9 “1•17”广西龙江河突发环境事件应急监测

摘要：××××年 1 月 15 日，广西龙江河宜州市怀远镇河段水质出现异常，该河段网箱出现死鱼现象。河池市环保局接到报告后，立即启动应急预案，组织河池市环境监察支队和环境保护监测站的人员赶赴现场调查了解情况。1 月 17 日，调查发现拉浪电站坝首前 200 m 处至怀远大桥断面的镉浓度异常，拉浪电站坝首前 200 m 处镉浓度超《地表水环境质量标准》Ⅲ类标准约 80 倍。当日 12 时 40 分，广西壮族自治区环境监测中心站接到自治区环保厅下达的应急监测指令后，立即启动本站应急监测预案，站领导亲自带领由技术骨干组成的先遣队，驾驶水质自动监测车并携带便携式仪器于 21 时 20 分赶到事发河段，组织并与当地监测站一起开展应急监测。通过制定科学严密的监测方案，及时提供快速准确的监测数据，为事件的圆满处置奠定了基础。由于战线跨度 300 km，在自治区环保厅的统一部署下，自治区环境监测中心站先后调集全区 14 个市级及沿江的 8 个县级监测站参与应急监测。在环保部的部署下，中国环境监测总站及四川、湖南省的应急技术人员也赶赴现场支援。同时，力合（湖南）股份有限公司也派出骨干力量现场支援应急。通过投药除镉削峰及调水稀释，2 月 22 日全线达标，应急监测转入后续监控。事后据媒体报道，龙江河突发环境事件造成国家损失 2 000 多万元。

关键词：河流　重金属污染　镉　偷排

一、应急监测启动

1．应急接报

××××年 1 月 15 日，广西龙江河宜州市怀远镇河段水质出现异常，该河段网箱出现死鱼现象。河池市环保局接到报告后，立即启动突发环境事件应急预案，组织河池市环境监察支队和环境保护监测站的人员赶赴现场调查了解情况。河池市环境监察支队对死鱼河段及上游的污染源进行排查，排查发现死鱼河段上游宜州市境内没有排污企业，估计是拉浪河段以上金城江区辖区内的排污企业所致。河池市环境保护监测站在龙江河三江口（死鱼点上游 50 km）至宜州市叶茂电站坝首（死鱼点下游 25 km）之间的河段布设 22 个监测断面进行调查采样分析，并对金城江区辖区内的 7 个排污企业废水进行采样分析。监测项目为 pH 值、DO、COD、BOD、高锰酸盐指数、氨氮、铜、锌、铅、镉、砷、汞及石油类等。1 月 17 日，调查发现拉浪电站坝首前 200 m 处至怀远大桥断面的镉浓度异常，拉浪电站坝首前 200 m 处镉浓度超《地表水环境质量标准》Ⅲ类标准约 80 倍。

1 月 17 日 12 时 40 分，广西壮族自治区环境监测中心站接到自治区环保厅下达的应急监测指令后，站领导高度重视，立即启动本站应急监测预案，站领导亲自带领由技术骨干组成的先遣队，驾驶自动监测车并携带便携式仪器于 21 时 20 分赶到事发河段，组织并与当地监测站一起开展应急监测。

2．现场情况

1 月 17 日 21 时 20 分，应急人员冒雨赶到拉浪水电站坝首（离死鱼点上游最近的一个水电站），未发现河面有大量的死鱼，只有零星漂浮的几条死鱼，河水通过电站往下游流去。应急监测人员立即启动自动监测车进行采样分析，分析结果表明，拉浪水电站坝首的镉浓度为 0.140 mg/L，超标 27 倍，急性毒性监测结果为中毒，并立即向指挥部汇报。考虑到污染物已往下迁移，经请示后，应急人员于 18 日凌晨 3 点赶到往龙江流域河池市辖区内最下游的水电站洛东水电站，离拉浪水电站约 200 km。监测结果表明，洛东水电站水库（离坝首约 300 m 处）的镉浓度为 0.007 mg/L，超标 0.4 倍，急性毒性监测结果为低毒，说明污染带前锋已到达洛东电站。

3．污染物特性

镉（Cd）是银白色有光泽的金属，熔点 320.9℃，沸点 765℃，密度 8 650 kg/m^3，有韧性和延展性。镉可溶于酸，但不溶于碱。在自然界中，镉多以化合态存在，镉的氧化态为+1、+2 价。氧化镉和氢氧化镉的溶解度都很小，溶于酸，但不溶于碱。镉可形成多种配离子，如 $Cd(NH_3)$、Cd（CN）、CdCl 等。

镉主要用于钢、铁、铜、黄铜和其他金属的电镀，对碱性物质的防腐蚀能力强。镉可用于制造体积小和电容量大的电池。镉的化合物还大量用于生产颜料和荧光粉。硫化镉、硒化镉、碲化镉可用于制造光电池。

在自然界中，镉含量很低，常与锌、铅等共生。大气中含镉量一般不超过 0.003 μg/m^3，水中不超过 10 μg/L，土壤中不超过 0.5 mg/kg。20 世纪初发现镉以来，镉的产量逐年增加。相当数量的镉通过废气、废水、废渣排入环境，造成污染。污染源主要是铅锌矿以及有色金属冶炼、电镀和用镉化合物做原料或触媒的工厂。镉对土壤的污染主要有气型和水型两种。气型污染主要来自工业废气。镉随废气扩散到工厂周围并自然沉降，蓄积于工厂周围的土壤中，污染范围有的可达数千米。水型污染主要是有色金属矿洗选、冶炼废水及有关工业（电镀、碱性电池等）废水排放引起。

镉是对人体有害的元素，镉的毒性较大，可在生物体内富集，通过食物链进入人体，引起慢性中毒。日本因镉中毒曾出现“骨痛病”，国内 2011 年也曾出现过“镉米”风波。镉进入人体后，在体内形成镉硫蛋白，通过血液到达全身，并有选择性地蓄积于肾、肝中。肾脏可蓄积吸收量的 1/3，是镉中毒的靶器官。此外，在脾、胰、甲状腺、睾丸和毛发也有一定的蓄积。镉的排泄途径主要通过粪便，也有少量从尿中排出。在正常人的血中，镉含量很低，接触镉后会升高，但停止接触后可迅速恢复正常。镉与含羟基、氨基、巯基的蛋白质分子结合，能使许多酶系统受到抑制，从而影响肝、肾器官中酶系统的正常功能。镉还会损伤肾小管，使人出现糖尿、蛋白尿和氨基酸尿等症状，并使尿钙和尿酸的排出量增加。肾功能不全又会影响维生素 D3 的活性，使骨骼的生长代谢受阻碍，从而造成骨骼疏松、萎缩、变形等。慢性镉中毒主要影响肾脏，还可引起贫血。急性镉中毒，大多是由于一次吸入或摄入大量镉化物引起。大剂量的镉是一种强的局部刺激剂。含镉气体通过呼吸道会引起呼吸道刺激症状，如出现肺炎、肺水肿、呼吸困难等。镉从消化道进入人体，则会出现呕吐、胃肠痉挛、腹疼、腹泻等症状，甚至可因肝肾综合征死亡。从动物实验和人群的流行病学调查中发现，镉还可使温血动物和人的染色体发生畸变。镉的致畸作用和致癌作用（主要致前列腺癌），已经动物实验得到证实，但尚未得到人群流行病学调查材料的证实。

二、应急监测方案

1．人员分工

龙江河突发环境事件是广西乃至国内发生的最严重的重金属污染事件，影响范围之广、持续时间之长、人力物力投入之多都堪称国内重金属污染事件之最。事件发生后，自治区与河池、柳州市及辖区内受影响的县均启动了本级的应急预案，明确责任，落实分工。

自治区龙江河突发环境事件应急指挥部下设综合组（环保厅牵头，负责综合协调）、应急监测组（环保监测部门，负责水质监测）、水文水利调度组（水利部门，负责水资源调度，水文监测预测）、卫生组（卫生部门，负责饮用水水质监测）、供水保障组（住建部门，负责城市供水应急处理）、宣传报道组（宣传部门）、专家组（环保、饮用水处理方面的专家）、后勤保障组等。河池、柳州市成立现场指挥部，主要负责应急处置。

由于事态严峻且变化迅速，应急处置工作对采样监测分析提出了非常高的要求，在此情况下，单依靠属地监测站及省级监测站的技术人员已难以胜任。为了给应急指挥部及时提供科学准确的监测数据，在自治区环保厅的统一领导下，自治区环境监测中心站先后调集北海海洋环境监测中心站和全区 14 个市级监测站以及金城江区、宜州、柳江、柳城、鹿寨、罗城、南丹、大化 8 个县级站的技术人员参与应急。在环保部的部署下，中国环境监测总站及四川、湖南省的应急技术人员也赶赴现场支援。同时，力合（湖南）股份有限公司也派出骨干力量支援应急。此次应急监测共投入 515 名监测人员，89 辆车（包括 6 台自动监测车），240 台（套）设备总计价值达 5 370 万元。

在此次事件中，广西壮族自治区环境监测中心站负责协调部署监测力量开展监测，负责制定监测方案、汇总分析数据、编写快报，负责监测技术指导、质量控制等。中国环境监测总站负责技术指导及质量控制工作。其他监测力量负责采样分析。各单位分工明确，通力合作，协同配合，通过快速、及时、准确、科学的监测和数据分析，为自治区应急指挥部处置污染事件提供了有力的技术支持。

2．监测布点及方案

由于污染河段长、水库多、水情复杂，应急监测组充分考虑地理环境状况、交通因素，严格按照应急监测技术规范，根据环保部应急专家的意见，制定较为周密的应急监测方案，合理设置监测断面，确定监测项目和监测频次，明确样品采集分析、数据处理、质量控制、信息发布等工作小组职责分工。根据当天的监测结果及事态的发展，每天晚上召开例会研究论证，及时调整、优化和确定次日的应急监测方案，共编制方案 39 期。

为严密监控污染带前锋、高浓度污染团的位置及沿江浓度场的分布情况，使污染趋势分析部门能准确核算污染物通量，对拉浪、叶茂、洛东和三岔水库以及龙江融江汇合口下游 0～16 km 河段进行了加密监测，摸清了污染物浓度的空间分布情况。

为摸清饮用水水源地水质变化情况，在柳州市河西水厂、城中水厂、柳南水厂和柳东水厂取水口及时开展城市集中式饮用水水源地水质 109 项全分析。

此次应急监测工作在龙江至柳江 200 多公里河段共布设了 20 个定点监测断面，对重点断面实行 24 h 每小时采样分析的严密监测监控，在拉浪、叶茂、洛东和三岔 4 个库区以及龙江、柳江上下游河段布设了约 70 个巡测点，总的监控河段达到 350 多公里，同时先后对 39 家涉重金属企业进行了排查监测。

3. 监测因子与频次的确定

事件发生初期的排查监测已锁定主要污染物是镉，但考虑到广西的矿藏大都是多金属共生以及投药除镉的需要，为此，监测因子以 pH 值和镉为主，重点及敏感断面兼顾砷、铅、锌等元素。重点及敏感断面监测频次为 2 h/次（关键断面 1 h/次），一般断面 4～6 h/次。

4. 监测方法与监测仪器

根据指挥部决策需要，在柳州、河池、来宾 3 市监测站启动实验室分析手段进行准确定量分析，并采用 6 辆自动监测车、28 套便携式重金属分析测定仪现场实时采样监测，提供快速的预警监测数据。

实验室分析采用实验室设备（如 pH 计、石墨炉原子吸收分光光度计、原子荧光光度计）按照国标方法进行准确定量分析，现场采用便携式仪器进行分析，pH 值采用便携式 pH 计、pH 值探头分析，镉、砷、铅、锌元素采用便携式重金属测定仪及自动监测车模块（两者的方法原理均是阳极溶出伏安法）进行分析。

5. 质量控制

为确保监测过程科学规范，监测数据准确可信，专门成立质量控制工作小组，并在中国环境监测总站的指导和支持下，制定了具体的质控方案，开展监测全过程质控。主要包括：①仪器设备使用前后校准，确保仪器处在良好的技术状态，自动监测车设定每 6 个小时自动校准一次，现场便携仪器通过标准溶液核查准确度，重复测定进行稳定性核查；②抽查采样与测试原始记录，检查填写是否真实反映现场或做样情况；③重点加强采样分析质控，采取了检查采样、样品运输过程，分析采用平行样分析、随机抽样复测，标准样品核查、实际样加标回收、实验室比对、方法验证、仪器比对等形式；④加强原始记录的规范性；⑤动态调整质控措施，重点开展现场与多家实验室方法比对，加强敏感断面实验室分析力度。

三、应急监测步骤及处置方法

1. 监测步骤

（1）现场调查

监测人员分 2 组，一组根据指挥部的监测方案开展采样监测，另一组人员跟随监察部门沿江沿河开展排查取样监测，及时锁定污染源。

（2）现场监测

根据决策的需要，采取 2 种方法进行监测。一是现场采用便携式仪器（便携式重金属测定仪 PDV6000）及水质自动监测车（内配重金属测定模块）在各个监测点附近采样监测，为决策及时提供快速的数据支持。二是针对涉及饮用水决策的关键敏感断面，现场租借房屋搭建临时实验室，安装石墨炉原子吸收分光光度计进行分析，同时不定期送样回实验室同步分析。

2．处置方法

事件发生后，自治区党委、政府高度重视，郭声琨书记、马飚主席等自治区领导多次批示。郭声琨书记在批示中要求：要派出强有力的队伍到现场组织处置，从源头上对整个流域采取有效措施，绝不能对群众生活造成影响。马飚主席批示要求做到“三个确保，四个一切”，即动用一切力量、一切措施、一切手段、一切办法进行处置，确保柳州市自来水厂取水口水质达标，确保柳州市供水达标，确保柳州市不停水。自治区应急指挥部指挥长、自治区党委常委、自治区副主席林念修强调，要以对人民群众高度负责的态度，树立政治意识、大局意识，动用一切力量、措施、办法、手段，千方百计将事故影响程度控制到最小。环保部、住建部、水利部对此次事件高度重视，分别派出领导和专家到现场指导工作。经各方共同努力和连续作战，应急工作正在有力、有序、有效地开展。采取的主要措施如下。

（1）责令企业停产，切断污染源，严肃查处责任人

事件发生后，河池市人民政府已责令流域内涉重金属企业立即停产，排查整顿，对相关责任人依法刑事拘留，相关责任调查已全面开展。监测情况表明，污染源已经切断。自治区环保厅调集全区环境监察人员会同地方政府，对河池市所有涉重金属企业开展地毯式排查，确保不出现新的污染。

（2）严密监测，监控水质变化情况

在自治区环保厅的统一领导下，调集了区内所有的省、市级监测站的力量及部分县站的力量参与应急。在环保部的部署下，中国环境监测总站及四川、湖南省的应急技术人员也赶赴现场支援。同时，力合（湖南）股份有限公司也派出骨干力量支援应急。515 名监测人员，89 辆车（包括 6 台自动监测车），240 台（套）设备在龙江至柳江 200 多公里河段上实施 24 h 严密监测监控，并及时向社会公布监测数据。

（3）采取有效措施削减水体污染物

按照总体应急方案，对超标水体采取除镉措施，在龙江河段共设了 6 处处置工作面，投加生石灰、烧碱、聚合氯化铝等物质。为确保除镉效果，应急指挥部多次组织专家到现场指导，优化方案，完善处置方式，提高处置效果。从监测数据分析，除镉效果较好。

（4）科学调水，降低污染

依据总体方案，指挥部制定了科学调水方案。一是合理调控龙江各梯级电站下泄流量，配合除镉措施，减少污染物并控制下移速度。二是调度融江各梯级电站蓄水，满足调水需要。三是水文水利部门加强了对流域内 30 个断面的水文测验。四是在龙江、融江汇合口以下设置了临时导流挡水幕，提高处置效果。

（5）采取有力措施，确保柳州市饮水安全

为确保万一柳江水质出现超标情况时，仍可提供合格的自来水，在自来水厂针对除镉调整处理工艺、加强了水质处理过程中的监测。住建部组织国内权威城市供水专家到柳州现场指导。卫生监督、疾控部门也做好各项准备工作，加大自来水水质监测频次，确保自来水水质安全。

此外，柳州市准备了日供 8 万 t 地下水备用水源。卫生监督和疾控机构对备用水源进行了水质检测，确保备用水源水质安全。

四、监测结果及污染评估

从 1 月 17 日启动应急预案至 2 月 22 日龙江、柳江全线达标，监测人员 24 h 不间断日夜采样分析，共获取监测数据 17 053 个，编制应急快报 60 期，同时 24 h 不间断地将监测结果以短信的形式第一时间上报应急指挥部及相关成员单位的领导、专家组人员，发送信息量多达 149 813 条。所获得的 17 053 个监测数据以及分析结果，为应急决策提供技术基础，使污染得到了有效控制，保证了柳江的水质达标，保障了下游饮用水的安全和人民群众的健康。

同时，为保证监测数据准确可靠，质控小组每天到监测点进行巡查，确保现场监测、分析人员严格按照质控方案开展监测。质控结果显示监测数据准确可信，共测定平行样品 857 组，合格率为 96.1%；全程序空白样品 247 个；加标回收样品 34 个，合格率为 88.2%；实验室间比对（包括仪器比对、人员比对、方法比对）共测定 579 组样品，合格率为 97.1%；质控样测定次数 129 次，合格率为 100%，留样复测 3 组，合格率为 100%。

五、总结和思考

1. 经验与体会

龙江河突发环境事件在自治区龙江河突发环境事件应急指挥部的统一部署下，各项工作有条不紊展开，事件发展态势总体可控，实现大部分污染负荷拦削在龙江河段内，不影响柳江柳州段正常取水，确保柳州供水安全，并且对柳州市下游不会产生影响，实现了自治区马飚主席批示要求的“三个确保，四个一切”目标。环境应急监测工作在此次事件处置过程中发挥了至关重要的作用，得到了普遍的肯定与赞赏，回顾龙江河突发环境事件应急监测的全过程，主要有如下几点经验体会。

（1）快速响应，积极应对

此次事件发生在临近春节这个特殊时间，接到应急指令后，站领导高度重视，立即启动应急监测预案，迅速部署应急监测工作，全站人员随即进入应急状态。同时，及时与当地环保部门联系，了解污染事件情况，收集与分析相关资料，尽可能掌握河水污染及沿江饮用水水源情况，同时准备应急监测仪器设备和自动监测车，在站领导的带领下，第一批由“精兵强将”组成的应急监测人员连夜赶赴事发河段展开监测，及时有效锁定污染团高峰值及前锋位置，使有关部门和领导第一时间掌握了龙江河段污染状况，为下一步监测工作的顺利开展打下坚实基础。

（2）各司其职，协同配合

在龙江河突发环境事件应急监测中，共有 1 个国家站、4 个省级站、14 个市级站、8 个县级站的 515 名监测人员、240 台（套）监测设备、89 辆车参与应急监测。所动用的人员、设备之多在国内突发环境应急监测中均是罕见的。在这种大场面下，明确分工、各司其职、协同配合、政令畅通显得尤为重要。否则，容易出现多头指挥，人员势必怨声载道，造成军心涣散、战斗力不强的混乱局面。

（3）优化方案，配置资源

科学合理的监测方案是龙江应急成败的关键因素之一。从龙江六甲电站到柳江的象州运江断面，全程约 350 km 的河道上，分布着大大小小近 10 座水电站，水情复杂。如何在满足技术规范要求的前提下，综合考虑多方面的因素，以有限的应急资源获取最有代表性的数据，最大限度地支撑应急决策，这是龙江应急面临的首要问题之一。围绕决策的重点，应急监测指挥部研究制定周密的应急监测方案，采取定点严密监测及巡测的方式，最大限度满足应急处置决策的需要。同时，实现监测方案的动态更新，根据当天的监测结果及事态的发展，通过专家论证，及时调整、优化和确定次日的应急监测方案，共调整优化 39 次。

（4）科学分析，快速报告

龙江应急监测监控断面多，频次密，每天产生 300～500 个监测数据，且有 6 个监测断面的数据直接涉及投药除镉及调水稀释的联动。如何做到及时跟踪收集各分析点的数据，并在第一时间快速、准确发送给应急指挥部相关成员单位及领导，这是投药除镉及调水稀释的成败所在。如何对大量的数据进行科学分析，锁定污染带的前锋、高浓度污染团的峰值、污染范围、超标范围等关键技术参数，摸清污染团和污染带随时间的空间分布特征和迁移情况，并采用直观、可视化的手段进行表达，让指挥部能够通晓情况、统领全局，做出科学的决策，这是决定柳江保卫战成败的关键。

为了第一时间接收发送数据，及时进行审核、汇总和统计分析，广西壮族自治区环境监测中心站抽调 15 名技术骨干，组成技术雄厚的数据报告组，全天 24 h 不间断接收发送数据，汇总分析数据，编制应急快报。数据报告组共审核、汇总分析监测数据 17 053 个，发送信息量 149 813 条，编制快报 60 期。数据报告组顶住强大的压力，从严要求，认真负责，默默无闻地支撑着整个龙江事件应急监测。

（5）严抓质控，排除异议

数据的准确可靠是监测站的生命线。龙江应急事件更加充分地说明了这一点。由于龙江应急战线长，参与的分析机构多，有监测系统内部的，也有卫生、疾控及企业的，而且监测数据决定柳州自来水厂是否停止取水这一敏感重大的决策，如何保证环保监测系统数据的准确性，排除外系统对我们监测数据的质疑，树立监测系统的形象，这是应急过程中需要时刻关注的问题，绝不能掉以轻心。

为了在已有的基础上进一步完善质控，在中国环境监测总站的技术指导和现场参与下，制定了细致具体的质控方案，采取了平行样分析、随机抽样复测，标准样品核查、实际样加标回收、实验室比对、方法验证、仪器比对等的质控措施，开展监测全过程质控。通过质控，保证了我们监测数据的准确可靠，缓解了压力，增强了信心，赢得了外系统的认同，树立了监测的形象。

（6）保障到位，赢得认可

应急监测的每个环节都离不开后勤保障。此次应急监测参与人员多，分散在不同的地方；监测断面多，点位偏僻，路途远，路况差。后勤保障组服务对象多，任务艰巨，既承担着监测点上人员的衣食住行，承担着样品的接送，也要保障在指挥部工作人员的工作生活所需，更重要的是要负责接待上级领导。为了让监测点上的监测人员不挨寒风吹不挨冻雨淋，吃上热饭热菜，后勤保障组的同志主动热情服务，及时调运御寒大衣、搭建帐篷，及时送去电热器、暖手袋、药品等，同时随时保障牛奶、方便面、饼干、水果、饮用水等食品的供应。为了及时给监测点运送监测物资，将样品送到指定地点，接送上级领导，负责后勤保障的司机经常早出晚归，时常错过用餐时间，只能嚼饼干吃泡面。后勤保障组的工作得到了总站、自治区环保厅领导的肯定，也赢到了所有参与应急监测的人员的称赞。

（7）平时积累，有备而战

龙江河突发环境事件之所以能够如此成功的处置，这与广西区站平时的积累分不开的。2008 年，广西区站就建立起了一整套包括应急监测预案、应急监测管理制度、程序文件、操作规程、项目方法和准备清单等 82 个体系文件、100 多个支持性表格文件的较为完善的应急监测管理体系，并在每次的应急实战中得到宣贯及不断的修订完善。同时，每年均组织 1～2 次的应急演练，尤其是 2010 年 7 月的扶绥化工厂爆炸应急演练和 12 月的河池刁江重金属污染演练以及 2011 年的“8·16”全国（广西）应急监测演练，极大地增强了人员的应急意识、大局意识、协作意识及业务能力。多次的实战及演练，为夺取龙江应急的胜利积累了经验。正如环保部吴晓青副部长所批示的，“广西龙江河镉污染应急监测是对我部去年应急监测演练成果的一次实战考核”。

除此之外，龙江应急的胜利，与监测站历年来注重应急监测技术培训是分布开的。2010 年 12 的河池刁江重金属污染应急演练中就强化了广西区站、河池站、柳州站及来宾站便携式重金属分析仪的现场应急监测能力。2011 年 5 月，在阳朔举办的面向全区的 2011 年广西地表水重金属污染应急监测能力技术交流与操作培训班，着重进行了便携式重金属仪的操作能力培训，并进行了实样考核，进一步强化了全区监测站对重金属污染的现场应急能力，构建了全区便携式重金属测定仪的技术力量。

2．问题与不足

龙江河突发环境事件应急监测虽然取得了圆满胜利，但是也暴露出了一些问题。

（1）流域预警监控网络未建立

河池是广西重金属污染的高发区，区域内早已发生了多起重金属污染事件，但是到目前为止，龙江、刁江等一些重点防控流域尚未建立流域预警监控网络，未能实时对污染进行预警，致使污染发生后应急处于被动状态。

（2）应急监测仪器装备紧缺，监测能力有待提升

近年来广西各级环境监测站监测能力有所改善，但还达不到国家标准化建设要求，与其他省存在很大的差距，不能满足为广西经济社会发展保驾护航和保障人民健康的需要。本次应急监测断面多、高频率、高强度，而沿江市、县监测站重金属应急监测仪器设备紧缺，在紧急调用全区的便携式重金属应急监测仪器的情况下仍不能满足监测需要，最后还要请求区外监测部门的支援。

此次应急监测工作也充分暴露出沿江市县监测站以及全区环境监测部门常规监测设备紧缺的问题。此次环境事件的属地河池、柳州和来宾三市监测站用于重金属分析的原子吸收分光光度仪各只有一台，缺乏 ICP-MS 等高效分析仪器。属地县级监测站仪器装备等能力更加缺乏。

（3）技术人才少，综合素质急需提高

广西全区监测站均面临人员编制奇缺的问题。人员不足与繁重监测工作的矛盾异常突出。现有的人员疲于日常的监测工作而无暇进一步提高技术技能。其后果是技术人员技术单一，综合素质不高，难以适应应急监测工作的需要。

（4）应急物资缺少，需进一步强化

龙江应急事件让我们对应急的艰巨性有了切身体会的感受。从应急交通、应急仪器及配件、应急试剂、人员防护（防寒、防雨、安全）、通讯等方面都暴露出严重不足。一次特别重大的应急监测倾囊出动都满足不了，若同时发生两起重大事件，则难以应对。

附图：

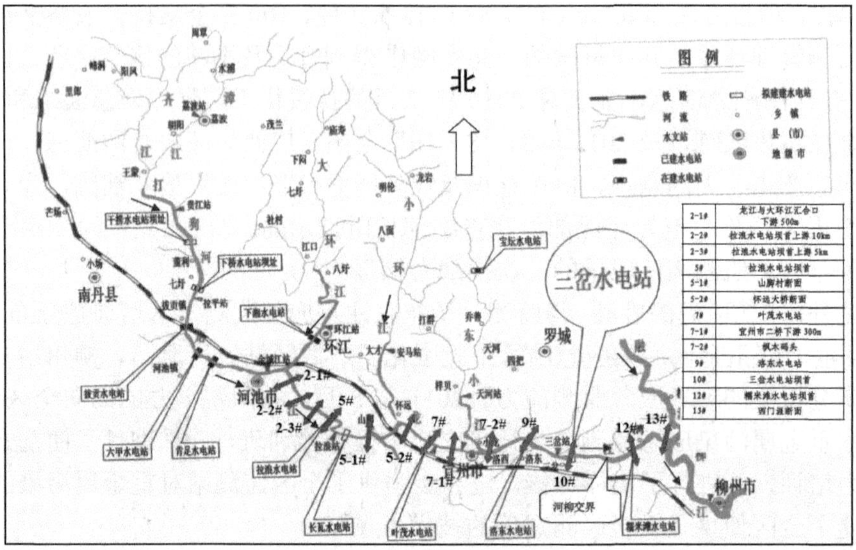

图 1　x 月 x 日监测断面示意图（1）

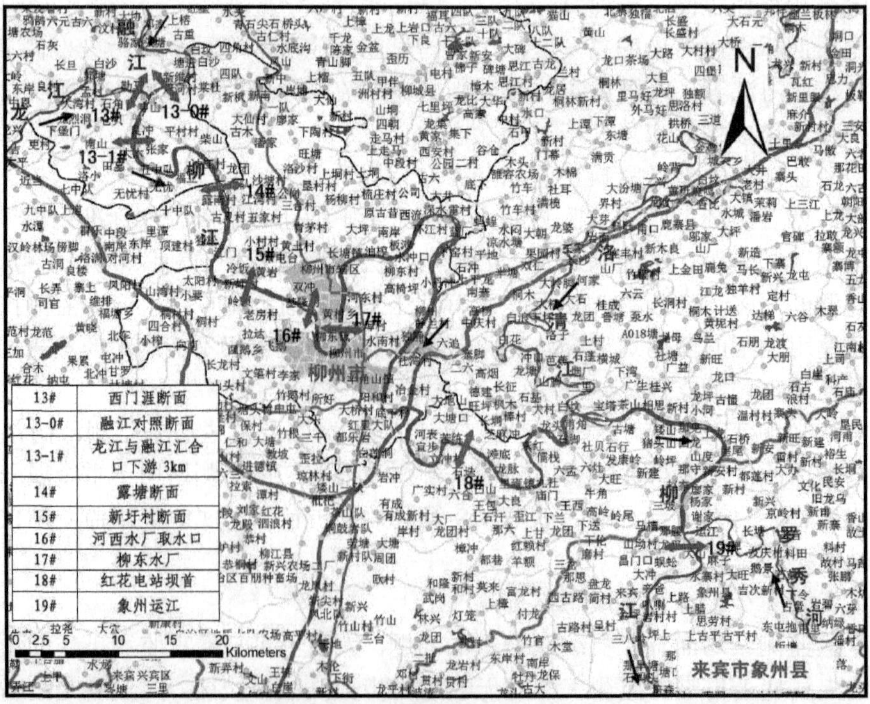

图 2　x 月 x 日监测断面示意图（2）

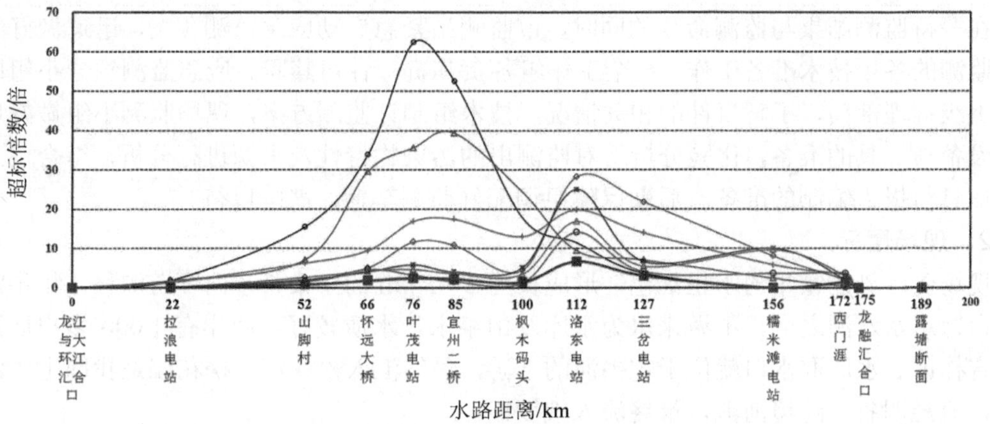

图3　x月x日污染物沿河变化曲线

类型：违法排污引发的突发环境事件

案例10　吉林市“8·21”牤牛河水污染事件应急监测

摘要：2006年8月21日凌晨2点左右，吉林市所辖蛟河市一化工企业的运输货车违法向松花江支流牤牛河中倾倒约10 t左右的废液，造成河水受到污染，长约2～3 km的污染带对沿岸1 000多户居民的用水安全构成危险。事发后，吉林市政府立即启动突发环境污染事件应急预案，吉林市环境监测站在接到吉林市环保局的通知后迅速启动应急监测预案，开展应急监测工作。经监测分析，准确定性出两种主要污染物（对氨基*N,N*-二甲基苯胺和*N,N*-二甲基苯胺），为管理部门判断污染来源提供了技术依据，并对污染带开展跟踪监测，及时有效地发布监测快报，为管理部门提供污染防控的技术支持。政府管理部门及时通知沿岸居民及服务业严禁取用河水，并在下游建设活性炭吸附坝，对受污染的水体进行处置，至8月26日活性炭拦截坝进行拆除，牤牛河中两项污染物均未检出，应急监测告一段落，后续对松花江下游控制断面的跟踪监测至9月5日，两项污染物始终均未检出。此次事故为一起突发的、短时间的、局部河段受污染的事故，污染被控制在事发地到拦截坝30 km范围内，受污染的河水并未流出牤牛河，更没有对松花江干流造成污染。

关键词：违规排放　水体　应急预案　吸附

一、应急监测启动

1．应急接报

8月21日早8:00，吉林市环境监测站接到吉林市监察支队电话，有群众举报牤牛河发生“红水”污染，并收到市环境监察支队送来一份牤牛河水样，水体表观呈红色。实验室人员迅速对样品进行分析，无机分析与有机分析同时进行，在排除无机锰化合物的条件下，最后经气相质谱定性，主要污染物质为对氨基*N,N*-二甲基苯胺和*N,N*-二甲基苯胺，结果及时反馈给市监察支队并报告给市环保局。

在等待监测结果与监测命令的同时，市监测站紧急启动应急监测预案，迅速做好开展应急监测的各项技术准备工作，6 个工作组各负其责，各司其职。应急监测领导小组即时协调上级管理部门，了解事件的相关情况，技术组制订监测方案，现场监测小组做好现场采样设备与工具的准备，化验分析组对监测出的污染物特性及来源进行分析，综合信息组做好信息与报告编制的准备，后勤保障组调配好监测车辆，严阵以待。

2．现场情况

现场受污染的牤牛河水呈红色，形成长约 2～3 km 的污染带，向下游漂移。牤牛河为吉林市饮用水水源之一，上游来水为水库及山泉水，水质较好，两岸有 1 000 多户居民居住，吉林市五水厂取水口就位于牤牛河的下游，最终汇入松花江。松花江是我国七大江河之一，流经四省，跨境河流，最终流入俄罗斯。

3．污染物特性

N,N-二甲基苯胺为黄色油状液体，不溶于水，溶于乙醇、乙醚、氯仿，皮肤接触可发生溃疡。吸收后导致形成高铁血红蛋白而引起发绀。接触后可出现恶心、眩晕、头痛以及血液的影响。用作染料中间体、溶剂、稳定剂、分析试剂。

对氨基-*N,N*-二甲基苯胺灰色至黑色固体，溶于水，对眼睛、黏膜、呼吸道及皮肤有刺激作用。吸收后导致形成高铁血红蛋白而发生青紫。吸入、摄入或经皮肤吸收可能致死。用于有机合成。

N,N-二甲基苯胺及对氨基-*N,N*-二甲基苯胺从结构上推论，它们的毒性应属于中等毒类毒物。在芳香族化合物中，该两种污染物在环境是较易降解的，不会在环境中蓄积，不会造成远期危害。两种物质分别为生产香兰素的原料及中间反应产物。

二、应急监测方案

1．人员分工

8 月 21 日 11:30 启动吉林市环保局突发环境事件应急预案，要求监测站立即组织制定监测方案、实施现场监测。随即我站也启动应急预案，迅速做好开展应急监测的各项技术准备工作，6 个工作组各负其责，各司其职。

（1）应急监测领导小组：协调市应急现场指挥部，了解事件进展情况，调度应急监测全面工作；

（2）技术组：了解牤牛河水文、地理概况，制订监测方案；

（3）现场监测小组：在制定监测方案期间，首先对污染带头、尾进行跟踪监测（色度），随时反馈污染带变化情况。

（4）化验分析组：研究可行的污染物定量分析方法，做好仪器、试剂的准备；

（5）综合信息组：了解污染物相关的环境质量标准，做好信息与报告编制准备；

（6）后勤保障组：调配监测车辆，安排采样轮班及食宿。

2．监测布点

根据污染带的移动进行动态布设断面，布点原则有如下几点：一是在事发现场上游布设对照断面，二是在饮用水水源取水口处布设监测断面，三是在农灌区取水口处布设监测断面，四是考虑地理条件方便采样布设监测断面，五是根据污染带的长度及水流速度每 2～

5 km 范围内间隔布设监测断面，六是在牤牛河入松花江口处布设监测断面（图 1，图 2）。

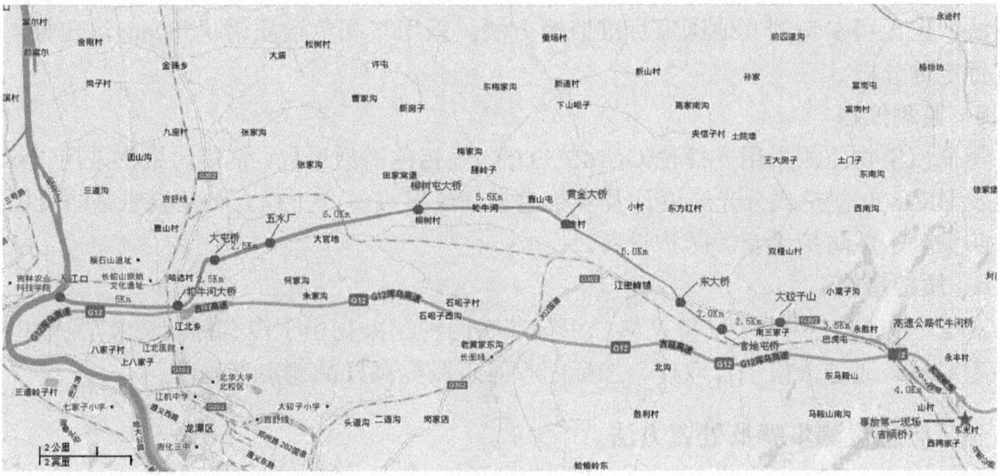

图 1　监测断面布设示意（1）

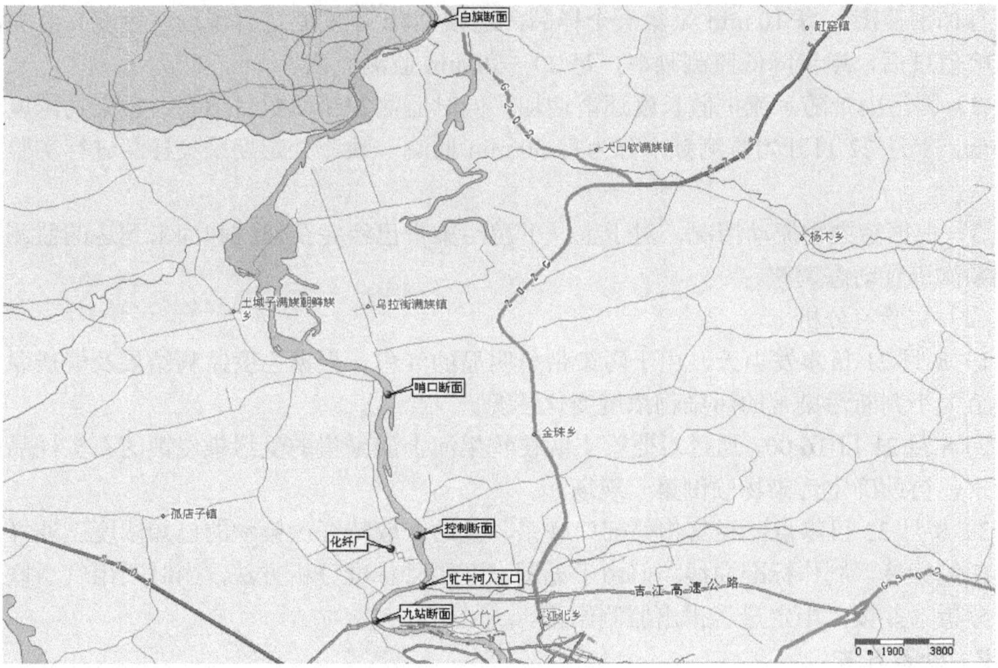

图 2　监测断面布设示意（2）

3．监测因子的确定

根据此次事故的具体情况，确定监测因子为此次违规排放的特征污染物：对氨基 *N,N*-二甲基苯胺和 *N,N*-二甲基苯胺。

4．监测方法的选择

由于此次事故中特征污染物对氨基 *N*,*N*-二甲基苯胺和 *N*,*N*-二甲基苯胺无国家标准监测方法，也无可参考的其他国家标准监测方法，采用气相色谱质谱仪 Scan 法定性，SIM 法进行定量分析。

5．监测仪器

特征污染物监测采用安捷伦 GCMS/5975C 气相色谱质谱仪，常规污染物采用试纸、检测包及 DR2800 便携式分光光度计及实验室常规仪器设备。工作人员主要佩戴防毒面具，身着防护靴、戴防护手套等防护设备。

6．质控措施

对氨基 *N*,*N*-二甲基苯胺和 *N*,*N*-二甲基苯胺两种污染物由于没有标准溶液，只能以工业品参考定量。通过采集平行双样、加标回收等手段提高样品测定准确度。

三、应急监测步骤及处置方法

1．监测步骤

（1）样品采集及现场分析

1）为准确捕集到污染带浓度峰值的变化情况，在 8 月 21 日事故当日污染带到达的断面进行加密监测，每 10 min 采集一个样品，连续 24 h 不间断进行现场（色度）监测，污染带峰值过后，逐步降低监测频率，每 20～30 min 监测一次。

2）因污染带随水流扩散长度逐渐增加，同时监测的断面数目增多，污染物浓度值逐渐降低，8 月 22 日开始监测频率降为每 30 min 监测一次，并定期采集样品进行实验室分析。

3）根据污染物流动情况，对于上、下游污染带已经完全通过和尚未到达的监测断面监测频次进行动态调整。

（2）实验室分析

1）8 月 21 日事发当天，由于污染带呈明显的红色，根据色度监测结果及气质联机检测峰值大小判断污染带的污染物浓度变化情况。

2）8 月 21 日 16:00，通过对监察支队在牤牛河上游采集的受污染侵蚀的石头样品的定性分析，协助确定污染物倾倒第一现场。

3）8 月 22 日零点，经与相关部门联系，我站获取特征污染物的已知浓度工业样品，用其配制标液，制作标准曲线。但由于无国家及国外标准分析方法，当时采用气质联用法进行分析，并按“半定量”报出监测结果。

2．处置方法

1）市专家组根据现场情况提出了两套污染控制方案：①在河道适当地点截流，引流导水后逐步消化处理；②修筑活性炭吸附坝。

2）因沿途不具备导流截流的地理条件，应急指挥部采纳了专家的第二条建议。在距牤牛河入江口 8 km 处选定坝址，建造活性炭吸附坝，并紧急调度物资，组织施工机械进驻现场。

3）吸附坝的施工采取梯次、多元、分组的方式进行。经 300 名消防、武警官兵和近百名工程技术人员连夜近十几小时的艰苦奋战，主坝于 22 日凌晨 12 点 40 分建成，第二道分流坝于凌晨 2 点 30 分建成，第三道副坝于凌晨 3 点 30 分建成（见图 3）。

图 3　活性炭吸附坝

四、监测结果及污染评估

（1）对氨基 *N,N*-二甲基苯胺和 *N-N*-二甲基苯胺两种污染物均无现行国家或地方标准；*N,N*-二甲基苯胺参照前苏联标地表水标准值（0.10 mg/L）。

（2）从牤牛河监测情况来看，最早监测监察支队送来的牤牛河水样污染浓度最高，后来各断面监测的浓度峰值逐渐降低。

（3）上游断面在一定时间段内变化幅度较大，超标严重，而下游断面，特别是截污坝下游约 7.5 km 后，污染物浓度下降幅度较大，水质相对稳定，在截污坝前水质仍有超标，经截污坝后，水质全面达标。

（4）截污坝 26 日拆除过程中，坝前及坝后的监测断面两项污染物均未检出。根据监测数据，截污坝 *N,N*-二甲基苯胺去除率在 40%以上，对氨基 *N,N*-二甲基苯胺的去除率更高一些。

（5）26 日上午 10:00，牤牛河活性炭吸附坝基本拆除。坝内积水送至吉化污水处理厂处理；拆除的活性炭送至吉化堆埋场处理。截至 26 日 8:00，牤牛河及松花江所有监控断面的两种特征污染物的监测结果均为未检出。

五、总结和思考

此次事件是一起人为倾倒工业废液引发的突发、局部、非持续性污染事件，尽管废液仅 10 余吨，污染物总量较小，但“松花江无小事”。此次事件再一次考验了吉林市政府以及环保部门的应急处置能力。

建立并完善以《吉林市突发环境事件应急预案》为中心，以县区应急预案、重点工业企业应急预案为重点，以流域、区域、重点工业企业应急防控工程技术方案为支撑的应急预案体系。体系中的重点是应急防控工程技术方案的研究和制定，关键是要解决突发环境事件应对过程中手段和方法问题。

类型：违法排污引发的突发环境事件

案例 11　××区某企业槽罐车废油废水非法排放突发环境事件应急监测

摘要：20××年×月×日傍晚，××区某企业将槽罐车内废油清洗废水未经处理非法排放至南门桥淀浦河河道中，造成该地区空气中异味弥漫，附近河道内鱼类窒息死亡。晚上 22 点左右××区环境监测站接到应急监测指令，立刻启动应急监测预案，应急监测人员第一时间赶赴现场开展现场应急监测，同时根据现场情况请求上海市环境监测中心支援，展开市区两级应急联动。市区联动第一时间监测结果对本次事故的特征污染物进行了锁定，确定空气中异味来自污染水体的挥发，水体受到企业偷排废液含二氯甲烷等有机物严重超标。根据现场摸排对可疑排放企业废水进一步监测分析从而锁定偷排企业，同时为保证该区域饮用水水源地安全，连续跟踪监测受污染水体，待监测指标完全达标水体安全后，遵照上级命令终止本次应急监测。

关键词：废油　废水　水污染　空气

一、应急监测启动

1．应急接报

20××年×月×日晚 22 点左右，××区监测站接到区环保局值班室通知，淀浦河南门桥河道中发现死鱼，且该地区空气中弥漫着明显的异味，要求监测站马上前往事故现场进行监测。

2．人员分工

监测站接报后，站长立即宣布启动环境监测站应急监测预案，同时命令站内各部门按预案中的职责做好相应准备工作。

（1）现场室：携带应急监测仪器设备、防护服、通信工具等后，立即赶赴现场；

（2）分析室：通知相关分析人员，分析仪器开机预热；

（3）办公室：落实后勤保障措施（车辆、运送样品等事宜）；

（4）综合室：制定、落实质保措施，安排技术人员处理数据，编写报告。

（5）立即成立现场监测领导小组及现场工作小组。

二、现场应急监测

1．现场调查

到达现场后，发现淀浦河南门桥下水中漂浮着数条死鱼，周围空气中弥漫着明显的异味。在采集到的水样中嗅辨出同样的异味，因此现场应急监测小组初步判断空气中异味来自于泄露到水体中的不明物质，立即对周围环境开展现场调查。

现场监测一组负责测试现场的气温、气压、风速、风向，调查异味扩散状况；

现场监测二组对事故点周边工厂企业进行摸查，重点排摸有雨、污排放口的对象；

现场监测三组沿事故点向上游了解污染物扩散状况；

现场监测四组沿事故点向下游了解污染物扩散状况。

2．事故类型判断

现场调查结果，事故点上游约 2 000 m 处漕盈路桥区域及下游 1 000 m 处青松路桥区域现场监测人员均未嗅辨到异味，而在淀浦河南岸侨港娱乐城附近水域嗅辨出强烈的异味。初步判断污染源的来源存在两种可能性：

（1）装载该不明物质的船舶在运输过程发生意外泄漏或人为倾倒进入水体；

（2）附近工厂企业违法偷排，致使不明物质进入水体。

根据上述初步判断，在淀浦河侨港（南门桥点上游 200 m）、漕盈路桥（上游 2 000 m）、西环城河和淀浦河交界处（上游 200 m）三处设置监测断面，采集水样立即送回实验室分析。

结果显示，受污染区域主要集中在南门桥侨港附近水域，其中侨港附近各项监测指标均高于地表水水质标准，其中化学需氧量最高达到 2 130 mg/L，超过《地表水环境质量标准》Ⅳ类标准限值（30 mg/L）近 70 倍，石油类超标近 55 倍，挥发酚超标近 23 倍，水质明显受到污染，水样中检测出二氯甲烷、氯仿等有机类指标，分别超过集中式生活饮用水地表水源地标准限值的近 191 倍和 1.3 倍。

3．现场方案调整

根据现场调查情况和初步监测结果，现场监测领导小组初步判断不明物质主要成分可能为有机类物质，源头应在南门桥以西淀浦河南岸一带，且排放时间不长。由于淀浦河水流速度相对缓慢，因而未使不明污染物质大范围扩散，仅在南门桥局部水域内形成较高浓度污水团，造成附近鱼类死亡，异味较重。

现场监测领导小组根据××区环境监测站应急监测能力制定现场应急监测方案。但考虑到××区环境监测站尚不具备大气中挥发性、半挥发性有机物及生物毒性实验分析能力，且实验室特征有机物的分析能力仍有不足，而该环境突发事件事态比较严重，现场监测领导小组决定立即将情况上报上海市环境监测中心并请求支援。

4 月 12 日凌晨 1:40 分，上海市环境监测中心应急监测队伍和专家赶到现场，立即协同青浦环境监测站开展现场应急监测。市环境监测中心到达现场，第一时间采用便携式 GC-MS 对有异味的空气采样分析，结果显示空气中存在柠檬烯等多种有机物，确定进一步开展受污染水体的监测，增加挥发性有机物和半挥发性有机物项目的监测。

4．污染物特性

二氯甲烷，无色透明易挥发液体，有类似醚的气味和甜味。微溶于水，溶于乙醇、乙醚，有毒、有麻醉刺激作用。二氯甲烷与水发生水解反应，商品二氯甲烷含有稳定剂，以防水解。二氯甲烷与高浓度氧会产生易爆炸混合物，但不易燃，是工业上常用的毒性小，不易燃、低沸点的溶剂之一。主要侵入途径：吸入、食入、经皮吸收。有麻醉作用，主要损害中枢神经和呼吸系统。

柠檬烯又称苎烯，属单萜类化合物。具有良好的镇咳、祛痰、抑菌作用，复方柠檬烯在临床上可用于利胆、溶石、促进消化液分泌和排除肠内积气。为无色油状液体，有类似柠檬的香味。来源于枸橼属（Citrus）植物的果皮挥发油等。

5．应急监测方案

根据现场了解的情况及监测二组、三组、四组即时反映的周边情况，现场监测领导小组制定了水质和大气应急监测方案（表 1、表 2）。

表 1　水质监测方案

<table>
<tr><th>监测点位置</th><th>监测符号</th><th>监测项目</th><th>监测频率和样品数</th><th>分析方法依据和质控措施</th></tr>
<tr><td>漕盈路桥</td><td>★1#</td><td rowspan="6">化学需氧量
石油类
挥发酚
VOC
SVOC</td><td rowspan="6">1 次/2 h</td><td rowspan="6">①《水质采样方案设计技术指导》 HJ 495—2009；
②《水质采样技术指导》HJ 494—2009；
③《水质采样样品保存管理技术规定》HJ 493—2009；
④中国环境监测总站《环境水质监测质量保证手册》（第二版）；
⑤《水质　化学需氧量的测定　重铬酸盐法》GB/T 11914—1989；
⑥《水质　石油类和动植物油的测定　红外分光光度法、非分散红外分光光度法》GB/T 16488—1996；
⑦《水质　挥发酚的测定　4-氨基安替比林分光光度法》HJ 503—2009；
⑧《气相色谱/质谱法》EPA 8260B—1996；
⑨《SVOC 气相色谱/质谱法》EPA8270D—2007</td></tr>
<tr><td>侨港（淀浦河南岸）</td><td>★2#</td></tr>
<tr><td>南门桥</td><td>★3#</td></tr>
<tr><td>青松路桥</td><td>★4#</td></tr>
<tr><td>西环城河和淀浦河交界处</td><td>★5#</td></tr>
</table>

表 2　大气监测方案

<table>
<tr><th>监测点位置</th><th>点位编号</th><th>监测项目</th><th>频率及样品数</th><th>监测方法</th></tr>
<tr><td>南门桥（上风向）</td><td>○1#</td><td rowspan="4">VOC
SVOC</td><td rowspan="4">1 次/h</td><td rowspan="4">①监测中心采用便携式 GC-MAS 现场分析</td></tr>
<tr><td rowspan="3">南门桥（下风向）</td><td>○2#</td></tr>
<tr><td>○3#</td></tr>
<tr><td>○4#</td></tr>
</table>

水质监测布点：以初步判断的泄漏点淀浦河南岸（侨港娱乐城）为中心，在淀浦河上游 2 000 m 漕盈路桥、上游 200 m 西环城河和淀浦河交界处，下游 100 m 南门桥、800 m 青松路桥等共设置 5 个水质监测断面，采集水样（图 1）。

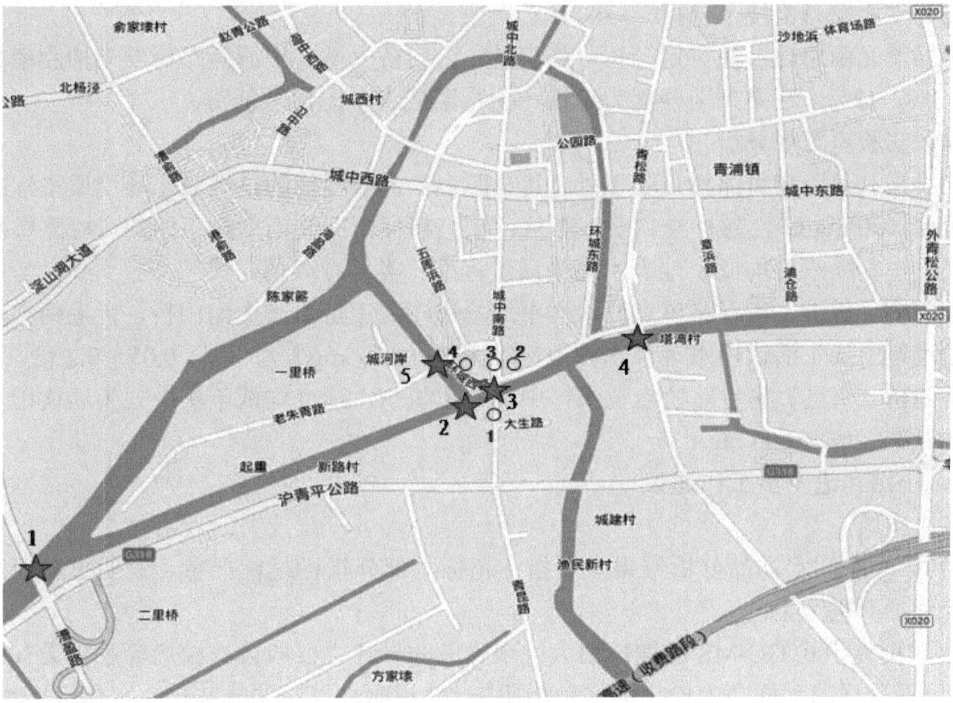

图 1　监测点位图

监测项目：化学需氧量、石油类、挥发酚、VOC、SVOC

监测频率：1 次/2 h

大气环境监测布点：在上风向（南门桥以南）设一参照点，在下风向以扇形辐射三条线路（如图 1 所示），中间一条在约 200 m 处设一个点位，然后相隔约 500 m 处设第二个点位，旁边两辐射线路上各设一个点，相隔约 500 m。

监测项目：VOC、SVOC。

监测频率：1 次/h。

采集的水样立即送实验室分析（部分样品送由上海市监测中心采用实验室 GC-MS 分析），大气样品由于××区环境监测站不具备检测能力，交由上海市环境监测中心监测应急小组采用便携式 GC-MS 现场分析。

6．监测结果

（1）便携式 GC-MS 分析

4 月 12 日 2:00 左右，经过实地勘察，发现在淀浦河南门桥附近气味较重，其他点位未闻到异味，故对南门桥桥上、桥下空气采样分析，检出空气中有柠檬烯、侧柏酮(Thujone)、十二烷等化合物，桥下和桥上柠檬烯浓度分别约为 0.7 mg/m^3 和 0.1 mg/m^3，Thujone 浓度分别为 0.17 mg/m^3 和 0.04 mg /m^3，十二烷浓度分别为 0.16 mg/m^3 和 0.05 mg/m^3。

（2）实验室 GC-MS 分析

对 4 月 12 日 2:00 水样分析，淀浦河南门桥、南门桥上游 100 m、青松路桥水体中均检出柠檬烯、3,5-新二烯、月桂烯、甲基乙基环戊烯、莰烯等化合物。

（3）生物发光菌技术分析

现场发光菌急性毒性测定分析，南门桥、南门桥上游、华清南路桥发光抑制率分别为54%、3%、12%，结果判别分别为中毒、无毒至低毒、无毒至低毒。

（4）实验室常规分析

化学需氧量除华青路桥点位以外，其余四个点位浓度均超过地表水环境质量标准Ⅳ类标准限值（30 mg/L），超标 0.11～3.47 倍，最大超标断面为南门桥下游的青松路桥断面。石油类、挥发酚浓度均低于地表水环境质量标准Ⅳ类标准限值。

南门桥、侨港、华青路桥点位水样中均检出二氯甲烷，其中南门桥、侨港两个点位浓度均超过集中式生活饮用水地表水源地标准限值（0.02 mg/L），超标 0.05～0.2 倍。

南门桥、侨港、华青路桥点位水样中均检出氯仿，浓度均低于集中式生活饮用水地表水源地标准限值（0.06 mg/L）。

7．小结和进一步工作建议

（1）小结

1）第一时间水样品分析结果多项指标超标，部分指标超标严重，说明事发地周围水环境受到了严重污染；

2）采用便携式 GC-MS 快速检出大气中弥散的异味主要成分柠檬烯等香精类有机化合物，与同期采样的水样品中检出的多种物质一致，说明空气中的异味来自水体污染物挥发；

3）本次突发性环境污染事件主要特征污染物为柠檬烯等香精类和二氯甲烷、氯仿等有机化合物；

4）检出水中高浓度污染物断面（南门桥）的上游断面污染物浓度明显低于其他断面，下游断面随着水流的不断稀释，浓度逐步下降；

5）上游××区第二水厂取水口水质未受影响，但污水团下泄可能会对淀浦河下游徐泾水厂取水口水质造成一定影响；

6）该起环境污染事故初步判断为附近不法企业违法排污所致，根据上述监测结论污染源排放点基本锁定在南门桥以西，淀浦河以南约 500 m 范围内；

7）柠檬烯为无色油状液体，有类似柠檬的香味。密度低于水，可与乙醇混溶，几乎不溶于水，漂浮于水面，扩散差，较易清理处置。

（2）建议

1）开展持续水质监测，密切关注淀浦河水质变化状况；

2）立即开展徐泾水厂取水口水质监测，必要时提请××区政府暂时停止水厂取水；

3）建议××区环境监测支队重点对南门桥以西，淀浦河以南约 500 m 范围内工厂企业进行排查，找出违法排污企业。

三、污染排放溯源及水环境跟踪监测

1. 污染排放溯源监测

根据4月11—12日监测结果和现场调查情况，区环保局环境监察支队对侨港周边企业、单位进行了污染源排查。根据排查结果，对嫌疑污染排放企业雨水排放口和厂区内积水进行了监测。

根据监测结果，基本确定了污染物种类及污染物来源，与先前污染水体中监测到的特征因子相吻合，据此有关部门及时锁定排放源。

2. 水环境跟踪监测

为保障下游饮用水水源地取水口安全，随时跟踪污染物变化情况，市区环境监测对淀浦河徐泾水厂取水口及其上游水域开展连续的水质跟踪监测。

（1）考虑到淀浦河水流缓慢，污染物扩散较慢，具体实施的监测频率相对减低，4月12—18日基本保持在每天2次的监测频率。

（2）根据污染物特征，对水体中的常规污染物指标（化学需氧量等）、挥发性有机物、半挥发性有机物（前期）、生物毒性进行分析。

（3）根据实际监测能力和工作量，市区环境监测站对监测工作进行了分工。

（4）4月15—17日，监测中心联合区环境监测站，对淀浦河徐泾水厂取水口及上游水域继续开展水质应急监测，具体监测点位见图2。

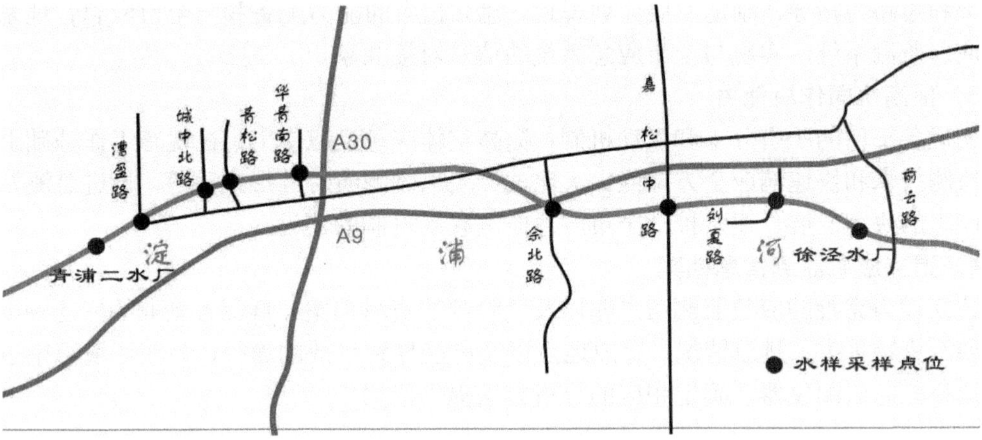

图2 水质跟踪监测点位设置

3. 水质监测结果

（1）定性分析结果：4月15—17日，嘉松中路、佘北公路、前云路断面均检出二甲氧基甲烷和特征污染物3,5-辛二烯，但含量很低；特征污染物柠檬烯、3-蒈烯等在各断面均未检出。

（2）定量分析结果：淀浦河徐泾水厂取水口机上游水域各监测点位化学需氧量、石油类、挥发酚等各项监测指标浓度均低于地表水环境质量Ⅳ类标准限值；4月15—17日，特征污染物二氯甲烷、三氯甲烷在嘉松中路、佘北公路断面略有超标，其他监测断面未超标，污染团向下游移动；至4月17日，前云路（徐泾水厂下游约500 m）水体中各特征污染物均符合GB 3838—2002集中式饮用水水源地特定标准。

综上，各项指标监测结果均已达标，总体水环境已恢复正常，报上级主管部门同意后，于4月19日终止跟踪监测。

至此，本次突发性环境污染事故应急监测正式结束。

四、总结和思考

回顾和总结本次突发性环境事故应急监测，发现区环境监测站在应急监测方面还存在着现场快速反应、快速监测、分析能力上的不足。应急监测能力还不能满足对快速准确应对环境突发事故处置的需要，应急体系有待进一步完善。

1．建设及时高效的环境应急监测系统

不断完善应急监测联动体制和应急监测预案。从实战需求出发，进一步完善市、区、企业三级环境污染事故应急处置预案体系和应急监测上下联动响应机制。按照污染事故发生类型，完善应急监测预案，做到对于不同情形下的突发环境污染事故均有预案指导。逐步建立生物、固体废物、土壤应急监测预案，开展突发环境事件应急监测预警研究，逐步建立应急监测预警体系和信息管理及响应系统。

2．完善突发性环境污染事件应急监测能力

根据区环境特点和污染特征，结合本地环保规划和应急管理需求，以全市应急工作发展框架和思路为指导，制定发展计划规划，建立相应的能力配备和与全市应急管理系统配套的应急监测系统，实现与全市应急系统的信息对接共享。

3．提高协同作战能力

明确各部门的职责分工和联动机制，提高整体应急反应能力。在现有工作基础上采取应急监测技术和快速响应全方位能力大比武、应急监测演习等形式手段，推进监测站应急监测能力的快速发展，逐步推动全市应急监测联动机制的建设。

4．建立应急监测信息档案

建立较为完善的应急监测信息库以及风险源的资料档案，规范各企业的应急预案，明确主要污染物种类、排放情况、存放地点以及可能导致事故的途径，为在环境污染事故中正确选择应急监测仪器，确定相应的分析方法提供依据。

类型：自然灾害引发的突发环境事件

案例12　“5·12”汶川大地震应急监测

摘要：2008年5月12日14点28分，四川发生了8.0级大地震，地震造成了北川、汶川、都江堰、彭州、绵竹、什邡、江油、青川、安县等地毁灭性的灾难。当天晚上，四川省环保局立即成立了四川省环保局抗震救灾指挥部，下设监测组，负责地震灾区水、气监测，确保饮用水安全，按时报送环境监测资料。四川省站及全国各支援部门在5月13日立即启动灾后应急监测，根据不同时期的具体情况制定方案。除排查重点污染源和风险污染源外，重点关注饮用水安全兼顾环境空气和地表水的状况，监测对象除常规项目外还增加可能由消毒杀菌引入的污染物，监测频次由初期的加密逐步调整到常规频次，同时加强对地震次生灾害引起的突发性环境事故的监测。整个应急监测过程历时近两个月，12个支援省直辖市站广东、江苏、山东、浙江、河南、辽宁、福建、海南、江西、吉林、天津和安徽等在6月30日前陆续撤离并恢复常态监测。“5·12大地震”环境应急监测说清楚了地震灾区饮用水水源的水质状况，为维护社会稳定做出了一定的贡献，得到了环保部、省委、省政府的充分肯定。

关键词：地震　生态环境　破坏　环境空气　饮用水

一、应急监测启动

1. 应急接报

2008年5月12日14点28分，四川发生了8.0级大地震，震中在距成都西北方向73 km的汶川县的映秀、漩口和三江的交界处，地震造成了北川、汶川、都江堰、彭州、绵竹、什邡、江油、青川、安县等地毁灭性的灾难。

5月12日21:00点，原四川省环保局通知省站站长立即启动环境应急监测，省站站长要求省站应急监测人员立即集结，出发前往灾区；同时要求实验室分析人员次日凌晨5:00到岗，开动仪器准备样品分析。21:30，省站应急监测人员集结到位；22:00，省站站长先行赶赴重灾区之一的汉旺；23:00，省站现场应急监测队伍准备完毕，出发到重灾区。

2. 现场情况

地震首先造成了巨大的人员伤亡和财产损失，也引发了大面积的滑坡、崩塌和泥石流等次生灾害，大量岩石、土壤、植物和人畜尸体等非正常进入岷江水体，对岷江水质的影响巨大，造成了大范围植被破坏、水土流失加剧、河道堵塞、耕地毁坏，人居环境受到严重威胁和破坏，对区域生态安全带来巨大的威胁，地震主要影响区具有重要生态服务功能的地区，生物多样性丰富、景观资源独特，是长江上游生态安全的重要屏障，在保护生物多样性和保障成都平原数千万人口的生活生产用水安全方面具有不可替代的作用。

强烈地震后，城市自来水系统遭到严重破坏，供水中断，城乡水井井壁坍塌，井管断裂，地表水受粪便、污水严重污染，供水极为困难，时常出现水源短缺，有时不得不饮用河水、塘水、沟水以及雨水。其中部分饮用水泥沙含量大，浑浊度高，受人畜粪便污染、农业面源污染等造成细菌滋生、悬浮物、水体自净能力差等，很难达到国家饮用水的饮用标准，如果直接饮用这种水，会引起身体不适甚至产生疾病。因此，有必要采取积极措施，确保饮用水安全。

地震可能导致大量企业、工厂受损，水处理系统瘫痪，房屋倒塌，厕所、阴沟污水外泄，固体废物流失严重；原有的地质条件改变，水土流失加重；农业面源污染加重，这些都可能引发更为严重的环境污染。

二、应急监测方案

1. 人员分工

中国环境监测总站协调部、省各部门，组织全国应急监测力量，组织应急监测设备的紧急采购和调配，指导应急监测。

四川省环境监测中心站负责制定并及时调整应急监测方案，负责协调全国、组织全省应急监测力量，参与现场应急监测，负责实验室分析，负责现场应急监测技术、物资支持，负责仪器设备使用和监测技术培训，负责应急监测质量保证与控制，负责数据汇总、处理和监测报告编制、上报和应急监测后勤保障。

重灾区市州站根据应急监测方案，协调、开展本辖区内的应急监测，组织本辖区内区、县站开展现场采样，协助支援省、市应急监测组开展现场应急监测工作，向省站送样，上报应急监测数据。重灾区区、县站根据应急监测方案，开展现场采样工作。

非重灾区支援市站根据应急监测方案开展现场采样和监测，向省站送样，上报监测数据。

支援省站第一批支援省站：根据应急监测方案，开展水中挥发性有机污染物监测；第二、三批支援省站：根据应急监测方案，开展水中挥发性有机污染物、重金属、发光菌生物综合毒性监测。

2．监测布点及方案

由于汶川地震属于重大以及特大环境突发应急事件，其影响面广，通过现场调查仍不能掌握现场全部情况，为了保证应急监测的快速性和针对性，根据现场情况的具体要求，应急监测方案分阶段逐步调整实施。

5月13日上午紧急制定的《四川汶川7.8级大地震环境应急监测方案》立即以电话、传真的方式下达各市州监测站。针对救灾工作的初期人员调动，工作安排等问题，方案明确了以下几点内容：①要求非重灾区的9个市站和省站监测室组成10个应急监测组，立即驰援10个重灾区；②需要支援地区为重灾区都江堰、彭州、什邡、绵竹、德阳、北川、江油、安县、青川、广元；③应急监测的内容为环境空气、饮用水水源、地表水；④据灾区现场了解，地震灾区的四川蓥峰实业公司发生液氮和浓硫酸、浓硝酸储存罐的泄漏，所以，应急监测指标：环境空气为SO_2、H_2S、NO_2，饮用水水源为pH、DO、NH_3-N。考虑到部队抗震救灾中需要确定灾区饮用水水源是否满足直接饮用的需求，而水质达标与直接饮用是有根本区别的，所以增加了水中发光菌的监测以确定水质是否满足直接饮用。13日晚上，省站与仪器厂家联系，14日凌晨1:30，广州格维恩公司安排工程师携带3台便携式生物综合毒性监测仪及菌种、试剂到达成都；7:30，进行生物综合毒性监测仪使用培训；8:30，各应急监测小组领取仪器设备、试剂、材料和生活物资后分赴德阳、什邡、绵竹、青川、广元、北川、江油、安县、彭州和都江堰10个重灾区。14:30，广州格维恩公司领导携带7台便携式生物综合毒性监测仪及菌种、试剂到达成都；16:30，当天第一批样品送到四川省站，实验室立即开始分析；23:00，当天最后第一批样品送到。

14日中午，成都谣传饮用水水源受污染，市区出现恐慌性抢水，省、市政府立即通过电视、广播各频道滚动播放四川省环境监测中心站地震灾区饮用水水源地水质监测报告，及时消弭了一场社会不安定状况，我们也更充分认识到在本次应急监测中饮用水水源的安全的是最重要的。

同时，根据此次灾后可能产生的特征污染物，分不同的饮用水水源保护区监测断面增加酚、氰、As、Cr^{6+}等应急指标；地表水为水温、pH、DO、高锰酸盐指数、NH_3-N、电导率、浊度等指标；应急监测的方式为环境空气、地表水以自动监测为主，饮用水水源由应急监测组完成，频次为 2 次/d。

《四川省汶川 5·12 大地震第二阶段环境应急监测方案》是在第一阶段的监测方案基础上制定出来的，重点是饮用水水源，内容更为详细。方案主要内容为：①提出重灾区确保饮用水安全“两个全覆盖”监测工作任务，监测范围为重灾区内 48 个县城以上集中式饮用水水源地和 203 个乡镇以上集中式饮用水水源地，监测项目除了常规项目 pH、电导率、高锰酸盐指数、DO（地下水无此项）、NH_3-N、氰化物、余氯、六价铬、挥发酚、As、综合毒性、粪大肠菌群（地下水为总大肠菌群）12 项，还开展了水中 54 种 VOCs 和 27 种 SVOCs 类消毒剂、杀虫剂的监测；在这一阶段中，环保部领导和专家提出了由于灾区尸体腐烂会导致饮用水的污染，而其特征污染物为尸胺和腐胺，并提供了相应的分析方法，有毛细管电泳和液相色谱，但这些方法均是针对体液并且检出限为 ppm 级，并不能满足四川省灾区饮用水的分析；省厅向国家发出正式报告，希望能给予技术支持；同时，省站立即联系购买尸胺和腐胺标准；②增加重灾区由于次生环境突发性事件的应急监测任务；监测项目和频次根据发生环境突发事件的种类、可能引起的范围以及严重程度确定；③增加了重灾区居民临时安置点饮用水水源水质监测、环境空气监测和地表水监测等；④明确了非重灾区的地表水（含集中式供水水源地）、城市空气、城市噪声环境质量监测按灾前规定正常进行。主要河流市（州）交界断面水质自动站必须保持正常运行。污染源监督性监测在环境监察排查列出重点的基础上安排监测。在派出支援重灾区应急监测队伍的地方，仍然要做好本区域的突发环境污染应急监测工作；⑤详细划定了监测任务分工、应急监测力量配置；⑥实行“公告”、“快报”、“专报”三种类型分级报告，规定了重灾区环境应急监测水质评价项目和监测报告上报的时限及方式等。

第三阶段和第四阶段的环境监测方案与第二阶段基本相同，逐渐降低了饮用水水源的监测频次，并增加了一些新的监测内容，例如饮用水的生物毒性监测、地震灾区土壤监测、能力恢复建设等。

我们不同时间的 4 个应急监测方案满足了应急监测不同阶段的需求，反映了应急监测逐渐推进的过程以及不同时期的工作任务调整过程，具有较强的针对性。

3．监测因子的确定

地震本身可能导致天然水体地球化学性质的改变，反映在监测指标上主要为无机类的 pH、电导率等综合指标和 SO_4^{2-}、Cl^-、NO_3^-等阴离子和重金属等阳离子。另外，地震可能导致工厂、仓库等污染源的非正常排放，根据对相关地区风险源情况的分析，监测了可能排放的污染物有 Cr^{6+}、As、Hg、NH_3-N、酸、碱等；对于环境空气监测了 SO_2、H_2S、NO_2 等指标。

然而，实际情况十分复杂，无法全面、准确地预知，即使我们对地表水环境质量标准中所有指标都进行了监测，也未必能确定水质是否对人体有毒。为反映水质的毒性，提出开展发光菌综合生物毒性的监测，利用发光菌的毒性反应，判断水质对生物、对人体的毒性。

随着灾情的发展，环保部要求对灾区饮用水水源地水质监测实现“两个全覆盖”，即项目全覆盖，地区全覆盖。为此，环保部先后调集了总站和全国 21 个省市区环境监测站的监测力量支援地震灾区的应急监测。从 5 月 23 日起，对重灾区的 48 个城市集中饮用水水源地、203 个农村集中饮用水水源地，开展了 54 种 VOCs 和 27 种 SVOCs 类消毒剂、杀虫剂的监测。

4．监测方法的选择

现场初筛的方法包括发光菌综合生物毒性测定，使用检测管、检测试纸、应急监测专用试剂等非标准化方法和设备，使用标准方法在现场进行简单的直接目视比色等，进行定性和半定量分析。现场监测的方法有电极法、阳极溶出法、分光光度法和气相色谱-质谱法等。

实验室分析包括两方面的内容，一方面是对一些现场不具备条件的项目如挥发酚、COD、SVOCs 进行分析，另一方面是对现场初筛出有问题的样品进行复核分析，以保证数据的可靠性。

5．监测仪器

现场监测仪器包括便携式傅立叶红外气体监测仪、便携式生物综合毒性仪、便携式重金属测试仪、水质多参数测定仪、枪式气体多参数监测仪、便携式气质联用仪、河流断面多普勒流量计和空气呼吸机等。实验室分析仪器有气相色谱仪、气相色谱-质谱仪、液相色谱仪、液相色谱-质谱仪、离子色谱仪、等离子发射光谱仪、等离子发射光谱-质谱仪、石墨炉原子吸收仪、原子荧光仪等。

三、应急监测实施

1．现场调查

应急监测人员现场主要调查了有毒有害物质的泄漏、燃烧和爆炸情况，城市污水处理设施的破坏情况，放射性物质的泄漏情况和垃圾填埋场、尾矿库等存在安全隐患的设施的损毁情况。

2．现场监测

现场利用电极法测定 pH、DO、NH_3-N、Cl^-、NO_3^-、ORP 等，利用便携式阳极溶出仪测定 Cr、As、Hg、Cd、Cu、Pb 等重金属，利用便携式分光光度计采用标准方法测定水中 NH_3-N、空气中的 SO_2、NO_2 等，利用便携式油分测定仪采用标准方法测定水中石油类。

四、监测结果及评价

1．发光菌生物综合毒性监测

地震当天，解放军、武警、预备役迅速进入重灾区，如何保证救灾部队饮水安全十分迫切。成都军区领导要求军区监测站立即开展监测，说清楚救灾部队所在地水质是否可以饮用。军区监测站迅速开展了监测，并立即报告所测项目符合标准要求。军区首长认为报告并没有回答是否可以饮用的问题，要求就是否能饮用给出明确回答。5 月 13 日，军区站领导到四川省站希望协助监测，说清灾区水质能否饮用的问题。我们认为要回答水能不能饮用，也就是要确定水是否对人体有毒害；一方面，由于现有的环境质量和饮用水标准的指标有限，不能涵盖所有的有毒物质，即便所有指标都满足标准的要求，也不能表明对人体无害；另一方面，现有的标准指标并不全是有毒性指标，即便部分指标超标，也不能说明对人体一定有害。生物毒性指标由于直接采用活的生物体进行实验，可以直接测试出饮用水对生物的毒性。通常情况下，用做生物毒性测试的生物体的毒性灵敏度要比人体灵敏得多，所有使用综合生物毒性指标可以回答饮用水是否能喝的问题。虽然我国的环境质量标准中没有规定基于发光细菌生物毒性的标准限值，却制定有《水质 急性毒性的测定 发光细菌法》（GB/T 15441—1995）的分析方法国家标准。

为此，我们立即联系了发光菌生物综合毒性仪的国内代理商，从广州调运发光菌生物综合毒性仪。14 日 1:30，第一批 3 台发光菌生物综合毒性仪和菌种、试剂从广州飞抵成都；7:30，进行生物综合毒性监测仪的使用培训，开始对陆续送回的样品进行生物毒性分析。中午，成都谣传饮用水水源受污染，市区出现恐慌性抢水，省、市政府立即通过电视、广播各频道滚动播放四川省环境监测中心站地震灾区饮用水水源地水质监测报告，及时消除了心理恐慌而造成的社会不稳定。14:30，第二批发光菌生物综合毒性仪和菌种、试剂到达成都，从此我们统一采用了美国 SDI 公司生产的发光菌生物综合毒性仪，对重灾区的饮用水水源进行了全面、长期的生物毒性监测。通过发光菌生物综合毒性分析，我们绝大多数样品均属于正常水平；部分样品出现较大光损是由于上游大量使用漂白粉，漂白粉产生的余氯所致，个别高毒现象是因为酒坛破损酒液进入河流的乙醇所致。

2．水中重金属的应急监测

在应急监测中，我们除了在现场采用便携式阳极溶出法、比色法对重金属进行初筛监测以外，同时，在实验室采用原子吸收分光光度法、原子荧光光度法和电感耦合等离子体质谱法对水中的重金属进行了复核分析。从监测结果看，地震灾区饮用水水源地水中重金属除可以检出砷和个别铜、铅以外，其余均未检出，水源地水质重金属含量均满足地表水环境质量标准要求，地震灾区水中重金属处于极低的浓度。地震并未导致灾区主要水体重金属含量的明显变化。

3．水中六价铬的应急监测

由于重灾区岷江、沱江的上游存在生产和使用红矾钠-重铬酸钠的企业，我们在部分断面增加了 Cr^{6+}的监测。在应急监测的最初阶段，我们采用二苯碳酰二肼分光光度法对映秀及紫坪铺水库水样中的 Cr^{6+}进行了分析，结果表明岷江上游映秀及紫坪铺水样中均有 Cr^{6+}检出，且含量高于背景浓度，也就是说上游发生了红矾钠的泄漏。这是一条对判断完全失去联系的上游重灾区次生环境污染状况，甚至对判断上游重灾区受灾状况极为重要的信息，可能直接影响省委、省政府的决策，必须慎重核实。为此，我们采用 ICP-MS 测定了水样中的总 Cr，总 Cr 的含量范围与岷江水环境背景值相符，说明岷江上游地震灾区并没有发生红矾钠的泄漏污染。但这一结果反过来说明二苯碳酰二肼分光光度法（GB 7467—87）在分析地表水中 Cr^{6+}时存在着严重的定性、定量问题。

为此，我们参考美国 EPA Method 218.6 和 Dionex 公司提供的方法，并结合省站实验室自身情况，迅速建立了离子色谱分离-二苯碳酰二肼柱后衍生化-可见光检测器测定水中 Cr^{6+}的方法。这一方法是离子色谱法与二苯碳酰二肼分光光度法的结合，具有灵敏度高、选择性好的特点，克服了二苯碳酰二肼分光光度法存在的缺点，非常适合于水中 Cr^{6+}的分析。监测结果表明，地震灾区水体中 Cr^{6+}的浓度处于天然水体中 Cr^{6+}的正常水平，进一步说明地震灾区未发生 Cr^{6+}污染；Cr^{6+}和总 Cr 的浓度具有一致性，即总 Cr 浓度高的时候，

Cr^{6+}的浓度往往也较高，但并不绝对正相关。

4．水中挥发性有机污染物的应急监测

应急监测中挥发性有机污染物的分析，由总站、21个支援省站与四川省站共同完成，统一使用环保部配发的INFICON公司生产的HAPSITE便携式GC-MS，统一使用由总站、四川省站和INFICON共同紧急开发的针对美国EPA 54种VOCs混标的方法和美国EPA 54种VOCs混标，统一空白。监测结果表明，绝大多数样品均未检出54种VOCs目标化合物，少数水样检出三氯甲烷、二氯甲烷、1,1,2-三氯乙烷、二溴氯甲烷等卤代烃，但均未超标；青川宾馆灾民安置点恒定检出了反式-1,2-二氯乙烯、四氯乙烯，其中四氯乙烯超标，经了解发现附近存在干洗店，污染来自干洗店；什邡禾丰镇周家花园灾民安置点检出了萘、四甲苯、三甲基乙苯、五甲基苯、二甲基萘，经了解发现污染来自采样水龙头连接的橡胶管。地震灾区饮用水水源基本没有受到挥发性有机污染物的污染。

5．水中半挥发性有机污染物的应急监测

由于救灾过程中使用了大量的杀虫剂，我们及时了解了主要使用的杀虫剂种类，并对各饮用水水源中的杀虫剂类半挥发性有机污染物进行了分析。监测结果表明，所有水样，不管是城市、农村饮用水水源，还是地表水控制断面，均未检出（检出限约0.1 ppb）上述杀虫剂类半挥发性有机污染物，说明地震灾区杀虫剂的使用没有对环境水体，尤其是饮用水水源造成影响。

6．水中尸胺、腐胺的应急监测

在抗震救灾过程中，一些领导和普通大众担心灾区人畜尸体的腐烂会导致水体的污染，影响下游饮用水水源。部分专家提出可以尸胺、腐胺作为特征污染物，以指示人畜尸体的腐烂对水体的污染情况。水中尸胺、腐胺的分析国内外均没有现成的标准分析方法，有专家提供了一些方法，包括液相色谱、毛细管电泳的方法都是针对体液（尿液、血液）的，检出限约为1 ppm。显然，这些方法无法直接应用于水中尸胺、腐胺的分析，水中尸胺、腐胺的浓度无论如何不可能高到ppm级。为此，我们一方面请求环保部、总站等上级部门的技术支持，同时我们在市场上紧急采购尸胺、腐胺标准品，虽然没有买到尸胺，但买到了腐胺——1,4-丁二胺。之后，我们立即开发了水中腐胺的高效液相色谱-三重四极杆串联质谱分析方法，此法能够适应于灾区水中腐胺的分析，并立即应用于灾区水中腐胺的分析。监测结果表明，来自灾区的水样中腐胺浓度不等，含量范围总体水平与环境自然水体接近，地震灾区环境水样中腐胺浓度在正常范围中，没有受到腐烂人畜尸体的影响。

五、总结和思考

1．环境应急监测最重要的是要认清应急监测的重点和关键

对于像“5·12”大地震这样的灾难，次生的环境影响是广泛的、复杂的、长期的，并会随着灾情的发展不断的变化。环境应急和应急监测的重点和关键并不是开始就清楚明朗的，应急监测的方案必须随着对灾难次生环境影响的认识，随着次生环境问题的演变而进行不断的调整。在“5·12”大地震环境应急监测中，部队的要求和成都的抢水让我们尽早地认识到本次应急监测的重点是饮用水水源地水质的监测。

2. 环境应急监测需要恰当的技术和科学的方法

在"5·12"大地震环境应急监测中，我们采用发光菌综合生物毒性监测，解决了灾区水能否饮用的问题；我们开发了离子色谱柱后衍生化可见光检测方法，解决了灾区水中六价铬的准确定性、定量分析问题；我们开发了液相色谱质谱联用法，解决了灾区水中腐胺的分析问题；我们采用便携式气相色谱质谱联用仪，解决了灾区水中挥发性有机污染物分析的问题。

3. 现场初筛、现场监测、现场采样实验室分析相结合的环境应急监测模式

在"5·12"大地震环境应急监测中，我们逐步探索出了现场初筛、现场监测、现场采样实验室分析相结合的环境应急监测模式。现场初筛解决了应急现场所需的快速问题，可以迅速发现环境问题及其变化趋势，对监测方法、仪器、人员的要求相对简单；现场监测可以解决部分指标的现场准确定性、定量分析，符合法规要求，监测质量有保证；现场采样实验室分析针对那些现场不具备条件分析项目和现场初筛有问题需要进行准确定性、定量复核分析的样品，采用标准方法分析，解决了项目的完整性和监测结果的合法性问题。

4. 完备、有效的保障支持体系是做好应急监测的重要一环

在"5·12"大地震环境应急监测中，我们的保障体系不只是负责应急监测人员的吃、喝、拉、撒、睡，还包括监测仪器设备的准备和维护，药品试剂、玻璃器皿的供给，仪器设备、监测方法的培训，应急监测技术方法的调试和分析方法的开发等。

类型：自然灾害引发的突发环境事件

案例 13　"7·3"某县泥石流次生污染事件

摘要：2011 年 7 月 3 日凌晨，四川 A 地区某县发生泥石流灾害，一家盐化企业和两家硅业企业厂区被泥石流冲毁，三家企业的生产设施、原料及产品进入下游 M 江水体。事故发生地位于岷江某段上游，该河段下游分布有 S 镇和 T 镇，且为 C 市饮用水水源地；7 月 3 日中午省站在接到省厅监测处电话后，立即启动应急监测预案；快速与当地环保局、监测站及省环境监察总队取得联系，了解核实事故现场的相关情况，制定了科学有效的应急监测方案。当天中午派出现场应急监测人员火速赶往事故现场和 C 市饮用水水源地进行现场调查、监测，监测结果表明事故发生地河段与 M 江汇合处及汇合处下游断面地表水中高氯酸盐含量显著高于事故发生地河段上游背景河段地表水含量，同时事故发生地河段下游 C 市饮用水水源地 Z 水库地表水中相应检出了高氯酸盐且其浓度相对较高，同时从对事发地到 Z 水库的距离、事发时间和采样时间以及 M 江的水流速度分析，说明了污染事件已经影响到了 C 市饮用水水源地 Z 水库。本次污染事故中我省采用 US EPA Method 314.0 AS16 离子色谱柱对高氯酸盐进行测定，并采用 AS20 离子色谱柱对样品进行分析以排除高氯酸与 4-氯苯磺酸存在共流出的假阳性的定性风险。同时立即将样品飞送中科院生态中心，请戴安应用中心采用离子色谱质谱联用法进行最终的定性。戴安应用中心的分析结果证明我省的监测定性、定量都是准确的。

关键词：泥石流　盐化企业　高氯酸盐　地表水

一、应急监测启动

1. 应急接报

2011年7月3日，星期天，中午12点30分，四川省站接到省厅监测处电话通知，A地区M县3日凌晨发生泥石流灾害，一家盐化企业和两家硅业企业厂区被泥石流冲毁，三家企业的生产设施、原料及产品进入下游M江水体。

省站领导在家中接到电话后，第一时间电话通知省站办公室主任，要求立即通知值班司机到站内准备应急监测车辆；紧接着电话联系省站负责现场应急的监测室主任，告知其事件的基本情况，要求立即通知应急监测人员到站内集结并准备现场采样监测的设备等；然后电话通知负责实验室分析的测试主任，告知情况，要求相关分析人员立即到岗，开动仪器做好样品分析的准备。

2. 现场情况

应急监测启动后，省站领导又电话与省监察总队负责应急的副总队长联系，了解他们所掌握的污染事故情况；并电话与该地区负责应急的副局长联系进一步了解现场情况后，得知被冲毁的盐化厂主要以电解食盐水生产氯酸钠，同时生产高氯酸钠，而两家硅业企业为硅铁生产。根据以上情况可以初步判断两家硅业企业不会对地表水造成太大的污染，而盐化厂的产品氯酸钠和高氯酸钠会对M江水体造成污染。基于以上情况，省站领导再次电话告知监测室主任进一步了解到的情况，并要求现场应急监测人员立即出发赶往事发地。

之后，又电话与该地区监测站长联系，了解地方监测站开展应急监测的情况，得知该站监测人员已经到达现场并正在开展监测，根据地区站应急监测人员在现场对生产工艺的进一步了解，发现在生产过程中还会使用重铬酸盐，因而事故必然导致六价铬的排放。

3. 污染物特性

高氯酸盐具有极强的稳定性、易溶于水，进入人体内后会引起甲状腺荷尔蒙生成量的减少，从而导致成人体内分泌功能紊乱，影响胎儿和婴儿神经中枢的正常发育和生长。美国EPA规定的对人体终生保护的临时健康咨询水平限值为15 μg/L，前苏联渔业用水水体中有害物质最高容许浓度为8 μg/L，我国目前尚无此类标准。

氯酸盐是氯酸形成的盐类，含有三角锥形的氯酸根离子——ClO_3^-，具有强氧化性，曾用做烟火中的氧化剂，但由于稳定性不高，现大多已被高氯酸盐所代替，是一种消毒副产物，会引起溶血性贫血、肾亏损、肾堵塞、体温过低痉挛和昏迷等疾病，GB 5749—2006生活饮用水卫生标准中将其限制定为0.7 mg/L。

二、应急监测方案

1. 人员分工

2011年7月3日中午，省环境监测中心站领导在接到省厅监测处电话后，省站和当地环保局、监测站立即派出应急人员赶赴现场，省站分析测试中心立即开动仪器调试方法，省站、省厅监测处、省环境监察总队和事故发生地当地环保局在相互了解事故现场具体情况后，制定了详细的监测实施方案，明确了监测断面、监测项目和人员分工。

14:30，省站应急监测 1 组与省环境监察总队应急人员汇合后前往事发地。由于 W 县至 M 县的道路已中断，应急监测 1 组计划从 B 县方向进入 M 县事故现场，但进入 B 县至 M 县的山区路段后遇到山体塌方，道路中断，故被迫放弃应急监测任务，当晚从 B 县返回 C 市。省站应急监测 2 组于 15:30 赶赴 C 市饮用水水源地——Z 水库，对位于水库下游的 LMC 水质自动站取水口进行了调查监测工作，之后又赶往自来水厂取水口进行了调查监测工作。事发地现场监测断面的样品由当地监测站人员绕道接力送至省站。

2．监测布点及方案

（1）在事故上游共布设 4 个监测断面，分别为事发地 L 河上游 100 m、事发地 L 河下游 100 m 且与 M 江汇合之前、L 河与 M 江汇合处上游 100 m、M 江与 L 河汇合处下游 100 m；在事故下游 S 镇和 T 镇分别布设监测断面；在事故下游 C 市饮用水水源地分别布设 3 个监测断面；共布设 9 个监测断面。

（2）由于该地区监测站尚无氯酸根、高氯酸根的分析能力，请求省站帮助。了解到上述情况后，省站领导要求地区监测站增加上游背景断面和下游削减断面的采样，并将所有样品立即送省站实验室分析，并提醒分光光度法分析六价铬得出的结果不一定可靠。通话结束后，立即再次电话告知省站测试中心主任做好离子色谱分析六价铬的准备。

（3）鉴于 M 江是 C 市的饮用水水源，污染事故又导致了六价铬的排放，省站领导再次电话要求省站监测室主任另派一组人员前往 C 市的饮用水水源保护区 Z 水库和自来水厂取水口采样监测。然后驱车前往省站，途中电话向分管厅领导汇报了解到的情况和应急监测安排的情况。最终形成的应急监测方案详见表 1 和图 1。

3．监测因子的确定

在省站领导得知现场主要污染物是盐化厂的产品氯酸钠和高氯酸钠后，要求现场应急监测人员对各监测断面水样 pH、DO、电导率等重点了解盐化厂的生产工艺、设备、产污流程、损失情况、产品冲入河内的量等；并电话告知测试中心主任需要开展氟化物、硫酸盐、氯化物、硝酸盐、高氯酸盐、氯酸盐、铁、锰、钠、钾、铅、砷、铜和锌等项目，要求立即调试氯酸根、高氯酸根、六价铬等方法并开展分析。

表 1　监测断面布设及监测项目

<table>
<tr><th>监测断面（点位）名称</th><th>监测项目</th><th>备注</th></tr>
<tr><td>事发地 L 河上游 100 m</td><td rowspan="9">六价铬、氟化物、硫酸盐、氯化物、硝酸盐、高氯酸盐、氯酸盐、铁、锰、钠、钾、铅、砷、铜、锌</td><td rowspan="3">事故上游</td></tr>
<tr><td>事发地 L 河下游 100 m 且与 M 江汇合前</td></tr>
<tr><td>M 江与 L 河汇合前</td></tr>
<tr><td>M 江与 L 河汇合后</td><td></td></tr>
<tr><td>M 江下游 20 km 的 S 镇</td><td rowspan="2">事故下游</td></tr>
<tr><td>M 江下游 80 km 的 T 镇</td></tr>
<tr><td>C 市 LMC 水质自动站断面</td><td rowspan="3">事故下游，C 市饮用水水源</td></tr>
<tr><td>C 市自来水厂 BT 河取水口</td></tr>
<tr><td>C 市自来水厂 XY 河取水口</td></tr>
</table>

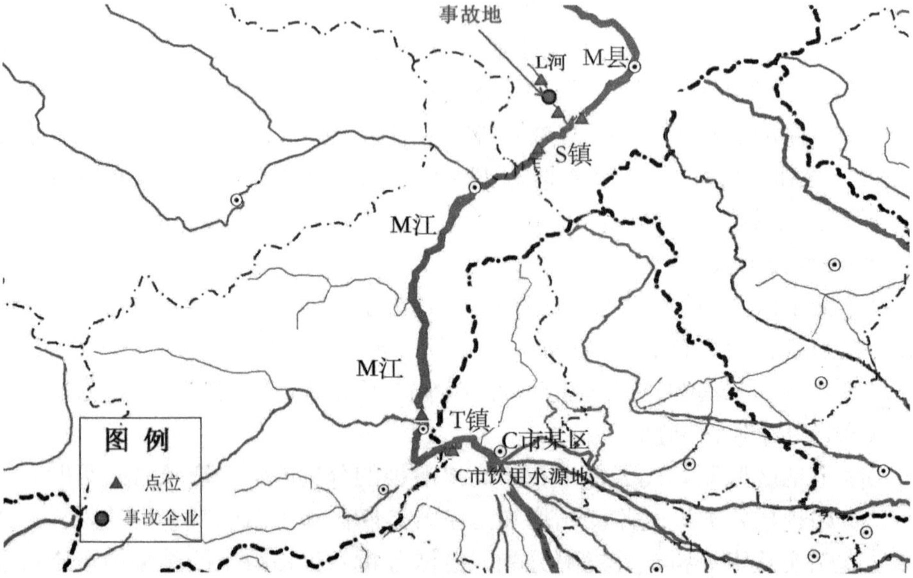

图1 “7·3”M县泥石流事件地表水监测断面

4．监测方法的选择

高氯酸盐监测数据是采用US EPA Method 314.0离子色谱电导法分析获得的，众所周知，US EPA Method 314.0采用AS16离子色谱柱，高氯酸与4-氯苯磺酸存在共流出，有假阳性的定性风险。为消除假阳性风险的疑虑，我们借鉴US EPA Method 332.0采用AS20离子色谱柱对上述样品进行分析，分析结果与AS16分析结果完全一致，说明监测结果的假阳性风险极低。但仅凭两根色谱柱的保留时间定性，没有质谱信息，仍存在一定风险。为此，我们立即将样品飞送中科院生态中心，请戴安应用中心采用离子色谱质谱联用法进行最终的定性。戴安应用中心的分析结果证明我们的监测定性、定量都是准确的。

5．监测仪器

监测仪器为DIONEX ICS1100和DIONEX ICS3000。

三、应急监测步骤及处置方法

（1）现场调查

省站应急监测小组对事故发生地河流流量、污染企业设施损毁情况、污染物倾泄量等进行调查。

（2）现场监测

当地监测站采样并进行常规项目的分析，对于高氯酸盐、六价铬等项目采样后立即送省站进行分析。

四、监测结果及污染评估

省站实验室立即对样品进行了分析，监测结果表明事发地上下游地表水断面以及C市自来水厂取水口水质中的铜、锌、硒、砷、铅、铁、钡、六价铬、氟化物、硫酸盐、氯化物及硝酸盐的浓度均满足《地表水环境质量标准》（GB 3838—2002）表 1 中Ⅱ类水域标准及表 2、表 3 的要求，浓度在背景值范围内，未见异常现象。从以上数据看，污染事件未对 C 市饮用水水源水质产生影响。然而对高氯酸盐监测数据进行分析，我们发现：事发地两个上游背景断面中高氯酸盐均在背景值范围内，事发地下游 L 河与 M 江汇合后高氯酸盐浓度为 2 350 μg/L，汇合处下游 20 km 的 S 镇断面高氯酸盐浓度为 360 μg/L，S 镇下游约 80 km 的 T 镇断面高氯酸盐浓度为 114 μg/L，T 镇下游约 20 km 的 C 市 LMC 水质自动站断面高氯酸盐浓度为 32 μg/L，C 市自来水厂 BT 河取水口和 XY 河取水口的浓度分别为 26 μg/L 和 27 μg/L。这说明污染事件已经影响到了 C 市饮用水水源地 Z 水库，从事发地到 Z 水库的距离、事发时间和采样时间以及 M 江的水流速度来分析，这也是合理的。

五、总结和思考

通过此次应急监测，我们认识到整个应急监测过程就是一个逐渐获取污染信息的过程，在这个过程中我们不断地获取更多、更有价值的信息，并根据这些信息随时调整应急监测内容；即应急监测方案不是一成不变、一开始就很完善的，而是动态调整的；应急监测中最重要的是抓住关键因子——特征污染物，本次应急监测中关键因子为高氯酸盐；应急监测中定性的准确性有时比定量的准确性更重要，为确保定性的准确性，多种方法的比较是非常必要的。

类型：尾矿库事故引发的突发环境事件

案例 14 “5•26”广西靖西县华银铝龙山排泥库泄漏事件应急监测

摘要：××××年 5 月 26 日下午 3 时许，位于中越边境的广西百色市靖西县华银铝龙山排泥库发生泄漏事件，大量泥浆从地下泉眼涌出，覆盖了周边的农田，影响庞凌河的水质。百色市环保局接到靖西县有关部门的汇报后，立即启动应急响应，组织人员赶赴现场调查监测。监测结果表明，泉眼涌水点水样呈稠状，pH 值为 7.80，悬浮物大于 30 000 mg/L，各断面重金属 Zn、Pb、Cd 均未检出，急性毒性均为无毒。自治区环保厅得知此事后高度重视，5 月 27 日 0 时 30 分对自治区环境监测中心站下达应急监测指令，自治区环境监测中心站立即组织人员携带便携式监测仪器于 7 时 05 分赶到现场，组织百色市监测站开展应急监测。先后设置 10 个监测断面，每天 3 次监控水质的 pH 值及悬浮物，为投药絮凝处置提供快速的数据支持。事件共造成上千亩的耕地被泥浆覆盖，泥浆涌出附近的房子受淹，群众日常生活受严重影响。

关键词：河流　泥浆污染　泄漏

一、应急监测启动

1．应急接报

××××年 5 月 26 日下午 3 时许，位于中越边境的广西百色市靖西县华银铝龙山排泥库发生泄漏事件，大量泥浆从地下泉眼涌出，覆盖了周边的农田，影响庞凌河的水质。

百色市环保局接到靖西县有关部门的汇报后，立即启动应急响应。百色市环境监测站组织人员连夜赶赴现场，布设 6 个断面对古杰沟、庞凌河的水质进行监控。监测发现，泉眼涌水点水样呈稠状，pH 值为 7.80，悬浮物大于 30 000 mg/L，各断面重金属 Zn、Pb、Cd 均未检出，急性毒性均为无毒。

自治区环保厅对此事高度重视，5 月 27 日 0 时 30 分对自治区环境监测中心站下达应急监测指令，自治区环境监测中心站立即组织人员携带便携式监测仪器于 7 时 05 分赶到现场，组织百色市监测站开展应急监测。

2．现场情况

广西百色市靖西县华银铝龙山排泥库位于岩溶地区，2008 年以来已发生多次泄漏。黄色泥浆水从龙山排泥库下游坡珠屯、古杰屯附近的三个泉眼冒出，古杰屯、坡珠屯部分农灌小溪河床被泥浆覆盖，坡珠屯部分农户住处被灌进泥浆，该村屯的农田受淹，受灾群众已经被安全转移到在山坡上搭建的简易帐篷里。至 5 月 29 日，事故已造成 43 户农民受灾、1 000 多亩农田被淹，对当地群众生产、生活造成不良影响。

3．污染物特性

地下泉眼涌出的黄色泥浆水经检测，其中的污染物主要是悬浮物，铜、锌、铅、镉等重金属均未检出。由于泥浆中悬浮物含量很高，对下游庞凌河的水质造成严重威胁，处理不当可能会流入越南，引起跨国纠纷。

二、应急监测方案

1．人员分工

5 月 27 日清晨，广西壮族自治区环境监测中心站应急人员到达现场后，立即听取视察现场并当地环保部门的情况汇报。虽然事件尚未达到自治区环保厅启动应急预案的等级，鉴于事件发生的位置较为敏感，为了做好此次应急监测，广西壮族自治区环境监测中心站到达后随即主动承担起方案编制、数据汇总分析、数据报告、快报编制等工作，百色市监测站及靖西县监测站负责采样分析。

2．监测布点及方案

根据事发河段的实际情况及决策的需要，此次事件先后设置了 10 个监测断面，主要是泉眼处、投药处理前后、古杰沟汇入庞凌河前后、庞凌河上游对照、靖西县城前 6 km、靖西县城、县城下游 10 km、庞凌河进入越南前约 7 km。

3．监测因子与频次的确定

在对泉眼处泥浆水进行分析，确认未检出铜、锌、铅、镉等重金属后，将 pH 值及悬浮物作为主要因子进行分析。监测频次为 3 次/d。

4．监测方法与监测仪器

采用便携式仪器进行分析，pH 值采用便携式 pH 计，悬浮物采用红外光法的便携式悬浮物测定仪。

5．质量控制

pH 值及悬浮物均在现场进行分析，主要质控措施是人员持证上岗，仪器检定、用前校准等。

三、应急监测步骤及处置方法

1. 监测步骤

（1）现场调查

由于事故原因明确，调查工作主要是记录泄漏点数量、泄漏量、泥浆覆盖面积等。

（2）现场监测

泄漏的泥浆覆盖下游的耕地，漫过耕地进入下游的河流，造成河流悬浮物超标。现场监测时通过采用便携式仪器（便携式 pH 计及红外光法的便携式悬浮物测定仪），在断面上及时监测，第一时间报告监测数据，为源头的投药絮凝处置提供技术支持。

2. 处置方法

为了将大量泥浆水阻隔在古杰沟内，防治出现跨界污染，指挥部讨论研究提出了如下处置建议：

（1）找出排泥库内泄漏点，采取棉花水泥浆封堵。

（2）在泉眼至古杰沟汇入庞凌河前设置 4 道拦截坝，减缓流速以利于泥浆沉淀。

（3）在第 1 道、第 2 道、第 4 道拦截坝后投加高分子絮凝剂，以加速泥浆沉淀。

（4）做好受影响群众的日常生活保障及理赔工作。

四、监测结果及污染评估

采用《地表水环境质量标准》（GB 3838—2002）Ⅲ类标准进行评价。评价方法采用单因子法。

6 月 3 日的监测结果表明，古杰沟河段悬浮物浓度自 5 月 28 日至今呈波动性变化，浓度略有下降；庞凌河对照断面及汇合口下游 500 m 断面自 28 日以来，悬浮物浓度呈波动性下降趋势；个麻断面悬浮物浓度 5 月 31 日起呈下降趋势，6 月 3 日 19 时悬浮物浓度为 2 mg/L，其他监测断面无明显变化。庞凌河出境水质无明显变化。

五、总结和思考

（1）应急监测要服务应急处置工作，始终要围绕处置需要来开展环境应急监测工作。如投药处置属重大的应急决策，投药前后要设点监测以便及时反映处理措施实施效果，为指挥部决策提供科学依据。

（2）应急监测的断面、项目及频次的确定最好是环境管理部门、监察部门、监测部门一起讨论确定。每天要根据当天的监测结果及指挥部决策需要及时调整次日的监测方案。

附图：

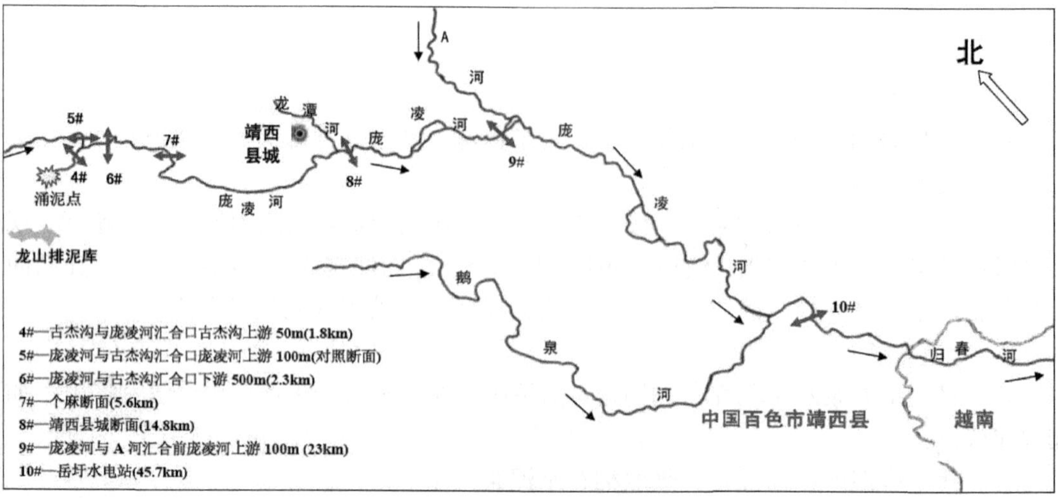

图 1　x 月 x 日监测断面示意图

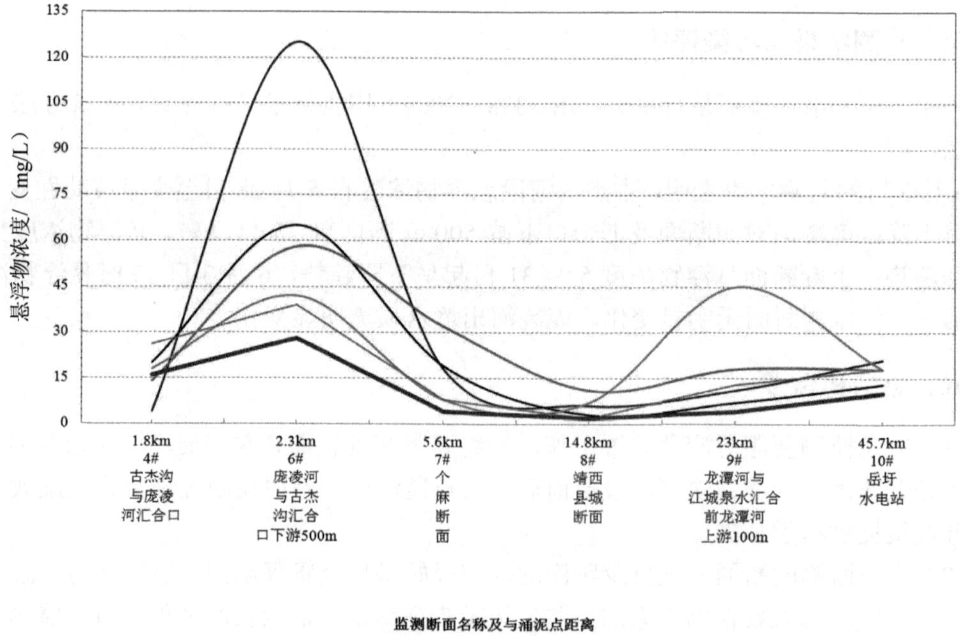

图 2　x 月 x 日悬浮物沿河变化曲线

类型：尾矿库事故引发的突发环境事件

案例15 “7·21” 四川电解锰厂尾矿渣污染涪江事件应急监测

摘要： ××××年××月××日，涪江上游普降暴雨，阿坝州松潘县境内一电解锰厂尾矿渣流入涪江。7月26日，根据绵阳市政府公告，获悉尾矿渣已造成江油、绵阳段水质个别指标超标，重庆市环境监测中心会同合川区、北碚区、沙坪坝区、潼南县、铜梁县环境监测站，协同作战，共派出50余名环境应急监测人员及专家赶赴现场，共获取3 700余个监测数据，环境监测快报71期，为准确、及时处置与控制污染事故发挥了积极作用，此次尾矿渣污染涪江环境事件未影响到下游地区饮用水水源地环境安全，未对涪江水质造成影响。

关键词： 电解锰　涪江　污染

一、应急监测启动、实施及结果评述

1．应急接报

××××年××月××日上午7:40，重庆市环境监测中心应急监测室接中心值班领导电话，四川境内电解锰厂尾矿渣污染涪江；我中心接到通知后立即准备相关仪器设备并安排监测人员赶赴潼南，组织相关区县开展应急监测。

2．现场情况

××××年××月××日，涪江上游普降暴雨，阿坝州松潘县境内一电解锰厂尾矿渣流入涪江。7月26日，根据绵阳市政府公告，获悉尾矿渣已造成江油、绵阳段水质个别指标超标，监测中心会同潼南县监测站立即赶往涪江入重庆境内断面——米心镇。

3．监测情况

到达现场后，监测人员经过对事件的了解以及上游四川境内获取的信息，随即开展了监测布点工作。监测工作分为三个部分：一是监测中心重点监控涪江入重庆断面（米心镇）并支援潼南县监测站完成辖区内水质监测工作；二是涪江、嘉陵江沿江各区县监测站负责各自辖区内入境断面和饮用水水源地水质监测；三是重庆市环境监测中心和四川省环境监测中心站成立了联合工作组，双方共同勘察涪江水情，实施对老池断面（川渝交界）的联合监测。

4．监测方法的选择

监测项目	监测方法	监测依据
pH	便携式pH计法	《水和废水监测分析方法（第四版）》
氨氮	纳氏试剂光度法	《水和废水监测分析方法（第四版）》
硫化物	对氨基二甲基苯胺光度法	《水和废水监测分析方法（第四版）》
锰	火焰原子吸收光度法	《水和废水监测分析方法（第四版）》
镉	阳极溶出伏安法	《水和废水监测分析方法（第四版）》
六价铬	二苯碳酰二肼分光光度法	《水和废水监测分析方法（第四版）》

5．参考标准

《地表水环境质量标准》（GB 3838—2002）Ⅲ类水域标准：pH：6～9、氨氮≤1.0 mg/L、六价铬≤0.05 mg/L、硫化物≤0.2 mg/L、锰≤0.1 mg/L、镉≤0.005 mg/L。

6．监测结果

具体结果表（略）。

二、总结和思考

通过对“7·21”四川电解锰厂尾矿渣污染涪江事件应急监测全过程的回顾，总结出如下的结论：

（1）在应急监测中要抓住特定的监测因子，用快速、简便的方法进行分析。

（2）跨界污染的事件，两地环保部门应联合作战，加强合作和沟通，各辖区内环保部门应重点关注出入境断面及饮水水源地水质情况。

类型：其他突发环境事件

案例 16　藻类污染事故的应急监测

摘要：2008 年 4 月 23 日下午，有群众反映奉化市某河流水体大面积发红，疑为有企业偷排污水造成。宁波市环境保护局、市环境监测中心，迅速启动环境突发事件应急处置预案，及时组织现场采样监测，经过综合分析确定为水体甲藻污染。

关键词：甲藻　水体　饮用水

一、应急监测启动

1．应急接报

2008 年 4 月 23 日下午，有群众反映奉化市某河流水体大面积发红，疑为有企业偷排污水造成。接市局指示后，市环境监测中心应急监测人员立即携带便携式生物毒性仪等到现场进行监测。

2．现场情况

奉化市某河流水体大面积发红，该发红水体为饮用水水源地，离取水口约 1 000 m。

3．污染物特性

甲藻又称“双鞭甲藻”，是一类单细胞具有双鞭毛的集合群。甲藻常分布于淡水和海水中形成“红潮“和“藻花”，使局部海水呈现红色、黄色或棕色。

二、应急监测方案

1．人员分工

市监测中心接到应急预警后迅速启动应急监测小组，一组为现场应急人员，主要负责现场采样和现场监测；一组为实验室分析人员，主要负责饮用水 20 多个项目分析。

2．监测布点及方案

市环境监测中心接到应急监测指令后，立即到事故现场，经现场勘察，监测小组成员立即在现场，按规范布点进行采样分析，如图1所示。

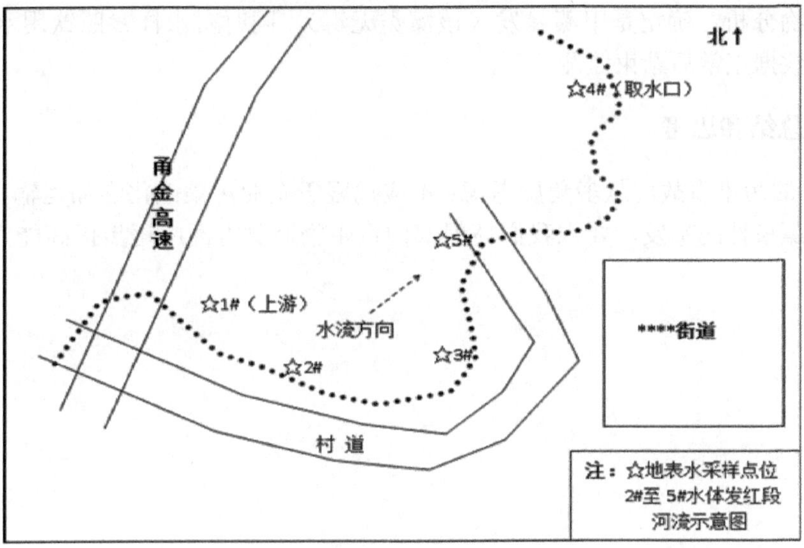

图1 监测点位布设示意图

3．监测方法的选择

水中实验室理化指标、无机阴离子、营养盐及有机污染综合指标、金属指标采用中国环境科学出版社出版的《水和废水监测分析方法》（第四版）规定的方法进行监测；水中综合毒性采用便携式生物综合毒性仪监测；微囊藻毒素采用超高效液相色谱-质谱联用仪监测；叶绿素a采用便携式叶绿素仪光仪监测；现场水中氨氮、氰化物等指标采用便携式分光光度计监测。

4．监测仪器

（1）便携式生物综合毒性仪；

（2）便携式分光光度计；

（3）超高效液相色谱-质谱联用仪；

（4）便携式叶绿素仪光仪 phyto-pam；

（5）水中实验室理化指标、无机阴离子、营养盐及有机污染综合指标、金属等采用中国环境科学出版社出版的《水和废水监测分析方法（第四版）》规定的方法仪器。

三、应急监测处置方法

建议中午时段上游水库加大放水，以保证水体质量；

建议周围生活污水应减少排入。

四、监测结果及污染评估

经现场勘察，周围无大规模的印染、化工企业，有一、二家小型企业，不大可能对该水体造成这么大面积的污染。由于一时难以确定受何种物质污染，采集水样进行了生物综合毒性分析，未发现有超标现象；同时对水体连夜监测，每隔 4 h 采样进行分析，亦未见异常。4 月 24 日凌晨，发现整个水体红色全部消失，开始怀疑为藻类暴发，采水样回实验室进行生物分析，确定是甲藻暴发（该藻类无毒），同时对水样参照饮用水标准进行多指标分析，数据正常后结束监测。

五、总结和思考

水体的污染事故应从多角度考虑；不应局限于企业污染或化学品运输车泄漏等；太湖等地方蓝藻事件的暴发，要求我们环保部门在生物监测方面应逐步提高能力。

中华人民共和国突发事件应对法

（2007年8月30日 第十届全国人民代表大会常务委员会第二十九次会议通过）

第一章 总 则

第一条 为了预防和减少突发事件的发生，控制、减轻和消除突发事件引起的严重社会危害，规范突发事件应对活动，保护人民生命财产安全，维护国家安全、公共安全、环境安全和社会秩序，制定本法。

第二条 突发事件的预防与应急准备、监测与预警、应急处置与救援、事后恢复与重建等应对活动，适用本法。

第三条 本法所称突发事件，是指突然发生，造成或者可能造成严重社会危害，需要采取应急处置措施予以应对的自然灾害、事故灾难、公共卫生事件和社会安全事件。

按照社会危害程度、影响范围等因素，自然灾害、事故灾难、公共卫生事件分为特别重大、重大、较大和一般四级。法律、行政法规或者国务院另有规定的，从其规定。

突发事件的分级标准由国务院或者国务院确定的部门制定。

第四条 国家建立统一领导、综合协调、分类管理、分级负责、属地管理为主的应急管理体制。

第五条 突发事件应对工作实行预防为主、预防与应急相结合的原则。国家建立重大突发事件风险评估体系，对可能发生的突发事件进行综合性评估，减少重大突发事件的发生，最大限度地减轻重大突发事件的影响。

第六条 国家建立有效的社会动员机制，增强全民的公共安全和防范风险的意识，提高全社会的避险救助能力。

第七条 县级人民政府对本行政区域内突发事件的应对工作负责；涉及两个以上行政区域的，由有关行政区域共同的上一级人民政府负责，或者由各有关行政区域的上一级人民政府共同负责。

突发事件发生后，发生地县级人民政府应当立即采取措施控制事态发展，组织开展应急救援和处置工作，并立即向上一级人民政府报告，必要时可以越级上报。

突发事件发生地县级人民政府不能消除或者不能有效控制突发事件引起的严重社会危害的，应当及时向上级人民政府报告。上级人民政府应当及时采取措施，统一领导应急处置工作。

法律、行政法规规定由国务院有关部门对突发事件的应对工作负责的，从其规定；地方人民政府应当积极配合并提供必要的支持。

第八条　国务院在总理领导下研究、决定和部署特别重大突发事件的应对工作；根据实际需要，设立国家突发事件应急指挥机构，负责突发事件应对工作；必要时，国务院可以派出工作组指导有关工作。

县级以上地方各级人民政府设立由本级人民政府主要负责人、相关部门负责人、驻当地中国人民解放军和中国人民武装警察部队有关负责人组成的突发事件应急指挥机构，统一领导、协调本级人民政府各有关部门和下级人民政府开展突发事件应对工作；根据实际需要，设立相关类别突发事件应急指挥机构，组织、协调、指挥突发事件应对工作。

上级人民政府主管部门应当在各自职责范围内，指导、协助下级人民政府及其相应部门做好有关突发事件的应对工作。

第九条　国务院和县级以上地方各级人民政府是突发事件应对工作的行政领导机关，其办事机构及具体职责由国务院规定。

第十条　有关人民政府及其部门作出的应对突发事件的决定、命令，应当及时公布。

第十一条　有关人民政府及其部门采取的应对突发事件的措施，应当与突发事件可能造成的社会危害的性质、程度和范围相适应；有多种措施可供选择的，应当选择有利于最大程度地保护公民、法人和其他组织权益的措施。

公民、法人和其他组织有义务参与突发事件应对工作。

第十二条　有关人民政府及其部门为应对突发事件，可以征用单位和个人的财产。被征用的财产在使用完毕或者突发事件应急处置工作结束后，应当及时返还。财产被征用或者征用后毁损、灭失的，应当给予补偿。

第十三条　因采取突发事件应对措施，诉讼、行政复议、仲裁活动不能正常进行的，适用有关时效中止和程序中止的规定，但法律另有规定的除外。

第十四条　中国人民解放军、中国人民武装警察部队和民兵组织依照本法和其他有关法律、行政法规、军事法规的规定以及国务院、中央军事委员会的命令，参加突发事件的应急救援和处置工作。

第十五条　中华人民共和国政府在突发事件的预防、监测与预警、应急处置与救援、事后恢复与重建等方面，同外国政府和有关国际组织开展合作与交流。

第十六条　县级以上人民政府作出应对突发事件的决定、命令，应当报本级人民代表大会常务委员会备案；突发事件应急处置工作结束后，应当向本级人民代表大会常务委员会作出专项工作报告。

第二章　预防与应急准备

第十七条　国家建立健全突发事件应急预案体系。

国务院制定国家突发事件总体应急预案，组织制定国家突发事件专项应急预案；国务院有关部门根据各自的职责和国务院相关应急预案，制定国家突发事件部门应急预案。

地方各级人民政府和县级以上地方各级人民政府有关部门根据有关法律、法规、规章、上级人民政府及其有关部门的应急预案以及本地区的实际情况，制定相应的突发事件应急预案。

应急预案制定机关应当根据实际需要和情势变化，适时修订应急预案。应急预案的制定、修订程序由国务院规定。

第十八条　应急预案应当根据本法和其他有关法律、法规的规定，针对突发事件的性质、特点和可能造成的社会危害，具体规定突发事件应急管理工作的组织指挥体系与职责和突发事件的预防与预警机制、处置程序、应急保障措施以及事后恢复与重建措施等内容。

第十九条　城乡规划应当符合预防、处置突发事件的需要，统筹安排应对突发事件所必需的设备和基础设施建设，合理确定应急避难场所。

第二十条　县级人民政府应当对本行政区域内容易引发自然灾害、事故灾难和公共卫生事件的危险源、危险区域进行调查、登记、风险评估，定期进行检查、监控，并责令有关单位采取安全防范措施。

省级和设区的市级人民政府应当对本行政区域内容易引发特别重大、重大突发事件的危险源、危险区域进行调查、登记、风险评估，组织进行检查、监控，并责令有关单位采取安全防范措施。

县级以上地方各级人民政府按照本法规定登记的危险源、危险区域，应当按照国家规定及时向社会公布。

第二十一条　县级人民政府及其有关部门、乡级人民政府、街道办事处、居民委员会、村民委员会应当及时调解处理可能引发社会安全事件的矛盾纠纷。

第二十二条　所有单位应当建立健全安全管理制度，定期检查本单位各项安全防范措施的落实情况，及时消除事故隐患；掌握并及时处理本单位存在的可能引发社会安全事件的问题，防止矛盾激化和事态扩大；对本单位可能发生的突发事件和采取安全防范措施的情况，应当按照规定及时向所在地人民政府或者人民政府有关部门报告。

第二十三条　矿山、建筑施工单位和易燃易爆物品、危险化学品、放射性物品等危险物品的生产、经营、储运、使用单位，应当制定具体应急预案，并对生产经营场所、有危险物品的建筑物、构筑物及周边环境开展隐患排查，及时采取措施消除隐患，防止发生突发事件。

第二十四条　公共交通工具、公共场所和其他人员密集场所的经营单位或者管理单位应当制定具体应急预案，为交通工具和有关场所配备报警装置和必要的应急救援设备、设施，注明其使用方法，并显著标明安全撤离的通道、路线，保证安全通道、出口的畅通。

有关单位应当定期检测、维护其报警装置和应急救援设备、设施，使其处于良好状态，确保正常使用。

第二十五条　县级以上人民政府应当建立健全突发事件应急管理培训制度，对人民政府及其有关部门负有处置突发事件职责的工作人员定期进行培训。

第二十六条　县级以上人民政府应当整合应急资源，建立或者确定综合性应急救援队伍。人民政府有关部门可以根据实际需要设立专业应急救援队伍。

县级以上人民政府及其有关部门可以建立由成年志愿者组成的应急救援队伍。单位应当建立由本单位职工组成的专职或者兼职应急救援队伍。

县级以上人民政府应当加强专业应急救援队伍与非专业应急救援队伍的合作，联合培训、联合演练，提高合成应急、协同应急的能力。

第二十七条　国务院有关部门、县级以上地方各级人民政府及其有关部门、有关单位应当为专业应急救援人员购买人身意外伤害保险，配备必要的防护装备和器材，减少应急救援人员的人身风险。

第二十八条　中国人民解放军、中国人民武装警察部队和民兵组织应当有计划地组织开展应急救援的专门训练。

第二十九条　县级人民政府及其有关部门、乡级人民政府、街道办事处应当组织开展应急知识的宣传普及活动和必要的应急演练。

居民委员会、村民委员会、企业事业单位应当根据所在地人民政府的要求，结合各自的实际情况，开展有关突发事件应急知识的宣传普及活动和必要的应急演练。

新闻媒体应当无偿开展突发事件预防与应急、自救与互救知识的公益宣传。

第三十条　各级各类学校应当把应急知识教育纳入教学内容，对学生进行应急知识教育，培养学生的安全意识和自救与互救能力。

教育主管部门应当对学校开展应急知识教育进行指导和监督。

第三十一条　国务院和县级以上地方各级人民政府应当采取财政措施，保障突发事件应对工作所需经费。

第三十二条　国家建立健全应急物资储备保障制度，完善重要应急物资的监管、生产、储备、调拨和紧急配送体系。

设区的市级以上人民政府和突发事件易发、多发地区的县级人民政府应当建立应急救援物资、生活必需品和应急处置装备的储备制度。

县级以上地方各级人民政府应当根据本地区的实际情况，与有关企业签订协议，保障应急救援物资、生活必需品和应急处置装备的生产、供给。

第三十三条　国家建立健全应急通信保障体系，完善公用通信网，建立有线与无线相结合、基础电信网络与机动通信系统相配套的应急通信系统，确保突发事件应对工作的通信畅通。

第三十四条　国家鼓励公民、法人和其他组织为人民政府应对突发事件工作提供物资、资金、技术支持和捐赠。

第三十五条　国家发展保险事业，建立国家财政支持的巨灾风险保险体系，并鼓励单位和公民参加保险。

第三十六条　国家鼓励、扶持具备相应条件的教学科研机构培养应急管理专门人才，鼓励、扶持教学科研机构和有关企业研究开发用于突发事件预防、监测、预警、应急处置与救援的新技术、新设备和新工具。

第三章　监测与预警

第三十七条　国务院建立全国统一的突发事件信息系统。

县级以上地方各级人民政府应当建立或者确定本地区统一的突发事件信息系统，汇集、储存、分析、传输有关突发事件的信息，并与上级人民政府及其有关部门、下级人民政府及其有关部门、专业机构和监测网点的突发事件信息系统实现互联互通，加强跨部门、跨地区的信息交流与情报合作。

第三十八条　县级以上人民政府及其有关部门、专业机构应当通过多种途径收集突发事件信息。

县级人民政府应当在居民委员会、村民委员会和有关单位建立专职或者兼职信息报告员制度。

获悉突发事件信息的公民、法人或者其他组织，应当立即向所在地人民政府、有关主管部门或者指定的专业机构报告。

第三十九条　地方各级人民政府应当按照国家有关规定向上级人民政府报送突发事件信息。县级以上人民政府有关主管部门应当向本级人民政府相关部门通报突发事件信息。专业机构、监测网点和信息报告员应当及时向所在地人民政府及其有关主管部门报告突发事件信息。

有关单位和人员报送、报告突发事件信息，应当做到及时、客观、真实，不得迟报、谎报、瞒报、漏报。

第四十条　县级以上地方各级人民政府应当及时汇总分析突发事件隐患和预警信息，必要时组织相关部门、专业技术人员、专家学者进行会商，对发生突发事件的可能性及其可能造成的影响进行评估；认为可能发生重大或者特别重大突发事件的，应当立即向上级人民政府报告，并向上级人民政府有关部门、当地驻军和可能受到危害的毗邻或者相关地区的人民政府通报。

第四十一条　国家建立健全突发事件监测制度。

县级以上人民政府及其有关部门应当根据自然灾害、事故灾难和公共卫生事件的种类和特点，建立健全基础信息数据库，完善监测网络，划分监测区域，确定监测点，明确监测项目，提供必要的设备、设施，配备专职或者兼职人员，对可能发生的突发事件进行监测。

第四十二条　国家建立健全突发事件预警制度。

可以预警的自然灾害、事故灾难和公共卫生事件的预警级别，按照突发事件发生的紧急程度、发展势态和可能造成的危害程度分为一级、二级、三级和四级，分别用红色、橙色、黄色和蓝色标示，一级为最高级别。

预警级别的划分标准由国务院或者国务院确定的部门制定。

第四十三条　可以预警的自然灾害、事故灾难或者公共卫生事件即将发生或者发生的可能性增大时，县级以上地方各级人民政府应当根据有关法律、行政法规和国务院规定的权限和程序，发布相应级别的警报，决定并宣布有关地区进入预警期，同时向上一级人民政府报告，必要时可以越级上报，并向当地驻军和可能受到危害的毗邻或者相关地区的人民政府通报。

第四十四条　发布三级、四级警报，宣布进入预警期后，县级以上地方各级人民政府应当根据即将发生的突发事件的特点和可能造成的危害，采取下列措施：

（一）启动应急预案；

（二）责令有关部门、专业机构、监测网点和负有特定职责的人员及时收集、报告有关信息，向社会公布反映突发事件信息的渠道，加强对突发事件发生、发展情况的监测、预报和预警工作；

（三）组织有关部门和机构、专业技术人员、有关专家学者，随时对突发事件信息进行分析评估，预测发生突发事件可能性的大小、影响范围和强度以及可能发生的突发事件的级别；

（四）定时向社会发布与公众有关的突发事件预测信息和分析评估结果，并对相关信息的报道工作进行管理；

（五）及时按照有关规定向社会发布可能受到突发事件危害的警告，宣传避免、减轻危害的常识，公布咨询电话。

第四十五条　发布一级、二级警报，宣布进入预警期后，县级以上地方各级人民政府除采取本法第四十四条规定的措施外，还应当针对即将发生的突发事件的特点和可能造成的危害，采取下列一项或者多项措施：

（一）责令应急救援队伍、负有特定职责的人员进入待命状态，并动员后备人员做好参加应急救援和处置工作的准备；

（二）调集应急救援所需物资、设备、工具，准备应急设施和避难场所，并确保其处于良好状态、随时可以投入正常使用；

（三）加强对重点单位、重要部位和重要基础设施的安全保卫，维护社会治安秩序；

（四）采取必要措施，确保交通、通信、供水、排水、供电、供气、供热等公共设施的安全和正常运行；

（五）及时向社会发布有关采取特定措施避免或者减轻危害的建议、劝告；

（六）转移、疏散或者撤离易受突发事件危害的人员并予以妥善安置，转移重要财产；

（七）关闭或者限制使用易受突发事件危害的场所，控制或者限制容易导致危害扩大的公共场所的活动；

（八）法律、法规、规章规定的其他必要的防范性、保护性措施。

第四十六条　对即将发生或者已经发生的社会安全事件，县级以上地方各级人民政府及其有关主管部门应当按照规定向上一级人民政府及其有关主管部门报告，必要时可以越级上报。

第四十七条　发布突发事件警报的人民政府应当根据事态的发展，按照有关规定适时调整预警级别并重新发布。

有事实证明不可能发生突发事件或者危险已经解除的，发布警报的人民政府应当立即宣布解除警报，终止预警期，并解除已经采取的有关措施。

第四章　应急处置与救援

第四十八条　突发事件发生后，履行统一领导职责或者组织处置突发事件的人民政府应当针对其性质、特点和危害程度，立即组织有关部门，调动应急救援队伍和社会力量，依照本章的规定和有关法律、法规、规章的规定采取应急处置措施。

第四十九条　自然灾害、事故灾难或者公共卫生事件发生后，履行统一领导职责的人民政府可以采取下列一项或者多项应急处置措施：

（一）组织营救和救治受害人员，疏散、撤离并妥善安置受到威胁的人员以及采取其他救助措施；

（二）迅速控制危险源，标明危险区域，封锁危险场所，划定警戒区，实行交通管制以及其他控制措施；

（三）立即抢修被损坏的交通、通信、供水、排水、供电、供气、供热等公共设施，向受到危害的人员提供避难场所和生活必需品，实施医疗救护和卫生防疫以及其他保障措施；

（四）禁止或者限制使用有关设备、设施，关闭或者限制使用有关场所，中止人员密集的活动或者可能导致危害扩大的生产经营活动以及采取其他保护措施；

（五）启用本级人民政府设置的财政预备费和储备的应急救援物资，必要时调用其他急需物资、设备、设施、工具；

（六）组织公民参加应急救援和处置工作，要求具有特定专长的人员提供服务；

（七）保障食品、饮用水、燃料等基本生活必需品的供应；

（八）依法从严惩处囤积居奇、哄抬物价、制假售假等扰乱市场秩序的行为，稳定市场价格，维护市场秩序；

（九）依法从严惩处哄抢财物、干扰破坏应急处置工作等扰乱社会秩序的行为，维护社会治安；

（十）采取防止发生次生、衍生事件的必要措施。

第五十条　社会安全事件发生后，组织处置工作的人民政府应当立即组织有关部门并由公安机关针对事件的性质和特点，依照有关法律、行政法规和国家其他有关规定，采取下列一项或者多项应急处置措施：

（一）强制隔离使用器械相互对抗或者以暴力行为参与冲突的当事人，妥善解决现场纠纷和争端，控制事态发展；

（二）对特定区域内的建筑物、交通工具、设备、设施以及燃料、燃气、电力、水的供应进行控制；

（三）封锁有关场所、道路，查验现场人员的身份证件，限制有关公共场所内的活动；

（四）加强对易受冲击的核心机关和单位的警卫，在国家机关、军事机关、国家通讯社、广播电台、电视台、外国驻华使领馆等单位附近设置临时警戒线；

（五）法律、行政法规和国务院规定的其他必要措施。

严重危害社会治安秩序的事件发生时，公安机关应当立即依法出动警力，根据现场情况依法采取相应的强制性措施，尽快使社会秩序恢复正常。

第五十一条　发生突发事件，严重影响国民经济正常运行时，国务院或者国务院授权的有关主管部门可以采取保障、控制等必要的应急措施，保障人民群众的基本生活需要，最大限度地减轻突发事件的影响。

第五十二条　履行统一领导职责或者组织处置突发事件的人民政府，必要时可以向单位和个人征用应急救援所需设备、设施、场地、交通工具和其他物资，请求其他地方人民政府提供人力、物力、财力或者技术支援，要求生产、供应生活必需品和应急救援物资的企业组织生产、保证供给，要求提供医疗、交通等公共服务的组织提供相应的服务。

履行统一领导职责或者组织处置突发事件的人民政府，应当组织协调运输经营单位，优先运送处置突发事件所需物资、设备、工具、应急救援人员和受到突发事件危害的人员。

第五十三条　履行统一领导职责或者组织处置突发事件的人民政府，应当按照有关规定统一、准确、及时发布有关突发事件事态发展和应急处置工作的信息。

第五十四条 任何单位和个人不得编造、传播有关突发事件事态发展或者应急处置工作的虚假信息。

第五十五条 突发事件发生地的居民委员会、村民委员会和其他组织应当按照当地人民政府的决定、命令，进行宣传动员，组织群众开展自救和互救，协助维护社会秩序。

第五十六条 受到自然灾害危害或者发生事故灾难、公共卫生事件的单位，应当立即组织本单位应急救援队伍和工作人员营救受害人员，疏散、撤离、安置受到威胁的人员，控制危险源，标明危险区域，封锁危险场所，并采取其他防止危害扩大的必要措施，同时向所在地县级人民政府报告；对因本单位的问题引发的或者主体是本单位人员的社会安全事件，有关单位应当按照规定上报情况，并迅速派出负责人赶赴现场开展劝解、疏导工作。

突发事件发生地的其他单位应当服从人民政府发布的决定、命令，配合人民政府采取的应急处置措施，做好本单位的应急救援工作，并积极组织人员参加所在地的应急救援和处置工作。

第五十七条 突发事件发生地的公民应当服从人民政府、居民委员会、村民委员会或者所属单位的指挥和安排，配合人民政府采取的应急处置措施，积极参加应急救援工作，协助维护社会秩序。

第五章 事后恢复与重建

第五十八条 突发事件的威胁和危害得到控制或者消除后，履行统一领导职责或者组织处置突发事件的人民政府应当停止执行依照本法规定采取的应急处置措施，同时采取或者继续实施必要措施，防止发生自然灾害、事故灾难、公共卫生事件的次生、衍生事件或者重新引发社会安全事件。

第五十九条 突发事件应急处置工作结束后，履行统一领导职责的人民政府应当立即组织对突发事件造成的损失进行评估，组织受影响地区尽快恢复生产、生活、工作和社会秩序，制定恢复重建计划，并向上一级人民政府报告。

受突发事件影响地区的人民政府应当及时组织和协调公安、交通、铁路、民航、邮电、建设等有关部门恢复社会治安秩序，尽快修复被损坏的交通、通信、供水、排水、供电、供气、供热等公共设施。

第六十条 受突发事件影响地区的人民政府开展恢复重建工作需要上一级人民政府支持的，可以向上一级人民政府提出请求。上一级人民政府应当根据受影响地区遭受的损失和实际情况，提供资金、物资支持和技术指导，组织其他地区提供资金、物资和人力支援。

第六十一条 国务院根据受突发事件影响地区遭受损失的情况，制定扶持该地区有关行业发展的优惠政策。

受突发事件影响地区的人民政府应当根据本地区遭受损失的情况，制定救助、补偿、抚慰、抚恤、安置等善后工作计划并组织实施，妥善解决因处置突发事件引发的矛盾和纠纷。

公民参加应急救援工作或者协助维护社会秩序期间，其在本单位的工资待遇和福利不变；表现突出、成绩显著的，由县级以上人民政府给予表彰或者奖励。

县级以上人民政府对在应急救援工作中伤亡的人员依法给予抚恤。

第六十二条　履行统一领导职责的人民政府应当及时查明突发事件的发生经过和原因，总结突发事件应急处置工作的经验教训，制定改进措施，并向上一级人民政府提出报告。

第六章　法律责任

第六十三条　地方各级人民政府和县级以上各级人民政府有关部门违反本法规定，不履行法定职责的，由其上级行政机关或者监察机关责令改正；有下列情形之一的，根据情节对直接负责的主管人员和其他直接责任人员依法给予处分：

（一）未按规定采取预防措施，导致发生突发事件，或者未采取必要的防范措施，导致发生次生、衍生事件的；

（二）迟报、谎报、瞒报、漏报有关突发事件的信息，或者通报、报送、公布虚假信息，造成后果的；

（三）未按规定及时发布突发事件警报、采取预警期的措施，导致损害发生的；

（四）未按规定及时采取措施处置突发事件或者处置不当，造成后果的；

（五）不服从上级人民政府对突发事件应急处置工作的统一领导、指挥和协调的；

（六）未及时组织开展生产自救、恢复重建等善后工作的；

（七）截留、挪用、私分或者变相私分应急救援资金、物资的；

（八）不及时归还征用的单位和个人的财产，或者对被征用财产的单位和个人不按规定给予补偿的。

第六十四条　有关单位有下列情形之一的，由所在地履行统一领导职责的人民政府责令停产停业，暂扣或者吊销许可证或者营业执照，并处五万元以上二十万元以下的罚款；构成违反治安管理行为的，由公安机关依法给予处罚：

（一）未按规定采取预防措施，导致发生严重突发事件的；

（二）未及时消除已发现的可能引发突发事件的隐患，导致发生严重突发事件的；

（三）未做好应急设备、设施日常维护、检测工作，导致发生严重突发事件或者突发事件危害扩大的；

（四）突发事件发生后，不及时组织开展应急救援工作，造成严重后果的。

前款规定的行为，其他法律、行政法规规定由人民政府有关部门依法决定处罚的，从其规定。

第六十五条　违反本法规定，编造并传播有关突发事件事态发展或者应急处置工作的虚假信息，或者明知是有关突发事件事态发展或者应急处置工作的虚假信息而进行传播的，责令改正，给予警告；造成严重后果的，依法暂停其业务活动或者吊销其执业许可证；负有直接责任的人员是国家工作人员的，还应当对其依法给予处分；构成违反治安管理行为的，由公安机关依法给予处罚。

第六十六条　单位或者个人违反本法规定，不服从所在地人民政府及其有关部门发布的决定、命令或者不配合其依法采取的措施，构成违反治安管理行为的，由公安机关依法给予处罚。

第六十七条　单位或者个人违反本法规定，导致突发事件发生或者危害扩大，给他人人身、财产造成损害的，应当依法承担民事责任。

第六十八条　违反本法规定，构成犯罪的，依法追究刑事责任。

第七章　附　则

第六十九条　发生特别重大突发事件，对人民生命财产安全、国家安全、公共安全、环境安全或者社会秩序构成重大威胁，采取本法和其他有关法律、法规、规章规定的应急处置措施不能消除或者有效控制、减轻其严重社会危害，需要进入紧急状态的，由全国人民代表大会常务委员会或者国务院依照宪法和其他有关法律规定的权限和程序决定。

紧急状态期间采取的非常措施，依照有关法律规定执行或者由全国人民代表大会常务委员会另行规定。

第七十条　本法自 2007 年 11 月 1 日起施行。

国家突发公共事件总体应急预案

颁布时间：2006-01-08 发文单位：国务院

1 总则

1.1 编制目的

提高政府保障公共安全和处置突发公共事件的能力，最大程度地预防和减少突发公共事件及其造成的损害，保障公众的生命财产安全，维护国家安全和社会稳定，促进经济社会全面、协调、可持续发展。

1.2 编制依据

依据宪法及有关法律、行政法规，制定本预案。

1.3 分类分级

本预案所称突发公共事件是指突然发生，造成或者可能造成重大人员伤亡、财产损失、生态环境破坏和严重社会危害，危及公共安全的紧急事件。

根据突发公共事件的发生过程、性质和机理，突发公共事件主要分为以下四类：

（1）自然灾害。主要包括水旱灾害，气象灾害，地震灾害，地质灾害，海洋灾害，生物灾害和森林草原火灾等。

（2）事故灾难。主要包括工矿商贸等企业的各类安全事故，交通运输事故，公共设施和设备事故，环境污染和生态破坏事件等。

（3）公共卫生事件。主要包括传染病疫情，群体性不明原因疾病，食品安全和职业危害，动物疫情，以及其他严重影响公众健康和生命安全的事件。

（4）社会安全事件。主要包括恐怖袭击事件，经济安全事件和涉外突发事件等。

各类突发公共事件按照其性质、严重程度、可控性和影响范围等因素，一般分为四级：Ⅰ级（特别重大）、Ⅱ级（重大）、Ⅲ级（较大）和Ⅳ级（一般）。

1.4 适用范围

本预案适用于涉及跨省级行政区划的，或超出事发地省级人民政府处置能力的特别重大突发公共事件应对工作。

本预案指导全国的突发公共事件应对工作。

1.5 工作原则

（1）以人为本，减少危害。切实履行政府的社会管理和公共服务职能，把保障公众健康和生命财产安全作为首要任务，最大程度地减少突发公共事件及其造成的人员伤亡和危害。

（2）居安思危，预防为主。高度重视公共安全工作，常抓不懈，防患于未然。增强忧患意识，坚持预防与应急相结合，常态与非常态相结合，做好应对突发公共事件的各项准备工作。

（3）统一领导，分级负责。在党中央、国务院的统一领导下，建立健全分类管理、分级负责，条块结合、属地管理为主的应急管理体制，在各级党委领导下，实行行政领导责任制，充分发挥专业应急指挥机构的作用。

（4）依法规范，加强管理。依据有关法律和行政法规，加强应急管理，维护公众的合法权益，使应对突发公共事件的工作规范化、制度化、法制化。

（5）快速反应，协同应对。加强以属地管理为主的应急处置队伍建设，建立联动协调制度，充分动员和发挥乡镇、社区、企事业单位、社会团体和志愿者队伍的作用，依靠公众力量，形成统一指挥、反应灵敏、功能齐全、协调有序、运转高效的应急管理机制。

（6）依靠科技，提高素质。加强公共安全科学研究和技术开发，采用先进的监测、预测、预警、预防和应急处置技术及设施，充分发挥专家队伍和专业人员的作用，提高应对突发公共事件的科技水平和指挥能力，避免发生次生、衍生事件；加强宣传和培训教育工作，提高公众自救、互救和应对各类突发公共事件的综合素质。

1.6 应急预案体系

全国突发公共事件应急预案体系包括：

（1）突发公共事件总体应急预案。总体应急预案是全国应急预案体系的总纲，是国务院应对特别重大突发公共事件的规范性文件。

（2）突发公共事件专项应急预案。专项应急预案主要是国务院及其有关部门为应对某一类型或某几种类型突发公共事件而制定的应急预案。

（3）突发公共事件部门应急预案。部门应急预案是国务院有关部门根据总体应急预案、专项应急预案和部门职责为应对突发公共事件制定的预案。

（4）突发公共事件地方应急预案。具体包括：省级人民政府的突发公共事件总体应急预案、专项应急预案和部门应急预案；各市（地）、县（市）人民政府及其基层政权组织的突发公共事件应急预案。上述预案在省级人民政府的领导下，按照分类管理、分级负责的原则，由地方人民政府及其有关部门分别制定。

（5）企事业单位根据有关法律法规制定的应急预案。

（6）举办大型会展和文化体育等重大活动，主办单位应当制定应急预案。

各类预案将根据实际情况变化不断补充、完善。

2 组织体系

2.1 领导机构

国务院是突发公共事件应急管理工作的最高行政领导机构。在国务院总理领导下，由国务院常务会议和国家相关突发公共事件应急指挥机构（以下简称相关应急指挥机构）负责突发公共事件的应急管理工作；必要时，派出国务院工作组指导有关工作。

2.2 办事机构

国务院办公厅设国务院应急管理办公室，履行值守应急、信息汇总和综合协调职责，发挥运转枢纽作用。

2.3 工作机构

国务院有关部门依据有关法律、行政法规和各自的职责，负责相关类别突发公共事件的应急管理工作。具体负责相关类别的突发公共事件专项和部门应急预案的起草与实施，贯彻落实国务院有关决定事项。

2.4 地方机构

地方各级人民政府是本行政区域突发公共事件应急管理工作的行政领导机构，负责本行政区域各类突发公共事件的应对工作。

2.5 专家组

国务院和各应急管理机构建立各类专业人才库，可以根据实际需要聘请有关专家组成专家组，为应急管理提供决策建议，必要时参加突发公共事件的应急处置工作。

3 运行机制

3.1 预测与预警

各地区、各部门要针对各种可能发生的突发公共事件，完善预测预警机制，建立预测预警系统，开展风险分析，做到早发现、早报告、早处置。

3.1.1 预警级别和发布

根据预测分析结果，对可能发生和可以预警的突发公共事件进行预警。预警级别依据突发公共事件可能造成的危害程度、紧急程度和发展势态，一般划分为四级：Ⅰ级（特别严重）、Ⅱ级（严重）、Ⅲ级（较重）和Ⅳ级（一般），依次用红色、橙色、黄色和蓝色表示。

预警信息包括突发公共事件的类别、预警级别、起始时间、可能影响范围、警示事项、应采取的措施和发布机关等。

预警信息的发布、调整和解除可通过广播、电视、报刊、通信、信息网络、警报器、宣传车或组织人员逐户通知等方式进行，对老、幼、病、残、孕等特殊人群以及学校等特殊场所和警报盲区应当采取有针对性的公告方式。

3.2 应急处置

3.2.1 信息报告

特别重大或者重大突发公共事件发生后，各地区、各部门要立即报告，最迟不得超过4 h，同时通报有关地区和部门。应急处置过程中，要及时续报有关情况。

3.2.2 先期处置

突发公共事件发生后，事发地的省级人民政府或者国务院有关部门在报告特别重大、重大突发公共事件信息的同时，要根据职责和规定的权限启动相关应急预案，及时、有效地进行处置，控制事态。

在境外发生涉及中国公民和机构的突发事件，我驻外使领馆、国务院有关部门和有关地方人民政府要采取措施控制事态发展，组织开展应急救援工作。

3.2.3 应急响应

对于先期处置未能有效控制事态的特别重大突发公共事件，要及时启动相关预案，由国务院相关应急指挥机构或国务院工作组统一指挥或指导有关地区、部门开展处置工作。

现场应急指挥机构负责现场的应急处置工作。

需要多个国务院相关部门共同参与处置的突发公共事件，由该类突发公共事件的业务主管部门牵头，其他部门予以协助。

3.2.4 应急结束

特别重大突发公共事件应急处置工作结束，或者相关危险因素消除后，现场应急指挥机构予以撤销。

3.3 恢复与重建

3.3.1 善后处置

要积极稳妥、深入细致地做好善后处置工作。对突发公共事件中的伤亡人员、应急处置工作人员，以及紧急调集、征用有关单位及个人的物资，要按照规定给予抚恤、补助或补偿，并提供心理及司法援助。有关部门要做好疫病防治和环境污染消除工作。保险监管机构督促有关保险机构及时做好有关单位和个人损失的理赔工作。

3.3.2 调查与评估

要对特别重大突发公共事件的起因、性质、影响、责任、经验教训和恢复重建等问题进行调查评估。

3.3.3 恢复重建

根据受灾地区恢复重建计划组织实施恢复重建工作。

3.4 信息发布

突发公共事件的信息发布应当及时、准确、客观、全面。事件发生的第一时间要向社会发布简要信息，随后发布初步核实情况、政府应对措施和公众防范措施等，并根据事件处置情况做好后续发布工作。

信息发布形式主要包括授权发布、散发新闻稿、组织报道、接受记者采访、举行新闻发布会等。

4 应急保障

各有关部门要按照职责分工和相关预案做好突发公共事件的应对工作，同时根据总体预案切实做好应对突发公共事件的人力、物力、财力、交通运输、医疗卫生及通信保障等工作，保证应急救援工作的需要和灾区群众的基本生活，以及恢复重建工作的顺利进行。

4.1 人力资源

公安（消防）、医疗卫生、地震救援、海上搜救、矿山救护、森林消防、防洪抢险、核与辐射、环境监控、危险化学品事故救援、铁路事故、民航事故、基础信息网络和重要信息系统事故处置，以及水、电、油、气等工程抢险救援队伍是应急救援的专业队伍和骨干力量。地方各级人民政府和有关部门、单位要加强应急救援队伍的业务培训和应急演练，建立联动协调机制，提高装备水平；动员社会团体、企事业单位以及志愿者等各种社会力量参与应急救援工作；增进国际间的交流与合作。要加强以乡镇和社区为单位的公众应急能力建设，发挥其在应对突发公共事件中的重要作用。

中国人民解放军和中国人民武装警察部队是处置突发公共事件的骨干和突击力量，按照有关规定参加应急处置工作。

4.2 财力保障

要保证所需突发公共事件应急准备和救援工作资金。对受突发公共事件影响较大的行业、企事业单位和个人要及时研究提出相应的补偿或救助政策。要对突发公共事件财政应急保障资金的使用和效果进行监管和评估。

鼓励自然人、法人或者其他组织（包括国际组织）按照《中华人民共和国公益事业捐赠法》等有关法律、法规的规定进行捐赠和援助。

4.3 物资保障

要建立健全应急物资监测网络、预警体系和应急物资生产、储备、调拨及紧急配送体系，完善应急工作程序，确保应急所需物资和生活用品的及时供应，并加强对物资储备的监督管理，及时予以补充和更新。

地方各级人民政府应根据有关法律、法规和应急预案的规定，做好物资储备工作。

4.4 基本生活保障

要做好受灾群众的基本生活保障工作，确保灾区群众有饭吃、有水喝、有衣穿、有住处、有病能得到及时医治。

4.5 医疗卫生保障

卫生部门负责组建医疗卫生应急专业技术队伍，根据需要及时赴现场开展医疗救治、疾病预防控制等卫生应急工作。及时为受灾地区提供药品、器械等卫生和医疗设备。必要时，组织动员红十字会等社会卫生力量参与医疗卫生救助工作。

4.6 交通运输保障

要保证紧急情况下应急交通工具的优先安排、优先调度、优先放行，确保运输安全畅通；要依法建立紧急情况社会交通运输工具的征用程序，确保抢险救灾物资和人员能够及时、安全送达。

根据应急处置需要，对现场及相关通道实行交通管制，开设应急救援“绿色通道”，保证应急救援工作的顺利开展。

4.7 治安维护

要加强对重点地区、重点场所、重点人群、重要物资和设备的安全保护，依法严厉打击违法犯罪活动。必要时，依法采取有效管制措施，控制事态，维护社会秩序。

4.8 人员防护

要指定或建立与人口密度、城市规模相适应的应急避险场所，完善紧急疏散管理办法和程序，明确各级责任人，确保在紧急情况下公众安全、有序的转移或疏散。

要采取必要的防护措施，严格按照程序开展应急救援工作，确保人员安全。

4.9 通信保障

建立健全应急通信、应急广播电视保障工作体系，完善公用通信网，建立有线和无线相结合、基础电信网络与机动通信系统相配套的应急通信系统，确保通信畅通。

4.10 公共设施

有关部门要按照职责分工，分别负责煤、电、油、气、水的供给，以及废水、废气、固体废弃物等有害物质的监测和处理。

4.11 科技支撑

要积极开展公共安全领域的科学研究；加大公共安全监测、预测、预警、预防和应急处置技术研发的投入，不断改进技术装备，建立健全公共安全应急技术平台，提高我国公共安全科技水平；注意发挥企业在公共安全领域的研发作用。

5 监督管理

5.1 预案演练

各地区、各部门要结合实际，有计划、有重点地组织有关部门对相关预案进行演练。

5.2 宣传和培训

宣传、教育、文化、广电、新闻出版等有关部门要通过图书、报刊、音像制品和电子出版物、广播、电视、网络等，广泛宣传应急法律法规和预防、避险、自救、互救、减灾等常识，增强公众的忧患意识、社会责任意识和自救、互救能力。各有关方面要有计划地对应急救援和管理人员进行培训，提高其专业技能。

5.3 责任与奖惩

突发公共事件应急处置工作实行责任追究制。

对突发公共事件应急管理工作中做出突出贡献的先进集体和个人要给予表彰和奖励。

对迟报、谎报、瞒报和漏报突发公共事件重要情况或者应急管理工作中有其他失职、渎职行为的，依法对有关责任人给予行政处分；构成犯罪的，依法追究刑事责任。

6 附则

6.1 预案管理

根据实际情况的变化，及时修订本预案。

本预案自发布之日起实施。

国家突发环境事件应急预案

颁布日 期：2006-01-24　实施日 期：2006-01-24　颁布单位：国务院

1　总则

1.1　编制目的

建立健全突发环境事件应急机制，提高政府应对涉及公共危机的突发环境事件的能力，维护社会稳定，保障公众生命健康和财产安全，保护环境，促进社会全面、协调、可持续发展。

1.2　编制依据

依据《中华人民共和国环境保护法》《中华人民共和国海洋环境保护法》《中华人民共和国安全生产法》和《国家突发公共事件总体应急预案》及相关的法律、行政法规，制定本预案。

1.3　事件分级

按照突发事件严重性和紧急程度，突发环境事件分为特别重大环境事件（Ⅰ级）、重大环境事件（Ⅱ级）、较大环境事件（Ⅲ级）和一般环境事件（Ⅳ级）四级。

1.3.1　特别重大环境事件（Ⅰ级）。

凡符合下列情形之一的，为特别重大环境事件：

（1）发生 30 人以上死亡，或中毒（重伤）100 人以上；

（2）因环境事件需疏散、转移群众 5 万人以上，或直接经济损失 1 000 万元以上；

（3）区域生态功能严重丧失或濒危物种生存环境遭到严重污染；

（4）因环境污染使当地正常的经济、社会活动受到严重影响；

（5）利用放射性物质进行人为破坏事件，或 1、2 类放射源失控造成大范围严重辐射污染后果；

（6）因环境污染造成重要城市主要水源地取水中断的污染事故；

（7）因危险化学品（含剧毒品）生产和贮运中发生泄漏，严重影响人民群众生产、生活的污染事故。

1.3.2　重大环境事件（Ⅱ级）。

凡符合下列情形之一的，为重大环境事件：

（1）发生 10 人以上、30 人以下死亡，或中毒（重伤）50 人以上、100 人以下；

（2）区域生态功能部分丧失或濒危物种生存环境受到污染；

（3）因环境污染使当地经济、社会活动受到较大影响，疏散转移群众 1 万人以上、5 万人以下的；

（4）1、2 类放射源丢失、被盗或失控；

（5）因环境污染造成重要河流、湖泊、水库及沿海水域大面积污染，或县级以上城镇水源地取水中断的污染事件。

1.3.3 较大环境事件（Ⅲ级）。

凡符合下列情形之一的，为较大环境事件：

（1）发生 3 人以上、10 人以下死亡，或中毒（重伤）50 人以下；

（2）因环境污染造成跨地级行政区域纠纷，使当地经济、社会活动受到影响；

（3）3 类放射源丢失、被盗或失控。

1.3.4 一般环境事件（Ⅳ级）。

凡符合下列情形之一的，为一般环境事件：

（1）发生 3 人以下死亡；

（2）因环境污染造成跨县级行政区域纠纷，引起一般群体性影响的；

（3）4、5 类放射源丢失、被盗或失控。

1.4 适用范围

本预案适用于应对以下各类事件应急响应，核事故的应急响应遵照国家核应急协调委有关规定执行：

1.4.1 超出事件发生地省（区、市）人民政府突发环境事件处置能力的应对工作；

1.4.2 跨省（区、市）突发环境事件应对工作；

1.4.3 国务院或者全国环境保护部际联席会议需要协调、指导的突发环境事件或者其他突发事件次生、衍生的环境事件。

1.5 工作原则

以邓小平理论和“三个代表”重要思想为指导，坚持以人为本，树立全面、协调、可持续的科学发展观，提高政府社会管理水平和应对突发事件的能力。

（1）坚持以人为本，预防为主。加强对环境事件危险源的监测、监控并实施监督管理，建立环境事件风险防范体系，积极预防、及时控制、消除隐患，提高环境事件防范和处理能力，尽可能地避免或减少突发环境事件的发生，消除或减轻环境事件造成的中长期影响，最大程度地保障公众健康，保护人民群众生命财产安全。

（2）坚持统一领导，分类管理，属地为主，分级响应。在国务院的统一领导下，加强部门之间协同与合作，提高快速反应能力。针对不同污染源所造成的环境污染、生态污染、放射性污染的特点，实行分类管理，充分发挥部门专业优势，使采取的措施与突发环境事件造成的危害范围和社会影响相适应。充分发挥地方人民政府职能作用，坚持属地为主，实行分级响应。

（3）坚持平战结合，专兼结合，充分利用现有资源。积极做好应对突发环境事件的思想准备、物资准备、技术准备、工作准备，加强培训演练，充分利用现有专业环境应急救援力量，整合环境监测网络，引导、鼓励实现一专多能，发挥经过专门培训的环境应急救援力量的作用。

2 组织指挥与职责

2.1 组织体系

国家突发环境事件应急组织体系由应急领导机构、综合协调机构、有关类别环境事件专业指挥机构、应急支持保障部门、专家咨询机构、地方各级人民政府突发环境事件应急领导机构和应急救援队伍组成。

在国务院的统一领导下，全国环境保护部际联席会议负责统一协调突发环境事件的应对工作，各专业部门按照各自职责做好相关专业领域突发环境事件应对工作，各应急支持保障部门按照各自职责做好突发环境事件应急保障工作。

专家咨询机构为突发环境事件专家组。

地方各级人民政府的突发环境事件应急机构由地方人民政府确定。

突发环境事件国家应急救援队伍由各相关专业的应急救援队伍组成。环保总局应急救援队伍由环境应急与事故调查中心、中国环境监测总站、核安全中心组成。

2.2 综合协调机构

全国环境保护部际联席会议负责协调国家突发环境事件应对工作。贯彻执行党中央、国务院有关应急工作的方针、政策，认真落实国务院有关环境应急工作指示和要求；建立和完善环境应急预警机制，组织制定（修订）国家突发环境事件应急预案；统一协调重大、特别重大环境事件的应急救援工作；指导地方政府有关部门做好突发环境事件应急工作；部署国家环境应急工作的公众宣传和教育，统一发布环境污染应急信息；完成国务院下达的其他应急救援任务。

各有关成员部门负责各自专业领域的应急协调保障工作。

2.3 有关类别环境事件专业指挥机构

全国环境保护部际联席会议有关成员单位之间建立应急联系工作机制，保证信息通畅，做到信息共享；按照各自职责制定本部门的环境应急救援和保障方面的应急预案，并负责管理和实施；需要其他部门增援时，有关部门向全国环境保护部际联席会议提出增援请求。必要时，国务院组织协调特别重大突发环境事件应急工作。

2.4 地方人民政府突发环境事件应急领导机构

环境应急救援指挥坚持属地为主的原则，特别重大环境事件发生地的省（区、市）人民政府成立现场应急救援指挥部。所有参与应急救援的队伍和人员必须服从现场应急救援指挥部的指挥。现场应急救援指挥部为参与应急救援的队伍和人员提供工作条件。

2.5 专家组

全国环境保护部际联席会议设立突发环境事件专家组，聘请科研单位和军队有关专家组成。

主要工作为：参与突发环境事件应急工作；指导突发环境事件应急处置工作；为国务院或部际联席会议的决策提供科学依据。

3 预防和预警

3.1 信息监测

3.1.1 全国环境保护部际联席会议有关成员单位按照早发现、早报告、早处置的原则，开展对国内（外）环境信息、自然灾害预警信息、常规环境监测数据、辐射环境监测数据的综合分析、风险评估工作。

3.1.2 国务院有关部门和地方各级人民政府及其相关部门，负责突发环境事件信息接收、报告、处理、统计分析，以及预警信息监控。

（1）环境污染事件、生物物种安全事件、辐射事件信息接收、报告、处理、统计分析由环保部门负责；

（2）海上石油勘探开发溢油事件信息接收、报告、处理、统计分析由海洋部门负责；

（3）海上船舶、港口污染事件信息接收、报告、处理、统计分析由交通部门负责。

3.1.3 环境污染事件和生物物种安全预警信息监控由环保总局负责；海上石油勘探开发溢油事件预警信息监控由海洋局负责；海上船舶、港口污染事件信息监控由交通部负责；辐射环境污染事件预警信息监控由环保总局（核安全局）负责。特别重大环境事件预警信息经核实后，及时上报国务院。

3.2 预防工作

（1）开展污染源、放射源和生物物种资源调查。开展对产生、贮存、运输、销毁废弃化学品、放射源的普查，掌握全国环境污染源的产生、种类及地区分布情况。了解国内外的有关技术信息、进展情况和形势动态，提出相应的对策和意见。

（2）开展突发环境事件的假设、分析和风险评估工作，完善各类突发环境事件应急预案。

（3）加强环境应急科研和软件开发工作。研究开发并建立环境污染扩散数字模型，开发研制环境应急管理系统软件。

3.3 预警及措施

按照突发事件严重性、紧急程度和可能波及的范围，突发环境事件的预警分为四级，预警级别由低到高，颜色依次为蓝色、黄色、橙色、红色。根据事态的发展情况和采取措施的效果，预警颜色可以升级、降级或解除。

收集到的有关信息证明突发环境事件即将发生或者发生的可能性增大时，按照相关应急预案执行。

进入预警状态后，当地县级以上人民政府和政府有关部门应当采取以下措施：

（1）立即启动相关应急预案。

（2）发布预警公告。蓝色预警由县级人民政府负责发布。黄色预警由市（地）级人民政府负责发布。橙色预警由省级人民政府负责发布。红色预警由事件发生地省级人民政府根据国务院授权负责发布。

（3）转移、撤离或者疏散可能受到危害的人员，并进行妥善安置。

（4）指令各环境应急救援队伍进入应急状态，环境监测部门立即开展应急监测，随时掌握并报告事态进展情况。

（5）针对突发事件可能造成的危害，封闭、隔离或者限制使用有关场所，中止可能导致危害扩大的行为和活动。

（6）调集环境应急所需物资和设备，确保应急保障工作。

3.4 预警支持系统

3.4.1 建立环境安全预警系统。建立重点污染源排污状况实时监控信息系统、突发事件预警系统、区域环境安全评价科学预警系统、辐射事件预警信息系统；建设重大船舶污染事件应急设备库和海空一体化船舶污染快速反应系统；建立海洋环境监测系统。

3.4.2 建立环境应急资料库。建立突发环境事件应急处置数据库系统、生态安全数据库系统、突发事件专家决策支持系统、环境恢复周期检测反馈评估系统、辐射事件数据库系统。

3.4.3 建立应急指挥技术平台系统。根据需要，结合实际情况，建立有关类别环境事件专业协调指挥中心及通讯技术保障系统。

4 应急响应

4.1 分级响应机制

突发环境事件应急响应坚持属地为主的原则，地方各级人民政府按照有关规定全面负责突发环境事件应急处置工作，环保总局及国务院相关部门根据情况给予协调支援。

按突发环境事件的可控性、严重程度和影响范围，突发环境事件的应急响应分为特别重大（Ⅰ级响应）、重大（Ⅱ级响应）、较大（Ⅲ级响应）、一般（Ⅳ级响应）四级。超出本级应急处置能力时，应及时请求上一级应急救援指挥机构启动上一级应急预案。Ⅰ级应急响应由环保总局和国务院有关部门组织实施。

4.2 应急响应程序

4.2.1 Ⅰ级响应时，环保总局按下列程序和内容响应：

（1）开通与突发环境事件所在地省级环境应急指挥机构、现场应急指挥部、相关专业应急指挥机构的通信联系，随时掌握事件进展情况；

（2）立即向环保总局领导报告，必要时成立环境应急指挥部；

（3）及时向国务院报告突发环境事件基本情况和应急救援的进展情况；

（4）通知有关专家组成专家组，分析情况。根据专家的建议，通知相关应急救援力量随时待命，为地方或相关专业应急指挥机构提供技术支持；

（5）派出相关应急救援力量和专家赶赴现场参加、指导现场应急救援，必要时调集事发地周边地区专业应急力量实施增援。

4.2.2 有关类别环境事件专业指挥机构接到特别重大环境事件信息后，主要采取下列行动：

（1）启动并实施本部门应急预案，及时向国务院报告并通报环保总局；

（2）启动本部门应急指挥机构；

（3）协调组织应急救援力量开展应急救援工作；

（4）需要其他应急救援力量支援时，向国务院提出请求。

4.2.3 省级地方人民政府突发环境事件应急响应，可以参照Ⅰ级响应程序，结合本地区实际，自行确定应急响应行动。需要有关应急力量支援时，及时向环保总局及国务院有关部门提出请求。

4.3 信息报送与处理

4.3.1 突发环境事件报告时限和程序

突发环境事件责任单位和责任人以及负有监管责任的单位发现突发环境事件后，应在1小时内向所在地县级以上人民政府报告，同时向上一级相关专业主管部门报告，并立即组织进行现场调查。紧急情况下，可以越级上报。

负责确认环境事件的单位，在确认重大（Ⅱ级）环境事件后，1小时内报告省级相关专业主管部门，特别重大（Ⅰ级）环境事件立即报告国务院相关专业主管部门，并通报其他相关部门。

地方各级人民政府应当在接到报告后1小时内向上一级人民政府报告。省级人民政府在接到报告后1小时内，向国务院及国务院有关部门报告。

重大（Ⅱ级）、特别重大（Ⅰ级）突发环境事件，国务院有关部门应立即向国务院报告。

4.3.2 突发环境事件报告方式与内容

突发环境事件的报告分为初报、续报和处理结果报告三类。初报从发现事件后起1小时内上报；续报在查清有关基本情况后随时上报；处理结果报告在事件处理完毕后立即上报。

初报可用电话直接报告，主要内容包括：环境事件的类型、发生时间、地点、污染源、主要污染物质、人员受害情况、捕杀或砍伐国家重点保护的野生动植物的名称和数量、自然保护区受害面积及程度、事件潜在的危害程度、转化方式趋向等初步情况。

续报可通过网络或书面报告，在初报的基础上报告有关确切数据，事件发生的原因、过程、进展情况及采取的应急措施等基本情况。

处理结果报告采用书面报告，处理结果报告在初报和续报的基础上，报告处理事件的措施、过程和结果，事件潜在或间接的危害、社会影响、处理后的遗留问题，参加处理工作的有关部门和工作内容，出具有关危害与损失的证明文件等详细情况。

4.4 指挥和协调

4.4.1 指挥和协调机制

根据需要，国务院有关部门和部际联席会议成立环境应急指挥部，负责指导、协调突发环境事件的应对工作。

环境应急指挥部根据突发环境事件的情况通知有关部门及其应急机构、救援队伍和事件所在地毗邻省（区、市）人民政府应急救援指挥机构。各应急机构接到事件信息通报后，应立即派出有关人员和队伍赶赴事发现场，在现场救援指挥部统一指挥下，按照各自的预案和处置规程，相互协同，密切配合，共同实施环境应急和紧急处置行动。现场应急救援指挥部成立前，各应急救援专业队伍必须在当地政府和事发单位的协调指挥下坚决、迅速地实施先期处置，果断控制或切断污染源，全力控制事件态势，严防二次污染和次生、衍生事件发生。

应急状态时，专家组组织有关专家迅速对事件信息进行分析、评估，提出应急处置方案和建议，供指挥部领导决策参考。根据事件进展情况和形势动态，提出相应的对策和意见；对突发环境事件的危害范围、发展趋势作出科学预测，为环境应急领导机构的决策和指挥提供科学依据；参与污染程度、危害范围、事件等级的判定，对污染区域的隔离与解禁、人员撤离与返回等重大防护措施的决策提供技术依据；指导各应急分队进行应急处理与处置；指导环境应急工作的评价，进行事件的中长期环境影响评估。

发生环境事件的有关部门、单位要及时、主动向环境应急指挥部提供应急救援有关的基础资料，环保、海洋、交通、水利等有关部门提供事件发生前的有关监管检查资料，供环境应急指挥部研究救援和处置方案时参考。

4.4.2 指挥协调主要内容

环境应急指挥部指挥协调的主要内容包括：

（1）提出现场应急行动原则要求；

（2）派出有关专家和人员参与现场应急救援指挥部的应急指挥工作；

（3）协调各级、各专业应急力量实施应急支援行动；

（4）协调受威胁的周边地区危险源的监控工作；

（5）协调建立现场警戒区和交通管制区域，确定重点防护区域；

（6）根据现场监测结果，确定被转移、疏散群众返回时间；

（7）及时向国务院报告应急行动的进展情况。

4.5 应急监测

环保总局环境应急监测分队负责组织协调突发环境事件地区环境应急监测工作，并负责指导海洋环境监测机构、地方环境监测机构进行应急监测工作。

（1）根据突发环境事件污染物的扩散速度和事件发生地的气象和地域特点，确定污染物扩散范围。

（2）根据监测结果，综合分析突发环境事件污染变化趋势，并通过专家咨询和讨论的方式，预测并报告突发环境事件的发展情况和污染物的变化情况，作为突发环境事件应急决策的依据。

4.6 信息发布

全国环境保护部际联席会议负责突发环境事件信息对外统一发布工作。突发环境事件发生后，要及时发布准确、权威的信息，正确引导社会舆论。

4.7 安全防护

4.7.1 应急人员的安全防护

现场处置人员应根据不同类型环境事件的特点，配备相应的专业防护装备，采取安全防护措施，严格执行应急人员出入事发现场程序。

4.7.2 受灾群众的安全防护

现场应急救援指挥部负责组织群众的安全防护工作，主要工作内容如下：

（1）根据突发环境事件的性质、特点，告知群众应采取的安全防护措施；

（2）根据事发时当地的气象、地理环境、人员密集度等，确定群众疏散的方式，指定有关部门组织群众安全疏散撤离；

（3）在事发地安全边界以外，设立紧急避难场所。

4.8 应急终止

4.8.1 应急终止的条件

符合下列条件之一的，即满足应急终止条件：

（1）事件现场得到控制，事件条件已经消除；

（2）污染源的泄漏或释放已降至规定限值以内；

（3）事件所造成的危害已经被彻底消除，无继发可能；

（4）事件现场的各种专业应急处置行动已无继续的必要；

（5）采取了必要的防护措施以保护公众免受再次危害，并使事件可能引起的中长期影响趋于合理且尽量低的水平。

4.8.2 应急终止的程序

（1）现场救援指挥部确认终止时机，或事件责任单位提出，经现场救援指挥部批准；

（2）现场救援指挥部向所属各专业应急救援队伍下达应急终止命令；

（3）应急状态终止后，相关类别环境事件专业应急指挥部应根据国务院有关指示和实际情况，继续进行环境监测和评价工作，直至其他补救措施无需继续进行为止。

4.8.3 应急终止后的行动

（1）环境应急指挥部指导有关部门及突发环境事件单位查找事件原因，防止类似问题的重复出现。

（2）有关类别环境事件专业主管部门负责编制特别重大、重大环境事件总结报告，于应急终止后上报。

（3）应急过程评价。由环保总局组织有关专家，会同事发地省级人民政府组织实施。

（4）根据实践经验，有关类别环境事件专业主管部门负责组织对应急预案进行评估，并及时修订环境应急预案。

（5）参加应急行动的部门负责组织、指导环境应急队伍维护、保养应急仪器设备，使之始终保持良好的技术状态。

5 应急保障

5.1 资金保障

部际联席会议各成员单位根据突发环境事件应急需要，提出项目支出预算报财政部审批后执行。具体情况按照《财政应急保障预案》执行。

5.2 装备保障

各级环境应急相关专业部门及单位要充分发挥职能作用，在积极发挥现有检验、鉴定、监测力量的基础上，根据工作需要和职责要求，加强危险化学品检验、鉴定和监测设备建设。增加应急处置、快速机动和自身防护装备、物资的储备，不断提高应急监测，动态监控的能力，保证在发生环境事件时能有效防范对环境的污染和扩散。

5.3 通信保障

各级环境应急相关专业部门要建立和完善环境安全应急指挥系统、环境应急处置全国联动系统和环境安全科学预警系统。配备必要的有线、无线通信器材，确保本预案启动时环境应急指挥部和有关部门及现场各专业应急分队间的联络畅通。

5.4 人力资源保障

有关类别环境应急专业主管部门要建立突发环境事件应急救援队伍；各省（区、市）加强各级环境应急队伍的建设，提高其应对突发事件的素质和能力；在计划单列市、省会城市和环境保护重点城市培训一支常备不懈，熟悉环境应急知识，充分掌握各类突发环境事件处置措施的预备应急力量；对各地所属大中型化工等企业的消防、防化等应急分队进行组织和培训，形成由国家、省、市和相关企业组成的环境应急网络。保证在突发事件发生后，能迅速参与并完成抢救、排险、消毒、监测等现场处置工作。

5.5 技术保障

建立环境安全预警系统，组建专家组，确保在启动预警前、事件发生后相关环境专家能迅速到位，为指挥决策提供服务。建立环境应急数据库，建立健全各专业环境应急队伍，地区核安全监督站和地区专业技术机构随时投入应急的后续支援和提供技术支援。

5.6 宣传、培训与演练

5.6.1 各级环保部门应加强环境保护科普宣传教育工作，普及环境污染事件预防常识，编印、发放有毒有害物质污染公众防护“明白卡”，增强公众的防范意识和相关心理准备，提高公众的防范能力。

5.6.2 各级环保部门以及有关类别环境事件专业主管部门应加强环境事件专业技术人员日常培训和重要目标工作人员的培训和管理，培养一批训练有素的环境应急处置、检验、监测等专门人才。

5.6.3 各级环保部门以及有关类别环境事件专业主管部门，按照环境应急预案及相关单项预案，定期组织不同类型的环境应急实战演练，提高防范和处置突发环境事件的技能，增强实战能力。

5.7 应急能力评价

为保障环境应急体系始终处于良好的战备状态，并实现持续改进，对各级环境应急机构的设置情况、制度和工作程序的建立与执行情况、队伍的建设和人员培训与考核情况、应急装备和经费管理与使用情况等，在环境应急能力评价体系中实行自上而下的监督、检查和考核工作机制。

6 后期处置

6.1 善后处置

地方各级人民政府做好受灾人员的安置工作，组织有关专家对受灾范围进行科学评估，提出补偿和对遭受污染的生态环境进行恢复的建议。

6.2 保险

应建立突发环境事件社会保险机制。对环境应急工作人员办理意外伤害保险。可能引起环境污染的企业事业单位，要依法办理相关责任险或其他险种。

7 附则

7.1 名词术语定义

环境事件：是指由于违反环境保护法律法规的经济、社会活动与行为，以及意外因素的影响或不可抗拒的自然灾害等原因致使环境受到污染，人体健康受到危害，社会经济与人民群众财产受到损失，造成不良社会影响的突发性事件。

突发环境事件：指突然发生，造成或者可能造成重大人员伤亡、重大财产损失和对全国或者某一地区的经济社会稳定、政治安定构成重大威胁和损害，有重大社会影响的涉及公共安全的环境事件。

环境应急：针对可能或已发生的突发环境事件需要立即采取某些超出正常工作程序的行动，以避免事件发生或减轻事件后果的状态，也称为紧急状态；同时也泛指立即采取超出正常工作程序的行动。

预案分类：根据突发环境事件的发生过程、性质和机理，突发环境事件主要分为三类：突发环境污染事件、生物物种安全环境事件和辐射环境污染事件。突发环境污染事件包括重点流域、敏感水域水环境污染事件；重点城市光化学烟雾污染事件；危险化学品、废弃化学品污染事件；海上石油勘探开发溢油事件；突发船舶污染事件等。生物物种安全环境事件主要是指生物物种受到不当采集、猎杀、走私、非法携带出入境或合作交换、工程建设危害以及外来入侵物种对生物多样性造成损失和对生态环境造成威胁和危害事件；辐射环境污染事件包括放射性同位素、放射源、辐射装置、放射性废物辐射污染事件。

泄漏处理：泄漏处理是指对危险化学品、危险废物、放射性物质、有毒气体等污染源因事件发生泄漏时所采取的应急处置措施。泄漏处理要及时、得当，避免重大事件的发生。泄漏处理一般分为泄漏源控制和泄漏物处置两部分。

应急监测：环境应急情况下，为发现和查明环境污染情况和污染范围而进行的环境监测。包括定点监测和动态监测。

应急演习：为检验应急计划的有效性、应急准备的完善性、应急响应能力的适应性和应急人员的协同性而进行的一种模拟应急响应的实践活动，根据所涉及的内容和范围的不同，可分为单项演习（演练）、综合演习和指挥中心、现场应急组织联合进行的联合演习。

本预案有关数量的表述中，“以上”含本数，“以下”不含本数。

7.2 预案管理与更新

随着应急救援相关法律法规的制定、修改和完善，部门职责或应急资源发生变化，或者应急过程中发现存在的问题和出现新的情况，应及时修订完善本预案。

7.3 国际沟通与协作

建立与国际环境应急机构的联系，组织参与国际救援活动，开展与国际间的交流与合作。

7.4 奖励与责任追究

7.4.1 奖励

在突发环境事件应急救援工作中，有下列事迹之一的单位和个人，应依据有关规定给予奖励：

（1）出色完成突发环境事件应急处置任务，成绩显著的；

（2）对防止或挽救突发环境事件有功，使国家、集体、和人民群众的生命财产免受或者减少损失的；

（3）对事件应急准备与响应提出重大建议，实施效果显著的；

（4）有其他特殊贡献的。

7.4.2　责任追究

在突发环境事件应急工作中，有下列行为之一的，按照有关法律和规定，对有关责任人员视情节和危害后果，由其所在单位或者上级机关给予行政处分；其中，对国家公务员和国家行政机关任命的其他人员，分别由任免机关或者监察机关给予行政处分；构成犯罪的，由司法机关依法追究刑事责任：

（1）不认真履行环保法律、法规，而引发环境事件的；

（2）不按照规定制定突发环境事件应急预案，拒绝承担突发环境事件应急准备义务的；

（3）不按规定报告、通报突发环境事件真实情况的；

（4）拒不执行突发环境事件应急预案，不服从命令和指挥，或者在事件应急响应时临阵脱逃的；

（5）盗窃、贪污、挪用环境事件应急工作资金、装备和物资的；

（6）阻碍环境事件应急工作人员依法执行职务或者进行破坏活动的；

（7）散布谣言，扰乱社会秩序的；

（8）有其他对环境事件应急工作造成危害行为的。

7.5　预案实施时间

本预案自印发之日起实施。

突发事件应急演练指南

国务院办公厅国务院应急管理办公室　应急办函 [2009]62 号

1　总则

根据《中华人民共和国突发事件应对法》《国家突发公共事件总体应急预案》和国务院有关规定，为加强对应对演练工作的指导，促进应急演练规范、安全、节约、有序地开展，制定本指南。

1.1　应急演练定义

应急演练是指各级人民政府及其部门、企事业单位、社会团体等（以下统称演练组织单位）组织相关单位及人员，依据有关应急预案，模拟应对突发事件的活动。

1.2　应急演练目的

（1）检验预案。通过开展应急演练，查找应急预案中存在的问题，进而完善应急预案，提高应急预案的实用性和可操作性。

（2）完善准备。通过开展应急演练，检查对应突发事件所需应急队伍、物资、装备、技术等方面的准备情况，发现不足及时予以调整补充，做好应急准备工作。

（3）锻炼队伍。通过开展应急演练，增强演练组织单位、参与单位和人员等对应急预案的熟悉程度，提高其应急处置能力。

（4）磨合机制。通过开展应急演练，进一步明确相关单位和人员的职责任务，理顺工作关系，完善应急机制。

（5）科普宣教。通过开展应急演练，普及应急知识，提高公众风险防范意识和自救互救等灾害应对能力。

1.3　应急演练原则

（1）结合实际、合理定位。紧密结合应急管理工作实际，明确演练目的，根据资源条件确定演练方式和规模。

（2）着眼实战、讲求实效。以提高应急指挥人员的指挥协调能力、应急队伍的实战能力为着眼点。重视对演练效果及组织工作的评估、考核，总结推广好经验，及时整改存在的问题。

（3）精心组织、确保安全。围绕演练目的，精心策划演练内容，科学设计演练方案，周密组织演练活动，制订并严格遵守有关安全措施，确保演练参与人员及演练装备设施的安全。

（4）统筹规划、厉行节约。统筹规划应急演练活动，适当开展跨地区、跨部门、跨行业的综合性演练，充分利用现有资源，努力提高应急演练效益。

1.4 应急演练分类

（1）按组织形式划分，应急演练可分为桌面演练和实战演练。

①桌面演练。桌面演练是指参演人员利用地图、沙盘、流程图、计算机模拟、视频会议等辅助手段，针对事先假定的演练情景，讨论和推演应急决策及现场处置的过程，从而促进相关人员掌握应急预案中所规定的职责和程序，提高指挥决策和协同配合能力。桌面演练通常在室内完成。

②实战演练。实战演练是指参演人员利用应急处置涉及的设备和物资，针对事先设置的突发事件情景及其后续的发展情景，通过实际决策、行动和操作，完成真实应急响应的过程，从而检验和提高相关人员的临场组织指挥、队伍调动、应急处置技能和后勤保障等应急能力。实战演练通常要在特定场所完成。

（2）按内容划分，应急演练可分为单项演练和综合演练。

①单项演练。单项演练是指只涉及应急预案中特定应急响应功能或现场处置方案中一系列应急响应功能的演练活动。注重针对一个或少数几个参与单位（岗位）的特定环节和功能进行检验。

②综合演练。综合演练是指涉及应急预案中多项或全部应急响应功能的演练活动。注重对多个环节和功能进行检验，特别是对不同单位之间应急机制和联合应对能力的检验。

（3）按目的与作用划分，应急演练可分为检验性演练、示范性演练和研究性演练。

①检验性演练。检验性演练是指为检验应急预案的可行性、应急准备的充分性、应急机制的协调性及相关人员的应急处置能力而组织的演练。

②示范性演练。示范性演练是指为向观摩人员展示应急能力或提供示范教学，严格按照应急预案规定开展的表演性演练。

③研究性演练。研究性演练是指为研究和解决突发事件应急处置的重点、难点问题，试验新方案、新技术、新装备而组织的演练。

不同类型的演练相互结合，可以形成单项桌面演练、综合桌面演练、单项实战演练、综合实战演练、示范性单项演练、示范性综合演练等。

1.5 应急演练规划

演练组织单位要根据实际情况，并依据相关法律法规和应急预案的规定，制订年度应急演练规划，按照“先单项后综合、先桌面后实战、循序渐进、时空有序”等原则，合理规划应急演练的频次、规模、形式、时间、地点等。

2 应急演练组织机构

演练应在相关预案确定的应急领导机构或指挥机构领导下组织开展。演练组织单位要成立由相关单位领导组成的演练领导小组，通常下设策划部、保障部和评估组；对于不同类型和规模的演练活动，其组织机构和职能可以适当调整。根据需要，可成立现场指挥部。

2.1 演练领导小组

演练领导小组负责应急演练活动全过程的组织领导，审批决定演练的重大事项。演练领导小组组长一般由演练组织单位或其上级单位的负责人担任；副组长一般由演练组织单位或主要协办单位负责人担任；小组其他成员一般由各演练参与单位相关负责人担任。在演练实施阶段，演练领导小组组长、副组长通常分别担任演练总指挥、副总指挥。

2.2 策划部

策划部负责应急演练策划、演练方案设计、演练实施的组织协调、演练评估总结等工作。策划部设总策划、副总策划，下设文案组、协调组、控制组、宣传组等。

（1）总策划。总策划是演练准备、演练实施、演练总结等阶段各项工作的主要组织者，一般由演练组织单位具有应急演练组织经验和突发事件应急处置经验的人员担任；副总策划协助总策划开展工作，一般由演练组织单位或参与单位的有关人员担任。

（2）文案组。在总策划的直接领导下，负责制定演练计划、设计演练方案、编写演练总结报告以及演练文档归档与备案等；其成员应具有一定的演练组织经验和突发事件应急处置经验。

（3）协调组。负责与演练涉及的相关单位以及本单位有关部门之间的沟通协调，其成员一般为演练组织单位及参与单位的行政、外事等部门人员。

（4）控制组。在演练实施过程中，在总策划的直接指挥下，负责向演练人员传送各类控制消息，引导应急演练进程按计划进行。其成员最好有一定的演练经验，也可以从文案组和协调组抽调，常称为演练控制人员。

（5）宣传组。负责编制演练宣传方案，整理演练信息、组织新闻媒体和开展新闻发布等。其成员一般是演练组织单位及参与单位宣传部门的人员。

2.3 保障部

保障部负责调集演练所需物资装备，购置和制作演练模型、道具、场景，准备演练场地，维持演练现场秩序，保障运输车辆，保障人员生活和安全保卫等。其成员一般是演练组织单位及参与单位后勤、财务、办公等部门人员，常称为后勤保障人员。

2.4 评估组

评估组负责设计演练评估方案和编写演练评估报告，对演练准备、组织、实施及其安全事项等进行全过程、全方位评估，及时向演练领导小组、策划部和保障部提出意见、建议。其成员一般是应急管理专家、具有一定演练评估经验和突发事件应急处置经验专业人员，常称为演练评估人员。评估组可由上级部门组织，也可由演练组织单位自行组织。

2.5 参演队伍和人员

参演人员包括应急预案规定的有关应急管理部门（单位）工作人员、各类专兼职应急救援队伍以及志愿者队伍等。

参演人员承担具体演练任务，针对模拟事件场景作出应急响应行动。有时也可使用模拟人员替代未现场参加演练的单位人员，或模拟事故的发生过程，如释放烟雾、模拟泄露等。

3 应急演练准备

3.1 制定演练计划

演练计划由文案组编制，经策划部审查后报演练领导小组批准。主要内容包括：

（1）确定演练目的，明确举办应急演练的原因、演练要解决的问题和期望达到的效果等。

（2）分析演练需求，在对事先设定事件的风险及应急预案进行认真分析的基础上，确定需调整的演练人员、需锻炼的技能、需检验的设备、需完善的应急处置流程和需进一步明确的职责等。

（3）确定演练范围，根据演练需求、经费、资源和时间等条件的限制，确定演练事件类型、等级、地域、参演机构及人数、演练方式等。演练需求和演练范围往往互为影响。

（4）安排演练准备与实施的日程计划，包括各种演练文件编写与审定的期限、物资器材准备的期限、演练实施的日期等。

（5）编制演练经费预算，明确演练经费筹措渠道。

3.2　设计演练方案

演练方案由文案组编写，通过评审后由演练领导小组批准，必要时还需报有关主管单位同意并备案。主要内容包括：

3.2.1　确定演练目标

演练目标是需完成的主要演练任务及其达到的效果，一般说明“由谁在什么条件下完成什么任务，依据什么标准，取得什么效果”。演练目标应简单、具体、可量化、可实现。一次演练一般有若干项演练目标，每项演练目标都要在演练方案中有相应的事件和演练活动予以实现，并在演练评估中有相应的评估项目判断该目标的实现情况。

3.2.2　设计演练情景与实施步骤

演练情景要为演练活动提供初始条件，还要通过一系列的情景事件引导演练活动继续，直至演练完成。演练情景包括演练场景概述和演练场景清单。

（1）演练场景概述。要对每一处演练场景的概要说明，主要说明事件类别、发生的时间地点、发展速度、强度与危险性、受影响范围、人员和物资分布、已造成的损失、后续发展预测、气象及其他环境条件等。

（2）演练场景清单。要明确演练过程中各场景的时间顺序列表和空间分布情况。演练场景之间的逻辑关联依赖于事件发展规律、控制消息和演练人员收到控制消息后应采取的行动。

3.2.3　设计评估标准与方法

演练评估是通过观察、体验和记录演练活动，比较演练实际效果与目标之间的差异，总结演练成效和不足的过程。演练评估应以演练目标为基础。每项演练目标都要设计合理的评估项目方法、标准。根据演练目标的不同，可以用选择项（如：是/否判断，多项选择）、主观评分（如：1——差、3——合格、5——优秀）、定量测量（如：响应时间、被困人数、获救人数）等方法进行评估。

为便于演练评估操作，通常事先设计好评估表格，包括演练目标、评估方法、评价标准和相关记录项等。有条件时还可以采用专业评估软件等工具。

3.2.4　编写演练方案文件

演练方案文件是指导演练实施的详细工作文件。根据演练类别和规模的不同，演练方案可以编为一个或多个文件。编为多个文件时可包括演练人员手册、演练控制指南、演练评估指南、演练宣传方案、演练脚本等，分别发给相关人员。对涉密应急预案的演练或不宜公开的演练内容，还要制订保密措施。

（1）演练人员手册。内容主要包括演练概述、组织机构、时间、地点、参演单位、演练目的、演练情景概述、演练现场标识、演练后勤保障、演练规则、安全注意事项、通信联系方式等，但不包括演练细节。演练人员手册可发放给所有参加演练的人员。

（2）演练控制指南。内容主要包括演练情景概述、演练事件清单、演练场景说明、参演人员及其位置、演练控制规则、控制人员组织结构与职责、通信联系方式等。演练控制指南主要供演练控制人员使用。

（3）演练评估指南。内容主要包括演练情况概述、演练事件清单、演练目标、演练场景说明、参演人员及其位置、评估人员组织结构与职责、评估人员位置、评估表格及相关工具、通信联系方式等。演练评估指南主要供演练评估人员使用。

（4）演练宣传方案。内容主要包括宣传目标、宣传方式、传播途径、主要任务及分工、技术支持、通信联系方式等。

（5）演练脚本。对于重大综合性示范演练，演练组织单位要编写演练脚本，描述演练事件场景、处置行动、执行人员、指令与对白、视频背景与字幕、解说词等。

3.2.5 演练方案评审

对综合性较强、风险较大的应急演练，评估组要对文案组制订的演练方案进行评审，确保演练方案科学可行，以确保应急演练工作的顺利进行。

3.3 演练动员与培训

在演练开始前要进行演练动员和培训，确保所有演练参与人员掌握演练规则、演练情景和各自在演练中的任务。

所有演练参与人员都要经过应急基本知识、演练基本概念、演练现场规则等方面的培训。对控制人员要进行岗位职责、演练过程控制和管理等方面的培训；对评估人员要进行岗位职责、演练评估方法、工具使用等方面的培训；对参演人员要进行应急预案、应急技能及个体防护装备使用等方面的培训。

3.4 应急演练保障

3.4.1 人员保障

演练参与人员一般包括演练领导小组、演练总指挥、总策划、文案人员、控制人员、评估人员、保障人员、参演人员、模拟人员等，有时还会有观摩人员等其他人员。在演练的准备过程中，演练组织单位和参与单位应合理安排工作，保证相关人员参与演练活动的时间；通过组织观摩学习和培训，提高演练人员素质和技能。

3.4.2 经费保障

演练组织单位每年要根据应急演练规划编制应急演练经费预算，纳入该单位的年度财政（财务）预算，并按照演练需要及时拨付经费。对经费使用情况进行监督检查，确保演练经费专款专用、节约高效。

3.4.3 场地保障

根据演练方式和内容，经现场勘察后选择合适的演练场地。桌面演练一般可选择会议室或应急指挥中心等；实战演练应选择与实际情况相似的地点，并根据需要设置指挥部、集结点、接待站、供应站、救护站、停车场等设施。演练场地应有足够的空间，良好的交通、生活、卫生和安全条件，尽量避免干扰公众生产生活。

3.4.4 物资和器材保障

根据需要，准备必要的演练材料、物资和器材，制作必要的模型设施等，主要包括：

（1）信息材料：主要包括应急预案和演练方案的纸质文本、演示文档、图表、地图、软件等。

（2）物资设备：主要包括各种应急抢险物资、特种装备、办公设备、录音摄像设备、信息显示设备等。

（3）通信器材：主要包括固定电话、移动电话、对讲机、海事电话、传真机、计算机、无线局域网、视频通信器材和其他配套器材，尽可能使用已有通信器材。

（4）演练情景模型：搭建必要的模拟场景及装置设施。

3.4.5 通信保障

应急演练过程中应急指挥机构、总策划、控制人员、参演人员、模拟人员等之间要有及时可靠的信息传递渠道。根据演练需要，可以采用多种公用或专用通信系统，必要时可组建演练专用通信与信息网络，确保演练控制信息的快速传递。

3.4.6 安全保障

演练组织单位要高度重视演练组织与实施全过程的安全保障工作。大型或高风险演练活动要按规定制定专门应急预案，采取预防措施，并对关键部位和环节可能出现的突发事件进行针对性演练。根据需要为演练人员配备个体防护装备，购买商业保险。对可能影响公众生活、易于引起公众误解和恐慌的应急演练，应提前向社会发布公告，告示演练内容、时间、地点和组织单位，并做好应对方案，避免造成负面影响。

演练现场要有必要的安保措施，必要时对演练现场进行封闭或管制，保证演练安全进行。演练出现意外情况时，演练总指挥与其他领导小组成员会商后可提前终止演练。

4 应急演练实施

4.1 演练启动

演练正式启动前一般要举行简短仪式，由演练总指挥宣布演练开始并启动演练活动。

4.2 演练执行

4.2.1 演练指挥与行动

（1）演练总指挥负责演练实施全过程的指挥控制。当演练总指挥不兼任总策划时，一般由总指挥授权总策划对演练过程进行控制。

（2）按照演练方案要求，应急指挥机构指挥各参演队伍和人员，开展对模拟演练事件的应急处置行动，完成各项演练活动。

（3）演练控制人员应充分掌握演练方案，按总策划的要求，熟练发布控制信息，协调参演人员完成各项演练任务。

（4）参演人员根据控制消息和指令，按照演练方案规定的程序开展应急处置行动，完成各项演练活动。

（5）模拟人员按照演练方案要求，模拟未参加演练的单位或人员的行动，并作出信息反馈。

4.2.2 演练过程控制

总策划负责按演练方案控制演练过程。

（1）桌面演练过程控制

在讨论桌面演练中，演练活动主要是围绕所提出问题进行讨论。由总策划以口头或书面形式，部署引入一个或若干个问题。参演人员根据应急预案及有关规定，讨论应采取的行动。

在角色扮演或推演式桌面演练中，由总策划按照演练方案发出控制消息，参演人员接收到事件信息后，通过角色扮演或模拟操作，完成应急处置活动。

（2）实战演练过程控制

在实战演练中，要通过传递控制消息来控制演练进程。总策划按照演练方案发出控制消息，控制人员向参演人员和模拟人员传递控制消息。参演人员和模拟人员接收到信息后，按照发生真实事件时的应急处置程序，或根据应急行动方案，采取相应的应急处置行动。

控制消息可由人工传递，也可以用对讲机、电话、手机、传真机、网络等方式传送，或者通过特定的声音、标志、视频等呈现。演练过程中，控制人员应随时掌握演练进展情况，并向总策划报告演练中出现的各种问题。

4.2.3 演练解说

在演练实施过程中，演练组织单位可以安排专人对演练过程进行解说。解说内容一般包括演练背景描述、进程讲解、案例介绍、环境渲染等。对于有演练脚本的大型综合性示范演练，可按照脚本中的解说词进行讲解。

4.2.4 演练记录

演练实施过程中，一般要安排专门人员，采用文字、照片和音像等手段记录演练过程。文字记录一般可由评估人员完成，主要包括演练实际开始与结束时间、演练过程控制情况、各项演练活动中参演人员的表现、意外情况及其处置等内容，尤其是要详细记录可能出现的人员“伤亡”（如进入“危险”场所而无安全防护，在规定的时间内不能完成疏散等）及财产“损失”等情况。

照片和音像记录可安排专业人员和宣传人员在不同现场、不同角度进行拍摄，尽可能全方位反映演练实施过程。

4.2.5 演练宣传报道

演练宣传组按照演练宣传方案作好演练宣传报道工作。认真做好信息采集、媒体组织、广播电视节目现场采编和播报等工作，扩大演练的宣传教育效果。对涉密应急演练要做好相关保密工作。

4.3 演练结束与终止

演练完毕，由总策划发出结束信号，演练总指挥宣布演练结束。演练结束后所有人员停止演练活动，按预定方案集合进行现场总结讲评或者组织疏散。保障部负责组织人员对演练现场进行清理和恢复。

演练实施过程中出现下列情况，经演练领导小组决定，由演练总指挥按照事先规定的程序和指令终止演练：（1）出现真实突发事件，需要参演人员参与应急处置时，要终止演练，使参演人员迅速回归其工作岗位，履行应急处置职责；（2）出现特殊或意外情况，短时间内不能妥善处理或解决时，可提前终止演练。

5 应急演练评估与总结

5.1 演练评估

演练评估是在全面分析演练记录及相关资料的基础上，对比参演人员表现与演练目标要求，对演练活动及其组织过程作出客观评价，并编写演练评估报告的过程。所有应急演练活动都应进行演练评估。

演练结束后可通过组织评估会议、填写演练评价表和对参演人员进行访谈等方式，也可要求参演单位提供自我评估总结材料，进一步收集演练组织实施的情况。

演练评估报告的主要内容一般包括演练执行情况、预案的合理性与可操作性、应急指挥人员的指挥协调能力、参演人员的处置能力、演练所用设备装备的适用性、演练目标的实现情况、演练的成本效益分析、对完善预案的建议等。

5.2 演练总结

演练总结可分为现场总结和事后总结。

（1）现场总结。在演练的一个或所有阶段结束后，由演练总指挥、总策划、专家评估组长等在演练现场有针对性地进行讲评和总结。内容主要包括本阶段的演练目标、参演队伍及人员的表现、演练中暴露的问题、解决问题的办法等。

（2）事后总结。在演练结束后，由文案组根据演练记录、演练评估报告、应急预案、现场总结等材料，对演练进行系统和全面的总结，并形成演练总结报告。演练参与单位也可对本单位的演练情况进行总结。

演练总结报告的内容包括：演练目的、时间和地点，参演单位和人员，演练方案概要，发现的问题与原因，经验和教训，以及改进有关工作的建议等。

5.3 成果运用

对演练暴露出来的问题，演练单位应当及时采取措施予以改进，包括修改完善应急预案、有针对性地加强应急人员的教育和培训、对应急物资装备有计划地更新等，并建立改进任务表，按规定时间对改进情况进行监督检查。

5.4 文件归档与备案

演练组织单位在演练结束后应将演练计划、演练方案、演练评估报告、演练总结报告等资料归档保存。

对于由上级有关部门布置或参与组织的演练，或者法律、法规、规章要求备案的演练，演练组织单位应当将相应资料报有关部门备案。

5.5 考核与奖惩

演练组织单位要注重对演练参与单位及人员进行考核。对在演练中表现突出的单位及个人，可给予表彰和奖励；对不按要求参加演练，或影响演练正常开展的，可给予相应批评。

6 附则

6.1 名词解释

（1）演练情景。指根据应急演练的目标要求，根据突发事件发生与演变的规律，事先假设的事件发生发展过程，一般从事件发生的时间、地点、状态特征、波及范围、周边环境、可能的后果以及随时间的演变进程等方面进行描述。

（2）应急响应功能。突发事件应急响应过程中需要完成的某些任务的集合，这些任务之间联系紧密，共同构成应急响应的一个功能模块。比较核心的应急响应功能包括：接警与信息报送、指挥与调度、警报与信息公告、应急通信、公共关系、事态监测与评估、警戒与治安、人群疏散与安置、人员搜救、医疗救护、生活救助、工程抢险、紧急运输、应急资源调配等。

（3）应急指挥机构。应急预案所规定的应急指挥协调机构，如现场指挥部等。

（4）演练参与人员。参与演练活动的各类人员的总称，主要分为以下几类：

演练领导小组：负责演练活动组织领导的临时性机构，一般包括组长、副组长、成员。

演练总指挥：负责演练实施过程的指挥控制，一般由演练领导小组组长或上级领导担任；副总指挥协助演练总指挥对演练实施过程进行控制。

总策划：负责组织演练准备与演练实施各项活动，在演练实施过程中在演练总指挥的授权下对演练过程进行控制；副总策划是总策划的助手，协助总策划开展工作。

文案人员：指负责演练计划和方案设计等文案工作的人员。

评估人员：指负责观察和记录演练进展情况，对演练进行评估的专家或专业人员。

控制人员：指根据演练方案和现场情况，通过发布控制消息和指令，引导和控制应急演练进程的人员。

参演人员：指在应急演练活动中承担具体演练任务，需针对模拟事件场景作出应急响应行动的人员。

模拟人员：指演练过程中扮演、代替某些应急响应机构和服务部门，或模拟事件受害者的人员。

后勤保障人员：指在演练过程中负责安全警戒、物资装备、生活用品等后勤保障工作的人员。

观摩人员：指观摩演练过程的其他各类人员。

（5）演练控制消息。指演练过程中向演练人员传递的事件信息，一般用于提示事件情景的出现和引导、控制演练过程。

（6）演练规划。指演练组织单位根据实际情况，依据相关法律法规和应急预案的规定，对一定时期内各类应急演练活动作出的总体计划安排，通常包括应急演练的频次、规模、形式、时间、地点等。

（7）演练计划。指对拟举行演练的基本构想和准备活动的初步安排，一般包括演练的目的、方式、时间、地点、日程安排、经费预算和保障措施等。

（8）演练方案。内容一般包括演练目的、演练情景、演练实施步骤、评估标准与方法、后勤保障、安全注意事项等。

（9）演练评估。由专业人员在全面分析演练记录及相关资料的基础上，对比参演人员表现与演练目标要求，对演练活动及其组织过程作出客观评价，并编写演练评估报告。

突发环境事件应急预案管理暂行办法

环发[2010]113号

第一章 总 则

第一条 为规范突发环境事件应急预案（以下简称“环境应急预案”）管理，完善环境应急预案体系，增强环境应急预案的科学性、实效性和可操作性，根据《中华人民共和国突发事件应对法》《国家突发公共事件总体应急预案》《国家突发环境事件应急预案》及相关环境保护法律、法规，制定本办法。

第二条 本办法适用于环境保护主管部门、企业事业单位环境应急预案的编制、评估、发布、备案、实施、修订、宣教、培训和演练等活动。

第三条 环境保护部对全国环境应急预案管理工作实施统一监督管理，县级以上地方人民政府环境保护主管部门负责本行政区域内环境应急预案的监督管理工作。

第二章 环境应急预案的编制

第四条 环境应急预案的编制应当符合以下要求：

（一）符合国家相关法律、法规、规章、标准和编制指南等规定；

（二）符合本地区、本部门、本单位突发环境事件应急工作实际；

（三）建立在环境敏感点分析基础上，与环境风险分析和突发环境事件应急能力相适应；

（四）应急人员职责分工明确、责任落实到位；

（五）预防措施和应急程序明确具体、操作性强；

（六）应急保障措施明确，并能满足本地区、本单位应急工作要求；

（七）预案基本要素完整，附件信息正确；

（八）与相关应急预案相衔接。

第五条 县级以上人民政府环境保护主管部门应当根据有关法律、法规、规章和相关应急预案，按照相应的环境应急预案编制指南，结合本地区的实际情况，编制环境应急预案，由本部门主要负责人批准后发布实施。

县级以上人民政府环境保护主管部门应当结合本地区实际情况，编制国家法定节假日、国家重大活动期间的环境应急预案。

第六条 县级以上人民政府环境保护主管部门编制的环境应急预案应当包括以下内容：

（一）总则，包括编制目的、编制依据、适用范围和工作原则等；

（二）应急组织指挥体系与职责，包括领导机构、工作机构、地方机构或者现场指挥机构、环境应急专家组等；

（三）预防与预警机制，包括应急准备措施、环境风险隐患排查和整治措施、预警分级指标、预警发布或者解除程序、预警相应措施等；

（四）应急处置，包括应急预案启动条件、信息报告、先期处置、分级响应、指挥与协调、信息发布、应急终止等程序和措施；

（五）后期处置，包括善后处置、调查与评估、恢复重建等；

（六）应急保障，包括人力资源保障、财力保障、物资保障、医疗卫生保障、交通运输保障、治安维护、通信保障、科技支撑等；

（七）监督管理，包括应急预案演练、宣教培训、责任与奖惩等；

（八）附则，包括名词术语、预案解释、修订情况和实施日期等；

（九）附件，包括相关单位和人员通讯录、标准化格式文本、工作流程图、应急物资储备清单等。

第七条　向环境排放污染物的企业事业单位，生产、贮存、经营、使用、运输危险物品的企业事业单位，产生、收集、贮存、运输、利用、处置危险废物的企业事业单位，以及其他可能发生突发环境事件的企业事业单位，应当编制环境应急预案。

第八条　企业事业单位的环境应急预案包括综合环境应急预案、专项环境应急预案和现场处置预案。

对环境风险种类较多、可能发生多种类型突发事件的，企业事业单位应当编制综合环境应急预案。综合环境应急预案应当包括本单位的应急组织机构及其职责、预案体系及响应程序、事件预防及应急保障、应急培训及预案演练等内容。

对某一种类的环境风险，企业事业单位应当根据存在的重大危险源和可能发生的突发事件类型，编制相应的专项环境应急预案。专项环境应急预案应当包括危险性分析、可能发生的事件特征、主要污染物种类、应急组织机构与职责、预防措施、应急处置程序和应急保障等内容。

对危险性较大的重点岗位，企业事业单位应当编制重点工作岗位的现场处置预案。现场处置预案应当包括危险性分析、可能发生的事件特征、应急处置程序、应急处置要点和注意事项等内容。

企业事业单位编制的综合环境应急预案、专项环境应急预案和现场处置预案之间应当相互协调，并与所涉及的其他应急预案相互衔接。

第九条　工程建设、影视拍摄和文化体育等群体性活动有可能造成突发环境事件的，主办单位应当在活动开始前编制临时环境应急预案。

第十条　企业事业单位编制的环境应急预案中除了本办法第六条规定的内容外，还应当包括以下内容：

（一）本单位的概况、周边环境状况、环境敏感点等；

（二）本单位的环境危险源情况分析，主要包括环境危险源的基本情况以及可能产生的危害后果及严重程度；

（三）应急物资储备情况，针对单位危险源数量和性质应储备的应急物资品名和基本储量等。

第十一条　县级以上人民政府环境保护主管部门和企事业单位，应当组织专门力量开展环境应急预案编制工作，并充分征求预案涉及的有关单位和人员的意见。有关单位和人员应当以书面形式提出意见和建议。

环境应急预案涉及重大公共利益的，编制单位应当向社会公告，并举行听证。

企业事业单位可以委托相关专业技术服务机构编制环境应急预案。

第三章　环境应急预案的评估

第十二条　县级以上人民政府环境保护主管部门应当在环境应急预案草案编制完成后，组织评估小组对本部门编制的环境应急预案草案进行评估。

环境保护主管部门环境应急预案评估小组的组成人员应当包括环境应急预案涉及的政府部门工作人员、相关行业协会和重点风险源单位代表以及应急管理和专业技术方面的专家。

第十三条　企业事业单位应当在环境应急预案草案编制完成后，组织评估小组对本单位编制的环境应急预案进行评估。

企业事业单位环境应急预案评估小组的组成人员应当包括环境应急预案涉及的相关部门应急管理人员、相关行业协会、相邻重点风险源单位代表、周边社区（乡、镇）代表以及应急管理和专业技术方面的专家。

第十四条　环境应急预案评估小组应当重点评估环境应急预案的实用性、基本要素的完整性、内容格式的规范性、应急保障措施的可行性以及与其他相关预案的衔接性等内容。

环境应急预案的编制单位应当根据评估结果，对应急预案草案进行修改。

第四章　环境应急预案的备案

第十五条　县级以上人民政府环境保护主管部门编制的环境应急预案应当报本级人民政府和上级人民政府环境保护主管部门备案。

企业事业单位编制的环境应急预案，应当在本单位主要负责人签署实施之日起 30 日内报所在地环境保护主管部门备案。国家重点监控企业的环境应急预案，应当在本单位主要负责人签署实施之日起 45 日内报所在地省级人民政府环境保护主管部门备案。

工程建设、影视拍摄和文化体育等群体性活动的临时环境应急预案，主办单位应当在活动开始三个工作日前报当地人民政府环境保护主管部门备案。

第十六条　报送备案应当提交下列材料（一式二份）：

（一）《突发环境事件应急预案备案申请表》；

（二）环境应急预案评估意见；

（三）环境应急预案的纸质文件和电子文件。

第十七条　受理备案登记的环境保护主管部门应当在收到报备材料之日起 60 日内，对报送备案的环境应急预案进行审查，对符合本办法第六条、第十条规定并通过评估小组评估的，予以备案并出具《突发环境事件应急预案备案登记表》；对不符合本办法第六条、

第十条规定的，不予备案并复函说明理由，由申请备案的环境保护主管部门或者企业事业单位自行纠正后重新报送备案。

第十八条　《突发环境事件应急预案备案申请表》和《突发环境事件应急预案备案登记表》的格式由环境保护部统一制定。

第五章　环境应急预案的实施与监督管理

第十九条　县级以上人民政府环境保护主管部门应当将环境应急预案的监督管理作为日常环境监督管理的一项重要内容。

第二十条　县级以上人民政府环境保护主管部门和企业事业单位，应当采取有效形式，开展环境应急预案的宣传教育，普及突发环境事件预防、避险、自救、互救和应急处置知识，提高从业人员环境安全意识和应急处置技能。

第二十一条　县级以上人民政府环境保护主管部门或者企业事业单位，应当每年至少组织一次预案培训工作，通过各种形式，使有关人员了解环境应急预案的内容，熟悉应急职责、应急程序和岗位应急处置预案。

第二十二条　县级以上人民政府环境保护主管部门应当建立健全环境应急预案演练制度，每年至少组织一次应急演练。企业事业单位应当定期进行应急演练，并积极配合和参与有关部门开展的应急演练。

环境应急预案演练结束后，有关人民政府环境保护主管部门和企业事业单位应当对环境应急预案演练结果进行评估，撰写演练评估报告，分析存在问题，对环境应急预案提出修改意见。

第二十三条　县级以上人民政府环境保护主管部门或者企业事业单位，应当按照有关法律法规和本办法的规定，根据实际需要和情势变化，依据有关预案编制指南或者编制修订框架指南修订环境应急预案。

环境应急预案每三年至少修订一次；有下列情形之一的，企事业单位应当及时进行修订：

（一）本单位生产工艺和技术发生变化的；

（二）相关单位和人员发生变化或者应急组织指挥体系或职责调整的；

（三）周围环境或者环境敏感点发生变化的；

（四）环境应急预案依据的法律、法规、规章等发生变化的；

（五）环境保护主管部门或者企业事业单位认为应当适时修订的其他情形。

环境保护主管部门或者企业事业单位，应当于环境应急预案修订后 30 日内将新修订的预案报原预案备案管理部门重新备案；预案备案部门可以根据预案修订的具体情况要求修订预案的环境保护主管部门或者企业事业单位对修订后的预案进行评估。

第六章　法律责任

第二十四条　应当编制或者修订环境应急预案的环境保护主管部门不编制环境应急预案、不及时修订环境应急预案或者不按规定进行预案备案的，由上级人民政府环境保护主管部门责令改正。

第二十五条　应当编制或者修订环境应急预案的企业事业单位不编制环境应急预案、不及时修订应急预案或者不按规定进行应急预案评估和备案的，由县级以上人民政府环境保护主管部门责令限期改正；逾期不改正的，依据有关法律、法规给予处罚。

第二十六条　环境保护主管部门或者企业事业单位不编制环境应急预案或者不执行环境应急预案，导致突发环境事件发生或者危害扩大的，依据国家有关规定对负有责任的主管人员和其他直接责任人员给予处分；构成犯罪的，依法追究刑事责任。

第七章　附　则

第二十七条　本办法中下列用语的含义：

突发环境事件，是指因事故或意外性事件等因素，致使环境受到污染或破坏，公众的生命健康和财产受到危害或威胁的紧急情况。

突发环境事件应急预案，是指针对可能发生的突发环境事件，为确保迅速、有序、高效地开展应急处置，减少人员伤亡和经济损失而预先制定的计划或方案。

环境风险，是指突发环境事件对环境（或健康）的危险程度。

危险源，是指可能导致伤害或疾病、财产损失、环境破坏或这些情况组合的根源或状态。

环境敏感点，参照《建设项目环境影响评价分类管理名录》中“环境敏感区”的定义。

应急演练，是指为检验应急预案的有效性、应急准备的完善性、应急响应能力的适应性和应急人员的协同性而进行的一种模拟应急响应的实践活动。

第二十八条　本办法由环境保护部负责解释。

各省、自治区、直辖市人民政府环境保护主管部门可依据本办法，结合本地区实际制定实施细则。

第二十九条　本办法自印发之日起施行。

环境监测管理办法

国家环境保护总局令　第 39 号

2007 年 7 月 25 日

第一条　为加强环境监测管理，根据《环境保护法》等有关法律法规，制定本办法。

第二条　本办法适用于县级以上环境保护部门下列环境监测活动的管理：

（一）环境质量监测；

（二）污染源监督性监测；

（三）突发环境污染事件应急监测；

（四）为环境状况调查和评价等环境管理活动提供监测数据的其他环境监测活动。

第三条　环境监测工作是县级以上环境保护部门的法定职责。

县级以上环境保护部门应当按照数据准确、代表性强、方法科学、传输及时的要求，建设先进的环境监测体系，为全面反映环境质量状况和变化趋势，及时跟踪污染源变化情况，准确预警各类环境突发事件等环境管理工作提供决策依据。

第四条　县级以上环境保护部门对本行政区域环境监测工作实施统一监督管理，履行下列主要职责：

（一）制定并组织实施环境监测发展规划和年度工作计划；

（二）组建直属环境监测机构，并按照国家环境监测机构建设标准组织实施环境监测能力建设；

（三）建立环境监测工作质量审核和检查制度；

（四）组织编制环境监测报告，发布环境监测信息；

（五）依法组建环境监测网络，建立网络管理制度，组织网络运行管理；

（六）组织开展环境监测科学技术研究、国际合作与技术交流。

国家环境保护总局适时组建直属跨界环境监测机构。

第五条　县级以上环境保护部门所属环境监测机构具体承担下列主要环境监测技术支持工作：

（一）开展环境质量监测、污染源监督性监测和突发环境污染事件应急监测；

（二）承担环境监测网建设和运行，收集、管理环境监测数据，开展环境状况调查和评价，编制环境监测报告；

（三）负责环境监测人员的技术培训；

（四）开展环境监测领域科学研究，承担环境监测技术规范、方法研究以及国际合作和交流；

（五）承担环境保护部门委托的其他环境监测技术支持工作。

第六条　国家环境保护总局负责依法制定统一的国家环境监测技术规范。

省级环境保护部门对国家环境监测技术规范未作规定的项目，可以制定地方环境监测技术规范，并报国家环境保护总局备案。

第七条　县级以上环境保护部门负责统一发布本行政区域的环境污染事故、环境质量状况等环境监测信息。

有关部门间环境监测结果不一致的，由县级以上环境保护部门报经同级人民政府协调后统一发布。

环境监测信息未经依法发布，任何单位和个人不得对外公布或者透露。

属于保密范围的环境监测数据、资料、成果，应当按照国家有关保密的规定进行管理。

第八条　县级以上环境保护部门所属环境监测机构依据本办法取得的环境监测数据，应当作为环境统计、排污申报核定、排污费征收、环境执法、目标责任考核等环境管理的依据。

第九条　县级以上环境保护部门按照环境监测的代表性分别负责组织建设国家级、省级、市级、县级环境监测网，并分别委托所属环境监测机构负责运行。

第十条　环境监测网由各环境监测要素的点位（断面）组成。

环境监测点位（断面）的设置、变更、运行，应当按照国家环境保护总局有关规定执行。

各大水系或者区域的点位（断面），属于国家级环境监测网。

第十一条　环境保护部门所属环境监测机构按照其所属的环境保护部门级别，分为国家级、省级、市级、县级四级。

上级环境监测机构应当加强对下级环境监测机构的业务指导和技术培训。

第十二条　环境保护部门所属环境监测机构应当具备与所从事的环境监测业务相适应的能力和条件，并按照经批准的环境保护规划规定的要求和时限，逐步达到国家环境监测能力建设标准。

环境保护部门所属环境监测机构从事环境监测的专业技术人员，应当进行专业技术培训，并经国家环境保护总局统一组织的环境监测岗位考试考核合格，方可上岗。

第十三条　县级以上环境保护部门应当对本行政区域内的环境监测质量进行审核和检查。

各级环境监测机构应当按照国家环境监测技术规范进行环境监测，并建立环境监测质量管理体系，对环境监测实施全过程质量管理，并对监测信息的准确性和真实性负责。

第十四条　县级以上环境保护部门应当建立环境监测数据库，对环境监测数据实行信息化管理，加强环境监测数据收集、整理、分析、储存，并按照国家环境保护总局的要求定期将监测数据逐级报上一级环境保护部门。

各级环境保护部门应当逐步建立环境监测数据信息共享制度。

第十五条　环境监测工作，应当使用统一标志。

环境监测人员佩戴环境监测标志，环境监测站点设立环境监测标志，环境监测车辆印制环境监测标志，环境监测报告附具环境监测标志。

环境监测统一标志由国家环境保护总局制定。

第十六条　任何单位和个人不得损毁、盗窃环境监测设施。

第十七条　县级以上环境保护部门应当协调有关部门，将环境监测网建设投资、运行经费等环境监测工作所需经费全额纳入同级财政年度经费预算。

第十八条　县级以上环境保护部门及其工作人员、环境监测机构及环境监测人员有下列行为之一的，由任免机关或者监察机关按照管理权限依法给予行政处分；涉嫌犯罪的，移送司法机关依法处理：

（一）未按照国家环境监测技术规范从事环境监测活动的；

（二）拒报或者两次以上不按照规定的时限报送环境监测数据的；

（三）伪造、篡改环境监测数据的；

（四）擅自对外公布环境监测信息的。

第十九条　排污者拒绝、阻挠环境监测工作人员进行环境监测活动或者弄虚作假的，由县级以上环境保护部门依法给予行政处罚；构成违反治安管理行为的，由公安机关依法给予治安处罚；构成犯罪的，依法追究刑事责任。

第二十条　损毁、盗窃环境监测设施的，县级以上环境保护部门移送公安机关，由公安机关依照《治安管理处罚法》的规定处10日以上15日以下拘留；构成犯罪的，依法追究刑事责任。

第二十一条　排污者必须按照县级以上环境保护部门的要求和国家环境监测技术规范，开展排污状况自我监测。

排污者按照国家环境监测技术规范，并经县级以上环境保护部门所属环境监测机构检查符合国家规定的能力要求和技术条件的，其监测数据作为核定污染物排放种类、数量的依据。

不具备环境监测能力的排污者，应当委托环境保护部门所属环境监测机构或者经省级环境保护部门认定的环境监测机构进行监测；接受委托的环境监测机构所从事的监测活动，所需经费由委托方承担，收费标准按照国家有关规定执行。

经省级环境保护部门认定的环境监测机构，是指非环境保护部门所属的、从事环境监测业务的机构，可以自愿向所在地省级环境保护部门申请证明其具备相适应的环境监测业务能力认定，经认定合格者，即为经省级环境保护部门认定的环境监测机构。

经省级环境保护部门认定的环境监测机构应当接受所在地环境保护部门所属环境监测机构的监督检查。

第二十二条　辐射环境监测的管理，参照本办法执行。

第二十三条　本办法自2007年9月1日起施行。

突发环境事件信息报告办法

环境保护部令　第 17 号

2011 年 4 月 18 日

第一条　为了规范突发环境事件信息报告工作，提高环境保护主管部门应对突发环境事件的能力，依据《中华人民共和国突发事件应对法》《国家突发公共事件总体应急预案》《国家突发环境事件应急预案》及相关法律法规的规定，制定本办法。

第二条　本办法适用于环境保护主管部门对突发环境事件的信息报告。

突发环境事件分为特别重大（Ⅰ级）、重大（Ⅱ级）、较大（Ⅲ级）和一般（Ⅳ级）四级。

核与辐射突发环境事件的信息报告按照核安全有关法律法规执行。

第三条　突发环境事件发生地设区的市级或者县级人民政府环境保护主管部门在发现或者得知突发环境事件信息后，应当立即进行核实，对突发环境事件的性质和类别做出初步认定。

对初步认定为一般（Ⅳ级）或者较大（Ⅲ级）突发环境事件的，事件发生地设区的市级或者县级人民政府环境保护主管部门应当在四小时内向本级人民政府和上一级人民政府环境保护主管部门报告。

对初步认定为重大（Ⅱ级）或者特别重大（Ⅰ级）突发环境事件的，事件发生地设区的市级或者县级人民政府环境保护主管部门应当在两小时内向本级人民政府和省级人民政府环境保护主管部门报告，同时上报环境保护部。省级人民政府环境保护主管部门接到报告后，应当进行核实并在一小时内报告环境保护部。

突发环境事件处置过程中事件级别发生变化的，应当按照变化后的级别报告信息。

第四条　发生下列一时无法判明等级的突发环境事件，事件发生地设区的市级或者县级人民政府环境保护主管部门应当按照重大（Ⅱ级）或者特别重大（Ⅰ级）突发环境事件的报告程序上报：

（一）对饮用水水源保护区造成或者可能造成影响的；

（二）涉及居民聚居区、学校、医院等敏感区域和敏感人群的；

（三）涉及重金属或者类金属污染的；

（四）有可能产生跨省或者跨国影响的；

（五）因环境污染引发群体性事件，或者社会影响较大的；

（六）地方人民政府环境保护主管部门认为有必要报告的其他突发环境事件。

第五条　上级人民政府环境保护主管部门先于下级人民政府环境保护主管部门获悉

突发环境事件信息的，可以要求下级人民政府环境保护主管部门核实并报告相应信息。下级人民政府环境保护主管部门应当依照本办法的规定报告信息。

第六条　向环境保护部报告突发环境事件有关信息的，应当报告总值班室，同时报告环境保护部环境应急指挥领导小组办公室。环境保护部环境应急指挥领导小组办公室应当根据情况向部内相关司局通报有关信息。

第七条　环境保护部在接到下级人民政府环境保护主管部门重大（Ⅱ级）或者特别重大（Ⅰ级）突发环境事件以及其他有必要报告的突发环境事件信息后，应当及时向国务院总值班室和中共中央办公厅秘书局报告。

第八条　突发环境事件已经或者可能涉及相邻行政区域的，事件发生地环境保护主管部门应当及时通报相邻区域同级人民政府环境保护主管部门，并向本级人民政府提出向相邻区域人民政府通报的建议。接到通报的环境保护主管部门应当及时调查了解情况，并按照本办法第三条、第四条的规定报告突发环境事件信息。

第九条　上级人民政府环境保护主管部门接到下级人民政府环境保护主管部门以电话形式报告的突发环境事件信息后，应当如实、准确做好记录，并要求下级人民政府环境保护主管部门及时报告书面信息。

对于情况不够清楚、要素不全的突发环境事件信息，上级人民政府环境保护主管部门应当要求下级人民政府环境保护主管部门及时核实补充信息。

第十条　县级以上人民政府环境保护主管部门应当建立突发环境事件信息档案，并按照有关规定向上一级人民政府环境保护主管部门报送本行政区域突发环境事件的月度、季度、半年度和年度报告以及统计情况。上一级人民政府环境保护主管部门定期对报告及统计情况进行通报。

第十一条　报告涉及国家秘密的突发环境事件信息，应当遵守国家有关保密的规定。

第十二条　突发环境事件的报告分为初报、续报和处理结果报告。

初报在发现或者得知突发环境事件后首次上报；续报在查清有关基本情况、事件发展情况后随时上报；处理结果报告在突发环境事件处理完毕后上报。

第十三条　初报应当报告突发环境事件的发生时间、地点、信息来源、事件起因和性质、基本过程、主要污染物和数量、监测数据、人员受害情况、饮用水水源地等环境敏感点受影响情况、事件发展趋势、处置情况、拟采取的措施以及下一步工作建议等初步情况，并提供可能受到突发环境事件影响的环境敏感点的分布示意图。

续报应当在初报的基础上，报告有关处置进展情况。

处理结果报告应当在初报和续报的基础上，报告处理突发环境事件的措施、过程和结果，突发环境事件潜在或者间接危害以及损失、社会影响、处理后的遗留问题、责任追究等详细情况。

第十四条　突发环境事件信息应当采用传真、网络、邮寄和面呈等方式书面报告；情况紧急时，初报可通过电话报告，但应当及时补充书面报告。

书面报告中应当载明突发环境事件报告单位、报告签发人、联系人及联系方式等内容，并尽可能提供地图、图片以及相关的多媒体资料。

第十五条　在突发环境事件信息报告工作中迟报、谎报、瞒报、漏报有关突发环境事件信息的，给予通报批评；造成后果的，对直接负责的主管人员和其他直接责任人员依法依纪给予处分；构成犯罪的，移送司法机关依法追究刑事责任。

第十六条　本办法由环境保护部解释。

第十七条　本办法自 2011 年 5 月 1 日起施行。《环境保护行政主管部门突发环境事件信息报告办法（试行）》（环发[2006]50 号）同时废止。

附录：

突发环境事件分级标准

按照突发事件严重性和紧急程度，突发环境事件分为特别重大（Ⅰ级）、重大（Ⅱ级）、较大（Ⅲ级）和一般（Ⅳ级）四级。

1 特别重大（Ⅰ级）突发环境事件。

凡符合下列情形之一的，为特别重大突发环境事件：

（1）因环境污染直接导致 10 人以上死亡或 100 人以上中毒的；

（2）因环境污染需疏散、转移群众 5 万人以上的；

（3）因环境污染造成直接经济损失 1 亿元以上的；

（4）因环境污染造成区域生态功能丧失或国家重点保护物种灭绝的；

（5）因环境污染造成地市级以上城市集中式饮用水水源地取水中断的；

（6）1、2 类放射源失控造成大范围严重辐射污染后果的；核设施发生需要进入场外应急的严重核事故，或事故辐射后果可能影响邻省和境外的，或按照“国际核事件分级（INES）标准”属于 3 级以上的核事件；台湾核设施中发生的按照“国际核事件分级（INES）标准”属于 4 级以上的核事故；周边国家核设施中发生的按照“国际核事件分级（INES）标准”属于 4 级以上的核事故；

（7）跨国界突发环境事件。

2 重大（Ⅱ级）突发环境事件。

凡符合下列情形之一的，为重大突发环境事件：

（1）因环境污染直接导致 3 人以上 10 人以下死亡或 50 人以上 100 人以下中毒的；

（2）因环境污染需疏散、转移群众 1 万人以上 5 万人以下的；

（3）因环境污染造成直接经济损失 2 000 万元以上 1 亿元以下的；

（4）因环境污染造成区域生态功能部分丧失或国家重点保护野生动植物种群大批死亡的；

（5）因环境污染造成县级城市集中式饮用水水源地取水中断的；

（6）重金属污染或危险化学品生产、贮运、使用过程中发生爆炸、泄漏等事件，或因倾倒、堆放、丢弃、遗撒危险废物等造成的突发环境事件发生在国家重点流域、国家级自然保护区、风景名胜区或居民聚集区、医院、学校等敏感区域的；

（7）1、2 类放射源丢失、被盗、失控造成环境影响，或核设施和铀矿冶炼设施发生的达到进入场区应急状态标准的，或进口货物严重辐射超标的事件；

（8）跨省（区、市）界突发环境事件。

3 较大（Ⅲ级）突发环境事件。

凡符合下列情形之一的，为较大突发环境事件：

（1）因环境污染直接导致 3 人以下死亡或 10 人以上 50 人以下中毒的；

（2）因环境污染需疏散、转移群众 5 000 人以上 1 万人以下的；

（3）因环境污染造成直接经济损失 500 万元以上 2 000 万元以下的；

（4）因环境污染造成国家重点保护的动植物物种受到破坏的；

（5）因环境污染造成乡镇集中式饮用水水源地取水中断的；

（6）3 类放射源丢失、被盗或失控，造成环境影响的；

（7）跨地市界突发环境事件。

4 一般（Ⅳ级）突发环境事件。

除特别重大突发环境事件、重大突发环境事件、较大突发环境事件以外的突发环境事件。

参考文献

[1] 李国刚. 环境化学污染事故应急监测技术与装备[M]. 北京：化学工业出版社，2005.

[2] 杜宇峰，等. 快速检测技术及在环境污染与应急事故监测中的应用[M]. 北京：中国环境科学出版社，2011.

[3] 李瑶. 突发环境事件应急处置法律问题研究[M]. 北京：知识产权出版社，2012.

[4] 吴炜平. 小型便携式有害气体监测分析仪器的现状与发展[J]. 交通环保，1991，12（4）：22-28.

[5] 倪桂才，吴海涛，韩中枢，等. 有毒有害气体检测报警仪的选择和使用[J]. 安全、健康和环境，2003，3（10）：25-26.

[6] 王兴. 便携式有毒有害气体检测仪使用与维护初探[J]. 消防技术与产品信息，2012，S1.

[7] 环境保护局规划司. 环境项目安全监测与风险防范控制及国家突发环境事件应急预案实物全书[M]. 北京：中国环境科学出版社，2006：1128-1145.

[8] 贺达琪. 气体检测仪及其发展趋势[J]. 黑龙江科技信息，2011，33：55.

[9] 宋祖华，喻义勇，付寅，等. 南京某地甲苯槽罐车燃烧事故应急监测案例分析与思考[J]. 环境监控与预警，2012，4（4）：13-15.

[10] 吴瑾光 近代傅立叶变换红外光谱技术及应用. 北京：科学技术文献出版社.

[11] 国家教育委员会. JY/T 001—1996 傅立叶变换红外光谱方法通则[S].

[12] 奚治文，曾永昌，向立人. 仪器分析. 成都：四川大学出版社.

[13] 傅立叶变换红外光谱仪 GB/T 21186—2007.

[14] Gasmet 便携式傅立叶变换红外气体分析仪操作手册.

[15] 吕小明，等. 环境污染事件应急处理技术[M]. 北京：中国环境科学出版社，2012.

[16] 吉昂，等. X 射线荧光光谱分析[M]. 北京：科学出版社，2011.

[17] 杨明台. X 射线荧光光谱仪的现状[J]. 核电子学与探测技术，2006，26（6）：1025-1029.

[18] 吴允平. X 荧光现场测量的有关技术研究. 成都理工学院，2000.

[19] 魏复盛，等. 水和废水监测分析方法指南（上册）[M]. 北京：中国环境科学出版社，1992.

[20] 北京瑞多科技发展有限公司. 操作手册. 2010，11.

[21] 李晓晨，李增昌，章诒学. 便携式与常规石墨炉原子吸收光谱仪测定镉、铬、铜、锰和铅结果的比对[J]. 光谱仪器与分析，2011，Z1，1-7.

[22] 周贤杰，罗固源，杨清玲，等. Aquafluor 藻细胞活体分析法在三峡库区次级河流回水区 Chla 测定中的校准及应用[J]. 环境科学学报，2007，27（9）：1580-1584.

[23] 曹勇锋，荣宏伟，张可方. 微絮凝-大梯度磁滤工艺去除水中浊度及有机物[J]. 环境科学与技术，2011，34（6）：160-162.

[24] USEPA. Method 7472：Mercury in Aqueous Samples and Extracts by Anodic Stripping Voltammetry（ASV）[S]. Washington DC：Office of Solid Waste，1996.

[25] USEPA. Method 7063：Arsenic in Aqueous Samples and Extracts by Anodic Stripping Voltammetry

（ASV）[S]. Washington DC：Office of Solid Waste，1996.

[26] Standard Methods Committee. SM 3130：Metals by Anodic Stripping Voltammetry [S]. Washington DC：American Public Health Association，1998.

[27] 国家环境保护总局. 水和废水监测分析方法（第四版增补版）[M]，北京：中国环境科学出版社，2002.

[28] Qiu F. L.，Compton R. G.，Marken F.，et al. Laser activation voltammetry：selective removal of reduced forms of methyl viologen deposited on glassy carbon and boron-doped diamond electrodes [J]. Anal. Chem.，2000，72：2362-2370.

[29] Kizek R.，Trnkova L.，Palecek E. . Determination of metallothionein at the femtomole level by constant current stripping chronopotentiometry [J]. Anal. Chem.，2001，73：4801-4807.

[30] Liu T Z，Lai D，Osterloh J D. Indium as internal standard in square wave anodic stripping analysis of lead in blood with microelectrode arrays [J]. Anal. Chem.，1997，69：3539-3543.

[31] 陈恺，谢少艾，贾金平. 液/液界面电化学法在环境监测中的应用进展[J]. 环境监测管理与技术，2005，17（3）：10-13.

[32] 刘保启，王玉春，胡孝忠，等. 同时测定癌症病人血液中锌镉铅铜的微分脉冲阳极溶出伏安法[J]. 分析测试学报，2003，22（3）：84-86.

[33] 朱鸣鹤，丁永生，郑道昌，等. 二阶微分阳极溶出伏安法测定纯水中痕量常见重金属[J]. 大连海事大学学报，2005，31（1）：66-68.

[34] 许贺. 食品中重金属检测的方法研究与仪器研制[D]. 上海：华东师范大学博士论文，2009：4-12.

[35] 黎中良，罗济文，刘国聪，等. 1-（2-吡啶偶氮）-2-萘酚（PAN）修饰玻碳电极的制备及其化学行为[J]. 化学试剂，2007，29（1）：31-33.

[36] 黄文胜，杨春海，张升辉. 双硫腙修饰玻碳电极阳极溶出伏安法测定痕量镉和铅[J]. 分析化学，2002，30（11）：1367-1370.

[37] 孙文斌，王晓玲，吴芳辉. 连苯三酚杯芳烃修饰玻碳电极测定铅（Ⅱ）的研究[J]. 冶金分析，2008，28（5）：10-13.

[38] 李进才. 便携式重金属测定仪应急监测地表水中的铅和镉[J]. 广西科学院学报，2011，27（2）：88-89，92.

[39] 赵丽丽，武开业. 便携式重金属测定仪在环境应急监测中的应用[J]. 科技信息，2010，（31）：772.

[40] 朱日龙，胡军，易颖，等. 阳极溶出伏安法快速测定地表水中镉[J]. 2010，22（4）：50-52.

[41] 刘密新，罗国安，张新荣，等. 仪器分析（第二版）[M]. 北京：清华大学出版社，2002.

[42] 刘虎威. 气相色谱方法及应用[M]. 北京：化学工业出版社，2004.

[43] 吴烈钧. 气相色谱检测方法[M]. 北京：化学工业出版社，2004.

[44] Voyager Portable Digital Gas Chromatograph User's Manual. 美国 PHOTOVAC 公司.

[45] 丁明玉，田松柏. 离子色谱原理与应用[M]. 北京：清华大学出版社，2000.

[46] 牟世芬，刘克纳，丁晓静. 离子色谱方法及应用：2 版[M]. 北京：化学工业出版社，2005.

[47] Small H.，et al. . Nover ion exchange method using conduclimelric detection. Anal them，1975，47：1801.

[48] Souji Rokushika，Zong Yin Qiu，Hiroyuki Hatano. Micro column ion chromatography with a hollow fibre suppressor. Journal of Chromatography A，1983，260：81-87.

[49] Stevens T. S.，Davls J. C.，Small H. . Hollow Fiber Ion-Exchange Suppressor for Ion Chromatography.

Anal. Chem.，1981，53（9）：1488-1492.

[50] James C. Davis， Timothy S. Stevens. Hollow-fiber membrane systems as suppressors in ion chromatography. Journal of Membrane Science，1987，31（2-3）：249-258.

[51] 王少明，荀其宁，许峰. 离子色谱分析的样品前处理方法[J]. 化学分析计量，2005，14（4）：59-62.

[52] 朱文杰，郑天凌，李伟民. 发光细菌与环境毒性检测[M]. 北京：中国轻工业出版社，2009：10.

[53] 雷炳莉. 大沽排污河和永定新河水样的生物毒性[J]. 上海大学学报（自然科学版），2010，16（6）：567-580.

[54] 陈宁，边归国. 我国环境应急监测车的现状与发展趋势[J]. 中国环境监测，2007，23（6）：41-45.

[55] 杨光. 浅谈环境应急监测车[J]. 环境科学与技术，2005，28（增刊）：147-148.

[56] 冯大伟，张竣尧，张明明. 环境应急监测车载复合式电源供电系统[J]. 北方环境，2010，22（6）：90-93.

[57] 李国刚. 环境化学污染事故现场应急监测技术与仪器设备[J]. 现代科学仪器，2004，（1）：12-17.

[58] 环境保护局规划司. 环境项目安全监测与风险防范控制及国家突发环境事件应急预案实物全书[M]. 北京：中国环境科学出版社，2006：911.